职业教育产教融合立体化实训教材

数控加工操作与实例

主　编　朱学伟　田　力　王　瑛
副主编　周建峰　张　涛
参　编　朱建中　吴　皓　徐　伟
　　　　魏　伟
主　审　朱华炳

合肥工业大学出版社

图书在版编目(CIP)数据

数控加工操作与实例/朱学伟,田力,王瑛主编.--合肥:合肥工业大学出版社,2025
ISBN 978-7-5650-6647-4

Ⅰ.①数… Ⅱ.①朱… ②田… ③王… Ⅲ.①数控机床-加工-职业教育-教材
Ⅳ.①TG659

中国国家版本馆CIP数据核字(2024)第081731号

数控加工操作与实例

朱学伟 田 力 王 瑛 主编　　责任编辑 马栓磊

出 版	合肥工业大学出版社	版 次	2025年8月第1版
地 址	合肥市屯溪路193号	印 次	2025年8月第1次印刷
邮 编	230009	开 本	787毫米×1092毫米 1/16
电 话	职业教育出版中心:0551-62903120	印 张	21
	营销与储运管理中心:0551-62903198	字 数	510千字
网 址	press.hfut.edu.cn	印 刷	安徽联众印刷有限公司
E-mail	hfutpress@163.com	发 行	全国新华书店

ISBN 978-7-5650-6647-4　　定价:42.00元

前　言

进入21世纪以来，德国率先提出“工业4.0”战略，从而促使全球主要工业进入第四次工业革命时代，全球主要工业发达国家主动出击，制定国家战略，以求在行将到来的变革中取得先机。我国也不例外，2015年国务院印发了《中国制造2025》，实施制造业创新中心建设工程、智能制造工程、工业强基工程、绿色制造工程和高端装备创新工程，力图实现对发达国家的“弯道超车”，从而迈入世界制造强国行列。然而，目前制造业人才缺口已经成为我国迈向高端制造的“拦路虎”，以及中国制造向中国创造转型升级的一大阻碍。

教育部、人力资源社会保障部、工业和信息化部三部委联合发布的《制造业人才发展规划指南》显示，2025年，全国制造业十大重点领域人才缺口达3000万人，缺口率高达48%，而且随着企业生产自动化程度不断提升，对技能型人才的要求也越来越高。所以，对复合型高技能紧缺人才的培养已迫在眉睫。2018年政府工作报告把“职业教育”与关乎国计民生的“促进就业”摆在了同等重要的地位，2019年1月24日国务院印发了《国家职业教育改革实施方案》（又称“职教二十条”），指出“职业教育与普通教育是两种不同教育类型，具有同等重要地位”。在我国，中等、高等职业院校以及技工、技师院校是培养和输出此类紧缺人才的主要机构，为了满足中等、高等职业院校以及技工、技师院校等教育发展需求，使学生更快、更易、更好地掌握操作技能，我们根据《数控车工国家职业技能标准》和《数控铣工国家职业技能标准》的基本要求，编写了《数控加工操作与实例》一书。

本书根据我国当前情况，既遵循教育的一般规律，立足于立德树人、教书育人，又体现职业教育的特点，贴近职业，服务就业，重视理论与实践相结合，讲究工学一体，通过从简单到复杂、从单一到综合、从理论到实践、从书本到生产，让学生学习理论知识的同时，通过实践操作验证，激发学生的学习兴趣，使学生更易、更牢、更全地掌握所学知识，有效地培养学生分析问题、解决问题的能力，使他们能更快、更好地适应自己专业的需要。

本书针对数控车工和数控铣工中级、高级职业技能鉴定知识点和技能要求，并结合当前企业主流数控系统，以实际工程案例展开，以能力为本位，以学生为主体，以实践操作为抓手，以分析问题、解决问题为途径，将理论知识与技能训练相融合，将课堂讲授与实际生产融为一体，同时与世界技能大赛接轨，注重培养学生的综合实践能力以及发现问题、解决问题的能力。

本书以培养新时代高素质复合型高技能人才为出发点，遵循新时代职业教育的基本特征，针对职业院校学生特点，突出职业教育特色，本着“工学一体化”的培养思路，结合数控加工岗位需求，优化知识结构和内容深度，合理编排，夯实基础知识，注重实践操作内容的拓展，与生产实践相结合，能够满足现代企业对职业技能人才的需求。同时书中增加了大国工匠成长事迹的阅读内容，弘扬劳模精神和工匠精神。全书分为七章，主要内容包括：数控加工基础、数控车床（FANUC 系统）编程与操作、数控车床（FANUC 系统）加工实例、数控铣床/加工中心（FANUC 系统）编程与操作、数控铣床/加工中心（FANUC 系统）加工实例、Mastercam 2023 自动加工基础、综合实例加工分析等，力求教材内容涵盖数控车工和数控铣工中级、高级相关知识和技能要求，确保毕业生能达到中级、高级技能水平。本书可作为中等、高等职业院校以及技工、技师院校数控加工专业的实训教材，也可供数控加工领域的专业技术人员参考。

由于编者水平和时间有限，书中难免存在不妥、错误或疏漏之处，敬请广大读者批评指正，以便再版时修改完善。

编　者

2024 年 6 月

目　录

第1章　数控加工基础

1.1　数控机床基础知识

1.1.1　数控机床的产生与发展

1. 数控机床的产生与发展过程

第一次工业革命（18世纪）开创了以机器代替手工劳动的时代，但生产效率低、产品质量差。随着社会生产力的发展，人们对机械加工提出了更高要求——实现机械加工工艺过程自动化。早期的自动化过程使用的是自动、专用、组合这三种模式的机床，但初始投资大、调整周期长，满足不了产品的个性化需求，所以需要一种能满足产品多品种、高效率、高精度、低成本要求的技术，即数控技术，由此产生了数控机床。数控技术是集微电子、计算机、信息处理、自动检测及自动控制等高新技术于一体的技术，数控机床是数控技术的应用。

1946年，世界上第一台电子计算机在美国诞生，电子技术和计算机技术为数控机床的诞生奠定了基础。1952年，美国帕森斯公司（Parsons Corporation）与麻省理工学院（MIT）合作研制出世界上第一台三坐标数控铣床。1955年，该数控铣床实现了工业化生产，推动了美国工业的发展。

数控机床的发展经历了硬件数控（NC）阶段、计算机数控（CNC）阶段、基于PC平台的开放式数控阶段。在第一阶段即硬件数控（NC）阶段（1955—1970年），数控系统采用数字逻辑电路来实现，功能简单、灵活性差。1970年小型计算机用于数控系统，数控系统的发展进入第二阶段即计算机数控（CNC）阶段。小型计算机代替了数字逻辑电路组成的专用计算装置，使数据机床价格降低，体积缩小，开发周期缩短。从20世纪90年代开始，基于PC平台的开放式数控系统得到发展。

2. 中国数控机床发展史及发展趋势

1958年，中国开始研发数控机床技术。同年，清华大学和北京第一机床厂联合研制出我国第一台数控机床X53K1，并且实现了三坐标联动，这台数控机床的诞生，填补了中国在数控机床领域的空白。

20世纪70年代，随着我国打破国外技术封锁，数控技术在传统加工基础上全面展开。

20 世纪 80 年代，我国从日本引进 FANUC 数控系统，并从欧美等发达国家引进了新的技术，开始对国内机床进行改造。

“九五”计划期间（1996—2000 年），国家为突破某些重点高技术领域的关键技术，颁布科技攻关计划项目“数控技术与装备工程化的开发研究”，数控技术得到迅速发展，品种不断增多。

“十二五”规划期间（2011—2015 年），继续贯彻落实《国家中长期科学和技术发展规划纲要（2006—2020 年）》，科技部启动了“数控一代机械产品创新应用示范工程”项目，促进我国数控技术快速增长并持续创新。

2015 年国务院印发《中国制造 2025》，组织实施高档数控机床的高端装备创新工程，数控机床被列为“加快突破的战略必争领域”，着力提升自主研制水平，提高创新发展能力和国际竞争力。

“工业 4.0”时代的到来，要求数控机床必须向高精度、高速度、高可靠性、多功能、智能化、网络化、复合化、柔性化方向发展。数控机床未来的发展出现了新的战略及转型，发展数字化协同设计，开发智能型数控系统及开放型数控系统，同时还需培养数控技术专业人才，这些都需要懂操作、熟悉数控系统软硬件知识的技术人员，更需要能对产品进行开发及创新的高级人才，为未来数控机床的发展提供人才支撑。

1.1.2 数控机床的工作原理、特点及组成

1. 数控机床的工作原理

数控机床是利用数字化信息进行自动化加工的机床。机床在加工零件时，首先要分析加工零件图样，制定工艺方案，按照数控系统规定的代码和程序格式（即数字化的形式）编写成加工程序单，通过信息载体控制介质将其输入数控装置中，由数控装置对该程序进行译码、刀补处理、插补运算后，向伺服系统发出各种控制信号，控制机床的主运动、进给运动、刀具选择、工件松开与夹紧、冷却液开与关等动作，使机床各部件严格按照程序规定的指令进行运动，自动加工出符合图纸要求的形状和尺寸的零件。

2. 数控机床的特点

与传统机械加工相比，数控加工具有如下特点：

（1）能加工形状复杂的零件，且柔性高　普通机械加工方法难以完成的复杂零件可以用数控加工方法来完成加工，而且只需改变程序即可加工不同品种的零件，柔性高，不需要制造专用的工装夹具，产品的研制和生产周期大大缩短，适用于新产品试制，以及加工生产多品种、中小批量的零件。

（2）加工精度高，质量稳定　数控机床精度比普通机床高，定位精度和重复定位精度高，另外加工过程是机床自动加工，消除了人为误差，所以保证了零件较高的加工精度。

（3）生产效率高　数控加工的加工时间和辅助时间都比普通机床加工要短。数控机床能快速定位，且结构刚性良好，允许强力切削，加工速度快。一次装夹即可加工多个表面，省去了很多中间工序，还有自动换刀换速的功能，辅助时间较短。一般来

说数控机床的生产效率比普通机床高 3～4 倍。

(4) 自动化程度高，减轻了操作者的劳动强度　加工过程是数控装置按照输入的程序指令自动完成的，操作者只需要操作控制面板、装卸零件、安装更换刀具、起始对刀、监督机床运行状态、检验零件，不需要进行繁重的体力劳动，劳动强度减轻。另外，数控机床采用的是封闭式加工，清洁安全，劳动条件得到改善。

(5) 有利于生产管理的现代化　加工工件时加工时间可以精确估计，有利于生产安排，此外，刀具、夹具进行了规范化管理，这些都有利于生产管理的现代化。

(6) 数控加工是 CAD/CAM 技术和先进制造技术的基础　数控机床使用数字信号与标准代码作为控制信息，便于实现加工信息的标准化，目前与 CAD/CAM 技术结合起来，形成了现代集成制造技术的基础。

3. 数控机床的组成

数控机床通常是由控制介质、数控装置（CNC 装置）、伺服系统、检测反馈装置、辅助装置、机床本体等六部分组成，其中数控装置、伺服系统和机床本体是数控机床的三大主要组成部分。

数控机床的组成

(1) 控制介质　是加工信息的载体，是操作者与数控机床之间的媒介物质，用于记载各种加工信息（零件加工程序控制参数、刀具补偿参数、机床参数等）。常用的控制介质有纸带、磁带、磁盘、光盘、键盘等，可使用连接上级计算机 DNC 通信输入、网络输入等方式将加工程序输入 CNC 装置中。

(2) 数控装置　是数控机床的中枢机构，由中央处理器 CPU、存储器、各种 I/O 接口等组成。它的任务是接收控制介质中输入的各种加工参数，并进行译码、数据处理、运算等过程之后，发出相应的脉冲至伺服系统，通过伺服系统控制机床的各个运动部件按规定要求进行运动。

(3) 伺服系统　是以机械位置和速度作为控制对象的自动控制系统，又称位置随动系统，是数控机床的执行机构。伺服系统接收数控装置发来的指令脉冲，经过信号变换及电压、功率放大后，由伺服电动机将其转变为角位移或直线位移，然后驱动各运动部件按指令脉冲的要求进行运动。伺服系统的性能在很大程度上决定了数控机床的效率和精度，所以对伺服系统的要求有精度高、稳定性好、响应快速、调速范围足够、转矩大等。伺服系统按控制方式可分为开环系统、闭环系统和半闭环系统。

(4) 检测反馈装置　是闭环系统、半闭环系统的重要组成部分。它将检测出来的直线位移或角位移转换成电信号迅速反馈给 CNC 装置，通过反馈值与加工程序给定的指令值进行比较，如有误差，CNC 装置向伺服系统发出新的修正指令，从而控制工作台（或刀具）按规定的轨迹移动。检测反馈装置有利于提高数控机床加工精度，常用的检测反馈装置有旋转变压器、感应同步器、光栅、磁栅、脉冲编码器等。

(5) 辅助装置　为保证数控机床的运行，为其配备了一些必要的配套部件，这些配套部件称为辅助装置。如自动对刀、自动换刀、自动交换工作台、自动排屑、冷却、润滑、照明、监测等装置，它们接收数控装置输出的指令信号，经过编译、逻辑判断后，再经过功率放大后驱动相应的电器、液压、气动和机械部件，以完成各种规定要求的动作。

（6）机床本体　机床本体是数控机床的主体结构，与传统机床相似，由主轴、床身/导轨、刀架、尾座等组成。在整体布局、外观造型、传动系统、刀具系统、操作机构等方面与传统机床相比都发生了很大的变化。下面以数控车床 CKNC－40T 为例，介绍机床本体部分，如图 1－1 所示。

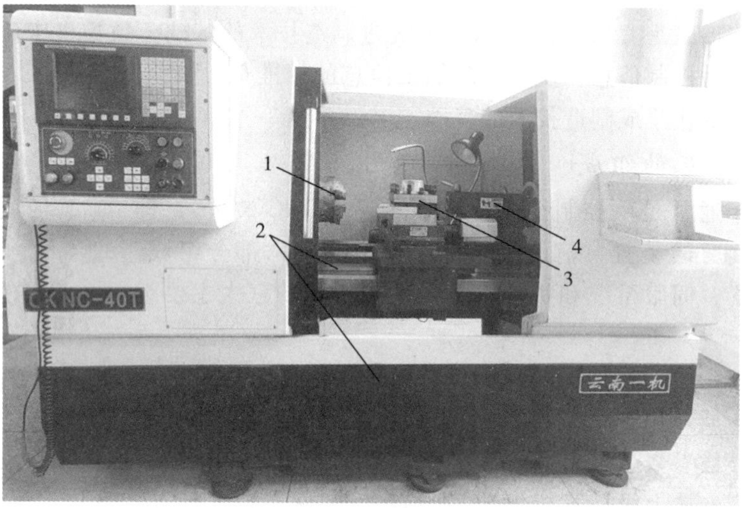

图 1－1　数控车床 CKNC－40T

1—主轴；2—床身/导轨；3—刀架；4—尾座

① 主轴：安装在主轴箱中，带动工件做回转运动，是主运动的执行部件。主运动的转速、传递功率和动力特性，决定了切削效率和零件尺寸、精度等加工工艺性能。全功能型数控车床使用了伺服电机，简化了主轴箱的结构。

② 床身/导轨：用于安装主轴箱、刀架等部件，起支承和导向作用，对数控车床的精度和刚度起着很大的决定作用。数控车床上的运动部件都是沿着导轨运行的，导轨有滑动导轨、滚动导轨和静压导轨等形式。床身可以采用加强钢筋板或钢板焊接结构，减轻结构重量，提高机床刚度。

③ 刀架：是数控车床上安放刀具的重要部件，驱动刀架运动有电动和液压两种形式。按换刀方式的不同，可分为排式刀架和回转刀架两种。排式刀架结构简单，换刀速度快，但对刀麻烦，因此排式刀架一般用于小型或专用型数控车床。回转刀架分四工位刀架、六工位刀架、八工位刀架、圆盘式刀架等，该刀架定位准确，转位速度快，夹紧刚性好，可以保证高精度和高效率的切削，是数控车床中较常用的刀架，缺点是机械结构复杂，造价高，故障率相对较高。

④ 尾座：安装在导轨上，可根据工件的长短调节纵向位置，安装顶尖后可以用来支撑较长工件，也可安装钻头、铰刀等进行孔加工。

1.1.3　计算机数字控制系统

计算机数字控制（Computer Numerical Control）系统，简称 CNC 系统或者数控系统，数控机床在数控系统的控制下，自动地按编制好的加工程序完成工件的加工。数控系统采用计算机作为控制部件，通常由数控系统软件实现部分或全部数控功能，对机床运动进行实时控制，因此只要改变计算机数控系统的控制软件就能实现一种全新的控制方式。

1. CNC 系统的组成

CNC 系统由数控程序、输入输出设备（I/O）、CNC 装置、可编程控制器（PLC）、主轴驱动装置和进给驱动装置等组成，其中 CNC 系统的主要环节是 CNC 装置。图 1－2 为 CNC 系统的结构框图，通常数控系统主要指图中的 CNC 装置，它由计算机硬件、系统软件以及相应的 I/O 接口构成专用计算机和可编程控制器（PLC）。

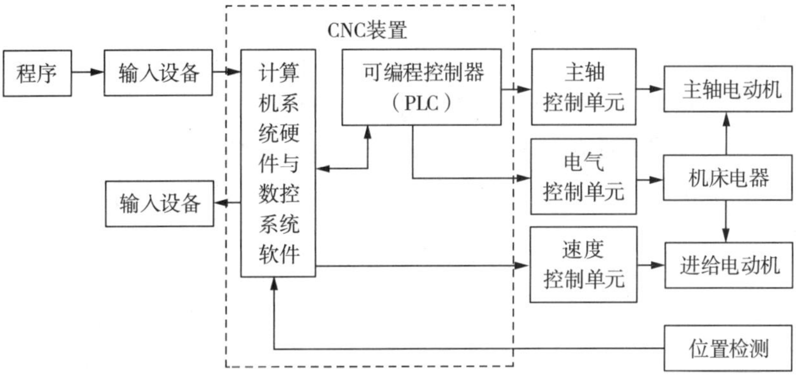

图 1－2 CNC 系统的结构框图

2. CNC 系统的工作过程

CNC 系统的工作过程是在硬件环境的支持下执行软件的全过程。主要是对输入、译码、数据处理、插补运算、位置控制、I/O 处理、显示、诊断等方面进行控制。

（1）输入 通过控制介质将加工信息输入 CNC 系统中，CNC 系统工作方式有存储工作方式和 DNC 工作方式两种。应用较多的是存储工作方式，它是将整个零件加工程序全部输入 CNC 内部存储器中，加工时再从存储器中逐个调出程序。DNC 工作方式是一边输入一边加工的方式，在前一程序段加工时，输入后一个程序段的内容。CNC 系统在输入过程中还需完成代码的校检和转换、无效码的删除等工作。

（2）译码 是对输入 CNC 内部的信息进行处理，以零件加工程序的一个程序段为单位，将轮廓（起点、终点、直线、圆弧等）、加工速度、主轴转速、进给量、辅助功能等信息翻译成数控机床能够识别的数据形式，并存放在指定的内存专用区域。在译码过程中还要进行语法检查，发现错误立即报警。

（3）数据处理 是将经过译码处理后存放在指定内存专用区域的数据进行处理，一般包括刀具补偿处理、进给速度处理等。刀具补偿包括刀具长度补偿和刀具半径补偿。为了编程方便，编制程序时是以零件轮廓轨迹来编程的，经过刀具补偿处理后，零件轮廓轨迹转换成刀具中心轨迹。使用刀具补偿功能后，当更换刀具时，只需改变系统存储中的刀具尺寸数据，而不必改变零件加工程序，从而提高加工效率。进给速度处理是 CNC 系统在插补运算前要完成的一项重要准备工作。加工程序当中给定的 F

值是各坐标合成运动方向的速度，因此要将 F 值分解成各运动坐标方向的分速度，为后续插补运算计算出各运动坐标的行程量做准备。另外，要根据机床允许的最低和最高速度进行限速处理，有的数控机床的 CNC 软件还要进行自动加速和减速处理。

（4）插补运算　零件加工程序段给定的数据有起点坐标、终点坐标、圆心坐标、圆弧半径等，指令的行程信息是有限的，但要进行轨迹加工 CNC 系统必须从一条已知起点和终点的曲线上自动进行“数据点密化”工作，即插补运算工作。插补运算就是根据输入程序中的基本数据进行实时运算与控制，插补程序在每个插补周期内运行一次。在每个周期中，计算机根据进给速度计算出一个微小的直线数据段，经过若干个插补周期可完成一个程序段的加工，也就完成了该程序段从起点到终点的“数据点密化”工作。CNC 系统一边插补一边加工，使刀具和工件做出符合各程序段要求的轨迹运动，从而加工出所需尺寸的零件。

（5）位置控制　是在采样周期内，将插补运算的理论位置与实际反馈位置进行比较，用差值去控制伺服电动机，进而控制机床工作台（或刀具）的移动。在位置控制时，通常还要完成位置回路的增益调整、各坐标方向的螺距误差补偿、反向间隙补偿等，以提高机床的定位精度。位置控制可由软件或硬件来完成，其装置位于伺服系统的位置环上。

（6）I/O 处理　I/O 接口是 CNC 系统与机床之间信息传递和变换的通道，主要是处理信息的输入、输出和控制。一方面将机床运动过程中有关参数输入 CNC 中，另一方面将 CNC 的输出命令（如换刀、主轴变速换挡、加冷却液等）变为执行机构的控制信号，实现对机床的控制。

（7）显示　显示装置有 CRT 或 LCD 显示器，一般位于机床的控制面板上，主要是为操作者提供操作和观察上的方便。显示的内容通常有零件加工程序、加工参数、刀具位置、机床状态、报警信息等。有的 CNC 系统还配置有刀具加工轨迹的动态和静态模拟加工图形显示。

（8）诊断　CNC 系统通过内部自诊断程序进行故障诊断，对输入系统的加工程序的语法、逻辑等进行集中检查，发现错误并加以提示。现代 CNC 系统都有丰富的联机和脱机诊断功能。联机诊断是指 CNC 系统中的自诊断程序，在 CNC 工作时随时检查不正常的事件。脱机诊断是指在 CNC 不工作时进行的诊断，利用脱机诊断程序对存储器、外围设备和 I/O 接口等进行检查。脱机诊断还可利用远程通信方式进行诊断，将使用的 CNC 系统通过网络与远程通信诊断中心的计算机相连，由诊断中心对客户的 CNC 系统进行诊断、故障定位和修复。

3. CNC 系统的功能

CNC 系统在系统软硬件支持下可以实现很多功能，包括基本功能和选择功能。基本功能是 CNC 系统必备功能，选择功能是供用户根据机床特点和用途进行选择的功能。根据数控机床类型、用途和档次不同，数控装置的功能有很大差别，一般具备以下几个主要功能。

（1）控制功能　主要反映 CNC 系统能够控制的轴数和联动轴数。控制的轴数越多，特别是联动轴数越多，CNC 系统功能越强，系统越复杂，编制程序也越困难。能控制的轴有移动轴和回转轴，有基本轴和附加轴，通过轴的联动可以完成轮廓轨迹加工。

（2）插补功能　是指CNC系统通过软件插补来实现刀具运动轨迹控制的。插补运算的实时性很强，计算速度要同时满足机床对进给速度和分辨率的要求，因此插补功能分为粗插补和精插补两步，采用粗精两级插补能满足实时性要求。粗插补是每次插补一个小线段的数据，精插补是伺服系统将小线段分成单个脉冲的输出。一般数控装置能够完成直线和圆弧插补，高档数控装置还能完成抛物线、螺旋线、极坐标、正弦、样条、指数函数、渐开线、圆柱面等插补。

（3）准备功能　也称G指令代码，是用来指定机床运动方式的，包括基本移动、平面选择、程序暂停、坐标设定、刀具补偿、基准点返回、公英制转换、固定循环等指令。

（4）辅助功能　也称M指令代码，用来指定主轴的启停和正反转，冷却液的开关，刀库的启停等辅助操作，通过PLC或I/O接口实现。辅助功能一般是开关量的控制，不同型号的数控装置具有的辅助功能差别很大，而且有许多是自定义的。

（5）进给功能　用来指定数控机床加工的进给速度，用F指令代码表示。进给功能包括切削进给速度（每分钟进给量，单位mm/min）、同步进给速度（主轴每转进给量，单位mm/r）、进给倍率（操作面板上有进给倍率开关，不用修改程序就可以改变进给速度，试切零件时可随时通过进给倍率开关改变进给速度，在发生意外时也可随时停止进给）。

（6）主轴功能　用来指定主轴的转速，也可以实现主轴的准确定位，用S指令代码指定，单位为r/min。

（7）刀具功能　用来选择所需的刀具，用T指令代码表示。

（8）补偿功能　在加工过程中，由于机床机械精度不足、机械结构受温度影响、刀具磨损或更换刀具、机械传动中的丝杠螺距误差和反向间隙等，使实际加工出的零件尺寸与要求尺寸不一致，存在加工误差。CNC系统的补偿功能是借助测量装置、传感器等测出机床、刀具和工件的位置变化，并查出相应的校正值，将补偿量输入CNC系统存储器中，根据编程轨迹重新计算刀具的运动轨迹和坐标尺寸，从而加工出符合要求的零件，提高加工精度。补偿功能包括刀具的尺寸补偿，如刀具长度补偿、刀具半径补偿和刀尖圆弧补偿，还包括工艺量的补偿，如坐标轴的反向间隙补偿、热变形补偿、丝杠螺距误差补偿、进给齿条齿距误差补偿等。

（9）固定循环功能　是指数控机床在加工一些常用典型的加工工序（如钻孔、镗孔、深孔钻削、攻螺纹等）时，将这些典型动作预先编好程序并存储在内存中，在使用时选择合适的背吃刀量和重复次数等参数，就可按固定循环约定的功能进行加工。采用固定循环功能可大大简化程序的编制，主要分为钻孔循环、镗孔循环、攻螺纹循环、复合加工循环等。

（10）通信功能　为了适应柔性制造系统（FMS）和计算机集成制造系统（CIMS）的需求，CNC系统通常具有串行通信接口、DNC接口，有的CNC装置还配置网卡，可以方便接入MAP工业局域网、以太网等。

（11）字符、图形显示功能　能为操作者提供方便，通常可以显示程序、参数、机床状态、故障信息等。

（12）自诊断功能　随时检查不正确事件，查找故障。

（13）人机对话编程功能　现代 CNC 系统一般都具有人机对话编程功能，编程人员只需送入图样上简单表示的几何尺寸就能自动地计算出全部交点、切点和圆心坐标，自动生成加工程序。有的 CNC 系统可根据引导图和显示说明进行对话式编程，并有工序、刀具和切削条件的自动选择等智能功能。有的 CNC 系统还具有用户宏程序功能。人机对话编程功能有助于复杂零件程序的编制，且编程方便。

4. 常用数控系统

目前，常用数控系统有日本的 FANUC 系统、MITSUBISHI 系统，德国的 SINUMERIK 系统、HEIDENHAIN 系统，西班牙的 FAGUR 系统，美国的 AB 系统，法国的 NUM 数控系统，国内的数控系统有广州 GSK 系统、北京 KND 系统、华中 HNC 系统等。下面介绍几种典型的数控系统。

（1）FANUC 系统

FANUC（发那科）公司自成立以来致力于数控系统和工业机器人的研究，是全球最大的数控系统厂家，市场占有率远超其他数控系统厂家，并在全球建立了 200 多个服务网点，以提供技术支持。产品采用模块化结构设计，软件系统功能强大，编程灵活，性能稳定，维修方便。

最新的系列有 FANUC 30i/31i/32i - MODEL B 系列、30i/31i/32i - MODEL B Plus 系列、0i - MODEL F 系列、0i - MODEL F Plus 系列（0i - MF Plus、0i - TF Plus、0i - LF Plus）等。Plus 系列有最新的功能，功能可定制，能实现高精度加工，周期短，能轻松操作机器人，能灵活创建机床屏幕，其中 30i - MODEL B Plus 最大同时控制轴数为 24 轴，能同时执行多种加工，0i - MF Plus 系列是加工中心的数控系统。图 1 - 3 所示为 FANUC 系统操作面板。

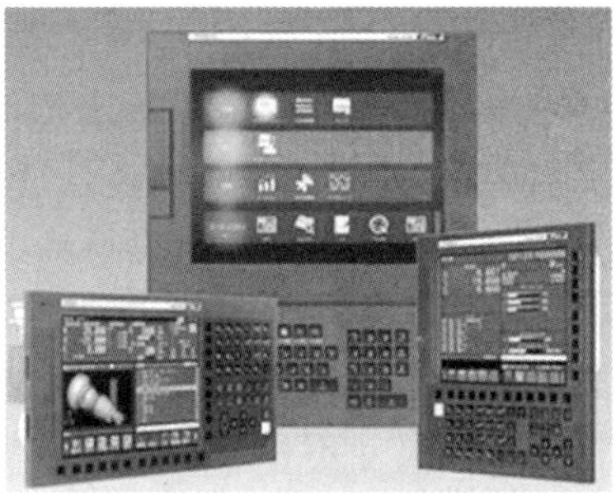

图 1 - 3　FANUC 系统操作面板

（2）SINUMERIK 数控系统

SINUMERIK 数控系统是西门子（SIEMENS）公司生产的产品，该公司致力于科技融合现实与数字世界，助力“中国制造 2025”，推动产业的发展。产品特点是构成部件少，模块化程度高，操作方便，具有良好的系统安全性和可靠性。SINUMERIK 数控系统能为企业提供先进的机床解决方案，对单件或批量生产、简单或复杂工件的生产，都能满足其特定要求。

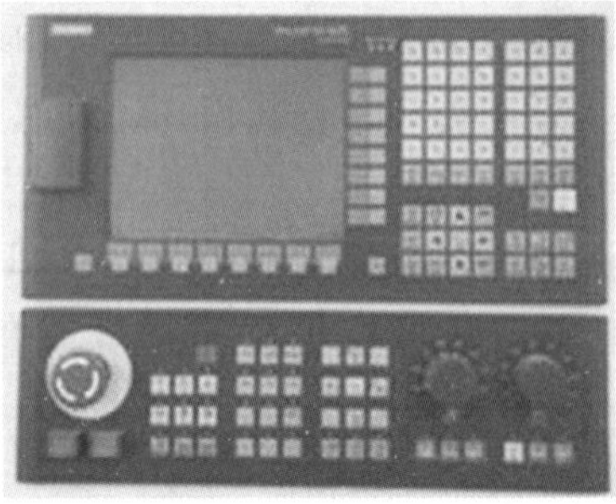

图 1 - 4　SINUMERIK 808D 系统操作面板

主要系列有 SINUMERIK 808，是适用于普通机床的入门级数控系统，图 1 - 4 所示为 SINUMERIK 808D 系统操作面板；SINUMERIK 828、SINUMERIK 840，属于高端数控系统，适用于高性能加工，可以一次完成多种加工任务，具有高速、高精度、高效率等优点；SINUMERIK MC，是适用于木材、玻璃、石材切割机以及特殊技术的开放式数控系统。

（3）广州 GSK 系统

广州数控设备有限公司被誉为中国南方数控产业基地，其数控系统有磨削数控系统、车削数控系统、铣削数控系统、多功能位置控制系统、自动化产线控制系统、高档数控系统、专用机床数控系统等，主要有 GSK980 系列、GSK988 系列等。

① GSK980 系列。该系统集成度高、操作和编程指令简单、可实现高速高精度及高可靠性的加工。该系列有 GSK980TB（GSK 980TB3i 总线式数控系统、GSK 980TB3（TB3－V）车床数控系统等）、GSK980TC（GSK 980TC3 总线式车床数控系统等）、GSK980TD（GSK 980TDi 车床数控系统、GSK 980TDc 车床数控系统等）、GSK 980TT（GSK 980TTi 双通道车床数控系统、GSK 980TTC 双通道车床数控系统等）、GSK 980MDc（GSK 980MDc－TN 木工开榫机数控系统、GSK 980MDc－wodsaw 木工锯机数控系统、GSK 980MDc－PM 木工仿形机数控系统、GSK 980MDc－Wodrut 木工铣槽机数控系统、GSK 980MDi 钻铣床数控系统、GSK 980MDc 钻铣床数控系统等）。

② GSK 988 系列。该系列有 GSK 988TA 车削中心数控系统、GSK 988TD 系列车削中心数控系统、GSK 988W 木工数控系统、GSK 988MA 系列加工中心数控系统，其中，GSK 988TA 和 GSK 988TD 系列是高档数控系统，属于高端应用。

（4）华中数控 HNC 系统

武汉华中数控股份有限公司开发生产的产品有数控系统、工业机器人、新能源汽车、红外人体测温设备等，数控系统涉及车床、铣床、加工中心、磨床等数控装置，产品最新系列有 HNC－808，HNC－818 等。

① HNC－808 系列。如 HNC－808DT 车床数控系统、HNC－808DiM－10G 铣床数控装置、HNC－808DG 磨削数控系统。产品是在华中 8 型数控系统的基础上开发研究的，性能高且稳定，模块化设计，定制化软件开发，采用液晶显示屏，还可以自定义显示和功能按键，能满足不同人群需求，能实现客制化，调试方便。

② HNC－818 系列。如 HNC－818DiT 车床数控系统、HNC－818DiM 加工中心数控系统，该产品也是在华中 8 型数控系统的基础上开发研究的，属中高端数控系统，硬件性能升级，功能更强大，运算快，能耗低。

1.1.4　数控机床分类及其应用范围

1. 数控机床的分类

数控机床的种类很多，可以按不同的方法对其进行分类，大致可分为以下几类：

（1）按工艺用途分类

① 金属切削类数控机床。如数控车床、数控铣床、数控钻床、数控镗床、数控磨床、数控雕刻机、数控齿轮加工机床、加工中心等。

② 成型类数控机床。如数控折弯机、数控弯管机、数控剪板机、数控冲床、数控锻压机床、3D 打印机等。

③ 数控特种加工机床。如数控电火花加工机床、数控电火花线切割机床、数控激

光切割机床、数控激光内雕机床等。

④ 其他类型的数控机床。如数控火焰切割机床、数控三坐标测量机床、数控液压装配机床、机器人等。

（2）按主轴配置形式分类

① 卧式数控机床。主轴轴线与机床工作台面平行的数控机床，有卧式数控车床、卧式数控铣床等。

② 立式数控机床。主轴轴线与机床工作台面垂直的数控机床，一般有一个较大的工作台面，用于装夹工件，有立式数控铣床、立式加工中心等。

（3）按运动方式分类

①点位控制数控机床。控制机床的运动部件从一点到另一点的精确定位，而对运动轨迹不做控制要求。如数控镗床、数控钻床、数控冲床、数控点焊机、数控弯管机、数控测量机等。

② 直线控制数控机床。不仅控制机床的运动部件从一点到另一点按给定速度沿直线轨迹精确定位，而且对轨迹运动做出了要求，如数控磨床。

③ 轮廓控制数控机床。控制机床运动部件从一点到另一点按给定速度沿指定轨迹精确定位，如数控车床、数控铣床、加工中心、数控线切割机床等。

（4）按控制方式分类

① 开环控制系统。不带位移检测反馈装置的控制系统，其指令流向是单向的，通常由步进电动机驱动。

② 闭环控制系统。安装有位置检测反馈元件，检测机床工作台的实际位移，并反馈给数控装置，与理论位移值进行比较，迅速发出位置补偿命令，使工作台精确到达指定位置。测量元件一般安装在传动系统末端元件上，如工作台。机床闭环传动控制系统由伺服电动机驱动。

③ 半闭环控制系统。与闭环控制系统一样安装有位置检测反馈元件，但其安装在机床传动系统中间元件上，如滚珠丝杠或伺服电动机轴上。

（5）按可联动坐标轴数分类

① 两轴联动。指具有两个坐标轴，且能同时联动的数控机床，可以实现旋转曲面加工，如数控车床。

② 两轴半联动。指具有三个坐标轴，且其中任意两个坐标轴同时进给运动，而第三轴做周期性进给运动的数控机床，可以实现分层加工，如数控铣床。

③ 三轴联动。指具有三个坐标轴，且能同时控制三个坐标轴联动的数控机床，用于一般曲面的加工，一般的型腔模具均可以用三轴加工完成，如三轴加工中心。

④ 多坐标联动。指具有四个及以上坐标轴，且能同时控制四个及以上坐标轴联动的数控机床，用于一般曲面的加工，如四轴加工中心、五轴加工中心、车铣复合加工中心等。

2. 常用数控机床的应用范围

每种类型的机床都有其适用的加工范围，下面对数控车床和数控铣床做详细介绍：

（1）数控车床

由于数控车床加工具有高精度、高效率和高柔性化等特点，因而在现代制造业中得到了广泛应用，占数控机床的25%左右。数控车床具有加工灵活，通用性强，能适应产品的品种和规格的频繁变化等优点，因此常用于新产品的开发和多品种、小批量生产，是汽车制造、发动机制造、航空航天、机床制造等领域必不可少的加工设备。

基于数控机床加工的特点，数控车削加工除可以完成普通车床所能够加工的所有零件外，还可以完成一些普通车床无法加工的零件。

① 轮廓形状特别复杂或难以控制尺寸的回转体零件。由于数控车床具有直线和圆弧插补功能、宏程序功能（高级数控系统还具有非圆曲线如椭圆、抛物线等插补功能），因而能加工由任意直线和平面曲线轮廓组成的形状复杂的回转体零件。组成零件轮廓的曲线可以是数学方程式描述的曲线，也可以是列表曲线。对于由直线或圆弧组成的轮廓，可直接利用机床的直线或圆弧插补功能；对于由非圆曲线组成的轮廓，可以用宏程序编程或非圆曲线插补功能。如图1-5所示的零件外形轮廓复杂，尺寸控制难度大，其中在圆弧段还分布有异形槽，在普通车床是无法加工的，而在数控车床上则很容易加工出来。

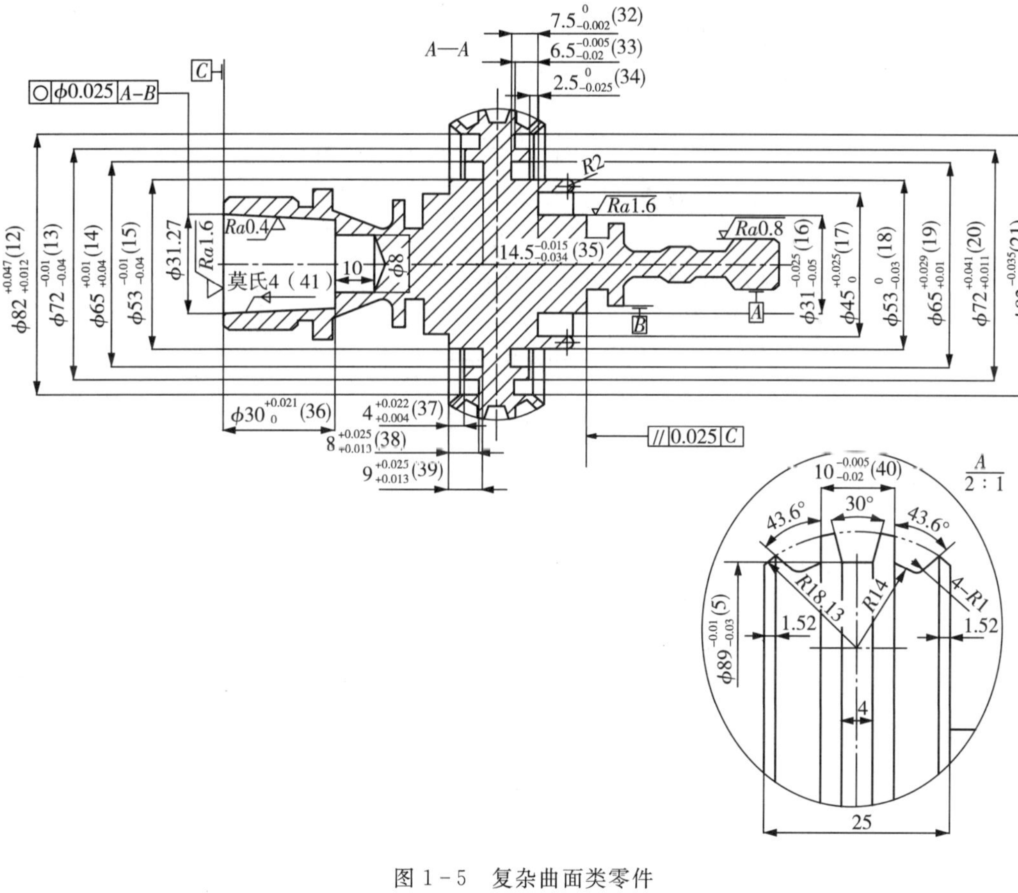

图1-5　复杂曲面类零件

② 精度要求高的回转体零件。数控车床加工过程中，车刀运动是通过高精度插补运算和伺服驱动来实现的，能方便和精确地进行人工补偿和自动补偿，因而其零件加工精度远比用普通仿形车床要高得多，尤其是在圆弧以及其他曲线轮廓的加工上，更

是优势明显。

数控车床加工的尺寸精度一般可以达 0.001 mm 或更小，表面粗糙度数值可达 $Ra0.8\ \mu m$ 或更小，因而可以实现以车代磨，节约设备投入，提高生产效率。在特种精密数控车床上，可以加工出几何轮廓精度极高（达 0.0001 mm）、表面粗糙度数值极小（达 $Ra0.02\ \mu m$）的超精密零件。

③ 表面粗糙度要求高的回转体零件。在普通车床上切削直径变化较大的零件时（如锥面、球面和端面等），随着切削点（车刀刀尖处）工件直径的不断变化，其切削点处的线速度也会随之变化，从而导致车削后的表面粗糙度不一致。数控车床具有较高的切削速度和恒线速度切削功能，在加工时，可以根据零件精度和表面粗糙度的要求，选择合适的切削速度并使用数控系统的恒线速度功能来实现加工过程切削点线速度的恒定，从而得到车削后的表面粗糙度值小而均匀。

④ 带特殊螺纹的回转体零件。普通车床只能车削等导程的圆柱或端面米制、英制螺纹。数控车床不但能加工等导程的圆柱、圆锥和端面螺纹，而且能加工各种非标准螺距或变螺距等特殊螺旋类零件。如图 1－6 所示为变螺距螺纹，加工时，数控车床主轴回转与刀架进给可实现多种功能同步，主轴转向不必像普通车床那样正反向交替变换，刀具依照程序确定的轨迹不停地自动循环加工直到加工完成。

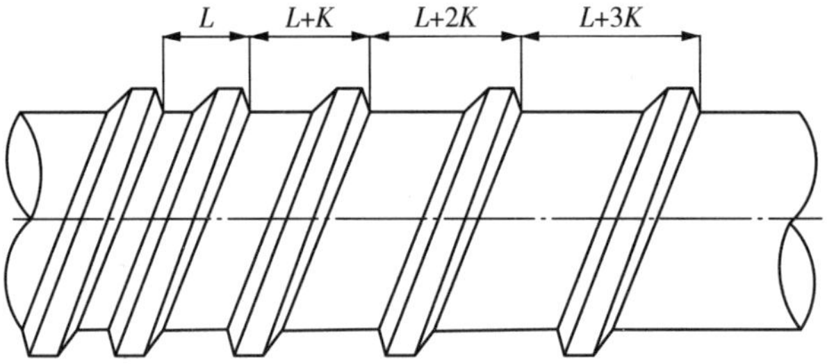

图 1－6　变螺距螺纹

（2）数控铣床

数控铣床除了能加工普通铣床所能加工的各种零件外，还可以加工传统普通铣床无法加工的各种复杂的平面型腔、外形轮廓及空间三维曲面，具体可分为以下几类：

① 平面类零件。指加工面与水平面平行或垂直，以及加工面与水平面的夹角为一定值的零件。这类零件的特点是所有加工面都是平面，或可展开为平面，如图 1－7 所示。平面类零件是数控铣削加工中最简单的一类，也是最主要的一类，通常只需要采用三轴数控铣床的两轴联动（即两轴半加工）即可加工出来。

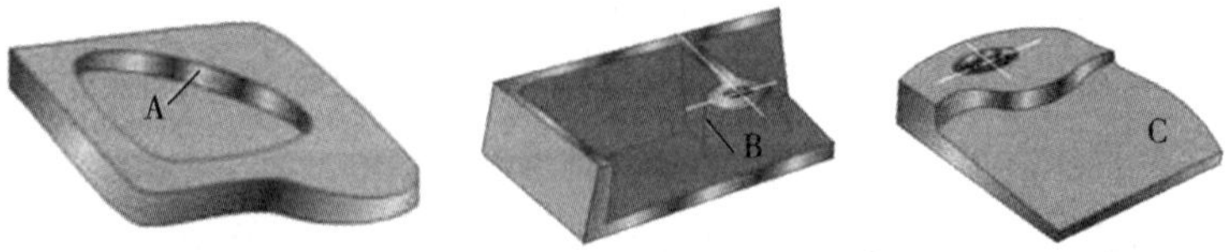

（a）轮廓面A　　（b）轮廓面B　　（c）轮廓面C

图 1－7　平面类零件

② 变斜角类零件。指加工面与水平面的夹角连续变化的零件。这类零件的特点是变斜角加工面不能展开为平面，且加工中，加工面与铣刀圆周接触的瞬间为一条直线，如图1-8所示。这类零件多采用加工中心进行加工，若条件不允许时，也可以采用三轴数控铣床的两轴联动（即两轴半加工）进行逼近加工。

③ 空间曲面类零件。指加工面不能展开为平面，且加工面与铣刀始终为点接触，如图1-9所示。这类零件通常采用三轴数控铣床的两轴联动（即两轴半加工）进行加工，如图1-9（a）所示。当曲面较为复杂、流道狭窄、易产生刀具干涉时，可采用多轴加工中心进行加工，如图1-9（b）所示。

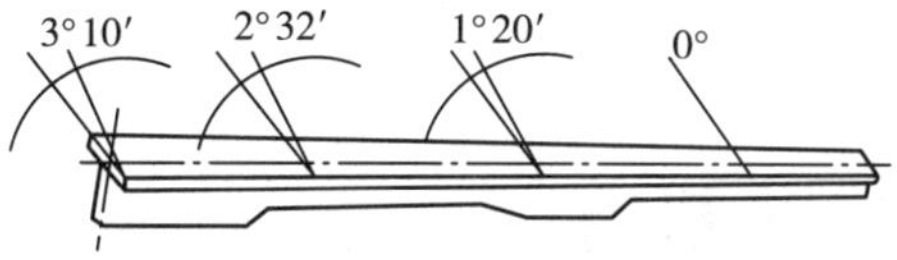

图1-8　变斜角类零件

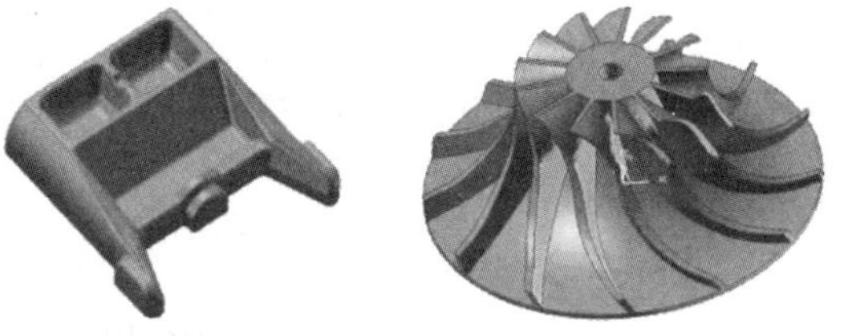

（a）电极模具三维模型　（b）整体式叶轮三维模型

图1-9　空间曲面类零件

④ 箱体类零件。这类零件一般需要进行平面、孔系、轮廓的多工序加工，精度要求较高，通常要经过铣、钻、扩、镗、铰、锪、攻螺纹、铣螺纹等工序，如图1-10所示。在普通机床上加工工艺复杂，工装套数多，加工难度大，加工周期长，加工成本高，且精度不易保证。这类零件通常采用加工中心进行加工，一次装夹可以完成普通机床60%～95%的工序内容，零件各向精度一致性好，质量稳定，生产周期短。

（a）发动机缸体a　（b）发动机缸体b　（c）发动机缸体c

图1-10　常见的箱体类零件

⑤ 异形零件。指支架、拨叉这一类外形不规则的零件，如图1-11所示。大多要

（a）轴承座支架　（b）拨叉

图1-11　常见外形不规则的异形零件

点、线、面多工位混合加工，刚性较差，夹紧及切削变形难以控制；加工精度难以保证。普通机床通常只能采取工序分散的原则进行加工，需用工装套数较多，加工周期较长。这类零件通常采用加工中心进行多工位点、线、面混合加工，一次装夹可以完成大部分甚至是全部工序。

⑥ 高精度中小批量零件。针对数控铣床加工精度较高、尺寸稳定的特点，对加工精度较高的中小批量零件来说，选择加工中心加工，容易获得所要求的尺寸精度和形状位置精度，并可得到很好的互换性。

⑦ 周期性投产的零件。某些产品的市场需求具有周期性和季节性，采用数控铣床首件试切完成后，程序和相关生产信息可保存起来，供以后重复使用。产品下次再投产时只要很少的准备时间就可开始生产，使生产周期大大缩短。

⑧ 新产品试制中的零件。新产品在定型之前，选择数控铣床试制，可省去许多用通用机床加工所需的试制工装。

1.2 数控加工工艺基础

1.2.1 数控加工工艺设计

在数控加工程序编制前需进行工艺设计，工艺设计内容主要包括数控加工内容选择、工艺性分析、工艺路线设计、工序设计、编制工艺文件等。加工工艺设计不合理会影响数控机床加工质量、生产效率及加工成本。数控加工工艺有工艺详细、工序集中、工序内容复杂等特点，对操作人员的要求相对较高。

1. 数控加工内容的选择

当对零件进行加工时，并不等于所有的加工内容都要进行数控加工，有的只是选择其中的一部分进行数控加工。从实际需要和经济性两个方面考虑，充分发挥数控加工的优势，通常选择下列加工部位为数控加工内容：

① 形状复杂，加工精度要求高，普通机床很难保证质量的零件；

② 具有复杂曲线或曲面轮廓的零件；

③ 在一次装夹中需完成多道工序的零件；

④ 容易受人为因素干扰，一旦质量失控会造成重大经济损失的零件；

⑤ 使用数控机床加工可以极大提高生产率的零件；

⑥ 切削加工量较小，切削加工时间短，能成倍提高生产率，大大减轻体力劳动强度的零件。

2. 数控加工工艺性分析

数控加工的工艺分析内容包括以下几个方面。

(1) 选择合适的对刀点和换刀点

① 对刀点：指用于对刀以确定刀具和工件相对位置的基准点。对刀点的选取要考虑对刀方便、便于检测、有利于简化编程等因素。对刀点可以选在工件上，也可以选

在工件外面，但必须与零件的定位基准有一定的关系。当对刀精度要求较高时，对刀点尽量选择在零件的设计基准或工艺基准上。若对刀精度要求不高，可直接选用零件上或夹具上的某些表面作为对刀面。

② 换刀点：指刀架转位换刀时的位置。在加工过程中需要换刀操作的数控机床，应规定换刀点，在编程时应考虑不同工序之间的换刀位置。为了防止刀架转位时碰到工件或其他部件，换刀点应设在工件或夹具的外部。换刀点可以是某一固定点，也可以是任意的一点，如加工中心机床的换刀机械手的换刀点位置是固定的，车床换刀点位置是任意的。

（2）选取合适的工艺基准

在数控加工中，尤其是正、反两面都采用数控加工的零件，要统一工艺基准才能保证两次安装加工后两个面的尺寸协调。若零件没有合适的基准，可考虑增加工艺凸台或工艺孔，待加工完成后将其去除。

（3）选择合适的零件安装方式

工件的安装包含定位和夹紧两个方面，工件的位置精度取决于工件的安装方式和安装精度。在安装工件时力求设计、工艺和编程计算的基准统一；尽量减少装夹次数，尽可能在一次定位装夹后，能加工出全部待加工表面；充分发挥数控机床的效能，避免采用占机人工调整式加工方案。

一般情况下工件的安装方法有：

① 直接找正安装。直接找正是用划针、百分表等工具直接找正工件位置并夹紧。此方法的安装精度取决于操作者的技术水平和测量工具的精度，因此效率低，一般只用于单件小批量生产。

② 划线找正安装。划线找正是先用划针画出要加工表面的位置，再按划线用划针找正工件在机床上的位置并夹紧。这种方法需要操作熟练的划线工，而且由于划线耗时长，所以一般用于批量不大、形状复杂且笨重的工件或精度要求低的毛坯的加工。

③ 夹具安装。为固定工件，使之占有确定位置以接受加工或检测的工艺装备称为机床夹具，简称夹具。

夹具安装指的是将工件直接安装在夹具的定位元件上，此方法安装迅速方便，定位精度较高，加工稳定，生产率较高，广泛用于中、大批量生产。用夹具安装工件的方法不需要通过找正就可将工件夹紧，通过夹具上的对刀装置，就可保证工件加工表面相对于刀具的正确位置，从而保证加工精度。

合理选择夹紧方式，尽量保证经一次安装就能够完成除安装面以外所有待加工面的加工，以保证加工精度。另外，夹具的选择也很重要。夹具需要保证夹具的坐标方向与机床的坐标方向相对固定，同时还要协调零件和机床坐标系的尺寸关系。当零件加工批量不大时，尽量采用组合夹具、可调式夹具及其他通用夹具，可以缩短生产准备时间，节省费用。当成批生产时，可以采用专用夹具，并力求结构简单。夹具要开敞，定位、夹紧机构元件不能影响加工时的走刀。

（4）零件图形的数控加工工艺性分析

对零件图进行数控加工工艺性分析，包括图样中的尺寸标注方法是否符合数控加工的特点，构成零件轮廓的几何要素的条件是否完整、准确，定位基准是否可靠等。

（5）零件结构的工艺性分析

零件的结构工艺性分析主要包括能否达到所要求的加工质量，能否提高劳动生产率，能否减少加工劳动量等。

3. 数控加工工艺路线设计

数控加工工艺路线设计是工序设计的基础，其设计是否合理会直接影响零件的加工质量与生产效率。设计工艺路线时应仔细分析零件图、毛坯图，结合数控加工的特点灵活运用普通铣削加工工艺的一般原则，尽量把数控加工工艺路线设计得更合理。

（1）工序的划分

工序是完成产品生产加工的基本组成单元，它是指一个或一组工人，在一个工作地对一个或几个生产对象所进行生产活动的工艺过程。

工序划分的原则有工序集中原则及工序分散原则。

工序集中原则：指尽量使每道工序包括尽可能多的加工内容，使工序的总数减少。工序集中原则的优点是有利于减少工序数目，简化生产，提高生产效率；减少装夹次数，保证各加工表面间的相互位置精度，减少装夹工件的辅助时间。但工序太集中不适合大批量生产。

工序分散原则：指将工件的加工分散在较多的工序进行，每道工序的加工内容很少。工序分散原则的优点是操作简单，容易转产，调整和维修方便，适合大批量生产。但工艺路线较长，所需设备及多，占地面积大。

在数控机床上加工零件，工序应比较集中，在一次装夹中应尽可能完成全部或大部分工序。首先应根据零件图样，考虑被加工零件是否可以在一台数控机床上完成整个零件的加工作业。若不能，则应选择哪部分元素需用数控机床加工，即对零件进行工序划分。常用的工序划分方法有以下几种：

① 刀具集中分序法：是指按所用刀具划分工序，用同一把刀具加工完零件上所有可以完成的部位。再用第二把刀、第三把刀完成它们可以完成的其他部位。这样可减少换刀次数，压缩空程时间，减少不必要的定位误差。

② 加工部位分序法：对于加工内容很多的零件，可按其结构特点将加工部分分成几个部分，如内腔、外形、曲面或平面等。一般先加工平面、定位面，后加工孔；先加工简单的几何形状，再加工复杂的几何形状；先加工精度较低的部位，再加工精度要求较高的部位。

③ 粗、精加工分序法：对于易发生加工变形的零件，由于粗加工后可能发生的变形而需要进行形状校正，故一般来说凡要进行粗、精加工的都要将工序分开。

综上所述，在划分工序时，一定要结合零件的结构与工艺性、零件的技术要求、零件数控加工内容的多少、装夹次数、机床的功能及本单位生产组织状况灵活掌握，合理安排。

（2）工步的划分

工步是划分工序的单元，可以简单理解为一个工序的若干步骤，即在同一个工序内，要完成一系列作业过程时，把可以归类成某一独立的作业过程叫作一个工步。

工步的划分主要从加工精度和效率两方面考虑。在一个工序内往往要采用不同刀具和切削用量，对不同表面进行加工。在数控铣削加工中，工步划分应遵循以下原则。

① 先粗后精：数控加工经常是将加工表面的粗、精加工安排在一个工序完成，为了减少热变形和切削力引起的变形对加工精度的影响，应将工件各加工表面先全部依次粗加工完，然后再全部依次进行精加工。这样在一个表面的粗加工和精加工之间的间断时间，加工表面可得以短暂的时效和散热。

② 先面后孔：对于既有面又有孔的零件，可先加工面，后加工孔。按此方法划分工步，可以提高孔的精度。因为铣削时切削力较大，工件易发生变形。先加工面，后加工孔，使其有一段时间恢复，减少由变形引起的对孔的精度的影响。

③ 先大后小：按所用刀具划分工步，先安排用大直径刀具加工表面，后安排用小直径刀具加工表面，这与“先粗后精”原则是一致的。大直径刀具切削用量大，适用于粗加工，小直径刀具适用于精加工。同时，某些机床工作台的回转时间比换刀时间短，按使用刀具不同划分工步，可以减少换刀次数，减少辅助时间，提高加工效率。

总之，工步的划分与工序划分同等重要，一定要根据具体零件的结构特点、技术要求等综合考虑。

（3）加工方案的制定

加工方案是依据图样信息编制加工工序、确定加工工步及走刀路线等内容，又称工艺方案。由于加工对象形状不同、工件材料不同、技术要求不同，因此在制定加工方案时要进行具体分析，灵活处理。制定出合理的加工方案可以使加工的产品在质量、效率和成本之间达到最优。加工方案的制定一般原则为：基准先行，先粗后精，先主后次，先内后外，先面后孔。

① 基面先行：先加工用作精基准的表面，再以精基准表面定位加工其他表面。

② 先粗后精：加工时应先安排粗加工，再安排半精加工，最后安排精加工和光整加工。合理选取背吃刀量大小可以达到效率高质量好的目的，先快速地在较短时间内去除大部分毛坯余量，然后精加工达到所要求的表面质量。

③ 先主后次：零件的装配基面和工作表面等主要表面要先安排加工，键槽、螺纹等次要表面后安排加工。

④ 先内后外：首先加工内腔，以外形夹紧；接着加工工件外形，以内腔中的孔夹紧。

⑤ 先面后孔：先加工用于定位的平面和孔的端面，然后加工孔。

要注意的是加工方案不是一成不变的，要根据实际情况灵活选择。

4. 数控加工工序设计

数控加工工序设计的主要内容是为每一道工序选择机床、夹具、刀具及量具，确定定位夹紧方案、刀具运动轨迹、切削用量、工序尺寸及其公差等，为编制加工程序做好充分准备。

（1）加工路线的确定

在数控加工中，刀具（刀位点）相对于工件运动的轨迹称为加工路线。即刀具从对刀点开始运动起，直至结束加工所经过的路径，包括刀具切入、切出等非切削空行程。确定加工路线通常综合以下几个方面来设计：

① 寻求最短走刀路线，减少空刀时间；

② 为了达到表面粗糙度要求，最终轮廓要一次走刀完成；

③ 选择合适的切入、切出方向，可以保证工件轮廓光滑，防止划伤工件留下刀痕；

④ 选择使工件在加工后变形小的路线。

(2) 定位和夹紧方案的确定

在确定定位和夹紧方案时要注意下几点：

① 尽量使设计基准、工艺基准与编程计算基准相统一；

② 工序安排尽量集中，减少装夹次数，尽可能地保证在一次装夹后能加工出全部待加工表面；

③ 避免采用占机时间长、人工调整时间长的装夹方案；

④ 夹紧力的作用点应落在工件刚度较好的部位，以减小夹紧造成的变形。

(3) 刀具与工件的相对位置的确定

相对位置的确定是通过确认对刀点来实现的，对刀点的选择原则有：找正容易、编程方便、对刀误差小、加工时检查方便可靠。

(4) 切削用量的确定

切削用量是切削时各运动参数的总称，包括切削速度、进给速度或进给量、背吃刀量（切削深度）等，如图 1-12 所示。合理地选择切削用量是保证加工顺利进行的首要条件，切削用量的选取决定了加工时间、刀具寿命和加工质量，因此必须合理地选择切削用量。切削用量应根据刀具的耐用度、机床说明书的规定、实际经验来选择，具体选用可参考国内外有关数控加工切削用量表或切削用量手册。

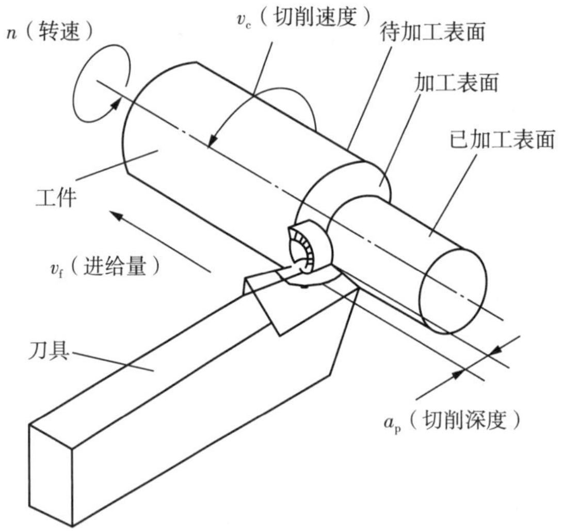

图 1-12　切削用量参数

① 切削速度 v_c：描述的是切削刃上选定点相对于待加工表面在主运动方向上的瞬时速度，单位为 m/min。切削速度的选择主要取决于刀具耐用度和被加工工件材料的硬度，提高切削速度可以提高生产率，但随着切削速度增大，刀具耐用度急剧下降。具体参数可通过如下公式计算，也可根据刀具供应商提供的说明书中允许的切削速度

范围查表选取。

$$v_c=\frac{\pi dn}{1000}$$

式中：d——工件待加工（或刀具）直径，mm；

n——工件（或刀具）转速，r/min。

② 进给速度 v_f：指的是切削刃上选定点相对于工件的瞬时进给运动速度，单位为mm/min，进给速度可以按如下公式进行计算。

$$v_f=nf=nzf_z$$

式中：n——工件或刀具转速，r/min；

f——进给量，mm/r；

z——齿数；

f_z——每齿进给量（指铣刀每转过一齿，工件和刀具在进给运动方向上的相对位移量），mm/r。

③ 切削深度 a_p（背吃刀量）：指的是待加工表面与已加工表面间的垂直距离，单位为 mm，如图 1-13 所示。

$$a_p=\frac{d_w-d_m}{2}$$

式中：d_w——工件待加工表面直径，mm；

d_m——工件已加工表面直径，mm。

为了提高生产效率，在机床、工件和刀具刚度允许的情况下，背吃刀量等于加工余量，一般为了保证零件的加工精度应留一定的余量进行精加工。

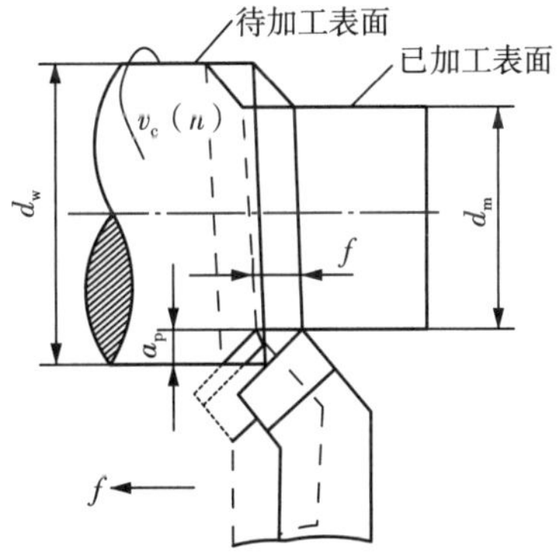

图 1-13　切削层截面

与普通机床比，数控机床动力参数高、速度参数范围大，在粗加工时尽可能取较大背吃刀量，以减少走刀次数，但也不能过大，防止崩刀、抖动；在精加工时可取较高切削速度和较低进给量，以达到表面精度。对于轮廓铣削，在内轮廓拐角处可降低进给速度或分段进给，防止速度惯性而引起的超程现象。

实际生产中由于零件的材料、热处理状态、加工性质等因素的变化，切削要素选取不能一成不变，如何在加工过程中选择较合理的切削要素，是一个不断学习的过程。

5. 编制工艺文件

数控加工工艺文件是数控加工及产品验收的依据，也是操作者遵守、执行的规程。主要有机械加工工艺过程卡、数控加工工艺卡、数控刀具卡、数控编程任务书等。下面提供常用文件格式，具体可根据企业实际情况自行设计。

（1）机械加工工艺过程卡　是以工序为单位说明零件机械加工过程的一种工艺文件。机械加工工艺过程卡概述了加工过程的全貌，是制订其他工艺文件的基础。但是在单件小批生产中，通常不再编制更详细的工艺文件，而以这种卡片直接指导生产，如表 1－1 所示。

表 1－1　机械加工工艺过程卡

<table>
<tr><td colspan="4" rowspan="2">机械加工工艺过程卡</td><td colspan="2">产品型号</td><td colspan="2"></td><td>零件图号</td><td></td><td colspan="4"></td></tr>
<tr><td colspan="2">产品名称</td><td colspan="2"></td><td>零件名称</td><td></td><td colspan="2">共　页</td><td colspan="2">第　页</td></tr>
<tr><td>材料牌号</td><td></td><td>毛坯种类</td><td></td><td colspan="2">毛坯外形尺寸</td><td colspan="2"></td><td>每毛坯件数</td><td></td><td>每台件数</td><td></td><td>备注</td><td></td></tr>
<tr><td rowspan="2">工序号</td><td rowspan="2">工序名称</td><td colspan="3" rowspan="2">工序内容</td><td rowspan="2">车间</td><td rowspan="2">工段</td><td rowspan="2">设备</td><td colspan="4" rowspan="2">工艺装备</td><td colspan="2">工时</td></tr>
<tr><td>准终</td><td>单件</td></tr>
<tr><td>1</td><td></td><td colspan="3"></td><td></td><td></td><td></td><td colspan="4"></td><td></td><td></td></tr>
<tr><td>2</td><td></td><td colspan="3"></td><td></td><td></td><td></td><td colspan="4"></td><td></td><td></td></tr>
<tr><td>3</td><td></td><td colspan="3"></td><td></td><td></td><td></td><td colspan="4"></td><td></td><td></td></tr>
<tr><td></td><td></td><td colspan="3"></td><td></td><td></td><td></td><td colspan="4"></td><td></td><td></td></tr>
</table>

<table>
<tr><td></td><td></td><td></td><td></td><td></td><td></td><td></td><td></td><td></td><td></td><td rowspan="2">设计日期</td><td rowspan="2">校对日期</td><td rowspan="2">审核日期</td><td rowspan="2">标准化日期</td><td rowspan="2">会签日期</td></tr>
<tr><td></td><td></td><td></td><td></td><td></td><td></td><td></td><td></td><td></td><td></td></tr>
<tr><td>标记</td><td>处数</td><td>更改文件号</td><td>签字</td><td>日期</td><td>标记</td><td>处数</td><td>更改文件号</td><td>签字</td><td>日期</td><td></td><td></td><td></td><td></td><td></td></tr>
</table>

（2）数控加工工艺卡　是在机械加工工艺过程卡的基础上，针对数控加工每道工序的工序内容所编制的一种工艺文件。该卡片中详细说明该工序中每个工步的加工内容、工艺参数、操作要求以及所用的设备和工艺装备等。它是用于具体指导工人操作的技术文件，如表 1－2 所示。

表 1－2　数控加工工艺卡

<table>
<tr><td rowspan="2">单位名称</td><td rowspan="2"></td><td>产品名称或代号</td><td>零件名称</td><td colspan="2">材料</td><td colspan="2">零件图号</td></tr>
<tr><td></td><td></td><td colspan="2"></td><td colspan="2"></td></tr>
<tr><td>工序号</td><td>程序编号</td><td>夹具名称</td><td>夹具编号</td><td>设备名称</td><td>设备编号</td><td colspan="2">车间</td></tr>
<tr><td></td><td></td><td></td><td></td><td></td><td></td><td colspan="2"></td></tr>
<tr><td>工步号</td><td>工步内容</td><td>刀具号</td><td>刀具规格名称</td><td>主轴转速 r/min</td><td>进给速度 mm/min</td><td>背吃刀量 mm</td><td>备注</td></tr>
<tr><td>1</td><td></td><td></td><td></td><td></td><td></td><td></td><td></td></tr>
<tr><td>2</td><td></td><td></td><td></td><td></td><td></td><td></td><td></td></tr>
<tr><td>3</td><td></td><td></td><td></td><td></td><td></td><td></td><td></td></tr>
<tr><td></td><td></td><td></td><td></td><td></td><td></td><td></td><td></td></tr>
<tr><td>编制</td><td></td><td>审核</td><td></td><td>批准</td><td></td><td>共　页</td><td>第　页</td></tr>
</table>

（3）数控加工刀具卡　数控加工时，对刀具的要求十分严格。数控加工刀具卡反映了刀具编号、刀具结构、尾柄规格、组合件名称代号、刀片型号和材料等，它是组装刀具和调整刀具的依据，如表 1－3 所示。

表 1－3　数控加工刀具卡

<table>
<tr><td colspan="2">产品名称或代号</td><td></td><td>零件名称</td><td colspan="2"></td><td>零件图号</td><td></td><td>工序号</td><td></td></tr>
<tr><td>序号</td><td>刀具号</td><td colspan="2">刀具规格名称</td><td>数量</td><td>刃长</td><td colspan="2">加工表面</td><td colspan="2">备注</td></tr>
<tr><td>1</td><td></td><td colspan="2"></td><td></td><td></td><td colspan="2"></td><td colspan="2"></td></tr>
<tr><td>2</td><td></td><td colspan="2"></td><td></td><td></td><td colspan="2"></td><td colspan="2"></td></tr>
<tr><td>3</td><td></td><td colspan="2"></td><td></td><td></td><td colspan="2"></td><td colspan="2"></td></tr>
<tr><td></td><td></td><td colspan="2"></td><td></td><td></td><td colspan="2"></td><td colspan="2"></td></tr>
<tr><td>编制</td><td></td><td>审核</td><td></td><td>批准</td><td></td><td colspan="2">年　月　日</td><td>共　页</td><td>第　页</td></tr>
</table>

（4）数控编程任务书　是阐明数控加工工序的技术要求和工序说明，是编程人员和工艺人员协调工作的重要依据，如表 1－4 所示。

表 1－4　数控编程任务书

<table>
<tr><td colspan="4" rowspan="2">数控编程任务书</td><td colspan="2">数控设备</td><td>零件名称</td><td>零件图号</td><td>任务书编号</td></tr>
<tr><td colspan="2"></td><td></td><td></td><td></td></tr>
<tr><td colspan="6">主要工序说明：</td><td colspan="3">技术要求：</td></tr>
<tr><td colspan="3">程序收到日期</td><td colspan="3">经手人</td><td rowspan="2">备注</td><td colspan="2" rowspan="2"></td></tr>
<tr><td colspan="3"></td><td colspan="3"></td></tr>
<tr><td>编制</td><td></td><td>审核</td><td></td><td>批准</td><td></td><td>共　页</td><td colspan="2">第　页</td></tr>
</table>

1.2.2 数控加工刀具

1. 刀具的性能要求

加工时，刀具切削部分要承受较大的切削力、摩擦力、切削热、冲击、振动等情况，刀具容易出现磨损及破损的现象，因此，承担切削部分的刀具材料应具备良好的相应性能，才能保证整个加工过程的顺利进行。为了达到精度及生产效率，对刀具材料的性能提出了更高要求。因此，刀具材料应具备以下基本性能要求。

（1）高的硬度和耐磨性　切削加工时刀具材料的硬度必须高于被加工工件材料的硬度，因此一般情况下刀具材料的常温硬度都不低于60HRC。耐磨性跟材料的硬度、强度以及材料的化学成分、组织结构有关，一般而言，刀具材料的硬度越高，耐磨性也就越好，高的耐磨性表示的是刀具抵抗磨损的能力强，刀具越不容易损坏。

（2）足够的强度和韧性　为了承受切削部分的切削、摩擦、冲击、振动等作用力，刀具材料必须具有高的强度和高的韧性，这样可以保证在加工时不至于产生断裂、崩刃的情况，提高切削效率，可以承受高速切削以及强力切削。强度和韧性的表示方法分别是抗弯强度和冲击值。

（3）高耐热性　在高温条件下刀具材料的硬度、耐磨性、强度、韧性能保持基本不变的这种能力就叫耐热性，一般用保持这种能力的最高温度来表示耐热性的高低。耐热性也称为热稳定性，是衡量刀具材料切削性能的主要指标。在高温条件下，硬度、耐磨性、强度、韧性越高，则切削性能越好，切削速度越高，生产效率越高。另外，耐热性越高，刀具材料的化学稳定性越好，越不容易被氧化，刀具越耐用，寿命越高，经济成本越低。

（4）良好的加工工艺性　为了便于制造成型，刀具材料还应具备良好的加工工艺性。一般刀具的制造过程有研磨、压制、烧结、精磨、涂层工艺处理（包括化学气相沉积法CVD、物理气相沉积法PVD）等过程，因此，需要刀具材料拥有良好的锻造、焊接、热处理、塑性变形、切削加工、磨削加工等性能。

（5）经济性　在选用刀具时除考虑刀具材料本身的各种性能以外，价格也是衡量刀具的标准之一。总之，综合考量是选取刀具的标准，在满足加工切削需求的情况下选择性价比高的刀具材料。

2. 常见刀具材料

从刀具材料的发展历史规律中可以看出，每次有难加工材料出现时就会出现刀具材料革新，而新刀具材料的出现其力学性能和切削加工性能等方面都有了很大的提高，因此工件材料和刀具材料的发展相互促进。近年来常用的刀具材料有高速钢、硬质合金、陶瓷、超硬刀具（立方氮化硼、金刚石）（早先的刀具材料有碳素工具钢、合金工具钢），另外涂层刀具的出现使得刀具材料的种类变得日益丰富。在刀具材料的选用时须根据工件要求、加工条件以及价格做出合理选择。

（1）高速钢

也称锋钢、白钢，是在钢中加入钨（W）、钼（Mo）、铬（Cr）、钒（V）、钴（Co）等合金元素的高合金工具钢。高速钢由于在热处理后形成了硬度较高的FeC，WC，

CrC 等碳化物，硬度增大，耐磨性也增大，耐热性也更好，也具有很高的强度，韧性也很好，而且制作简单，工艺性能好，一般在中、低速切削的刀具中应用比较多，如铣刀、钻头、铰刀、螺纹刀等常采用高速钢材料制作。

高速钢刀具材料一般分为通用型高速钢、高性能高速钢和粉末冶金高速钢三种类型的材料。

① 通用型高速钢。分钨系高速钢与钨钼系高速钢两类。钨系高速钢如 W18Cr4V，简称 W18。钨钼系高速钢如 W6Mo5Cr4V2，简称 M2，它是用钼元素代替了一部分钨元素，缓解了钨资源紧缺的现象，同时钼元素改善了钢的强度和韧性，使得强度、韧性、热塑性比钨系高速钢好很多，冲击韧性和切削性能更好。

② 高性能高速钢。是在通用型高速钢中加入碳（C）、钒（V）、钴（Co）、铝（Al）等合金元素的一种新钢种，硬度、耐热性和耐磨性比通用型高速钢好，刀具寿命得到了提高。高性能高速钢主要用于加工难切削材料如奥氏体不锈钢、耐热钢、高温合金、钛合金、超高强度钢等，且具有良好切削效果。高性能高速钢主要分为高碳高速钢、高钒高速钢、钴高速钢和铝高速钢。

③ 粉末冶金高速钢。是将熔炼出的钢液雾化后，得到细小均匀的粉末，再将粉末在高温高压下压制成所需刀具。粉末冶金高速钢有 FW12Cr4V5（简称 FT15）、W6Mo5Cr4V2（简称 GF2）、W12Mo3Cr4V3N（简称 PVN）等。

（2）硬质合金

硬质合金是用粉末冶金方法将碳化钨（WC）、碳化钛（TiC）、碳化钽（TaC）、碳化铌（NbC）、碳化钒（VC）等难熔金属碳化物及钴、钼、镍等金属材料混合制备而成的。经过不断发展，其硬度已达 93HRA，耐热性提高至 1200℃以上。硬质合金具有众多优良的综合性能，具有高硬度，以及良好的耐磨性和耐热性，在高温 1000℃时仍具有很高的硬度，并且切削速度快，因此被广泛用作刀具材料，用于切削塑料、玻璃、石材、普通金属以及难加工材料等。硬质合金分为普通硬质合金、细晶粒硬质合金和超细晶粒硬质合金。

（3）陶瓷刀具材料

陶瓷刀具材料是由氧化铝、氮化硅、碳化物、金属等，经研磨、压制、烧结而成。陶瓷具有比硬质合金更高的硬度、耐磨性、耐热性、抗氧化能力、化学稳定性等，此外还具有摩擦因数低、加工表面粗糙度小、原料丰富等优点。缺点是强度与韧性低，脆性大，承受冲击载荷能力差，热导率低，抗热冲击性能较差。

陶瓷刀具材料分为氧化铝基陶瓷刀具材料、氮化硅基陶瓷刀具材料和复合陶瓷刀具材料。氧化铝基陶瓷刀具材料是将一定量的碳化物（如 TiC）添加到氧化铝中，添加 Ni、Co、W 等金属黏结剂，提高二者的结合强度。氮化硅基陶瓷的最大特点是能进行高速切削，适宜于精车、精铣或者半精车、半精铣。复合陶瓷刀具材料是由氮化硅、氧化铝、氮化铝的混合物烧结而成，硬度、抗弯强度、韧性高于其他陶瓷材料，适合高速切削铸铁等难加工材料。

（4）超硬刀具材料

立方氮化硼有单晶体与多晶体（聚晶立方氮化硼）之分，工业上切削用主要是聚晶立方氮化硼。它是在高温高压条件下，将微细的单晶体材料通过黏结剂（如 Al，Ti

等）烧结而成的一种多晶体材料。立方氮化硼刀具材料具有高的硬度、耐磨性、耐热性，好的化学稳定性、导热性，低的摩擦系数等优点，硬度仅次于金刚石，能高速切削高硬度的材料，如淬硬钢、冷硬铸铁等，同时还能高速切削高温环境下的材料，如高温合金、热喷涂材料等。

金刚石是迄今为止自然界中最坚硬的物质，俗称“金刚钻”。金刚石刀具材料分为三种：天然金刚石刀具、聚晶金刚石刀具、涂层金刚石刀具。金刚石刀具材料具有硬度极高、耐磨性好、导热性好、摩擦因数低等优点，适合用来加工硬质合金、陶瓷等高硬度高耐磨材料，天然金刚石刀具能进行超精密加工。缺点是热稳定性较低，加工温度不能过高。

（5）涂层刀具材料

刀具涂层是在韧性较好的刀体上（有硬质合金刀具基体、高速钢刀具基体、陶瓷刀具基体、金属陶瓷刀具基体等），涂覆一层或多层（5～12 μm 厚）耐磨性好、硬度高的难熔化合物（如 TiC，$A1_2O_3$，SiC，CBN 等），从而使刀具性能提高，这种刀具称为涂层刀具，这种技术称为涂层技术，刀具涂层技术按涂层工艺方法分为化学气相沉积（CVD）和物理气相沉积（PVD）。

涂层刀具材料具有新的复合性能，硬度、加工效率、加工精度得到提高，刀具寿命得到延长，刀具获得优良的综合力学性能，刀具涂层技术是近几十年顺应市场需求发展起来的，已经成为提升刀具性能的主要方法和重要途径。

3. 常见数控刀具类型及选择要点

（1）数控车削刀具

常见的车削形式有：车外圆、车端面、车内孔、车螺纹（内外螺纹）、车槽（内外槽，端面槽）、切断等。按照车削形式，车削刀具可分为内外圆车刀［图 1－14（a）所示为外圆车刀］、内外螺纹车刀［图 1－14（b）所示为外螺纹车刀］、切刀（车槽刀、切断刀）［图 1－14（c）所示为切断刀］等。

按照车刀结构，车削刀具可分为整体式车刀（全部为高速钢，结构简单，刃磨方便，但浪费较大，切速较低，已较少使用）、焊接式车刀（将硬质合金刀片焊在普通结构钢或铸铁刀杆上）、机夹可转位车刀（图 1－14 所示均为机夹可转位车刀）等。机夹可转位车刀由刀片和刀杆通过螺钉夹紧，是数控车削刀具中常使用的刀具结构。

（a）外圆车刀　（b）外螺纹车刀　（c）切断刀

图 1－14　数控车刀

车刀片常用的形状有 C（80°），D（55°），R，S，T（60°），V（35°），W（80°）七种，如图 1－15 所示。一般外圆车削常用 S，C，W 型，仿形加工常用 R，T，D，V 型，一般刀尖角越大刀尖强度越大。在选用时根据工件轮廓形状和走刀方向来选择刀片形状，主要考虑主偏角、副偏角和刀尖半径值。

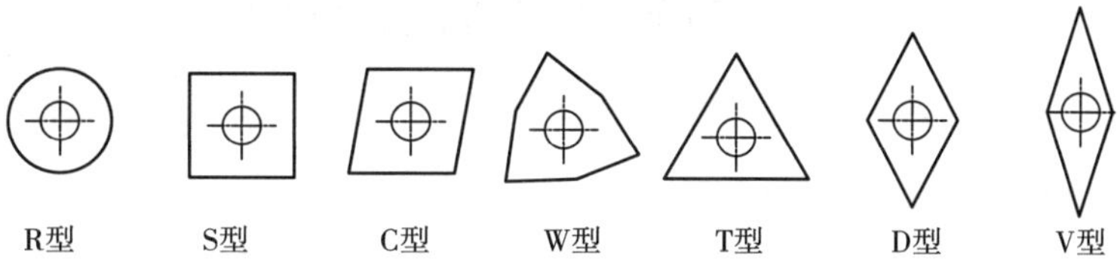

图 1 - 15　常用的车刀片形状

数控车床常使用标准的机夹可转位刀具，选用的标准有：根据有效切削刃长度、主偏角等选择刀片尺寸；依据表面形状、切削方式、刀具寿命等选择刀片形状；根据工件直径大小、机床刚度大小、精加工要求等选择刀片的刀尖半径。

（2）数控铣削刀具

按照铣刀结构，铣削刀具可分为整体式铣刀、焊接式铣刀、机夹可转位铣刀等。

按照用途可分为面铣刀［图 1 - 16（a）］、立铣刀［图 1 - 16（b）］、键槽铣刀［图 1 - 16（c）］、球头铣刀［图 1 - 16（d）］、螺纹铣刀［图 1 - 16（e）］等。

（a）面铣刀刀盘　（b）主铣刀　（c）键槽铣刀　（d）球头铣刀　（e）螺纹铣刀

图 1 - 16　数控铣刀

选用时根据加工内容和工件轮廓形状确定刀具类型，再根据加工部分大小选择刀具大小。

数控铣削刀具的选择要点：若加工较大平面选择面铣刀；若加工凸台、凹槽、平面轮廓选择立铣刀。铣削平面选用硬质合金立铣刀，加工凸轮、凹槽选用高速钢立铣刀；若加工曲面较平坦的部位常采用环形铣刀；若加工曲面选择球头铣刀；若加工空间曲面模具型腔与凸模表面选择模具铣刀；若加工封闭键槽选键槽铣刀。

（3）孔加工刀具

在数控机床中孔加工刀具有麻花钻［图 1 - 17（a）］、深孔钻［图 1 - 17（b）］、中心钻［图 1 - 17（c）］、铰刀［图 1 - 17（d）］、镗刀［图 1 - 17（e）］等。

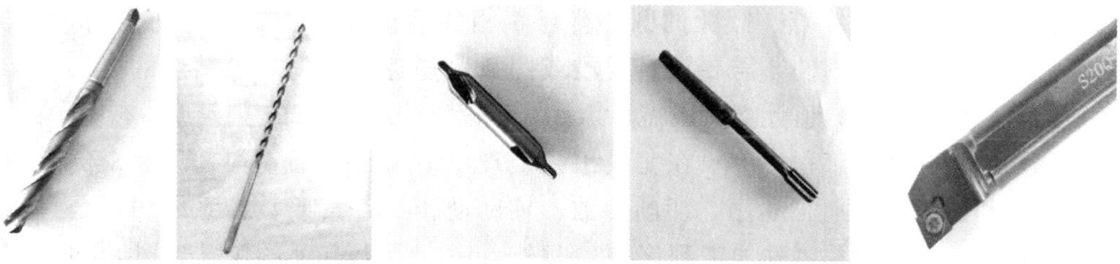

（a）麻花钻　（b）深孔钻　（c）中心钻　（d）铰刀　（e）镗刀

图 1 - 17　孔加工刀具

1.3 数控机床编程基础

1.3.1 数控编程内容与方法

数控机床按照事先编制好的加工程序，自动地对工件进行加工。对零件进行加工时，应首先对零件进行加工工艺分析，确定加工方法和加工工艺路线。按照加工工艺要求，把刀具的运动轨迹、位移量、切削参数（主轴转速、进给量、背吃刀量等）以及辅助功能（换刀、主轴正反转、切削液开关等），按照数控机床规定的指令代码及程序格式编写成加工程序单，通过控制介质输入数控装置中，从而加工出符合要求的零件。这种从零件图样的分析到制成加工程序的全部过程叫数控编程。

1. 数控编程的内容和步骤

数控编程的主要内容和步骤包括：分析零件图样；制定工艺方案；确定走刀轨迹，计算刀位点数据；编写零件加工程序单；输入数控系统；程序校验；首件试切。

（1）分析零件图样　根据图样上标明的零件形状、材料、尺寸、精度、热处理要求等确定加工方法和加工方案，选择合适的数控机床。

（2）制定工艺方案　制定数控加工工艺涉及工艺方案、工艺路线的设计，零件安装与夹具选择，刀具和切削三要素的选取等。制定时要考虑数控机床使用的合理性，充分发挥数控机床的功能；尽量缩短加工路线，减少空行程时间和换刀次数，提高生产效率；尽量使数值计算方便，程序段要少，减少编程工作量；合理选取起刀点、切入点以及切入方式，保证切入过程平稳；尽量选择通用、组合夹具，选择合适的装夹方案，尽可能通过一次装夹将零件的所有加工面全部加工出来，必要时可采用专用夹具。对刀具选择的要求有安装调整方便、刚性好、精度高、使用寿命长等。在刚度允许的条件下，粗加工时选取较大切削深度，以减少走刀次数，提高生产效率；精加工时选取较小切削深度，以获得良好表面质量。主轴转速按机床允许的切削速度及工件直径选取。进给速度根据零件加工精度、表面粗糙度进行选取，粗加工时取较大值，精加工时取较小值，最大进给速度受到机床刚度及进给系统性能的限制。

（3）数值计算　在确定了工艺方案后，需根据零件的几何形状、尺寸及加工路线计算刀具中心（或刀尖）运动轨迹，得到刀位点数据。数控系统一般都具有直线插补和圆弧插补功能，加工由圆弧和直线组成的简单平面零件，需要计算出零件轮廓线上各几何元素的起点、终点、圆弧的圆心坐标、相邻几何元素的交点或切点的坐标值；对于形状比较复杂的零件，需要用直线段或圆弧段逼近，根据加工精度的要求计算出各节点坐标值，这种数值计算一般需要用计算机辅助完成。

（4）编写零件加工程序单　在完成工艺处理及数值计算后，根据计算出的运动轨迹坐标值和已确定的加工顺序、切削参数、辅助动作等，按照数控系统的指令代码和程序段格式，逐段编写零件加工程序单。此外，还应附上有关的工艺文件，如数控加工工序卡、数控加工刀具卡片、数控加工刀具明细表等。

（5）程序输入　程序编写好之后，将它通过控制介质输入数控系统中。输入方法有通过操作面板进行手动输入、利用DNC在线传输、利用CF卡或U盘进行输入等。

(6) 程序检验和首件试切　在正式加工前，要进行程序检验和首件试切。程序检验可采用机床空运行和图形模拟的方法进行，但这两种检验方法只能检查刀具运动轨迹是否正确，检查不出对刀误差、加工精度误差和某些轨迹的计算误差。因此对于形状复杂和加工精度要求高的零件，在程序检验无误后可采用铝、塑料或石蜡等易切材料进行试切，或直接进行零件的首件试切。发现有误差时，分析误差产生原因，检查加工工艺及有关切削参数设置是否合理，找出问题所在，通过改进加工出符合要求的零件。

2. 数控编程的方法

数控编程方法主要有两种：手工编程和自动编程。

(1) 手工编程

手工编程是指编制零件数控加工程序的各个步骤（即从零件图样分析、工艺处理，确定加工路线和工艺参数，计算数控机床所需输入数据，编写零件的数控加工程序单，直至程序的检验）均由人工来完成。相对而言，手工编程的数控程序较短，编制程序的工作量较小。对于形状简单的零件，计算比较简单，程序不长，出错机会少，这时采用手工编程较容易完成，而且经济、及时，因此手工编程广泛应用于形状简单的点位加工及平面轮廓加工。

(2) 自动编程

自动编程是指在编程过程中，除了分析零件图样和制定工艺方案由人工进行外，其余工作均由计算机专用软件辅助完成。对于几何形状复杂的零件，特别是具有列表曲线、非圆曲线及曲面的零件，或者零件的几何元素并不复杂但程序量很大的零件，手工编程难以胜任，计算烦琐，出错的概率比较高，耗时比较长，甚至无法编出程序，这时必须采用自动编程的方法编制程序。

自动编程充分利用了计算机快速运算和存储的功能，省去了烦琐的数值计算以及书写加工程序单的工作量，另外还能及时检查程序错误及时修改，具有效率高、可靠性好等优点。自动编程包括数控语言编程和图形交互式编程。

① 数控语言编程：是指加工零件的几何尺寸、工艺要求、切削参数及辅助信息等使用数控语言编写成加工源程序后，输入计算机中，再由计算机进行编译、数值计算、后置处理得到零件加工程序单。早期的自动编程都是数控语言编程，但这种编程方法直观性差，并且不便于进行阶段性检查，易出错。

② 图形交互式编程：是以加工零件的CAD模型为基础，集加工工艺规则及数控编程为一体的自动编程方法。这种方法是将零件的几何图形绘制到计算机上，形成零件的图形文件，也可直接调用由CAD系统完成的产品设计文件中的零件图形文件，然后再调用计算机内相应的数控编程模块，进行刀具轨迹处理，由计算机自动地对零件加工轨迹的每一个节点进行运算和数学处理，从而生成刀位文件，经后置处理后自动地生成数控加工程序，并同时显示刀具的加工轨迹。图形交互式编程极大地提高了数控编程效率，是目前使用最为广泛的自动编程方式。这种编程方法具有图形显示的直观性和及时性，能较方便地进行修改，程序不易出错。这种方法为实现计算机辅助设计（CAD）和计算机辅助制造（CAM）一体化起到了必要的桥梁作用，因此也被称为CAD/CAM自动编程。常用的自动编程软件有CAXA制造工程师、Mastercam、

ESPRIT、Powermill、hypermill、NX UG 等。

1.3.2 数控程序结构与格式

1. 程序的结构

一个完整的程序由程序号、程序内容和程序结束三部分组成，例如：

```
O2001；  ————→ 程序号
N10 M03 S400；          ┐
N20 G99 G00 X30 Z2；    │
N30 X0；                │
N40 G01 Z0 F0.2；       │
N50 G03 X15 Z-15 R10；  │
N60 G01 X20 Z-25；      ├ 程序内容
N70 X28；               │
N80 Z-45；              │
N90 G00 X100；          │
N100 Z100；             ┘
N110 M30；  ————→ 程序结束
```

（1）程序号　每个程序都要有程序编号，程序号可以进行程序检索。程序号由地址符和编号数字组成，常用地址符有 O、P 或%，如在 FANUC 数控系统中，一般采用英文字母 O 及其后的 4 位十进制数字组成，如 O2001，四位数中若前面为 0，则可以省略，如“O0001”可以简写为“O1”。其他系统有时也采用符号 P 或%及其后的 4 位十进制数表示程序号。程序号具体采用何种地址符由数控系统决定，一般要求单独列一段。

（2）程序内容　是整个程序的核心，由若干个按规定格式书写的程序段组成，每个程序段由一个或多个程序字（或叫指令字）构成，每个字由地址码和数字组成。程序字代表着某一信息单元，代表机床的一个位置或一个动作，程序内容部分代表数控机床要完成的全部动作。

（3）程序结束　是以程序结束指令 M02、M30 或 M99（子程序结束），作为整个程序结束的符号。每一个程序必须有程序结束指令，一般要求单列一段。

2. 程序段格式

零件的加工程序是由程序段组成的。程序段格式是指一个程序段中字、字符和数据的书写规则，通常有字-地址程序段格式、使用分隔符的程序段格式和固定程序段格式。目前国内外广泛采用的是字-地址程序段格式。

字-地址程序段格式由语句号字、数据字和程序段结束这几部分组成。字的排列顺序要求不严格，数据字的位数可多可少，不需要的字以及与上一程序段相同的持续有效字可以不写。字-地址程序段格式的优点是程序简短、直观、容易检查以及修改方便，书写格式例如：

```
N10 G01 X10 Z-25 F0.1 S400 T01 M03；
```

数控加工程序内容和程序段格式虽然在国际上有很多标准，但实际上并没有完全统一，不同的数控系统程序格式会存在一定的差异。因此在编制加工程序之前，必须详细了解所用机床数控系统编程说明书中的具体指令格式和编程方法。

(1) 程序段号　每个程序段前一般冠以程序段号，简称顺序号，程序段号的地址符为 N，后面加上若干位数字，如 N10 表示该语句的语句号为 10。程序段号一般由数控系统自动生成，现代数控系统中很多都不要求写程序段号，程序段号可以省略，可以通过手动编辑或修改系统参数屏蔽程序段号。

(2) 功能指令　有准备功能 G 指令、进给功能 F 指令、主轴转速功能 S 指令、刀具功能 T 指令、辅助功能 M 指令。如上述程序段中，G01 表示的是直线插补指令，F0.1 表示的是进给速度为 0.1 mm/r（也有单位为 mm/min），S400 表示主轴转速为 400 r/min，T01 表示选择的是 1 号位上的刀进行加工，M03 表示主轴正转。各功能指令的具体含义和表示方法在后面的章节会详细介绍。在每个程序段中并非都必须有各种指令，而是根据各程序段的具体功能来编入相应的指令。

(3) 坐标字　由坐标地址符及数字组成，并按一定的顺序进行排列，数字的正号可省略，负号用“－”表示，各组数字必须由作为地址码的地址符 X，Y，Z 开头，各坐标轴的地址符按下列顺序进行排列：X，Y，Z，U，V，W，P，Q，R，A，B，C，D，E，其中 X，Y，Z 为刀具运动轨迹的终点坐标值。

(4) 程序段结束　写在每个程序段之后用来表示程序结束，如“;”或“*”。当用 EIA 标准代码时，结束符为“CR”，用 ISO 标准代码时为“NL”或“LF”。

1.3.3　数控机床的坐标系

1. 坐标系的确定原则

为了准确地描述机床的运动，需要明确规定数控机床的坐标轴及运动方向，否则编程将发生混乱。目前国际标准化组织制定了 ISO 841 标准《机床数值控制　坐标系和运动命名》，我国机械工业部也颁布了 JB/T 3051—1999《数控机床　坐标和运动方向的命名》，对数控机床的坐标及运动方向做出了规定。

(1) 运动方向确定原则　数控机床的进给运动是相对的，有的机床是刀具相对于工件的运动，有的机床是工件相对于刀具的运动。为了使编程人员能够在不知道是刀具相对运动还是工件相对运动的情况下，可以直接依据零件图样进行数控加工程序的编制，特规定：永远假定工件不动，视刀具相对于静止的工件运动。

(2) 标准坐标系的规定　机床的运动是由数控系统发出的指令来控制的，为了确定机床的运动，必须先确定机床运动的方向和运动的距离，这就需要在机床上建立一个坐标系才能实现，这个坐标系就叫作标准坐标系，也叫机床坐标系。

数控机床上标准坐标系采用的是右手笛卡儿坐标系，各坐标轴及其正方向满足右手螺旋定则，如图 1-18 所示。大拇指、食指、中指分别对应了 X、Y、Z 轴，而且手指指尖所指的方向为各坐标轴的正方向，即增大刀具和工件之间距离的方向。

2. 各坐标轴及其运动方向的确定

(1) Z 坐标的确定

首先确定 Z 轴，Z 坐标的运动是由传递切削力的主轴所决定，与主轴轴线平行的坐标轴即为 Z 轴坐标，正 Z 为刀具远离工件的方向。

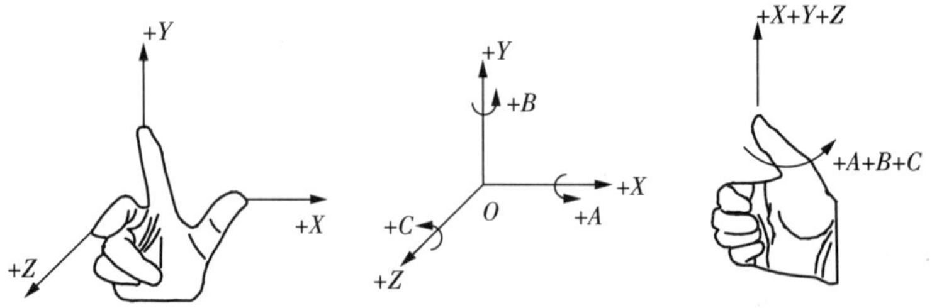

图 1-18　右手笛卡儿坐标系

当机床只有一个主轴时，Z 轴平行于该主轴。在加工过程中，主轴可以带动刀具旋转（如铣床、钻床、镗床），也可以带动工件旋转（如车床、磨床）。当机床有多个主轴时，规定垂直于工件装夹平面的主轴为主要主轴，与该轴平行的方向为 Z 轴方向。当机床没有主轴时，如数控龙门刨床，则规定 Z 轴所在的位置是垂直于工件在机床工作台上的定位表面。

（2）X 坐标的确定

当确定好 Z 轴后，再确定 X 轴。X 轴一般是水平方向的，垂直于 Z 轴，并平行于工件的装夹平面，是在刀具或工件定位平面内运动的主要坐标。

对于加工过程中不产生刀具旋转或工件旋转的机床，如数控悬臂刨床，X 轴平行于主切削方向，坐标轴正方向与切削方向一致。

对于工件旋转的机床，X 坐标的方向是分布在工件的径向上，正方向为刀具远离主轴中心线的方向，例如数控车床，X 轴正方向一般为指向刀架的方向。

对于主轴带动刀具旋转的机床，若 Z 轴是水平布置的机床，例如卧式铣床，当沿主轴轴线方向由主轴向工件看时，X 轴正方向指向右方；若 Z 轴是垂直布置的机床，例如立式铣床，当由主轴向立柱看时，X 轴正方向指向右方。对于龙门式机床，例如数控龙门铣床，当从与 Z 轴平行的主轴向左侧立柱看时，X 轴的正方向指向右方。

（3）Y 坐标的确定

在确定了数控机床的 X 轴、Z 轴以及正方向后，利用右手笛卡儿坐标系可确定 Y 轴及其正方向。

（4）其他坐标的确定

旋转运动坐标 A、B、C，相应的表示其轴线平行于 X、Y、Z 轴的旋转运动，正方向在相应 X、Y、Z 轴的正方向上，按照右手螺旋定则取右旋螺纹前进的方向。

如果在 X、Y、Z 主要坐标以外，还有第二组平行于它们的坐标，就称为附加坐标，可分别被指定为 U、V、W，如果还有第三组运动，则分别被指定为 P、Q、R。如果在第一组旋转运动坐标 A、B、C 之外，还有平行或不平行于 A、B、C 的第二组旋转运动，则可指定为 D、E、F。

3. 机床原点与机床参考点

（1）机床原点　指的是机床坐标系的原点，又称机械零点，是在机床设计制造、装配调试时就已经设置下来的固定点，它是在机床上建立工件坐标系的基准点，也是机床调试和加工时的基准点。该点不能直接测量，用户也无修改权限。不同种类型号的数控机床其机床原点也不同，数控车床上的机床原点设在卡盘端面与主轴中心线交点处，数控铣床上的机床原点一般设在 X、Y、Z 坐标轴正方向的运动极限位置。各个生产厂家的机床原点位置设置是不一致的，操作时应参照各系统机床操作手册。

（2）机床参考点　用来对机床运动进行检测和控制的固定位置点，是硬件点。其位置是由机床制造厂家在每个进给轴上用限位开关精确调整好的，由减速行程开关进行粗定位，后由零位点脉冲进行精确定位找到机床参考点。机床参考点也是在机床装配调试时确定的一个固定点，用户无修改权限。机床参考点与机床原点可以重合，也可以不重合。如数控铣床上机床参考点与机床原点重合，而数控车床上的机床参考点是离机床原点最远的极限点。机床参考点到机床原点之间的距离可以通过参数进行指定，使两者之间保持固定联系。机床参考点坐标值已输入到数控系统中，因此机床参考点对机床原点的坐标是一个已知数。

4. 机床坐标系和工件坐标系

（1）机床坐标系　以机床原点为坐标原点建立起来的 X、Y、Z 直角坐标系，称为机床坐标系。机床每次开机通电后，通常都先要手动或机动回到参考点以建立机床坐标系。通过回参考点的位置，也就知道了该坐标轴的原点位置，找到所有坐标轴的参考点，数控系统就建立了机床坐标系。机床坐标系是机床本身固有的坐标系，在出厂前就已经设置好，不允许用户随意改变。很多数控机床将机床参考点坐标值设定为零，此时机床坐标系的原点也就是机床参考点。

（2）工件坐标系　是操作人员为了加工的方便，临时建立的一个坐标系，一般与编程坐标系重合。编程坐标系一般是由编程人员根据习惯或工艺特点自行设定。一般情况下应选择在尺寸标注的基准或定位基准上，原点的选择要尽量满足编程简单、对刀及测量方便、便于各基点节点坐标的计算、尺寸换算少等原则。

对数控车床而言，工件坐标系原点一般选在主轴中心与工件的左端面或右端面的交点上，如图1-19所示。对数控铣床而言，原点一般设在工件外轮廓的某一个角上或工件对称中心处，进刀深度方向上的零点设在工件表面，如图1-20所示。对于形状复

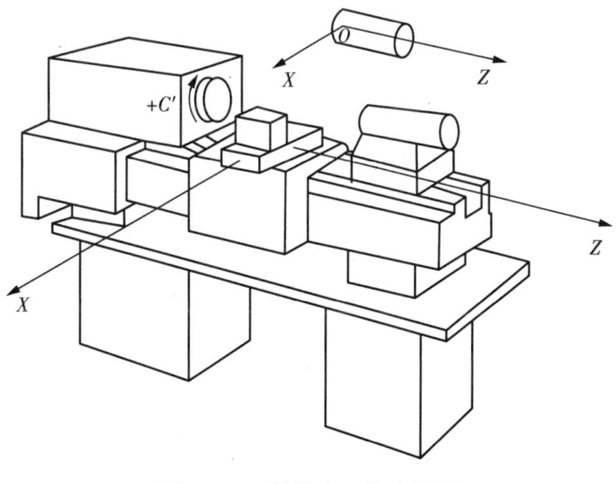

图1-19　数控车工件坐标系

杂的零件，可根据需要通过相应的程序指令随时改变新的工件坐标系原点。对于在一个工作台上装夹多个零件加工的情况，若机床功能允许，可分别设定编程原点独立地编程。

5. 绝对坐标与相对坐标

(1) 绝对坐标　刀具或机床的位置坐标都是以固定的坐标原点给出的，称为绝对坐标，用这种方式进行编程称为绝对坐标编程，该坐标系称为绝对坐标系。如图 1-21 所示，A，B 两点的坐标均以固定的坐标原点计算，其值为：$X_A = 15$，$Y_A = 15$；$X_B = 25$，$Y_B = 35$。

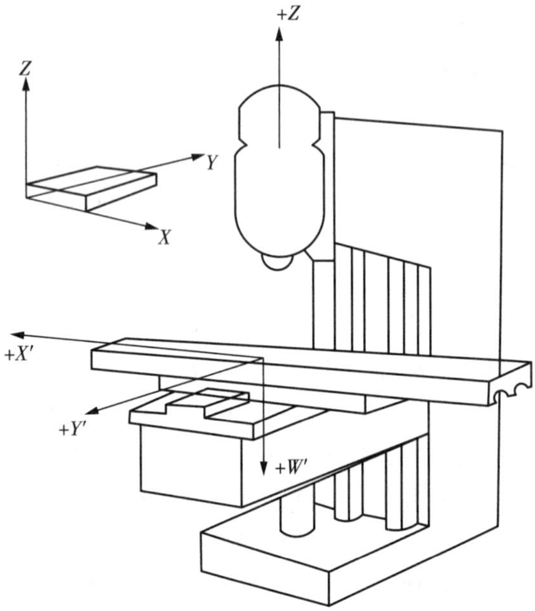

图 1-20　数控铣工件坐标系

(2) 相对坐标　刀具或机床运动轨迹的坐标值都是相对于前一位置计算的，称为相对坐标，也称增量坐标，按这种方式进行编程的称为相对（或增量）坐标编程，该坐标系称为相对（或增量）坐标系。增量坐标与运动方向有关。增量坐标系通常用 U、V、W 来表示。在图 1-21 所示中，B 点相对于 A 点的坐标（即增量坐标）为 $U=10$，$V=20$。程序指令中的坐标值与程序原点的位置没有关系。

在实际编程过程中，需根据具体情况选用绝对坐标编程或增量坐标编程，选用恰当的编程方式，可大大简化程序的编写。

1.4　拓展阅读

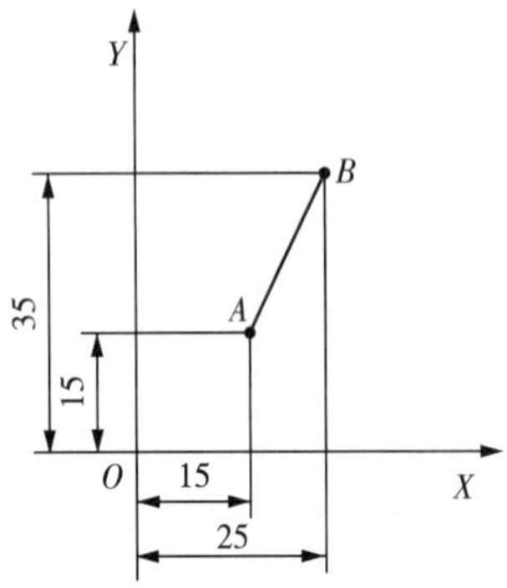

图 1-21　绝对坐标与相对坐标

（一）东芝事件

1980 年，苏联克格勃高官奥西波夫以苏联机械进口公司副总经理的身份为掩护，在一次酒会上，向时任日本和光公司驻莫斯科事务所所长熊谷一男透露，苏联急需可以加工大直径螺旋桨的先进设备。酒会还未结束，这条消息就传到了东芝公司。

在巨大的商业利益诱惑下，东芝答应向苏联出口四台高性能的九轴数字控制机床，如图 1-22 所示。为了掩盖这一行径，东芝公司将这些设备伪称为制造水力发电机叶片的两轴机床，骗取了日本政府颁发的出口许可证，经挪威的康士堡公司出口到了苏联。

苏联人随即利用这些设备，在几年时间里，就制造出了噪音只有原来10%的潜艇螺旋桨，如图1-23所示，美国人在茫茫大海上瞬间找不到苏联潜艇的踪影，由此发生了撞击事件。

图1-22　东芝公司九轴数字控制机床

东芝事件

图1-23　潜艇螺旋桨加工现场

1987年5月27日，位于日本东京的东芝公司大楼前警灯闪闪，警报大作，东芝机械公司铸造部部长林隆二、机床事业部部长谷村弘明被现场带走。这次拘捕事件是日本警方应美国政府要求进行的一次突击检查。

在内外压力之下，东芝董事长和对苏联出口机床的东芝机械公司社长先后辞职，直接经手机床出口的东芝机械公司事业部部长等被逮捕并判刑。一系列惩罚之下，东芝公司甚至面临破产的风险。

为了自救，东芝公司敏锐地找到了解决问题的关键点——美国人的态度。东芝不惜花费巨额资金，开始在美国大力游说。东芝公司的活动是极为成功的，第二年，美国对于东芝公司的制裁力度开始大幅下降，不但制裁范围缩小为东芝机械，而且，进口的期限也被缩短为三年。

东芝公司有惊无险地度过了这一场足以让其覆亡的危机。虽然也付出了极为沉重的代价，但比之生死存亡而言，已经好过太多。而且，美国人的杀鸡儆猴之策显然也十分成功，东芝事件之后，西方国家再没有哪一个公司或个人敢明目张胆地向社会主义国家出口敏感物资。

很快，民众从媒体口中得知，是东芝公司见钱眼开，把精密机床卖给了苏联，让苏联的潜艇技术得以飞速发展，彻底惹恼了美国。

“东芝事件”被曝光后，不只是美国民间出现了疯狂的反日风潮，就连美国国会的议员们也提出了一系列制裁提案，包括150亿美元（20世纪80年代）的巨额罚款、增加一倍进口关税、停止进口东芝集团商品5年以及关闭东芝在美国的所有加工厂等等。不过由于日本政府良好的认错态度，以及东芝集团的补救措施，美国的制裁对象从整个东芝集团缩小为了东芝机械公司，制裁期限从5年缩短为3年。同时，日本政府为了平息美国的愤怒，也在国内对东芝进行了很大的处罚。

一时间，东芝公司和日本政府成了西方盟友的众矢之的，饱受各方指责。苏联潜艇性能改进，噪声降低，意味着美国几十年苦心经营的声呐反潜系统基本失灵。美国海军本来就难以维持的技术优势有失去的危险。如果研发取代更有效的新型探测技术和设备，估计要付出200亿至400亿美元的昂贵代价。东芝公司为赚几个小钱卖给苏联先进机床，就让后者赢得了与美军水下战争的主动权，进而对美海军及战略核力量，乃至整个西方的防务体系都构成了严重威胁，由此造成的间接损失无法估量。

为何美国对“东芝机械事件”大动肝火？东芝公司向苏联出口几台机床，怎么就损害了美国国家安全呢？

原来，第二次世界大战后，核潜艇以其优越的性能被视为“二次核反击”的主要力量，受到各大国的重视，并成为苏美军备竞赛的重要筹码。冷战时期，苏联海军拥有世界上最庞大的潜艇部队，总数达306艘之多，其中弹道导弹潜艇78艘，攻击型潜艇228艘。美国为保持对苏优势，利用其先进的科学技术，在提高潜艇质量的同时，集中力量发展水下反潜技术。（摘自网络）

（二）以心“铸心”航空人——洪家光

有这样一位来自中国航发沈阳黎明航空发动机有限责任公司生产车间一线的普通车工，凭借着他不屈不挠、精益求精的“工匠精神”，以一己之力就攻克了一项世界级技术难关，解决了当时中国航天业的难题——航空发动机的精准度问题。他就是获得全国优秀共产党员、全国劳动模范、大国工匠年度人物、中华技能大奖、国家科学技术进步奖二等奖、全国创新争先奖状、全国五一劳动奖章、全国技术能手、全国“最美职工”、中国青年五四奖章以及第七届“振兴杯”全国青年职业技能大赛车工冠军等众多荣誉的高级技师、顶尖“大国工匠”洪家光（图1－24）。

洪家光，1979年出生于东北。他家境虽贫寒，但从小勤奋刻苦，学习成绩一直名列前茅。高考之后，出于对家庭经济条件的考虑，他没有选择继续攻读大学，而是选择去读技校，希望能尽早参加工作，以此减轻家庭负担。当时的技校学生，毕业时会安排工作，因此，大多数学生都是在学校里浑浑噩噩地“混日子”。但洪家光不同，做事细致认真且对自己的未来有规划，他坚持认真读书，刻苦钻研技术，遇到不懂的问题会及时请教老师。在其他人玩乐的时候，他也是泡在图书馆里废寝忘食地学习。从洪家光家到黎明技校的路程，往返乘车需要四个多小时，洪家光会充分利用这个时间来看书学习，将往返的公共汽车变成了他的移动图书馆。三年的时间，洪家光利用路上坐车的时间自学了四本专业技术书籍。也正是凭着这股刻苦的劲头，他凭借着毕业生第一名的成绩，被分配到中国航天工业第58车间工作。

图1-24　年轻时操作机床的洪家光

以心“铸心”航空人——洪家光

刚毕业的洪家光非常激动，他以为自己的工作环境一定会很好，来到车间才发现他所处的工作环境机器嘈杂，且弥漫着机油的味道，与他想象的工作环境有着天壤之别，这似乎是有意地磨砺洪家光。进入工厂后他每天对着老旧的机器安装零件，一个动作每天重复几千次，面对这样枯燥的工作，洪家光好几次想要退缩，但一想到自己既没有名校文凭，也没有任何社会背景这些东西加码，他就失落了。好在洪家光身边有一群工作热情高且荣获众多荣誉的同事，他所在的工厂拥有3个全国劳模、13个省市级及公司级劳模、10几个技能大赛状元，其中一个全国劳模和洪家光一样是车工，这让他的失落感很快一扫而空，他甚至觉得这里也是一个可以学到知识、大展拳脚的舞台。

偶然的一次交谈中，车间一位老师傅说：“小伙子，大多数人的工作都像这大机器中的零件和细小工作环节，周而复转，但正是这无数人点点滴滴的努力和周而复始的循环才汇聚成了一个大事业，作为航空人的咱们也不例外。”老师傅的这些话语触动了洪家光，让他的人生出现了转折，他说“心动更要行动”，洪家光决定拜全国劳模孟宪新为师，向他敬佩的人学技术。

自那以后，他沉下心来，踏踏实实、兢兢业业地工作，完成自己工作任务之余，主动观摩其他同事的机器操作。就这样，洪家光很快对车间的机器都可以熟练操作了。在观摩交流的过程中他还经常帮同事解决难题，大大提高了车间的工作效率。他吃苦耐劳的精神和高超的技术水平，让上级领导非常看好他，于是便交给了他一个重要且艰巨的任务——改良航空发动机叶片。

发动机号称航空飞机的“心脏”，若出现丝毫问题也可能造成整架航空飞机报废，甚至可能造成机毁人亡的重大事故。而洪家光要改良的又是这“心脏”中最为核心的叶片的“金刚石滚轮”，其误差不能超过 0.003 mm。在当时，全国范围都很难找到可以胜任这项工作的技术人员，可想而知这项任务的艰难程度。尽管如此，洪家光不但没有畏惧，反而将其视为一种挑战，他开始夜以继日地进行研究和改进。经历了无数个日夜的研究，无数次的失败与总结，最终，他终于突破了当时航空发动机的难关，制作出误差不超过 0.003 mm 的航空发动机叶片的“金刚石滚轮”。仅此这一项技术便为公司创造了 8500 万元以上的价值，为此，国家为洪家光颁布了“国家科学技术进步奖二等奖”。获此荣誉的洪家光没有停歇脚步享受生活，而是继续攻克高精尖技术难题，且一一被突破，他也相继获得了一系列的成就，并获得了相应的荣誉奖项，成为国家当之无愧的“大国工匠”。

国家一直非常重视科学技术人才，随着我国国际地位和经济水平的不断提升，需更多的科学技术人才来建设祖国的“高、精、尖”领域。因此，在航天航空事业的建设中，洪家光运用了扎实的理论基础知识和坚忍不拔的奋斗精神，为国家克服了很多艰难险阻。像他这样优秀的人才，当时很多企业花重金，想要聘请他，但他都不为所动，继续在自己的岗位上，为国家事业做出贡献。事实上洪家光所创造的价值，不只是可以用金钱来形容的。他在工业最前沿的探索与进步，也标志着中国在自主创新与制造上的进步，让我们为所有像洪家光这样的大国工匠点赞！（摘自网络）

第 2 章　数控车床（FANUC 系统）编程与操作

2.1　数控车床基本操作

在 FANUC 系统中，因车床的系列、型号、规格各有不同，相应的使用功能、操作方法和控制面板设置也不尽相同。本节以 FANUC 0i－TF Plus 数控车床为例进行介绍，FANUC 0i－TF Plus 系统数控车床控制面板如图 2－1 所示。

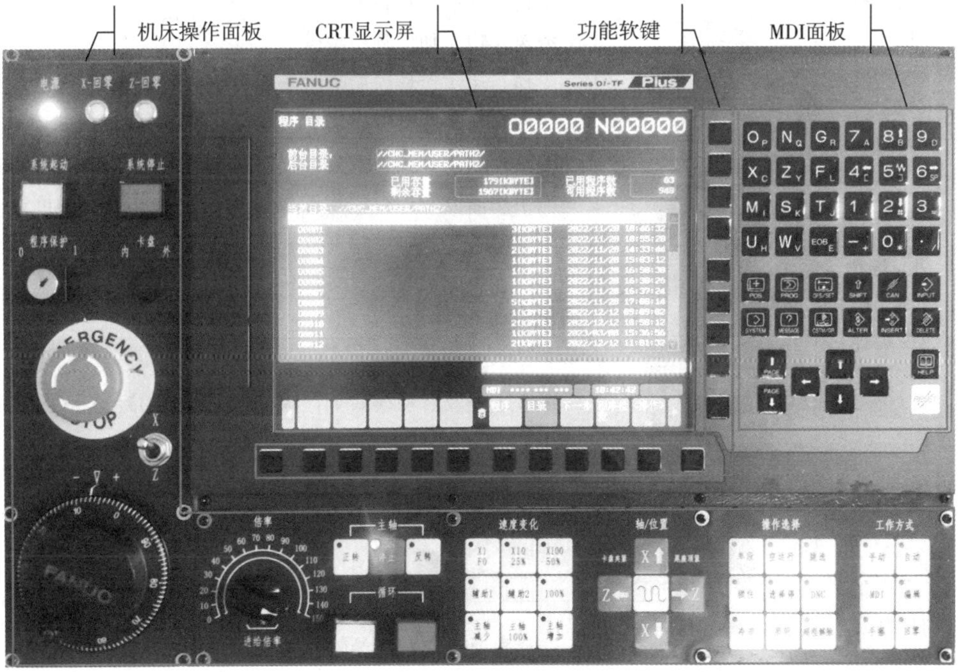

图 2－1　FANUC 0i－TF Plus 系统数控车床控制面板

2.1.1　数控车床控制面板的旋钮和按键的功能

FANUC 0i－TF Plus 数控车床的控制面板由机床操作面板和系统操作面板（包含 CRT 显示屏、功能软键及 MDI 操作面板）组成，其相关旋钮和按键功能见表 2－1 和表 2－2。

数控车床控制面板介绍

表 2-1 FANUC 0i-TF Plus 数控车床机床操作面板旋钮和按键功能

名称	图例	功能
机床总电源开关		机床总电源开关一般位于机床的侧面。置于“ON”时为主电源开，置于“OFF”时为主电源关
系统电源开关		按下按钮“系统起动”，向机床润滑、冷却等机械部分及数控系统供电
紧急停止		当出现紧急情况而按下“紧急停止”按钮时，在屏幕上出现“EMG”字样，机床报警指示灯亮
程序保护		当钥匙旋至“0”时，程序被锁定，无法进行程序新建、编辑及删除等操作；当钥匙旋至“1”时，程序锁打开，可进行程序新建、编辑及删除等操作
工作方式选择	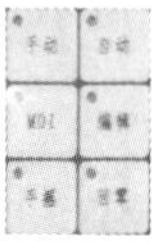	手动模式：用于手动控制机床各进给轴的进给运动。 自动模式：用于循环加工。 MDI：用于参数输入或单一程序段输入并立即按下循环启动按键使机床执行相关动作。 编辑：用于加工程序编辑。 手摇：用于手摇控制机床各进给轴的进给运动。 回零：用于建立机床坐标系零点
“手动”操作进给轴控制和速度选择		手动模式下，按下指定轴的方向键不松开，即可指定刀具沿指定的方向进行手动连续慢速进给，进给速率可通过进给速度倍率旋钮进行调节；按下指定轴的方向键不松开，同时按下中间位置的快速移动按钮（RAPID），即可实现自动快速进给
		用于手动及自动模式下，调整各进给轴的运动速度
“手摇”操作方向控制及进给轴和速度选择		手摇脉冲发生器，顺时针摇为正向进给，逆时针摇为负向进给
		选择手摇操作的进给轴
	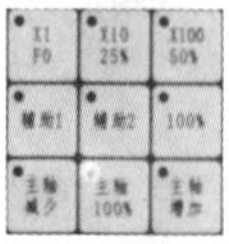	“×1”“×10”和“×100”为手摇操作模式下的三种不同增量步长，而“F0”“25%”“50%”和“100%”为四种不同的快速进给倍率
回参考点指示灯		当相应轴返回参考点后，对应轴的返回参考点指示灯变亮

（续表）

名称	图例	功能
操作方式选择	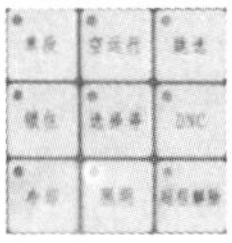	单段：按下该键，可控制程序单段运行。 空运行：按下该键，可用于快速空跑加工程序，执行程序校验。 跳选：在需要跳转程序段前加个斜杠（/），再按下该键即可实现程序跳转。 锁住：按下该键，可锁住机床运动，可用于执行程序校验。 选择停：在需要停止的程序段前加“M01”，再按下该键即可实现程序暂停。 DNC：按下该键，可进行程序传输及在线加工。 冷却：按下该键，执行切削液开功能。 照明：按下该键，执行机床照明开功能。 超程解除：按下该键，解除车床在加工过程中的超程
主轴控制		手动模式下，按下正转键，执行主轴正转。 手动模式下，按下反转键，执行主轴反转。 手动模式下，按下红色键，执行主轴停止
加工控制		按下白色键，执行程序自动运行加工启动。 按下红色键，执行程序进给保持

表 2－2　MDI 按键功能

名称	图例	功能
数字键		用于数字 0～9 的输入
运算键		用于运算符号“＋”“－”“＊”“/”等的输入
字母键		用于 A，B，C，X，Y，Z，I，J，K 等字母的输入
程序段结束		EOB 用于程序段结束符“＊”或“;”的输入
位置显示		POS 用于显示刀具的坐标位置
程序显示		PROG 用于显示“EDIT”方式下存储器里的程序； 在 MDI 方式下输入及显示 MDI 数据； 在 AUTO 方式下显示程序指令值
刀具设定		OFS/SET 用于设定并显示刀具补偿值、工件坐标系、宏程序变量
系统		SYSTEM 用于参数的设定、显示，自诊断功能数据的显示等
报警信号键		MESSAGE 用于显示 NC 报警信号信息、报警记录等
图形显示		CSTM/GR 用于显示刀具轨迹等图形

（续表）

名称	图例	功能
上档键		SHIFT 用于输入上档功能键
字符取消健		CAN 用于取消最后一个输入的字符或符号
参数输入键		INPUT 用于参数或补偿值的输入
替代键		ALTER 用于程序编辑过程中程序字的替代
插入键		INSERT 用于程序编辑过程中程序字的插入
删除键		DELETE 用于删除程序字、程序段及整个程序
帮助键	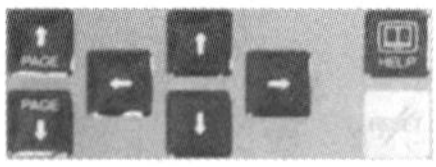	HELP 为帮助功能键
复位键		RESET 用于使所有操作停止，返回初始状态
向前翻页键		PAGE↑ 用于向程序开始的方向翻页
向后翻页键		PAGE↓ 用于向程序结束的方向翻页
光标移动键		四个方向箭头，用于使光标上下或前后移动

2.1.2 数控车床操作流程

1. 开机操作

开机具体流程如图 2-2 所示。

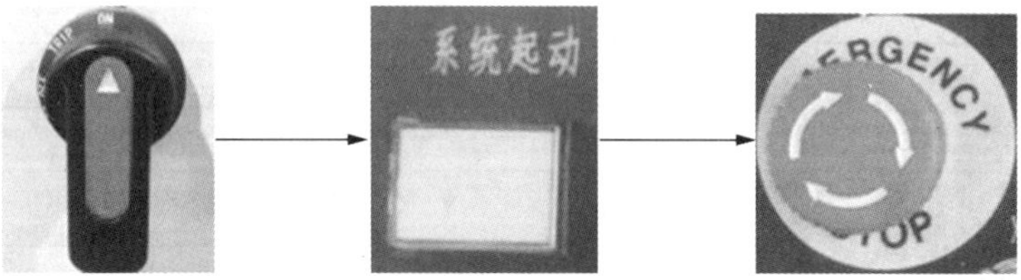

图 2-2 FANUC 0i-TF Plus 系统数控车床开机操作流程

数控车床的基本操作

① 检查机床外观是否损坏。

② 打开电气柜机床电源开关。

③ 按下机床操作面板中的“系统起动”按钮。

④ 待显示屏完全点亮后，旋开“紧急停止”旋钮。

2. 手动进给操作

机床手动进给操作如图 2-3 所示。

① 按机床操作面板中工作方式功能区中的“手动”按钮。

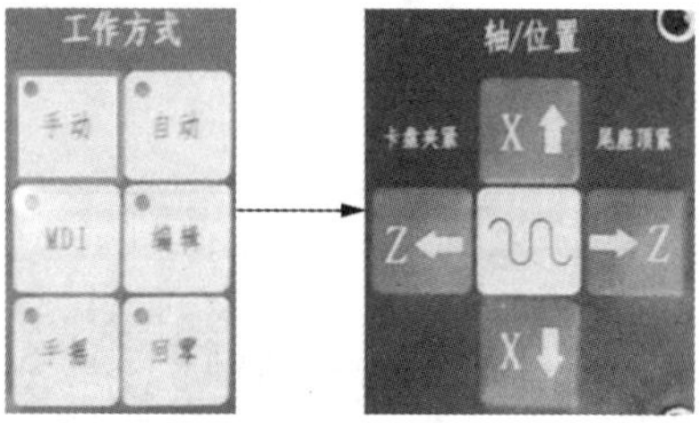

图 2-3 FANUC 0i-TF Plus 系统数控车床手动操作流程

② 按下“X↑”轴方向选择按钮，刀架向主轴前方移动。

③ 按下“X↓”轴方向选择按钮，刀架向主轴后方移动。

④ 按下“Z→”轴方向选择按钮，刀架向主轴正向移动。

⑤ 按下“Z←”轴方向选择按钮，刀架向主轴负向移动。

3. 手摇进给操作

机床手摇进给操作如图 2－4 所示。

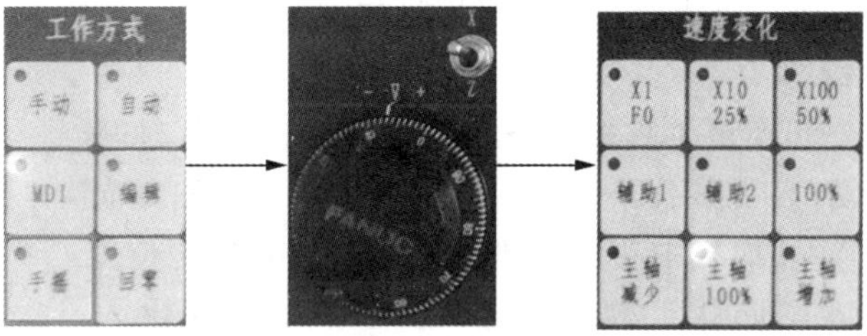

图 2－4 FANUC 0i－TF Plus 系统数控车床手摇操作流程

① 按下机床操作面板中工作方式功能区中的“手摇”按钮。

② 在手轮操作功能区中切换 X 或 Z 进给轴。

③ 选择“速度变化”中按键来改变刀架移动速度。

④ 旋转手轮（又称手摇脉冲发生器）向相应的方向移动刀架。

4. 程序的新建、调用与删除操作

（1）程序的新建　按机床操作面板中工作方式功能区中的“编辑”按钮→按 MDI 面板中功能键“PORG”→输入程序名（如 O0001）→按“INSERT”按钮，即完成新程序的建立，如图 2－5 所示。新建程序时，程序号应为机床内存没有的新程序号，否则无法新建。

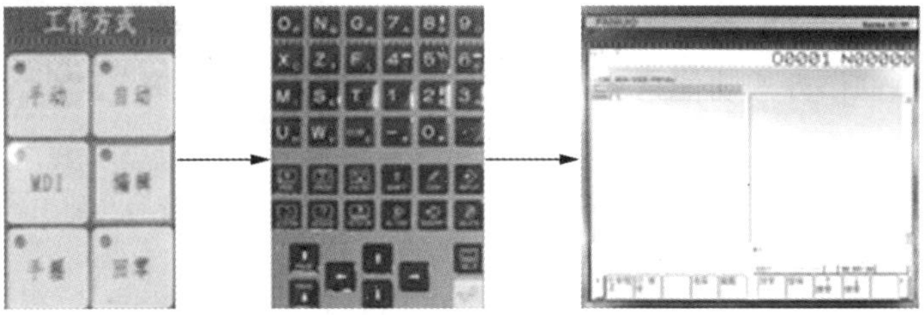

图 2－5 FANUC 0i－TF Plus 系统数控车床程序创建操作流程与画面

数控车床程序编辑

（2）程序的调用　按机床操作面板中工作方式功能区中的“编辑”按钮→按 MDI 面板中功能键“PORG”→输入程序名（如 O0001）→按屏幕下方“检索程序”软键，即完成对应程序的调用。

（3）程序的删除　按机床操作面板中工作方式功能区中的“编辑”按钮→按 MDI 面板中功能键“PORG”→输入程序名（如 O0001）→按“DELETE”功能键→按屏幕下方“执行”软键，即完成对应程序的删除。

5. 程序输入与编辑

按下机床操作面板中工作方式功能区中的“编辑”按钮→按 MDI 面板中功能键

"PORG"→依次输入程序名（如O0001）、程序主体内容、程序结束语M30。如有输入错误，可通过图2-6所示MDI面板中的功能键"CAN""ALTER""DELETE"等来进行撤销、替换和删除等操作。

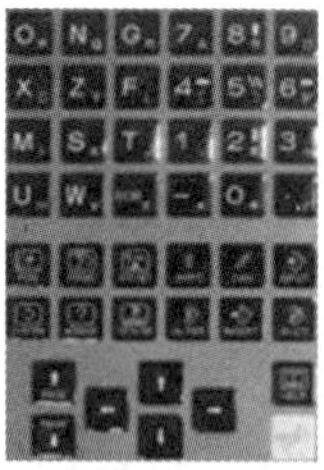
图2-6　FANUC 0i-TF Plus系统数控车床MDI面板

6. 工件装夹

在加工零件时需根据图纸的要求选择合适的毛坯，并进行装夹，数控车床通常采用自定心三爪卡盘进行装夹。

7. 工件找正与对刀

（1）Z轴对刀　切换至手摇模式→启动主轴→选择Z轴→摇动手轮移动刀具切削工件端面→保持Z方向不动，沿X方向退出→停主轴→按MDI面板中功能键"OFS/SET"切换至位置界面→按屏幕下方"形状"软键→在相应的刀具号输入"$Z0$"→按屏幕下方"测量"软键→Z轴对刀完成。

数控车床工件坐标系建立

（2）X轴对刀　切换至手摇模式→启动主轴→选择X轴→摇动手轮移动刀具切削外圆→保持X方向不动，沿Z方向退出→停主轴→测量工件直径（假设测量得直径ϕ65.23）→按MDI面板中功能键"OFS/SET"切换至位置界面→按屏幕下方"形状"软键→在相应的刀具号输入测量值65.23→按屏幕下方"测量"软键→X轴对刀完成。

8. 程序校验与图形模拟

完成对刀后，需要对已编制的加工程序进行校验，可采用机床提供的图形模拟功能进行校验。

数控车床程序校验与加工

① 调用需要模拟的程序。

② 按机床操作面板中工作方式功能区中的"自动"按钮。

③ 按机床操作面板中工作方式功能区中的"锁定"和"空运行"按钮。

④ 按MDI面板中功能键"CSTM/GR"。

⑤ 按屏幕下方"图形"软键，切换至"刀具路径图"窗口。

⑥ 按屏幕下方"操作"和"清除"软键，清除已有图形。

⑦ 按机床操作面板中循环功能区中的"循环启动（白色按钮）"按钮。

⑧ 按屏幕下方"开始"软键，观看刀具路径图。

9. 工件加工

当程序输入和对刀完成后，就可以进行机床的加工环节，如图2-7所示。

① 调出需要执行的程序。

② 按机床操作面板中工作方式功能区中的"自动"按钮。

③ 按机床操作面板中循环功能区中的"循环启动（白色按钮）"按钮，启动循环加工。

④ 加工过程中根据零件精度要求适当调整主轴转速和刀架进给速度，可通过机床操作面板上的进给倍率旋钮调整。

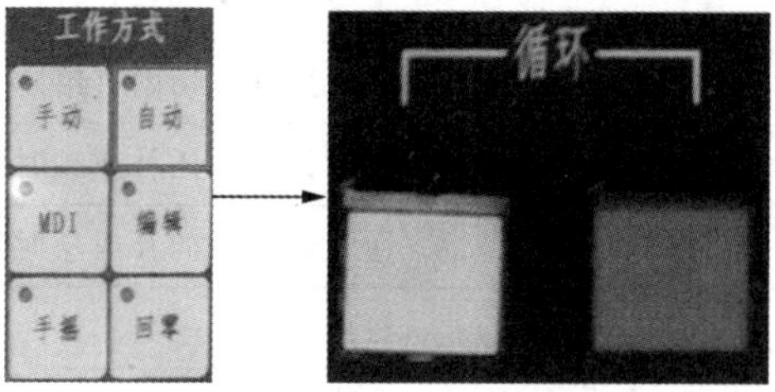

图 2-7　FANUC 0i-TF Plus 系统数控车床自动加工操作流程

10. 机床维护保养

清扫加工产生的切屑，使用面纱擦净机床导轨，并加注润滑油。

11. 关机操作

关机具体流程如图 2-8 所示。

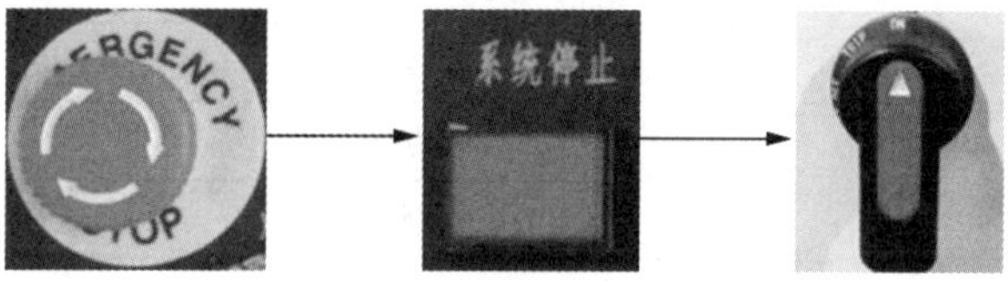

图 2-8　FANUC 0i-TF Plus 系统数控车床关机操作流程

① 机床主轴处于停转状态。

② 刀架移动至机床的最左端。

③ 先关闭“紧急停止”旋钮，然后按下“系统停止”按钮，机床设备处于关闭模式。

④ 关闭电气柜机床电源开关。

2.2　数控车床编程基础

2.2.1　准备功能

准备功能指令，即 G 代码指令，是指定数控机床的运动方式、坐标系设定、刀具补偿等多种加工操作，为数控系统的插补运算做好准备的指令。G 代码的格式为 G□□，从 G00 至 G99 共 100 种。G 代码按功能的不同分为若干组，同一组的 G 指令不能放在同一程序段，否则只有最后一个 G 指令有效。不同数控系统，其 G 代码的功能也不尽相同，FANUC 0i-TF Plus 系统部分准备功能 G 代码见表 2-3。

表 2-3 FANUC 0i-TF Plus 部分准备功能 G 代码

代码	分组	功能
G00	01	定位（快速进给）
G01		直线插补（切削进给）
G02		顺时针圆弧插补或顺时针螺旋插补
G03		逆时针圆弧插补或逆时针螺旋插补
G04	00	暂停
G09		准确停止
G10		可编程数据输入
G11		可编程数据输入取消
G17	16	*XY* 平面选择
G18		*XZ* 平面选择
G19		*YZ* 平面选择
G20	06	英制数据输入
G21		米制数据输入
G27	00	参考点返回检查
G28		返回至参考点
G29		从参考点移动
G30		第 2、第 3、第 4 参考点返回
G31		跳转功能
G32	01	螺纹切削
G34		可变导程螺纹切削
G35		螺纹切削（顺时针方向旋转）
G40	07	刀具半径补偿或刀尖半径补偿取消
G41		刀具半径左补偿或刀尖半径左补偿
G42		刀具半径右补偿或刀尖半径右补偿
G50	00	坐标系设定或主轴最高转速限制
G52		局部坐标系设定
G53		机械坐标系选择
G54	14	工件坐标系 1 选择
G55		工件坐标系 2 选择
G56		工件坐标系 3 选择
G57		工件坐标系 4 选择
G58		工件坐标系 5 选择
G59		工件坐标系 6 选择

（续表）

代码	分组	功能
G61	15	准确停止模式
G63		攻丝模式
G64		切削模式
G65	00	宏程序调用
G70	00	精车复合循环
G71		外径/内径粗车复合循环
G72		端面粗车复合循环
G73		闭环切削复合循环
G74		端面切断复合循环
G75		外径/内径切断复合循环
G76		螺纹切削复合循环
G90	01	外径/内径切削循环
G92		螺纹切削循环
G94		端面车削循环
G96	02	周速恒定控制
G97		周速恒定控制取消
G98	05	返回固定循环初始平面
G99		返回固定循环 R 点平面

1. 模态与非模态

准备功能分模态和非模态两大类。

模态代码：又称续效性代码，该指令代码一经定义，其功能一直保持有效，直到被相应的代码取消或被同组的代码所取代。

非模态代码：又称一次性代码，该指令代码只在写有该代码的程序段中才有效。表2-3中00组代码为非模态，其他组均为模态代码。

2. 直径编程与半径编程

数控车床加工的零件通常为轴类零件，其横截面为圆形，故数控车床的编程可以用直径编程，通过设置也可以用半径编程。而数控车床出厂时通常默认设置为直径编程，若要采用半径编程，可查找其参数说明书，找到对应设置参数进行修改。

3. 绝对值编程与增量值编程

指令数控车床刀具运动的方法，有绝对值指令和增量值指令两种。

绝对值编程：是指用刀具移动的终点位置坐标值来编程的方法，采用地址字X、Y来指定。

增量值编程：是直接用刀具移动量来编程的方法，采用地址字U、W来指定。

4. 米制数据输入与英制数据输入

数控车床的程序输入有米制数据输入和英制数据输入两种。我国的零件一般采用米制标注，所以我国数控车床出厂时，机床各项参数均默认设置为米制单位。若要采用英制数据输入，可在程序起始行输入 G20 指令切换。

2.2.2 辅助功能

辅助功能指令，即 M 代码指令，是指定数控机床加工过程中的相关辅助动作和机床状态，如主轴转停、冷却液的开关等指令。M 代码的格式为 M□□，从 M00 至 M99 共 100 种。不同数控系统，其 M 代码的功能也不尽相同，FANUC 0i－TF Plus 系统常用辅助功能 M 代码见表 2－4。

表 2－4　FANUC 0i－TF Plus 常用辅助功能 M 代码

代码	功能	说明
M00	程序暂停	当执行 M00 程序段后，机床所有动作均被切断，现存模态信息保持不变，重按循环启动按钮，继续执行后续程序段。 用于加工中测量刀具和工件的尺寸、工件掉头、手动变速等固定手工操作
M01	程序任选停止	功能与 M00 类似，但必须在机床“任选停止”按钮接通时才有效。 用于首件检测及工件关键尺寸抽检
M02	程序结束	表示加工程序全部结束，切断机床所有动作，并使系统复位。再按“循环启动”按钮，程序重新开始执行
M03	主轴正转	
M04	主轴反转	
M05	主轴停止	
M08	切削液开	
M09	切削液关	
M30	程序结束 返回程序头	切断机床所有动作，系统复位，并使控制返回零件程序头，且重新执行
M98	调用子程序	将主程序转至子程序
M99	子程序结束	使子程序返回主程序

2.2.3 其他功能

1. S 功能

S 功能是设定主轴转速的指令，格式为“S ____;”，单位为 r/min，利用 S 后续数值，可以控制主轴回转速度。

2. F 功能

F 功能是指定进给速度的指令，为模态指令。数控车床加工中，有以下 3 种指令形式：

（1）每分钟进给量

格式：G98 F ____；

说明：G98 是每分钟进给量 G 代码，F 是每分钟刀具进给量，单位为 mm/min。

（2）每转进给量

格式：G99 F ____；

说明：G99 是每转进给量 G 代码，F 是每转刀具进给量，单位为 r/min。

（3）螺纹切削进给速度（也叫作导程）

格式：G32/G76/G92 F ____；

说明：G32/G76/G92 是螺纹循环 G 代码，F 是指定螺纹导程，单位为 mm/r。

3. T 功能

T 功能是指定刀具及刀具补偿的指令。

格式：T××××；

说明：

① 前二位数字表示刀具号，刀具号与刀盘上的刀位号相对应。

② 后两位数字表示刀具补偿号，刀具补偿包括形状补偿（刀偏）和磨损补偿。

③ 刀号与刀补号不必对应。

④ 每把刀加工结束后，必须取消刀补，格式为 T××00；

2.3　基础插补指令

1. G00 快速定位

（1）功能

G00 指令是使刀具以机床厂家设定的最快速度，按点位控制方式从刀具当前点快速移动至目标点。用于刀具趋近工件或在切削完毕后使刀具撤离工件。该指令没有运动轨迹要求，也不需规定进给速度（F 指令无效）。

（2）指令格式

绝对坐标编程：G00 X ____ Z ____；

增量坐标编程：G00 U ____ W ____；

其中：

X ____ Z ____，表示刀具移动的终点坐标值；

U ____ W ____，表示刀具移动距离，即终点相对于起点的坐标增量值。

注意：

① X、U 坐标以直径值输入，当某一轴坐标位置不变时，可以省略该轴的指令坐标字。在一个程序段中，绝对坐标指令和增量坐标指令也可混用。

② 对于执行 G00 指令时，刀具从当前点快速移至 X、Z 指定的目标点。对于非直线插补型，运动轨迹一般为一折线；对于直线插补型，运动轨迹为两点间最短直线段。

③ G00 无须指定移动速度，其移动速度由机床系统参数设定。在实际操作时，通过机床面板上的按钮“F0”“F25”“F50”和“F100”对 G00 移动速度进行调节。

【实例 2-1】 如图 2-9 所示快速移动轨迹 *OA* 和 *BD*，采用绝对坐标编程，程序段如下：

```
OA：G00 X20.0 Z30. 0；
BD：G00 X60.0 Z0；
```

OA 程序段运行时，刀具先在 *X* 轴和 *Z* 轴方向移动相同的增量（即图中的 *OB* 轨迹），然后再从 *B* 点移动至 *A* 点。同样，*BD* 程序段的运行轨迹则由轨迹 *BC* 和 *CD* 组成。因此，采用 G00 方式进刀、退刀时，需要特别注意刀具相对于工件、夹具所处的位置，以避免在进刀、退刀过程中刀具与工件、夹具等发生碰撞。

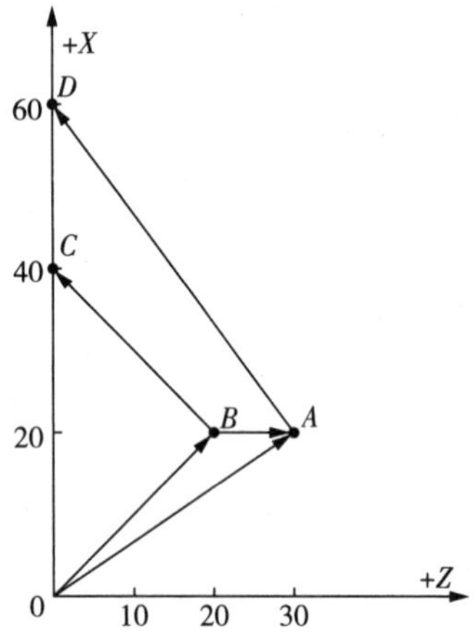

图 2-9 G00 运动轨迹实例

2. G01 直线插补

插补是指加工时刀具沿着构成工件外形的直线和圆弧移动，机床数控系统采用轮廓控制的方法及通过插补来控制刀具以及给定的速度沿着编程轨迹运动，实现对零件的加工。

（1）功能

G01 指令是使刀具以 F 指定的进给速度从当前点直线或斜线移动到目标点，既可使刀具沿 *X* 轴方向或 *Z* 轴方向做直线运动，也可以两轴联动方式在 *XZ* 平面内做任意斜率的直线运动。

（2）指令格式

绝对坐标编程：G01 X ____ Z ____ F ____；

增量坐标编程：G01 U ____ W ____ F ____；

其中：

X ____ Z ____，表示刀具移动的终点坐标值；

U ____ W ____，为刀具移动距离，即终点相对于起点的坐标增量；

F ____，表示刀具的进给速度（进给量）。

注意：X、U 坐标以直径值输入，当某一轴坐标位置不变时，可以省略该轴的指令坐标字。在一个程序段中，绝对坐标指令和增量坐标指令也可混合使用。

【实例 2-2】 编制如图 2-10 所示零件的精加工程序，工件坐标系原点在 *O* 点。

```
O2001;                  (程序号)
S500 M03;               (主轴正转、转速 500 r/min)
T0101;                  (调用 1 号刀具及刀补)
G00 X100 Z100;          (快速定位至安全位置)
G00 X30.0 Z1.0;         (快速进刀)
```

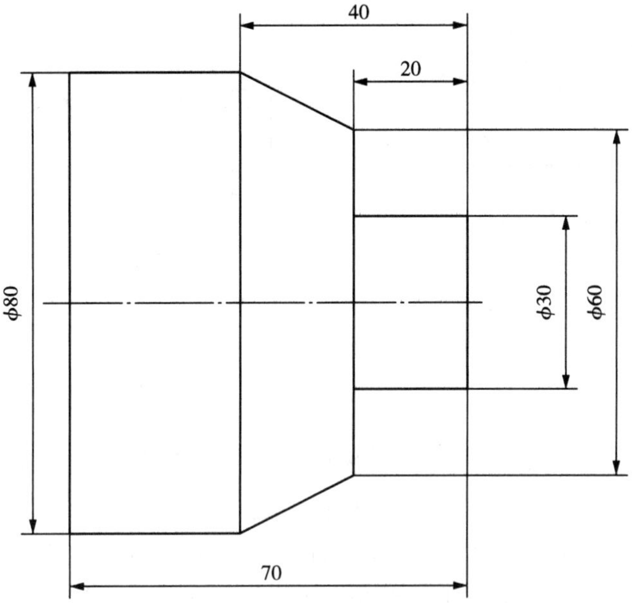

图 2-10　G01 运用实例

```
G01 Z-20.0 F0.2;          (车φ30 外圆)
G01 X60.0;                (车φ60 端面)
G01 X80.0 Z-40.0;         (车锥面)
G01 Z-70.0;               (车φ80 外圆)
G00 X200 Z100;            (快速移动至换刀点)
T0100;                    (取消 1 号刀补)
M30;                      (程序结束)
```

3. G02/G03 圆弧插补

(1) 功能

G02/G03 指令用于指定刀具做圆弧运动，以 F 指令所给定的进给速度，从圆弧起点沿着指定圆弧向圆弧终点进行加工。

圆弧插补的顺逆判断：如图 2-11 所示，相对于 *XZ* 平面，在笛卡儿坐标系中沿圆弧所在平面的垂直坐标轴 *Y* 轴的正方向朝负方向看去，顺时针走刀为顺时针圆弧插补 G02，逆时针走刀为逆时针圆弧插补 G03。

(2) 指令格式

① 用圆弧半径 R 指定圆心位置

G02 X（U）____ Z（W）____ R ____ F ____；

G03 X（U）____ Z（W）____ R ____ F ____；

② 用 I、K 指定圆心位置

G02 X（U）____ Z（W）____ I ____ K ____ F ____；

G03 X（U）____ Z（W）____ I ____ K ____ F ____；

其中：

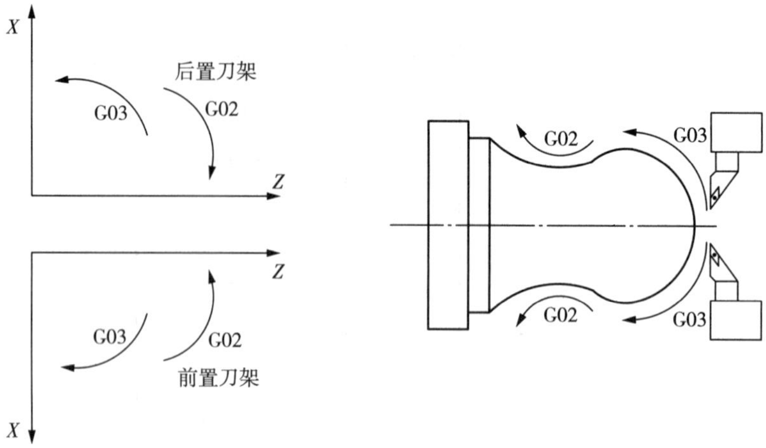

图 2-11　圆弧插补顺逆方向的判断

X ____ Z ____，表示刀具移动的终点坐标值；

U ____ W ____，表示刀具移动距离，即终点相对于起点的坐标增量；

I ____ K ____，表示圆弧中心坐标相对于圆弧起点坐标在 X 方向和 Z 方向的坐标，如图 2-12 所示。

F ____，表示刀具的进给速度（进给量）。

注意：

① 采用绝对值编程时，圆弧终点坐标为圆弧终点在工件坐标系中的坐标值，用 X，Z 编程；采用增量编程时，圆弧终点坐标为圆弧终点相对于圆弧起点的增量值，用 U，W 编程。

② 当用圆弧半径指定圆心位置时，由于在同一半径 R 的情况下，过圆弧的起点和终点可画出两个不同的圆弧。为区别二者，系统规定圆心角 $\alpha \leqslant 180°$ 时（劣弧），用 "+R" 表示，如图 2-13 中的圆弧 1；$\alpha > 180°$ 时（优弧），用 "-R" 表示，如图 2-13 中的圆弧 2。

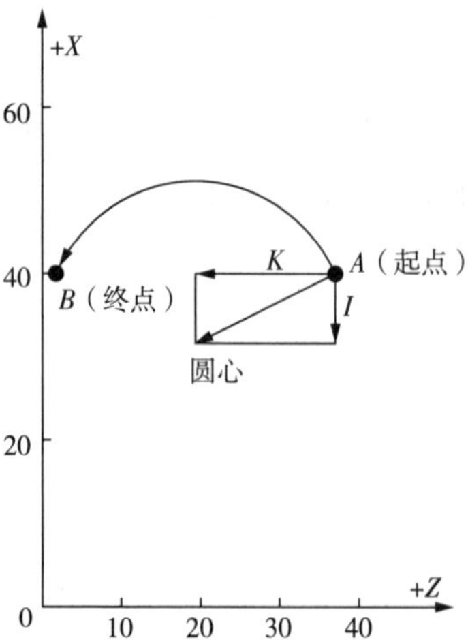

图 2-12　I，K 的含义

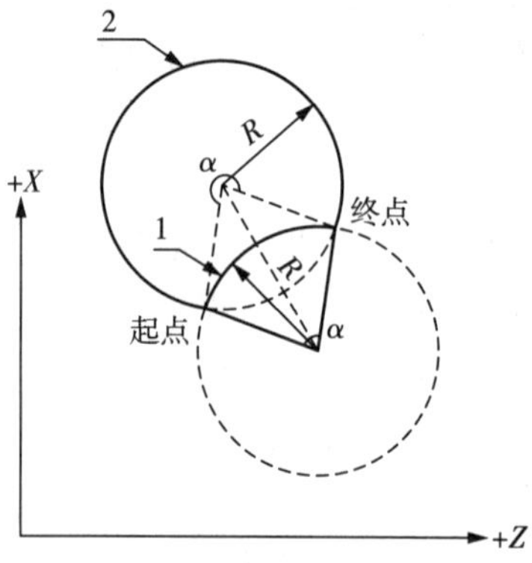

图 2-13　半径 R 编程

1—"+R" 编程；2—"-R" 编程

③ 用半径 R 指定圆心位置时，不能描述整圆。

【实例 2-3】 编制如图 2-14 所示零件加工程序。

```
O2002;              (程序号)
S500 M03;           (主轴正转、转速 500 r/min)
T0101;              (调用 1 号刀具及刀补)
G00 X100 Z100;      (快速定位至安全位置)
G00 X45 Z2.0;       (快速进刀)
G01 X0 F0.2;        (切削进给至 X0)
G01 Z0;             (切削进给至 Z0)
G03 X20 Z-10 R10;   (逆时针切削 R10 圆弧)
Z-15;               (车φ20 外圆)
G02 X30 Z-20 R5;    (顺时针切削 R5 圆弧)
Z-30;               (车φ30 外圆)
G00 X100 Z100;      (快速移动至换刀点)
T0100;              (取消 1 号刀补)
M30;                (程序结束)
```

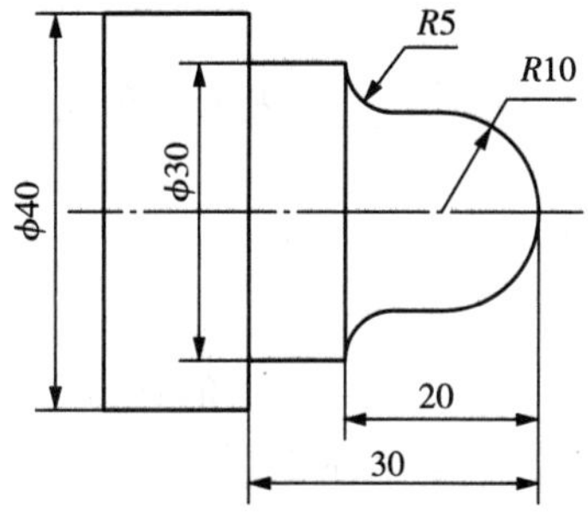

图 2-14　圆弧插补运用实例

4. 简化倒角与倒圆

在轴类零件的加工过程中常遇到倒斜角和倒圆角，若采用 G01、G02、G03 这些基础指令编写其程序较为繁琐，为简化编程，可使用 FANUC 系统提供的简化倒角与倒圆指令编写。

(1) 指令格式

① 倒角

G01 Z (W) ____ C (±i) ____ F ____；[Z→X，图 2-15 (a)]

G01 X (U) ____ C (±k) ____ F ____；[X→Z，图 2-15 (b)]

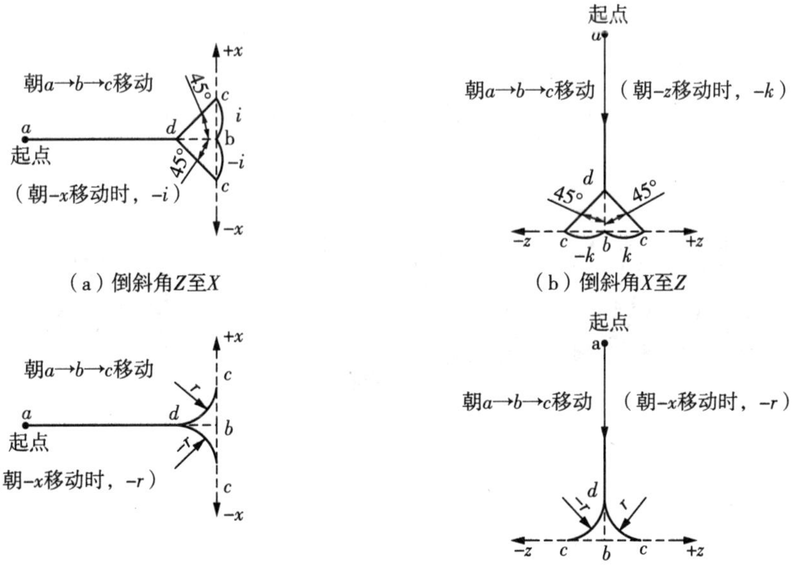

(a) 倒斜角Z至X　(b) 倒斜角X至Z

(c) 倒圆角Z至X　(d) 倒圆角X至Z

图 2-15　简化倒斜角与倒圆示意图

② 倒圆

G01 Z（W）____ R（±r）____ F ____；［$Z\to X$，图 2－15（c）］

G01 X（U）____ R（±r）____ F ____；［$X\to Z$，图 2－15（d）］

其中：

X（U）____，表示倒角或倒圆前轮廓交点处（*b* 点）的 *X* 的绝对坐标值或增量坐标值；

Z（W）____，表示倒角或倒圆前轮廓交点处（*b* 点）的 *Z* 的绝对坐标值或增量坐标值；

C ____，表示倒角的直角边边长；

R ____，表示倒圆的半径值；

F ____，表示进给量。

注意：

① FANUC 系统中的倒圆和倒角指令，只适合两直角边的倒角。

② 在使用倒角和倒圆时，车刀应走在倒角前的一条边上，如上图中的 *ad* 线段，只要刀在此上的任何一点即可。

③ X（U）____、Z（W）____、C ____、R ____、F ____，均为模态值，一经指定可以省略不写。

④ 倒角中的 R 值和 C 值没有正负之分，均为正值，出现负值系统会报警。

⑤ 倒圆和倒角指令中的 X（U）____、Z（W）____的顺序可以互换。如倒角指令可以写成：

G01 Z（W）____ C ____ F ____；

G01 X（U）____ C ____ F ____；

5. G32 螺纹切削

（1）功能

G32 指令不仅用于等距直螺纹切削［图 2－16（a）所示］，还可以用于锥形螺纹［图 2－16（b）所示］和涡形螺纹［图 2－16（c）所示］的切削。执行 G32 指令时，装在主轴上的位置编码器实时读取主轴速度并转换为刀具每分钟进给量。

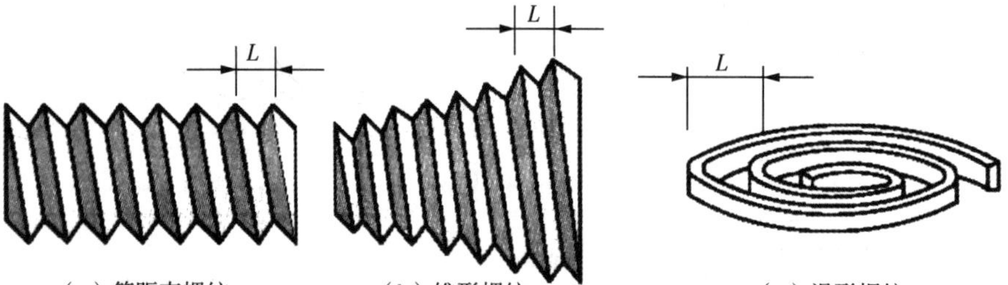

（a）等距直螺纹　（b）锥形螺纹　（c）涡形螺纹

图 2－16　G32 螺纹车削类型

（2）指令格式

G32X（U）____ Z（W）____ F ____ Q ____；

其中：

X ____ Z ____，表示刀具移动的终点坐标值，如图 2－17（a）所示。

U ____ W ____，为刀具移动距离，即终点相对于起点的坐标增量值，如图 2－17（a）所示。

F ____，为螺纹导程。对锥螺纹其斜角 α 在 45°以下时，螺纹导程以 Z 轴方向指定，在 45°以上至 90°时，以 X 轴方向指定。如图 2－17（b）所示，若 $\alpha \leqslant 45°$，Z 轴为长轴，导程是 LZ；若 $\alpha > 45°$，X 轴为长轴，导程是 LX。

Q ____，为螺纹起始角，指定该值可实现多头螺纹切削。该值为不带小数点的非模态值，每次使用必须指定，如果不指定，则默认为 0，执行单头螺纹切削。

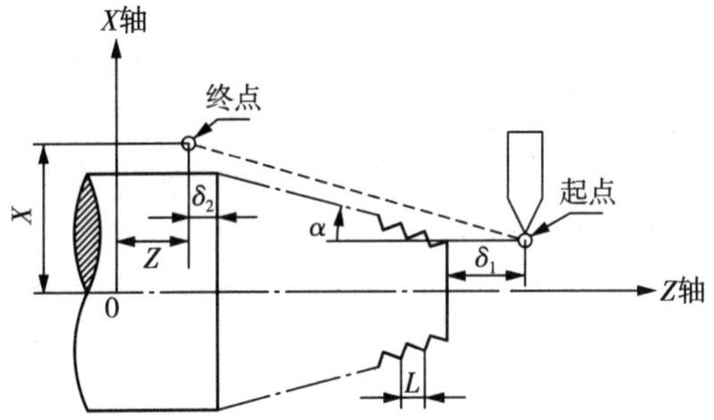

（a）G32螺纹切削轨迹

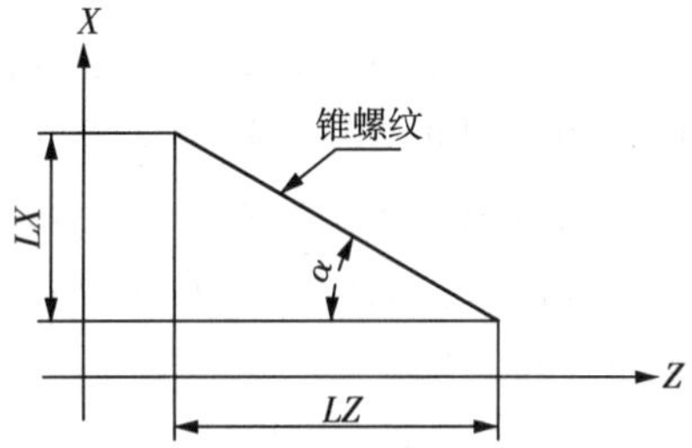

（b）G32锥辊纹的Z与LX

图 2－17　G32 螺纹切削说明

注意：通常螺纹切削，是刀具沿着同一刀具轨迹从粗车到精车重复进行切削。由于螺纹切削是从主轴上的位置检测编码器一转信号时开始的，因此，螺纹切削是从一固定点开始且刀具在工件上的轨迹不变而重复切削螺纹。无论进行几次螺纹切削，工件圆周上切削始点都是相同的，螺纹切削轨迹也是相同的。但是，从粗车到精车主轴的转速必须是恒定的，否则将导致切削的螺纹导程不准确。

【实例 2－4】　加工如图 2－18 所示零件的螺纹 M30×2，设螺纹加工时第一刀切深 1 mm（直径值），第二刀切深 0.8 mm，试用 G32 编程。

```
O2003;                  (程序号)
……
G00 X35.0 Z5.0;         (快速定位到点 A)
X29.0;                  (进刀至第一刀切深)
G32 Z-28.0 F2.0;        (车螺纹)
G00 X35.0;              (X 向退刀)
Z5.0;                   (向快退至点 A)
X28.2;                  (进刀至第二刀切深)
X32 Z-28.0 F2.0;        (车螺纹)
G00 X35.0;              (X 向退刀)
Z5.0;                   (Z 向快退至点 A)
……
M30;                    (程序结束)
```

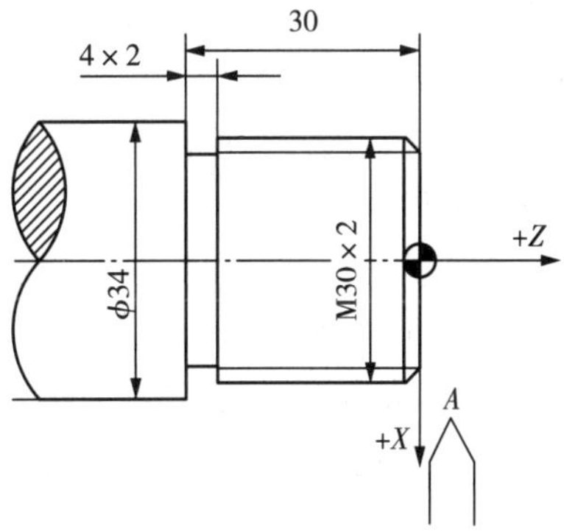

图 2－18　G32 螺纹切削实例

2.4 刀具补偿指令

2.4.1 刀具几何补偿与磨损补偿

1. 刀具几何补偿与磨损补偿设置的目的

刀具几何补偿与磨损补偿又称为刀具位置补偿或刀具偏移补偿。在实际加工中，通常要使用多把刀具完成一个工件的加工，而编程时是以其中一把刀为基准设定工件坐标系的，因此必须将所有刀具的刀位点都移到此基准点。利用刀具位置补偿功能，即可完成这项工作。另外，因为每把刀具在加工过程中都存在一定程度的磨损，而磨损后刀具的刀位点位置与编程位置存在差值，这将造成加工误差，因此需对偏移量或磨损量进行补偿。

2. 刀具几何补偿与磨损补偿的原理

当需要用多把刀加工工件时，由于各刀具的长度不同，编程时为了适应每把刀具长度，程序就要变更，因此非常麻烦。为此要选一个基准刀，事先测出这把刀的刀位点位置和所使用其他刀具的刀位点位置差，并把已测定的这些值设定在数控系统中。这样在更换刀具时，采用刀具补偿功能后，无须变更程序即可加工。

刀具补偿功能由程序中指定的 T 代码来实现，T 代码后的 4 位数码中，前两位为刀具号，后两位为刀具补偿号。刀具补偿号实际上是刀具补偿寄存器的地址号，该寄存器中放有刀具的几何偏置量和磨损偏置量（X 轴偏置和 Z 轴偏置）。刀具补偿号为 00 时，表示不进行刀补或取消刀具补偿。

当刀具磨损后或工件尺寸有误差时，只要修改对应刀具存储器中的数值即可。例如某工件加工后外圆直径比要求尺寸大（或小）了 0.03 mm，则可以用 X 向刀具补偿－0.03 mm（或＋0.03 mm）修改相应存储器中的数值；当长度方向尺寸有误差时，可以用 Z 向刀具补偿。

由此可见，可以根据实际需要分别或同时对刀具径向和轴向的偏移量进行补偿。补偿的方法是在程序中事先给定各刀具及其刀具补偿号，每把刀具补偿号中的 X 向刀具补偿值和 Z 向刀具补偿值由操作者按实际需要输入数控系统中。每当程序调用这一刀具补偿号时，该刀具补偿值就生效，使刀位点从偏离位置恢复到编程轨迹上，从而实现刀具偏移量的修正。

注意事项：

（1）刀具补偿程序段内必须有 G00 或 G01 指令才有效，而且偏移量补偿必须在一个程序的执行过程中完成，这个过程是不能省略的。例如：G00 X30.0 Z20.0 T0101 表示调用 1 号刀具且有刀具补偿时，快速移至点（30，20），补偿量在 01 号存储器中。

（2）必须在取消刀补状态下调用刀具。

2.4.2　刀尖半径补偿

1. 刀尖半径补偿的目的

数控车床是针对刀位点（假想刀尖点）进行编程的，而实际加工中，因工艺或其他要求，刀尖往往并不是理想的尖锐点，而是一段圆弧，如图 2-19 所示。

当加工轨迹与机床轴线平行（外圆、端面）时，实际切削点与理想尖锐点之间没有加工轴线方向上的位移，故不影响尺寸和形状；当加工轨迹与机床轴线不平行（锥面、球面）时，因实际切削点与理想尖锐点之间有加工轴线方向上的偏移，会造成过切或欠切，此时可用刀尖半径补偿功能来消除误差，如图 2-20 所示。

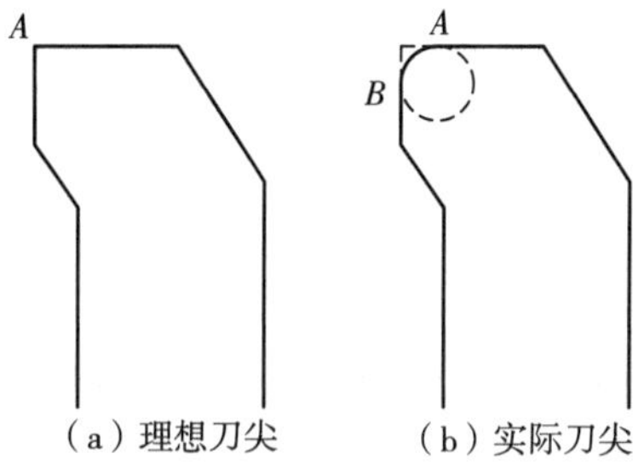

图 2-19　理想刀尖与实际刀尖

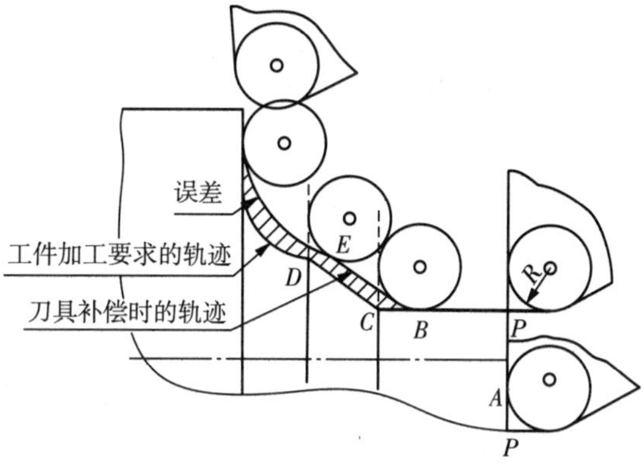

图 2-20　刀尖半径补偿时的刀具运动轨迹

2. 刀尖半径补偿的指令

在编制工件轮廓加工程序时，为方便编程，一般假想工件的轮廓为刀具轨迹，即假设刀具中心运动轨迹是沿工件轮廓运动的，而实际上刀具运动轨迹与工件轮廓有一个偏移量（即刀尖半径）。利用刀尖半径补偿功能可以方便地实现这一转变，简化程序编制，机床可以自动判断补偿的方向和补偿值大小，自动计算出实际刀具中心轨迹并按刀具中心轨迹运动。如图 2-20 所示。

根据刀具轨迹的左右补偿（如图 2-21 所示），刀尖半径补偿的指令有：

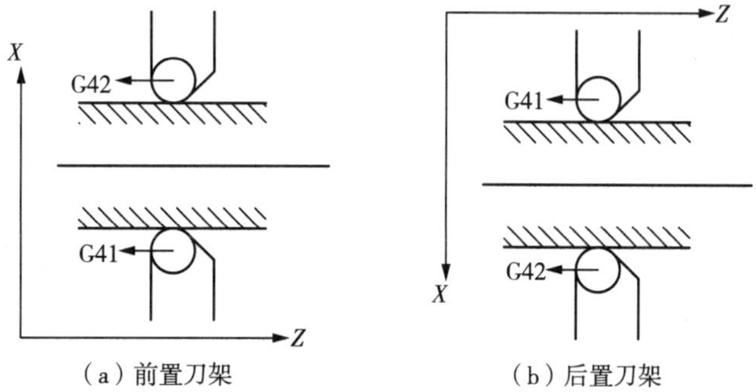

图 2-21　刀尖半径左右补偿判断

① 刀尖半径左补偿 G41。位于刀具所在平面（XZ）的第三轴负向（$-Y$），顺着刀具运动方向看，刀具在工件的左侧，称为刀尖半径左补偿，用 G41 指令表示。

② 刀尖半径右补偿 G42。位于刀具所在平面（XZ）的第三轴负向（$-Y$），顺着刀具运动方向看，刀具在工件的右侧，称为刀尖半径右补偿，用 G42 指令表示。

③ 取消刀尖半径补偿 G40。刀尖半径补偿使用结束后，必须使用 G40 指令取消。

（1）指令格式

$$\left.\begin{matrix}G40\\G41\\G42\end{matrix}\right\}G01/G00\ \_\_\_\_\ X（U）\_\_\_\_\ Z（W）\_\_\_\_\ F\ \_\_\_\_;$$

其中：

X（U）____ Z（W）____，表示建立或取消刀补段中，刀具移动的终点坐标或终点相对于起点的坐标增量值；

G41 表示建立刀尖半径左补偿；

G42 表示建立刀尖半径右补偿；

G40 表示取消刀尖半径补偿；

F ____，表示进给量。

注意：

① G41，G42，G40 指令需在 G01 或 G00 指令状态下才有效，即通过直线运动来建立或取消刀补。

② 刀尖半径补偿应当在切削进程启动之前建立，在切削进程完成之后取消。G41，G42，G40 均为模态指令。

③ G41，G42 的判断是以朝着刀具所在平面（XZ）的垂直轴负方向（$-Y$）看为依据。

④ 特别注意后置刀架［图 2－21（a）］和前置刀架［图 2－21（b）］对刀尖圆弧半径补偿偏置方向的区别。对于前置刀架，为防止判别过程中出错，可在图样上将工件、刀具及 X 轴同时绕 Z 轴旋转 180°后（此时正 Y 轴向外）再进行偏置方向的判别，刀补的偏置方向则与后置刀架的判别方向相同。

【实例 2－5】 采用刀尖半径补偿编制数控车削加工程序，加工如图 2－22（a）所示零件。已知毛坯为ϕ 55×100 mm 的棒料。

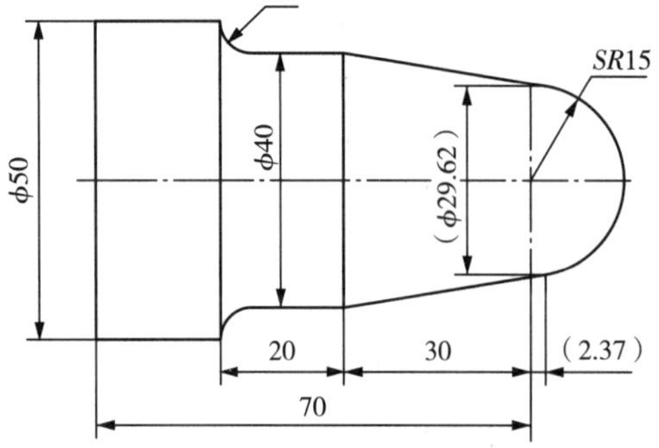

（a）零件图

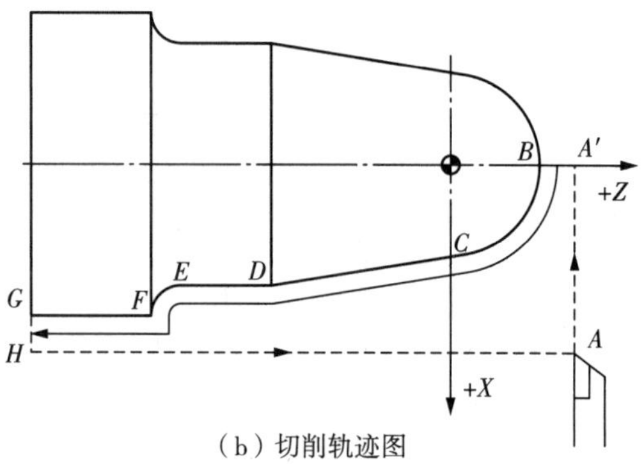

（b）切削轨迹图

图 2－22　刀具半径补偿实例

```
O2004;                        （程序号）
M03 S600;                     （主轴正转，600 rp/min）
T0101 ;                       （换1号刀）
G00 X57.0 Z17.0 ;             （快速移动至G71循环起点A）
G71 U2.0 R0.8 ;               （粗车，设定背吃刀量2 mm，退刀量0.8 mm）
G71 P10 Q20 U0.5 W0.2 F0.3 ;  （设定精车X余量0.5 mm，Z余量0.2 m）
N10 G00 X0 S1000;             （快速移动至点A′）  ┐
G42 G01 Z15.0 F0.1 ;          （车削至点B）       │
G03 X29.62 Z2.37 R15.0 ;      （车削至点C）       │
G01 X40.0 Z-30.0 ;            （车削至点D）       │
W-15.0 ;                      （车削至点E）       ├精加工程序段
G02 X50.0 W-5.0 R5.0 ;        （车削至点F）       │
G01 Z-70.0 ;                  （车削至点G）       │
N20 U7.0 ;                    （车削至点H）       ┘
G70 P10 Q20 ;                 （精车循环，且S1000，F0.1）
G00 X80.0 Z50.0 ;             （快速移动至换刀点）
T0100;                        （取消1号刀补）
M30 ;                         （程序结束）
```

2.5 循环指令

在数控车床上对内/外圆柱、端面、螺纹等表面进行粗加工时，刀具往往要多次反复地执行相同的动作，直至将工件切削到所需要的尺寸，于是在一个程序中可能会出现很多基本相同的程序段，造成程序冗长。为了简化编程工作，可以采用FANUC系统提供的专门的指令来设置刀具做反复切削，这就是循环指令。FANUC系统数控车床提供的循环指令有单一固定循环和多重复合循环两大类，下面将详细介绍。

2.5.1 单一固定循环

单一固定循环，将刀具的“1快速切入→2切削进给→3退刀进给→4快速返回”四个动作由四个基本指令程序段简化为一个程序段，因而可使程序简化。单一固定循环有G90外径/内径切削循环、G92螺纹切削循环及G94端面车削循环三种。

1. G90外径/内径切削循环

（1）功能

G90指令用于外圆柱面和圆锥面或内孔面和内锥面毛坯余量较大的零件粗车加工。切削轨迹如图2-23所示，执行该指令刀具从循环起点A开始按A→B→C→D→A做循环运动，最后又回到循环起点A。图中R表示快速移动，F表示按指定的进给速度运动。其中A为循环起点（也是循环的终点），B为切削起点，C为切削终点，D为退刀点。

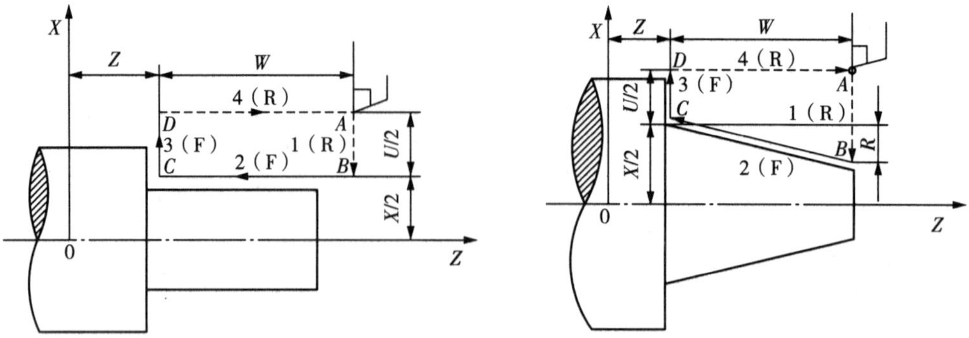

（a）G90直线切削循环轨迹　　（b）G90锥形切削循环轨迹

图 2-23　G90 外径切削循环轨迹

（2）指令格式

直线切削循环：G90 X（U）____ Z（W）____ F ____；

锥形切削循环：G90 X（U）____ Z（W）____ R ____ F ____；

其中：

X ____ Z ____，表示切削终点（*C* 点）的坐标；

U ____ W ____，表示切削终点（*C* 点）相对于循环始点（*A* 点）的位移量；

R ____，表示锥体面切削始点与切削终点的半径差，如图 2-23（b）所示，当 *R*＝0时，即为加工圆柱面；

F ____，表示进给速度。

注意：在应用 G90 指令编程中，刀具必须先定位到一个循环起点，然后开始执行 G90 指令，且刀具每次执行完一次走刀循环后又回到循环起点。对于该点，一般宜选择在离开工件或毛坯 1～2 mm 处。

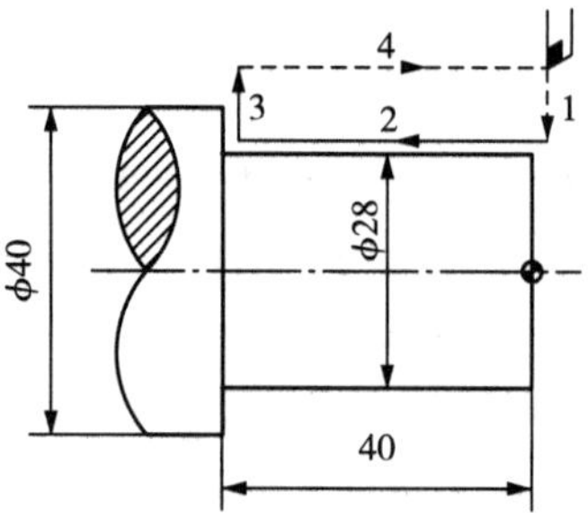

图 2-24　G90 切削循环实例

【实例 2-6】　试采用 G90 指令编写如图 2-24 所示台阶轴粗车加工程序。

```
O2005;                      (程序号)
M03 S600;                   (主轴正转，600 r/min)
T0101;                      (换 1 号刀)
G00 X45.0 Z2;               (快速定位至循环起点)
G90 X38.0 Z-40 F0.2;        (调用 G90 循环车削圆柱面，第一次粗车)
X36;                        (第二次粗车)
X34;                        (第三次粗车)
X32;                        (第四次粗车)
X30;                        (第五次粗车)
X27.5;                      (最后一次粗车，留 0.5 mm 精车余量)
G00 X150.0 Z100.0;          (快速移动至换刀点)
T0100;                      (取消 1 号刀补)
M30;                        (程序结束)
```

2. G92 螺纹切削循环

（1）功能

G92 指令用于圆柱螺纹、锥螺纹的粗车和精车加工。切削轨迹如图 2－25 所示，执行该指令刀具从循环起点 *A* 开始按 *A*→*B*→*C*→*D*→*A* 做循环运动，最后又回到循环起点 *A*。图中 R 表示快速移动，F 表示按指定的工件螺距进给速度运动。其中 *A* 为循环起点（也是循环的终点），*B* 为切削起点，*C* 为切削终点，*D* 为退刀点。

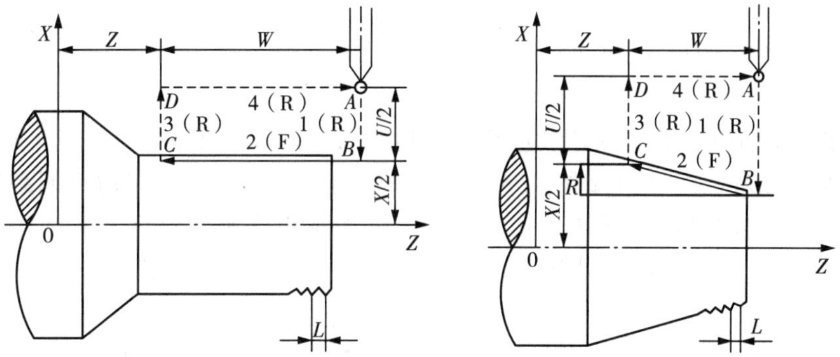

（a）G92直螺纹切削循环轨迹　　（b）G92锥面螺纹切削循环轨迹

图 2－25　G92 螺纹切削循环轨迹

（2）指令格式

直螺纹切削循环：G92 X（U）____ Z（W）____ F ____；

锥螺纹切削循环：G92 X（U）____ Z（W）____ R ____ F ____；

其中：

X ____ Z ____，表示切削终点（*C* 点）的坐标；

U ____ W ____，表示切削终点（*C* 点）相对于循环始点（*A* 点）的位移量；

R ____，表示锥螺纹切削始点与切削终点的半径差，如图 2－25（b）所示，当 *R*＝0 时，即为加工直螺纹；

F ____，表示螺纹螺距。

注意：G92 代码是模态指令，一旦被指定就一直有效，在完成固定螺纹循环加工后，可用其他 G 代码（如 G00）来取消 G92。

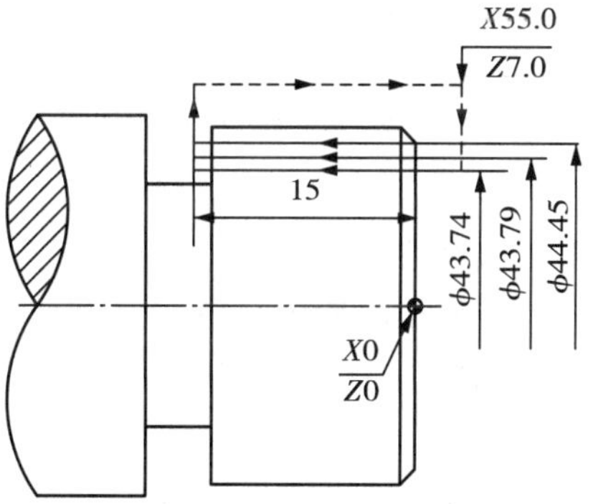

图 2－26　G92 螺纹切削实例

【实例 2－7】　试采用 G92 指令编写如图 2－26 所示螺纹加工程序。螺纹尺寸 M45×1.5。

```
O2006;                    （程序号）
S400 M03;                 （主轴正转，400 r/min）
T0101;                    （换 1 号刀）
G00 X55.0 Z7.0;           （快速定位至循环起点）
```

```
G92 X44.5 Z-15.0 F1.5;          （调用 G92 循环车削螺纹，第一次粗车）
X44.0;                          （第二次粗车）
X43.7;                          （第三次粗车）
X43.5;                          （最后一次次粗车）
X43.35;                         （精车）
G00 X150.0 Z100.0;              （快速移动至换刀点）
T0100;                          （取消 1 号刀补）
M30;                            （程序结束）
```

3. G94 端面切削循环

（1）功能

G94 指令用于平端面、锥端面的粗车和精车加工。切削轨迹如图 2-27 所示，执行该指令刀具从循环起点 *A* 开始按 *A*→*B*→*C*→*D*→*A* 做循环运动，最后又回到循环起点 *A*。图中 R 表示快速移动，F 表示按指定的工件螺距进给速度运动。其中 *A* 为循环起点（也是循环的终点），*B* 为切削起点，*C* 为切削终点，*D* 为退刀点。

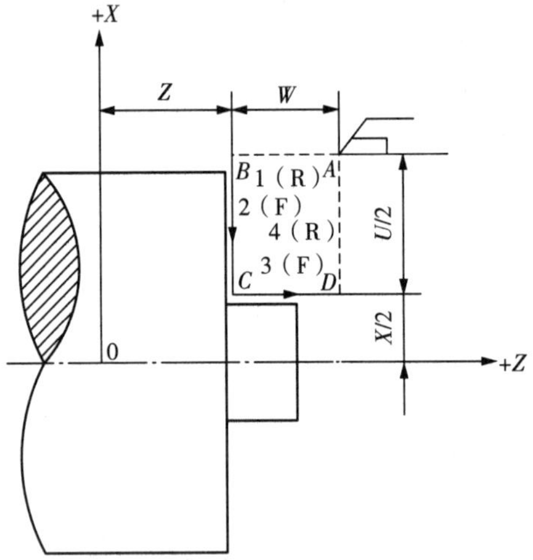

（a）G94平端面切削循环轨迹

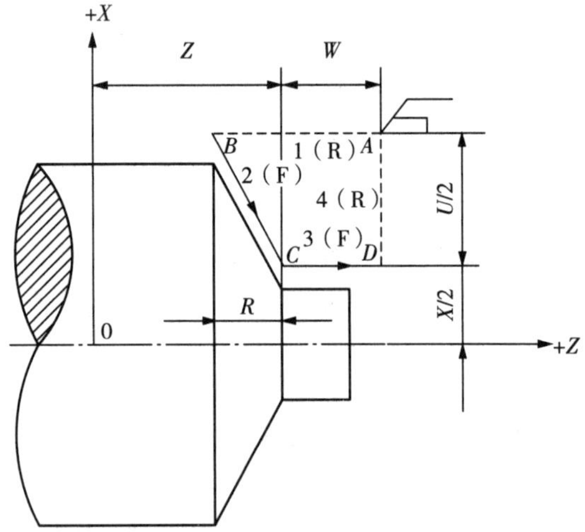

（b）G94锥面切削循环轨迹

图 2-27　G94 端面切削循环轨迹

（2）指令格式

平端面线切削循环：G94 X（U）____ Z（W）____ F ____；

锥面切削循环：G94 X（U）____ Z（W）____ R ____ F ____；

其中：

X ____ Z ____，表示切削终点（*C* 点）的坐标；

U ____ W ____，表示切削终点（*C* 点）相对于循环始点（*A* 点）的位移量；

R ____，表示锥体面切削始点与切削终点在 *Z* 轴方向的差，如图 2-27（b）所示，当 $R=0$ 时，即为加工平端面；

F ____，表示进给速度。

注意：G94 代码是模态指令，一旦被指定就一直有效，在完成固定螺纹循环加工后，可用其他 G 代码（如 G00）来取消 G94。

【实例2－8】　试采用G94指令编写图2－28所示零件端面加工程序。

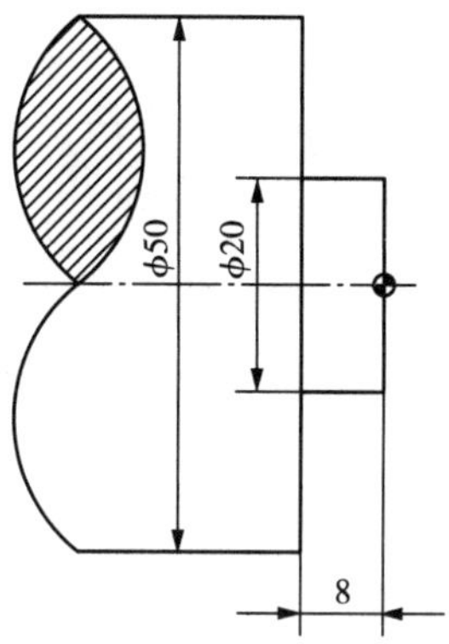

图2－28　G94端面切削实例

O2007；	（程序号）
S500 M03；	（主轴正转，500 r/min）
T0101；	（换1号刀）
G00 X55.0 Z2；	（快速定位至循环起点）
G94 X20.3 Z－2.0 F0.2；	（调用G94循环车削圆柱面，第一次粗车）
Z－4.0；	（第二次粗车）
Z－6.0；	（第三次粗车）
Z－7.7；	（最后一次粗车，Z向单边留0.3㎜精加工余量）
G94 X20.3 Z－8.0 F0.1 S1000；	（精车）
G00 X150.0 Z100.0；	（快速移动至换刀点）
T0100；	（取消1号刀补）
M30；	（程序结束）

2.5.2　多重复合循环

运用多重复合循环功能，可以加工形状较为复杂的零件，编程时只须指定精加工路线和粗加工的背吃刀量，系统就会自动计算出粗加工路线和加工次数（如图2－29所示），因而可以进一步地简化加工程序和编程工作，提高编程的效率。常用的多重复合循环指令有：G71内径和外径粗车复合循环、G70内径和外径精车复合循环、G72端面粗车循环、G73闭环切削复合循环、G74端面切断复合循环、G75外径和内径切断复合循环及G76复合型螺纹切削循环等。

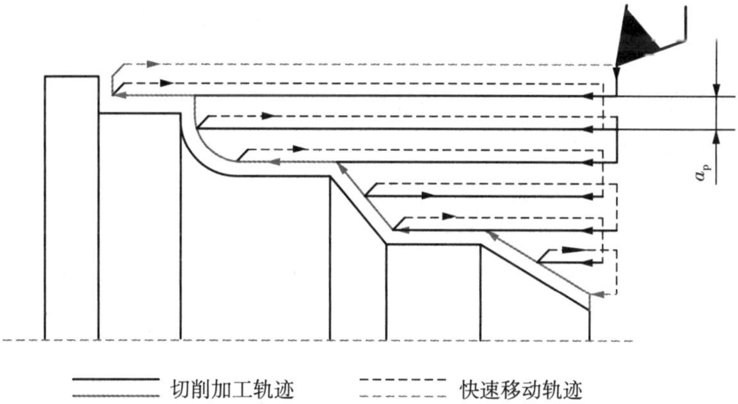

图2－29　多重复合循环切削轨迹

1. G71内径和外径粗车复合循环

（1）功能

G71指令用于将工件切削到精加工之前的尺寸，精加工前工件形状及粗加工的刀具路径由系统根据精加工尺寸自动设定。主要用于切除棒料毛坯大部分加工余量，切削轨迹如图 2－30 所示，图中 R 表示快速移动，F 表示按指定的进给速度运动。

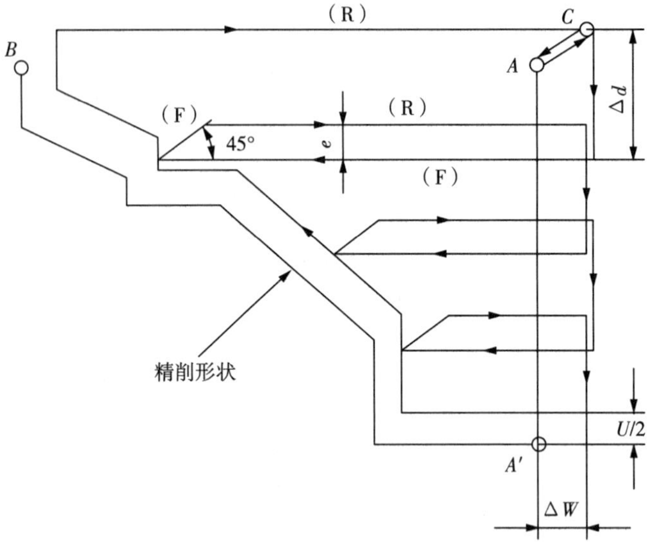

图 2－30　G71 外径粗车复合循环切削轨迹

（2）指令格式

G71 U(Δd)R（e）；

G71 P(ns) Q(nf) U(Δu) W(Δw) F(Δf) S(Δs) T(Δt)；

N（ns）… F（f）S（s）；
……　　　精加工程序段
N（nf）…；

其中：

Δd 表示 X 轴方向的背吃刀量（切削深度，半径指定，总为正值）；

e 表示 X 轴方向的退刀量；

ns 表示精车加工程序第一个程序段的顺序号；

nf 表示精车加工程序最后一个程序段的顺序号；

Δu 表示 X 轴方向的精加工余量（直径指定）；

Δw 表示 Z 轴方向的精加工余量；

Δf、Δs、Δt 分别表示粗加工的进给量、主轴转速、刀具号地址符；

f、s 分别表示粗加工的进给速度、主轴转速。

注意：

① 切削循环的加工路径平行于 Z 轴，最后一刀的加工路径沿零件轮廓切削。

② A'和 B 之间的零件轮廓在 X 和 Z 方向必须单调增加或单调减少。

③ A 到 A'之间的刀具轨迹是在顺序号为“ns”的程序段中指定，该程序段只能用 G00 或 G01 指令，并且不能指定 Z 轴的运动。

④ 顺序号“ns”和“nf”之间的程序段不能调用子程序。

⑤ G71 指令执行后，刀具返回循环起始点。

2. G70 内径和外径精车复合循环

（1）功能

G70 指令用于 G71、G72、G73 粗加工完成后的精加工，切除粗加工中留下的余量，切削轨迹如图 2-31 所示。

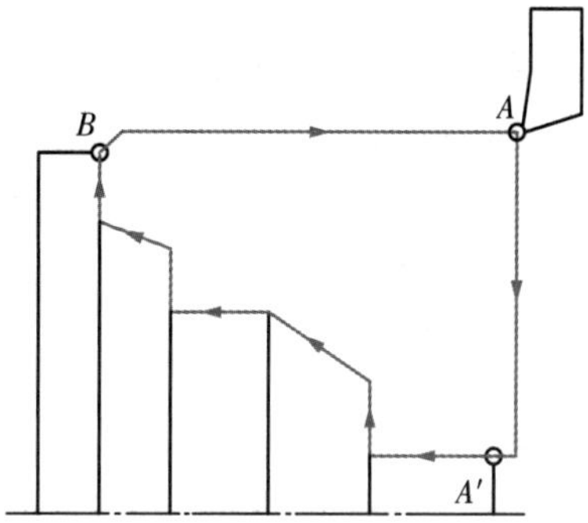

图 2-31　G70 外径精车复合循环轨迹

（2）指令格式

G70 P（ns）Q（nf）；

其中：

ns 表示精车加工程序第一个程序段的顺序号；

nf 表示精车加工程序最后一个程序段的顺序号。

注意：

① G70 中的“ns”“nf”要和粗加工循环指令中的“ns”“nf”相对应。

② 执行 G70 精加工循环时，G71、G73 程序段中指定的 F 、S 、T 指令无效，只有在 G70 顺序号执行时“ns”和“nf”程序段中的 F 、S 、T 才有效。当 G70 循环加工结束时，刀具返回循环起始点并读入下一个程序段。在 G70 到 G73 中，ns 至 nf 之间的程序段不能调用子程序。

③ 精车余量的大小受机床、刀具、工件材料、加工方案等因素影响，故应根据前、后工步的表面质量、尺寸、位置及安装精度的确定，其值不能过大也不宜过小。确定加工余量的常用方法有经验估算法、查表修正法、分析计算法三种。车削内圆或外圆时的加工余量采用经验估算法，一般取 0.2～0.5 mm。另外，在 FANUC 系统中，还要注意加工余量的方向性，即外圆的加工余量为正，内孔的加工余量为负。

【实例 2-9】　试采用 G71、G70 指令编写如图 2-32（a）所示零件加工程序，材料为 45 钢，毛坯为ϕ 30×60 mm 棒材。

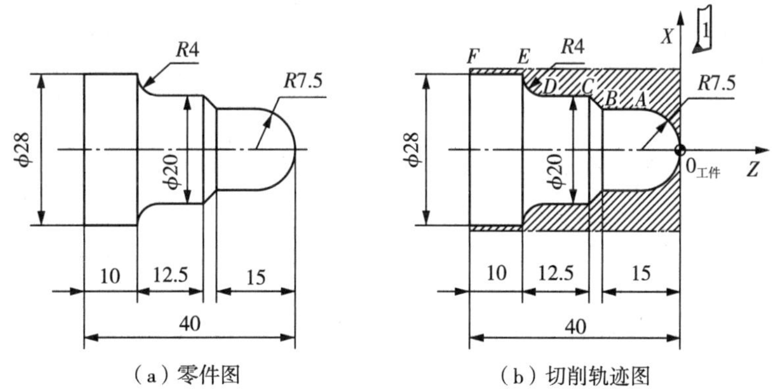

图 2-32　G71 编程实例

O2008；	（程序号）
M03 S400；	（主轴正转，400 r/min）
T0101；	（换 1 号刀）
G99 G00 X32.0 Z2.0；	（快速定位至循环起点）

```
G71 U2.0 R0.5;                       (粗车，设定背吃刀量 2 mm，进退刀量 0.5 mm)
G71 P10 Q20 U1.0 W0.2 F0.2;          (设定精车 X 余量 1 mm，Z 余量 0.2 mm)
N10 G00 X0.0;                        (快速移动至坐标为 (0, 2) 点)  ┐
G01 Z0.0 S1000 F0.1;                 (车削至点 O)                  │
G03 X15.0 Z-7.5 R7.5;                (车削至点 A)                  │
G01 Z-15.0;                          (车削至点 B)                  │
X20.0 Z-17.5;                        (车削至点 C)                  ├精加工程序段
Z-26.0;                              (车削至点 D)                  │
G02 X28.0 Z-30.0 R4.0;               (车削至点 E)                  │
N20 G01 Z-40.0;                      (车削至点 F)                  ┘
G70 P10 Q20;                         (精车循环，且 S1000，F0.1)
G00 X100.0 Z100.0;                   (快速移动至换刀点)
T0100;                               (取消 1 号刀补)
M30;                                 (程序结束)
```

3. G72 端面粗车复合循环

(1) 功能

G72 指令与 G71 类似，不同之处就是刀具路径是按径向方向循环的。主要用于圆柱毛坯料端面方向的加工，切削轨迹如图 2-33 所示，图中 R 表示快速移动，F 表示按指定的进给速度运动。

(2) 指令格式

G72 U(Δd) R(e)；

G72 P(ns) Q(nf) U(Δu) W(Δw) F(Δf) S(Δs) T(Δt)；

N (ns) …… F(f) S(s)； ┐
……   ├精加工程序段
N (nf) ……；   ┘

其中：

Δd 表示 Z 轴方向的背吃刀量（切削深度，总为正值）；

e 表示 Z 轴方向的退刀量；

ns 表示精车加工程序第一个程序段的顺序号；

nf 表示精车加工程序最后一个程序段的顺序号；

Δu 表示 X 轴方向的精加工余量（直径指定）；

Δw 表示 Z 轴方向的精加工余量；

Δf、Δs、Δt 分别表示粗加工的进给量、主轴转速、刀具号地址符；

f、s 分别表示粗加工的进给速度、主轴转速。

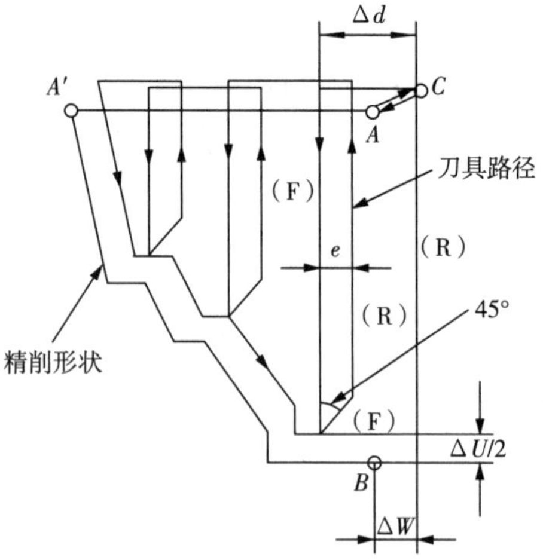

图 2-33　G72 端面复合循环切削轨迹

注意：

① 切削循环的加工路径平行于 X 轴，最后一刀的加工路径沿零件轮廓切削。

② A' 和 B 之间的零件轮廓在 X 和 Z 方向必须单调增加或单调减少。

③ A 到 A' 之间的刀具轨迹是在顺序号为“ns”的程序段中指定，该程序段只能用 G00 或 G01 指令，并且不能指定 X 轴的运动。

④ 顺序号“ns”和“nf”之间的程序段不能调用子程序。

⑤ G72 指令执行后，刀具返回到循环起始点。

4. G73 闭环切削复合循环

(1) 功能

G73 指令可以车削固定形状的零件，适用于零件毛坯已基本成型的铸件和锻件，或已粗车成型的工件的加工。也常被用来加工 X 方向尺寸非单调变化的零件，切削轨迹如图 2-34 所示，图中 R 表示快速移动，F 表示按指定的进给速度运动。

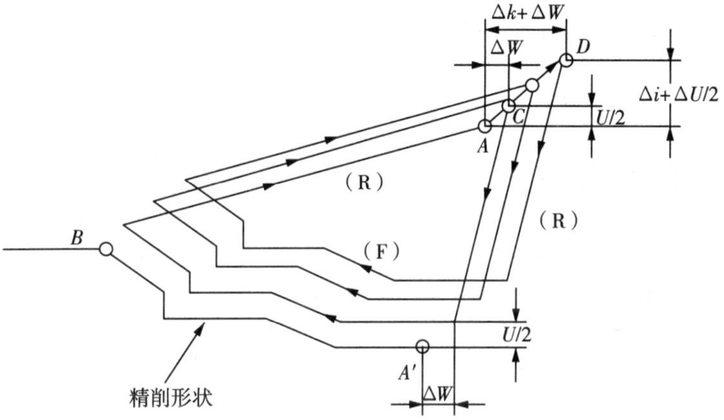

图 2-34　G73 闭环切削复合循环轨迹

(2) 指令格式

G73 U(Δi) W(Δk) R(d)；

G73 P(ns) Q(nf) U(Δu) W(Δw) F(Δf) S(Δs) T (Δt)；

N (ns) …… F(f) S(s)；
……　　　　　　　　　　精加工程序段
N (nf) ……；

其中：

i 表示粗车时 X 轴方向的切除余量（半径指定）；

Δk 表示粗车时 Z 轴方向的切除余量（可正负）；

d 表示粗切削次数；

ns 表示精车加工程序第一个程序段的顺序号；

nf 表示精车加工程序最后一个程序段的顺序号；

Δu 表示 X 轴方向的精加工余量（直径指定）；

Δw 表示 Z 轴方向的精加工余量；

Δf、Δs、Δt 分别表示粗加工的进给量、主轴转速、刀具号地址符；

f、s 分别表示粗加工的进给速度、主轴转速。

注意：

① 切削循环的加工路径平行于轮廓形状，最后一刀的加工路径沿零件轮廓切削。

② A'和 B 之间的零件轮廓在 X 和 Z 方向通常单调变化，用棒料加工 X 方向尺寸非单调变化的零件时：

Δi＝（棒料直径－工件最小直径－Δu）÷2；

$d=\Delta i \div a_p+1$（取整数）；

Δk，Δw 一定为零。

③ C 到 A'之间的刀具轨迹是在顺序号为“ns”的程序段中指定的，该程序段只能用 G00 或 G01 指令。

④ 顺序号“ns”和“nf”之间的程序段不能调用子程序。

⑤ G73 指令执行后，刀具返回到循环起始点 C。

【实例 2－10】 试采用 G73、G70 指令编写如图 2－35（a）所示零件的加工程序，材料为 45 钢，毛坯为ϕ 30×60 mm 棒材。

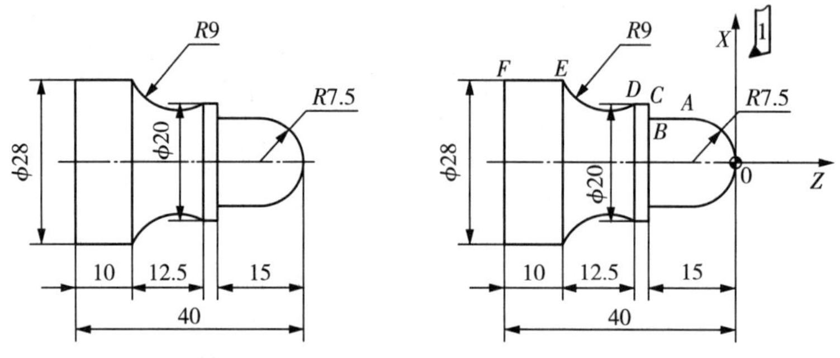

图 2－35　G73 编程实例

Δi＝（30－0－1）/2＝14.5，设 $a_p=2$，则 $d=\Delta i/a_p+1\approx 8$。

```
O2009;                        (程序号)
M03 S400;                     (主轴正转，400 r/min)
T0101;                        (换 1 号刀)
G99 G00 X32.0 Z2.0;           (快速定位至循环起点)
G73 U14.5 W0.0 R8;            (粗车，设定 X 轴方向切除余量，切削次数)
G73 P10 Q20 U1.0 W0.0 F0.2;   (设定精车 X 余量 1 mm，Z 余量 0 mm)
N10 G00 X0.0;                 (快速移动至坐标为 (0，2) 点)  ┐
G01 Z0.0 S1000 F0.1;          (车削至点 O)                  │
G03 X15.0 Z-7.5 R7.5;         (车削至点 A)                  │
G01 Z-15.0;                   (车削至点 B)                  │
X20.0;                        (车削至点 C)                  ├精加工程序段
Z-17.5;                       (车削至点 D)                  │
G02 X28.0 Z-30.0 R9.0;        (车削至点 E)                  │
N20 G01 Z-40.0;               (车削至点 F)                  ┘
G70 P10 Q20;                  (精车循环，且 S1000，F0.1)
```

```
G00 X100.0 Z100.0;          (快速移动至换刀点)
T0100;                      (取消 1 号刀补)
M30;                        (程序结束)
```

5. G74 端面切断复合循环

(1) 功能

G74 指令可以进行外径切削的切屑处理。此外，当省略平面第 2 轴（*ZX* 平面时为 *X* 轴）、地址 *P* 时，系统执行沿着平面第 1 轴（*ZX* 平面时为 *Z* 轴）的动作，也即执行钻深孔循环操作，切削轨迹如图 2－36 所示，图中 R 表示快速移动，F 表示按指定的进给速度运动。

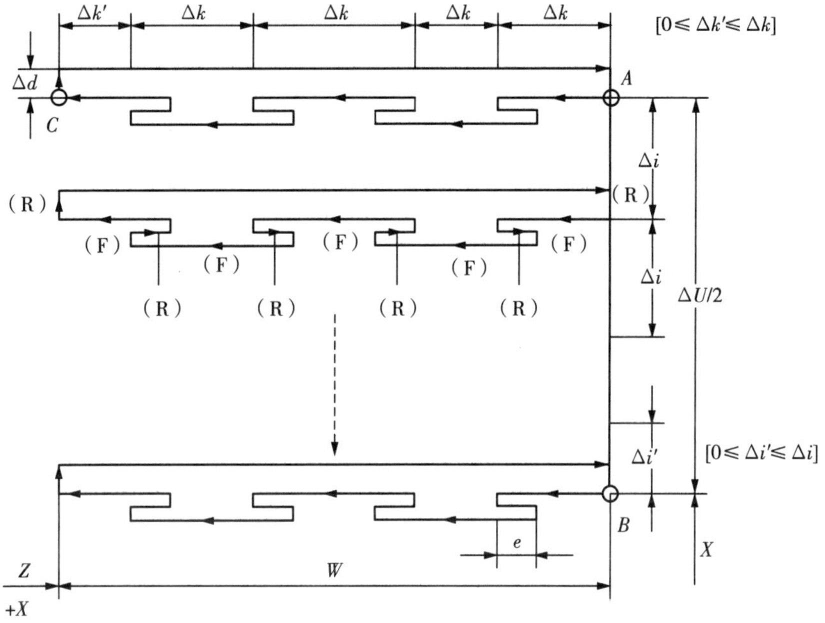

图 2－36　G74 端面切断复合循环轨迹

(2) 指令格式

G74 R (e) ;

G74 X (U) ____ Z (W) ____ P (Δi) Q (Δk) R (Δd) F (f);

其中：

e 表示返回量；

X ____ Z ____，表示 *B* 点的平面第 2 轴（*ZX* 平面时为 *X* 轴）的坐标值和 *C* 点的平面第 1 轴（*ZX* 平面时为 *Z* 轴）的坐标值；

U ____ W ____，表示 *A* 点到 *B* 点的平面第 2 轴（*ZX* 平面时为 *U*）的移动量和 *A* 点到 *C* 点的平面第 1 轴（*ZX* 平面时为 *W*）的移动量（G 代码体系 A 的情形，除此以外由 X ____ Z ____来指令）；

Δi 表示平面第 2 轴（*ZX* 平面时为 *X* 轴）方向的移动量；

Δk 表示平面第 1 轴（*ZX* 平面时为 *Z* 轴）方向的进刀量；

Δd 表示切削谷底位置的退刀量；

f 表示进给速度。

注意：e 和 Δd 均在相同的地址中指定，但是，该区别通过指定 *X*、*Y*，循环动作通过指定轴指令的 G74 指令执行。

6. G75 外径和内径切断复合循环

(1) 功能

G75 指令相当于在 G74 中调换平面第 2 轴（*ZX* 平面时为 *X* 轴）和平面第 1 轴（*ZX* 平面时为 *Z* 轴）。该指令可以进行端面切削时的切屑处理。另外，还可以进行外径切削中的切槽加工和切断加工［平面第 1 轴时省略 *Z*（*W*）、*Q*］，切削轨迹如图 2 - 37 所示，图中 R 表示快速移动，F 表示按指定的进给速度运动。

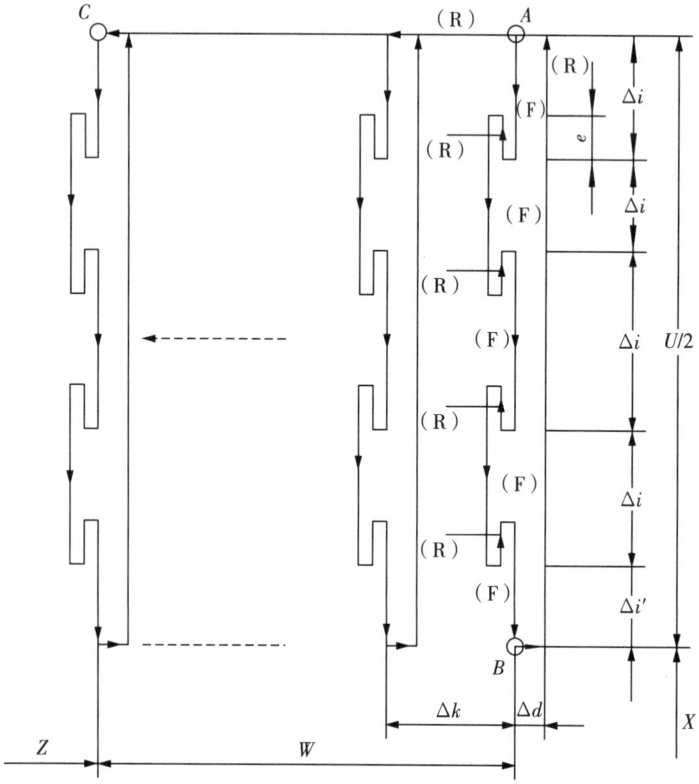

图 2 - 37　G75 外径和内径切断复合循环轨迹

(2) 指令格式

G74 R (e)；

G74 X (U) ____ Z (W) ____ P (Δi) Q (Δk) R (Δd) F (f)；

其中：

e 表示返回量；

X ____ Z ____，表示 *B* 点的平面第 2 轴（*ZX* 平面时为 *X* 轴）的坐标值和 *C* 点的平面第 1 轴（*ZX* 平面时为 *Z* 轴）的坐标值；

U ____ W ____，表示 *A* 点到 *B* 点的平面第 2 轴（*ZX* 平面时为 *U*）的移动量和 *A*

点到C点的平面第1轴（ZX平面时为W）的移动量（G代码体系A的情形，除此以外由X ____ Z ____来指令）；

Δi表示平面第2轴（ZX平面时为X轴）方向的移动量；

Δk表示平面第1轴（ZX平面时为Z轴）方向的进刀量；

Δd表示切削谷底位置的退刀量；

f表示进给速度。

7. G76复合型螺纹切削循环

（1）功能

G76指令通过单刃切削执行切削量恒定的螺纹切削循环操作，切削轨迹与细节如图2-38所示，图中R表示快速移动，F表示按指定的进给速度运动。

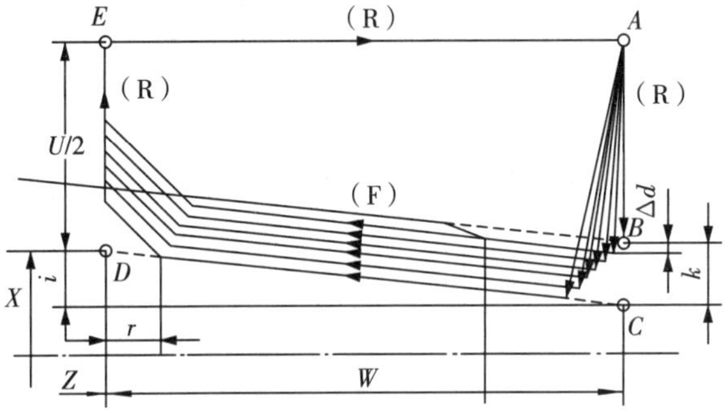

（a）G76复合型螺纹切削循环轨迹

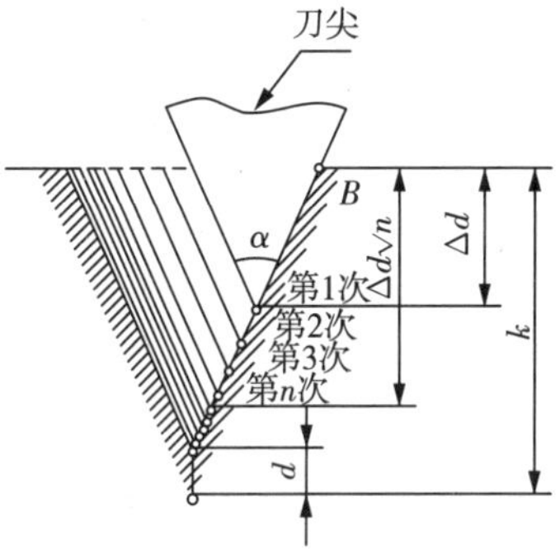

（b）G76复合型螺纹切削循环细节

图2-38　G76复合型螺纹切削循环轨迹与细节

（2）指令格式

G76 P（m）（r）（a）Q（Δdmin）R（d）；

G76 X（U） ____ Z（W） ____ R（i）P（k）R（Δd）F（L）；

其中：

m表示最终精加工重复次数1～99。

r表示螺纹的倒角（倒棱）量0～99。假设导程为L，在0.0L～9.9L的范围内，以0.1为增量（2位数）加以指定。

a表示刀尖的角度（螺纹牙的角度）80°、60°、55°、30°、29°、0°。可以从上述6类中加以选择，以2位数指定角度值。

m、r、a均通过地址P同时指定。

Δdmin表示最小进刀量。每次的进刀量比Δd_{min}小时，被钳制在Δd_{min}上。

d表示精削余量。

X ____ Z ____，表示纵向切削终点［图2-38（a）中的D点］的坐标值。

U ____ W ____，表示至纵向切削终点［图2-38（a）中的D点］的移动量（G代码体系A的情形，除此以外以X.Z来指令）。

i表示锥度。假设i=0，则可进行直线螺纹切削。

k表示螺纹牙的高度。

Δd表示第1次进刀量。

L 表示螺纹的导程。

注意：螺纹切削循环执行使得唯有 C、D 间的导程为 F 代码所指定长度的螺纹切削。在其他部位，刀具以快速进给模式移动有关螺纹倒角的加/减速的插补后时间常数、FL 速度、倒棱后的退刀速度，与 G92 的单一型固定循环的螺纹倒角相同。

2.6 应用示例

【实例 2－11】 在 FANUC 0i－TF 数控车床上加工如图 2－39 所示零件，试编写出加工程序，材料为 45 钢，毛坯为φ 30×60 mm 棒材。

1 号刀：55°尖刀；2 号刀：3 mm 刀宽切断刀；3 号刀：60°螺纹车刀。

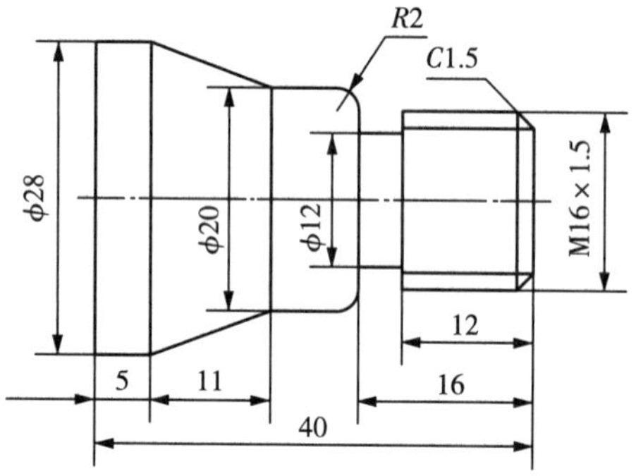

图 2－39 应用示例

（1）外轮廓加工程序

```
O2010;
M03 S400;
T0101;
G99 G00 X32.0 Z2.0;
G71 U2.0 R0.5;
G71 P10 Q20 U1.0 W0.2 F0.2;
N10 G00 X13.0;
G01 Z0.0 S600 F0.1;
X15.85 Z-1.5;
Z-16.0;
X16.0;
G03 X20.0 Z-18.0 R2.0;
G01 Z-24.0;
X28.0 Z-35.0;
N20 Z-40.0;
G70 P10 Q20;
G00 X100.0 Z100.0;
T0100;
M05;
M30;
```

（2）螺纹退刀槽加工程序

```
O2011;
M03 S400;
T0202;
G00 X25.0 Z-16.0;
G01 X12.0 F0.1;
X25.0 F0.3;
```

```
Z-15.0;
X12.0 F0.1;
X25.0 F0.3;
G00 X100.0 Z100.0;
T0200;
M05;
M30;
```

（3）M16×1.5 的螺纹程序

```
O2012;
M03 S500;
T0303;
G00 X25.0 Z3.0;
G92 X15.2 Z-14.0 F1.5;
X14.6;
X14.2;
X14.05;
G00 X100.0 Z100.0;
T0300;
M30;
```

2.7　拓展阅读

驯服钢铁的“金手指”——裴勇斌

哈电集团哈尔滨电机厂有限责任公司首席技师，水电分厂重金工段卧车班班长裴永斌（图 2-40），进厂 30 多年来，他的岗位都是车工，从普车车工到数控车工，裴永斌在数千件核心部件生产中磨炼出了“金手指”的本领——仅靠着手指触摸钢铁，就能感知工件的壁厚和粗糙度。他的绝活——“弹性油箱加工技术”是水轮发电机核心部件弹簧油箱加工的关键加工技术，被列为公司保密项目。他在车工这个平凡的岗位上做出了不平凡的贡献，成为机械加工行业领军人物。他是中国技术工匠的杰出代表，曾获国务院国资委优秀共产党员、全国劳动模范、首届“中国质量工匠”、第九届中华技能大奖赛全国技术能手、全国机械行业有突出贡献技师、首届“中国质量工匠”等荣誉称号。2016 年走进中央电视台《大国工匠》，2017 年获得黑龙江省政府特殊津贴，2018 年获得国务院政府特殊津贴，“金手指”的事迹家喻户晓、备受赞誉，代表了哈电人精益求精、追求卓越的工匠精神，在行业和社会上引起了热烈反响。

军人出身的裴永斌转业来到哈电机公司车工岗位工作，他坚持军人本色，抱着“无论做什么事情，都要把它做到极致”的心态，在工作岗位上，他吃苦耐劳、无私奉献、坚持不懈、不断进取。1989 年刚刚参加工作 4 年的裴永斌经过层层推荐选拔，被公派到德国西门子公司迪纳摩电机厂学习数控加工技术，一年的学习时间，裴永斌不仅成为公司第一批掌握数控加工技术的骨干，还学到了德国人严谨敬业的工作态度和职业精神，这些与他在部队经过严格训练、层层考核、门门优秀所形成的品质是分不开的。在部队就爱钻研、热心肠的他，在单位也闲不住，仅近 5 年，他开展技能培训 40 余次，受训人员超过 1000 人次，他结合国外先进经验，将多年积累的实际加工经验与技巧编制成《OPL 标准作业单点培训教材》，实现了操作规程规范化、标准化、实用化。

图 2-40 裴勇斌在加工现场检测

驯服钢铁的“金手指”
——裴勇斌

1995 年，公司把发电机组的核心部件——弹性油箱的加工重任交给了裴永斌。弹性油箱承载着机组数千吨的重量，同时还要保证机组运行状态的稳定性，使机组中心恒久处于同一轴线上，一旦发生偏移，将导致整个机组都会彻底失去平衡，因此弹性油箱的品质关系到整座水电站的安全。因此弹性油箱的技术要求异常严格、加工工艺极其繁复，能否成功完成统一刚强度和尺寸精度的弹性油箱，对操作者的技术和心理都是极大的挑战。裴永斌凭借着自身的韧劲、满腔的热情，笃志投入弹性油箱的生产攻关。裴永斌在加工中，必须把弹性油箱内圈和外圈的每一处壁厚控制在 7 毫米。而在加工油箱内部的时候，车刀刀架会遮挡入口，加工过程中注入冷却液产生的烟雾，致使要求极为精密的加工过程都处在“雾里看花”的状态。为了解决这个问题，裴永斌找来以前的废件，利用下班时间反复练习。还自制专用刀具，改变传统的工艺方法，最终完成单位的这项重要任务。日积月累的练习，裴永斌练就了仅靠双手摸就能“测量”油箱壁厚的工匠，这双神奇的工匠之手，仿佛长出了可以拐弯的“眼睛”，其测量精度和效率甚至超过一些专用仪器，能达到百分之一毫米。靠着这个“金手指”，哈尔滨电机厂水电机组的系统生产能力居全球前列，而主打产品关键部位的“质量测定仪”是一双手，这双手的价值因此也就具有了世界意义。

2014 年 10 月，远在非洲大陆的尼日利亚凯恩吉电站水轮机出现故障，机组被迫停机，裴永斌被派去现场抢修。当时尼日利亚正是埃博拉疫情的重灾区，家人担心他的生命安全，对他出差有顾虑，但裴永斌决心已定，他说：“不能看到困难就退缩，这不是我裴勇斌，这种时候我更应该去。”当他到达现场后，却发现问题比想象的更为复杂，尼日利亚白天气温达到 40 多摄氏度，只要干活就汗如雨下。当地基础条件又太差，全是20世纪二三十年代的老旧设备，不但精度差，操作起来也费力，裴永斌只能靠自己的经验来弥补。为了抢工期，裴永斌中午不停机，晚上也加班，4天就完成了任务，比预计提前了3天。任务完成后，业主代表对他说，“老裴，你不但是‘中国劳模’，也是‘非洲劳模’呀!”可没想到的是，裴永斌刚回国就发起了烧。当时医院一听说他是非洲回来的，就安排单间将他隔离，一个6平方米的小房间，一个小窗，一张床，裴永斌一个人躺在里面，家人只能和他隔窗相望。他连续烧了近10天，高烧超过40摄氏度，头晕目眩，每天挂8瓶点滴也没能退烧。后来经过专业机构化验，确认裴永斌得的不是埃博拉，而是恶性疟疾。“我特别感谢屠呦呦，青蒿素救了我的命，我吃了三次药就退烧了。”裴永斌感慨地说。病愈后没多久，裴永斌很快又回到了工作岗位。多年来，他很少休假，节假日都是在单位度过的。他说，“有舍才有得，我一年基本休息不到3天，也没出去旅游，但付出换来了劳动成果。”

裴永斌无可替代的技术位置也就让他不得不承担巨大的生产压力，他的工作计划表上已经排满了弹性油箱的生产任务，但还是无法满足世界各地众多水电站的需求。所有人都清楚，解决问题的办法只有一个，就是彻底改变现有的生产方式。为此，哈尔滨电机厂有限责任公司给裴永斌配备了新的数控机床，但数据编程必须由裴永斌完成，因为没有人比他更熟悉弹性油箱每个细节的技术参数。对于已经站在技术巅峰的裴永斌而言，现在面对的是有没有勇气超越自己。他接受这次极大职业挑战的心理战术是，先把数控机床当成自己的理想“传人”，在这个“传人”的身上让自己的绝活儿发扬光大。为数控机床自制“个性化”刀具，是裴永斌挑战数控机床的最大难题之一。从手工操作到数控机床，并不像裴永斌想象中的那么简单，经过反复的琢磨、修改，刀具在裴永斌手中强度和稳定性越来越好，不论是对刀刃角度、切削弧度，还是曲线走向，都力求极致完美。仅3个月，他实现了自己人生最重要的一次跨越。不断进取是裴永斌成为顶级高手的最大秘诀。从1995年第一次接触弹性油箱加工开始，裴永斌不断突破各种技艺瓶颈。现在需要使用数控机床加工弹性油箱，裴永斌依然充满创新精神，数控机床的加工精度越来越接近完美。“中国制造”就在每一个工匠具体细微的自我超越中走向更高层次的“中国创造”。(摘自网络)

第3章　数控车床（FANUC系统）加工实例

3.1　轴类零件加工实例

轴类零件是数控车削加工过程中的重要零件类型之一，主要用来支承传动零部件、传递转矩和承受载荷。轴类零件的加工工艺步骤与加工方法是复杂零件加工的基本步骤，也是基础技能与综合能力的体现。

3.1.1　数控车削加工刀具

1. 刀具分类

数控车削主要用于回转表面的加工，如内外圆柱面、圆锥面、圆弧面、端面、螺纹等。车刀针对不同的加工对象和加工方法，设计成不同的刀具类型，可分为外圆车刀、切槽刀、外螺纹车刀、内孔车刀、内沟槽车刀、内螺纹车刀等，如图3-1所示。

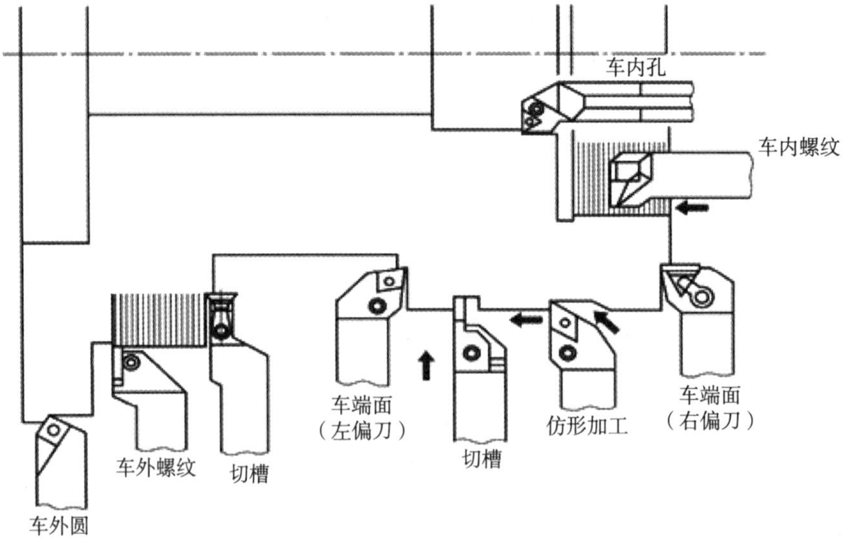

图3-1　数控车刀的种类和用途

2. 车刀结构

为适应数控加工的特点，数控刀具一般采用机械夹固式可转位车刀。机夹式可转位车刀由刀杆、刀片、刀垫，以及夹紧元件组成，其夹紧方式通常有楔块上压式、杠杆式、螺钉上压式，一般要求夹紧可靠、定位准确、结构简单、操作方便。可转位车刀的刀片为多边形，有多条切削刃，当某条切削刃磨损钝化后，只需松开夹紧元件，将刀片转一个位置便可继续使用，甚至有些刀片翻面后还可继续使用。数控刀具的最大优点是刀杆和刀片标准化，刀具几何角度完全由刀片保证，切削性能稳定，加工质量好。如图 3－2 所示为螺钉上压式数控外圆车刀结构。

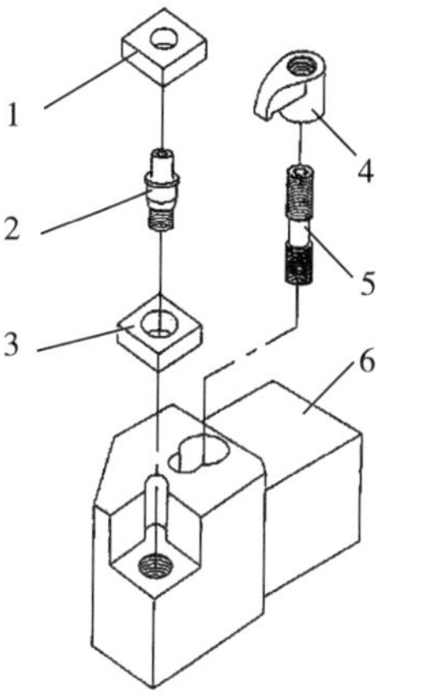

图 3－2　螺钉上压式数控外圆车刀结构

1—刀片；2—垫片螺栓；3—垫片；4—压板；5—压板螺栓；6—刀杆

3. 刀片的选择

（1）刀片材质的选择　常见刀片材料有高速钢、硬质合金、涂层硬质合金、陶瓷、立方氮化硼和金刚石等，其中应用最多的是硬质合金和涂层硬质合金刀片。选择刀片材质的主要依据是被加工工件的材料、被加工表面的精度、表面质量、切削载荷的大小，以及切削过程中有无冲击和振动等。选择刀片时，刀具制造厂商以材料应用表的方式，说明哪种涂层刀片可以用在哪些类别的加工中，适用于加工什么样的材料，推荐使用等级。图 3－3 为某品牌数控刀片材料应用表及其说明的示例。表格第一列是厂商的牌号。这部分是各个厂商按照自己的命名规则

耐磨性 ←————　　- - - - - → 韧性

瓦尔特切削材质牌号	ISO代码	P 钢	M 不锈钢	K 铸铁	N 有色金属	S 难加工材料	H 硬材料	O 其他	01 05 10 15 20 25 30 35 40 45	涂层工艺	涂层结构	可转位刀片示例
WSM 10	HC-M10		●●							PVD	TiAIN+Al_2O_3 (ZrCN)	
	HC-S10					●●						
	HC-P20	●										
WSM 20	HC-M20		●●							PVD	TiAIN+Al_2O_3 (ZrCN)	
	HC-S20					●●						
	HC-P20	●										
WSM 30	HC-M20		●●							PVD	TiAIN+Al_2O_3 (ZrCN)	
	HC-S30					●●						
	HC-P30	●										

BL=低氮化硼含量的氮化硼车刀片
BH=高氮化硼含量的氮化硼车刀片
CC=Si_3N_4，镀层
CN=Si_3N_4
DP=多晶金刚石
HC=镀层硬质合金材料
HF=细晶粒硬质合金材料，未镀层
HW=硬质合金材料，未镀层

●●主要应用
●　可选应用

典型应用
推荐应用范围

蓝色：P类主要用于加工长切屑的黑色金属
黄色：M类适于不锈钢材料
红色：K类主要用于加工短切屑的黑色金属
绿色：N类主要用于加工短切屑的有色金属及非金属材料
褐色：S类主要用于加工镍基材料、钛合金等难加工材料
白色：H类主要用于加工淬硬钢、淬硬铸铁等

图 3－3　某品牌数控刀片材料应用表及其解读

编写的。第二列是国际制定的关于切削材料的用途代号。前面两个大写字母代表刀具材料所属的类别，如 HC 代表涂层硬质合金。后面用短横线分开的字母和数字代表被加工材料类别和应用范围。

（2）刀片形状的选择　刀片形状主要依据被加工零件的表面形状、切削方法、刀具寿命和刀片的转位次数等因素选择。常见可转位车刀刀片形状及角度如图 3－4 所示。外圆车削常用 60°三边形（T 型）、90°四方形（S 型）和 80°菱形（C 型）刀片。仿形加工常用 55°（D 型）、35°（V 型）菱形和圆形（R 型）刀片。不同的刀片形状有不同的刀尖强度，刀尖角越大，刀尖强度越大，反之则越小。圆形刀片（R 型）刀尖角最大，35°菱形刀片（V 型）刀尖角最小。在选用时按重、中、轻切削有针对性地选择。在机床刚性、功率允许的条件下，大余量、粗加工时应选用刀尖角较大的刀片；反之，在机床刚性和功率较小的条件下，小余量、精加工时宜选用较小刀尖角的刀片。

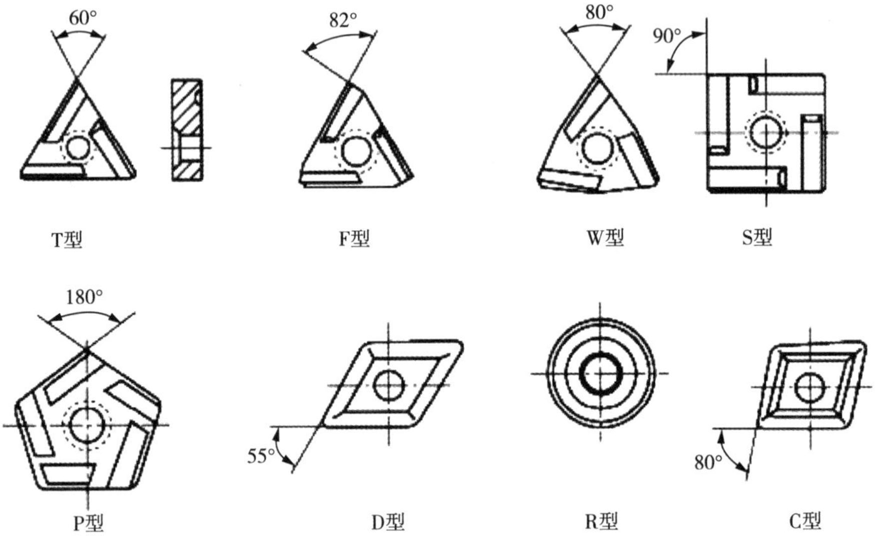

图 3－4　常见可转位车刀刀片形状及角度

（3）其他参数的选择　如刀片尺寸、刀片后角、刀尖圆弧半径、刀片断屑槽型、刀片的紧固方式根据切削条件，查阅相关资料具体选择。

4. 车刀的安装

车外圆、车台阶圆、车削端面及车削内孔时各种类型车刀的安装与要求基本相同，可根据不同的加工内容进行调整。

（1）车刀的刀杆应与进给方向垂直，以保证主偏角和副偏角不变。

（2）为避免加工中产生振动，车刀伸出刀架部分的长度应尽量短，以增强其刚性，一般为刀柄厚度的 1～1.5 倍；内孔车刀刀杆伸出长度以被加工孔的长度为准，大于被加工孔的长度。

（3）可以使用垫片来调整车刀刀尖高度。垫片的数量应尽量少，一般不要超过 3 块。

（4）车刀至少要用两个螺钉压紧，并要轮流拧紧螺钉，车刀刀尖应与工件回转中心等高。外圆车刀刀尖高于工件的轴线，车刀的实际后角减小，车刀后刀面与工件之间的摩擦力变大。车至工件中心处会使刀尖崩碎。外圆车刀刀尖低于工件的轴线，在车削圆锥表面时会产生双曲线误差，还会在车削端面至中心时留下凸台。

3.1.2　工件的安装

工件的安装要求：工件定位准确、夹持牢固。车床上安装工件的夹具及工具有三爪卡盘、顶尖、花盘、弯板等，它们被称为车床附件。当被加工工件形状不够规则，生产批量又较大时，生产中常采用专用车床夹具安装工件。

1. 三爪自定心卡盘

三爪卡盘是车床最常用的附件，如图3－5所示。三爪卡盘上的三爪是同步动作的，能自动定心和夹紧工件。装夹工件方便，但定心精度不高。工件上同轴度要求较高的表面，应尽可能在一次装夹中车出。

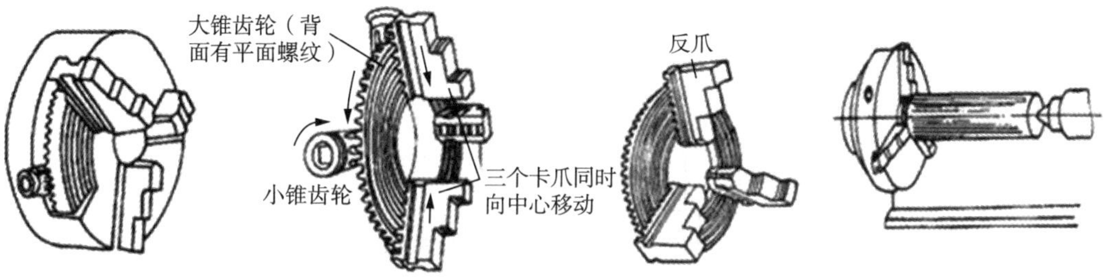

（a）顺爪　（b）三爪定心　（c）反爪　（d）三爪卡盘与顶尖配合使用

图3－5　三爪卡盘自动定心装夹工件的方法

三爪自定心卡盘的结构如图3－5（b）所示，当用卡盘扳手转动小锥齿轮时，大锥齿轮也随之转动，在大锥齿轮背面平面螺纹的作用下，使三个爪同步向心移动或退出，以夹紧或松开工件。它的特点是对中件好，自动定心精度可达到0.05～0.15 mm。三爪卡盘适于夹持圆柱形、多边形等中小工件，当工件直径较大，用顺爪不便装夹时可用三个反爪装夹，如图3－5（c）所示。当工件长度大于4倍直径时，应在工件右端用尾架顶尖配合支撑，如图3－5（d）所示。三爪自定心卡盘夹紧力不大，一般只适宜于质量较轻的工件，当工件质量较重时，宜用四爪单动卡盘或其他专用夹具。

2. 四爪卡盘

四爪卡盘的外形如图3－6（a）所示。它的四个爪通过4个螺杆独立移动。它的特点是能装夹形状比较复杂的非回转体工件，如方形、长方形等，而且夹紧力大。由于其装夹不能自动定心，所以装夹效率较低，装夹时必须用划线或百分表找正，使工件回转中心与车床主轴中心对齐，如图3－6（b）所示为用划线找正外圆。

3. 顶尖装夹

对长轴类工件，不能直接用三爪自定心卡盘装夹，而要一端用三爪卡盘，另一端用尾架顶尖顶住的装夹方法。这种装夹方法同轴度比较高，夹紧力大，多用于轴类零件的粗加工。采用两顶尖的装夹方法，如图3－7所示。工件支承在前后两顶尖间，由卡箍、拨盘带动旋转。其前顶尖为普通顶尖，装在主轴孔内，并随主轴一起转动，后顶尖为活顶尖或死顶尖，装在尾架套筒内。这种装夹方法同轴度高，夹紧力相对较小，多用于轴类零件的精加工。常用的顶尖有死顶尖和活顶尖两种，如图 3－8 所示。

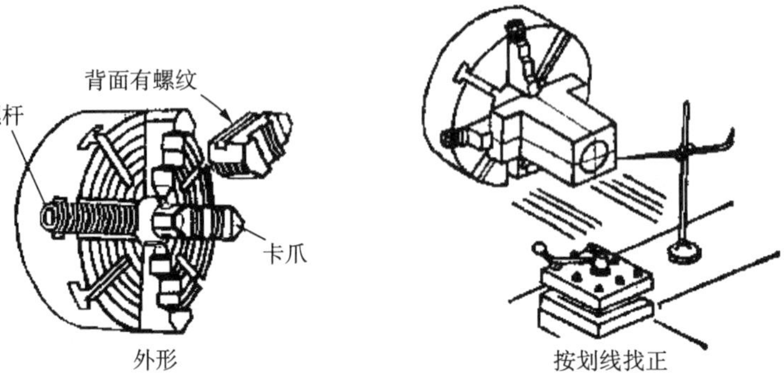

（a）四爪卡盘结构　　（b）用划线盘找正外圆

图 3－6　四爪卡盘装夹工件的方法

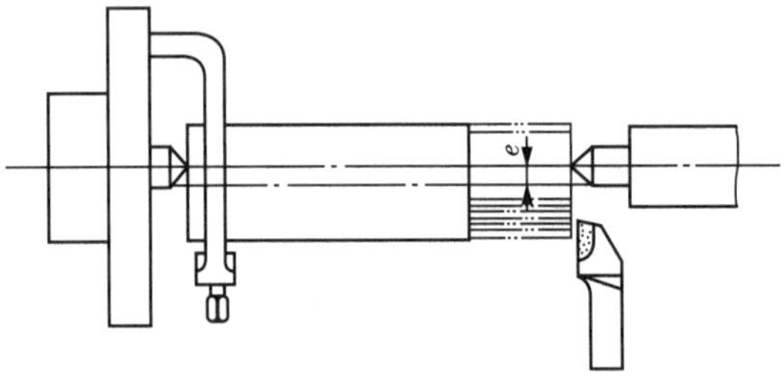

图 3－7　两顶尖安装工件

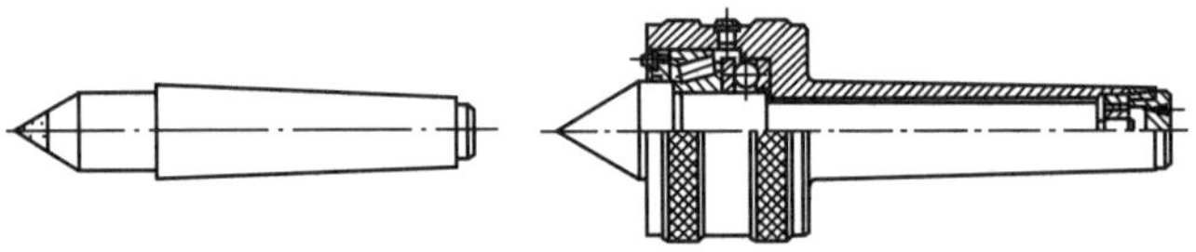

（a）死顶尖　　（b）活顶尖

图 3－8　顶尖

3.1.3　切削用量的选择

切削用量包括切削速度、背吃刀量和进给量。切削用量的合理选择将直接影响加工精度、表面质量、生产率和经济性。

选择切削用量的原则是：粗加工时一般以提高生产率为主，但也应考虑经济性和生产成本，在工艺系统刚度允许的情况下，充分利用机床功率，发挥刀具切削性能选取较大的背吃刀量和进给量，但不宜选取较高的切削速度。半精加工和精加工时，在保证加工质量（即加工精度和表面粗糙度）的前提下，应选取较小的背吃刀量和进给量，以及尽可能高的切削速度。具体数据应根据机床使用说明书、切削用量手册，并结合实际经验加以修正确定。表3-1是推荐的车削用量数据供参考。

表3-1　数控车削用量推荐表

工件材料	加工内容	被吃刀量a_p mm	切削速度v_c m/min	进给量 f mm/r
碳素钢 $\sigma_b>600$ MPa	粗加工	5～7	60～80	0.2～0.4
	粗加工	2～3	80～120	0.2～0.4
	精加工	0.2～0.6	120～150	0.1～0.2
	钻中心孔		500～800	
	钻孔		～30	0.1～0.2
	切断		70～110	0.1～0.2
铸铁 200HBS以下	粗加工	2～5	50～70	0.2～0.4
	精加工	0.8～2	70～100	0.1～0.2
	切断		50～70	0.1～0.2

3.1.4　轴类零件的检测

1. 游标卡尺

游标卡尺是机械加工常用的中等精度通用量具，其结构简单，使用方便。游标卡尺的结构形状如图3-9所示。其主要由尺身和游标等组成。下量爪用来测量工件的外径和长度，上量爪用来测量孔径和槽宽，深度尺用来测量工件的深度和台阶的长度。测量时移动游标使量爪与工件接触，取得尺寸后，把紧固螺钉旋紧后再读数，以防尺寸变化。

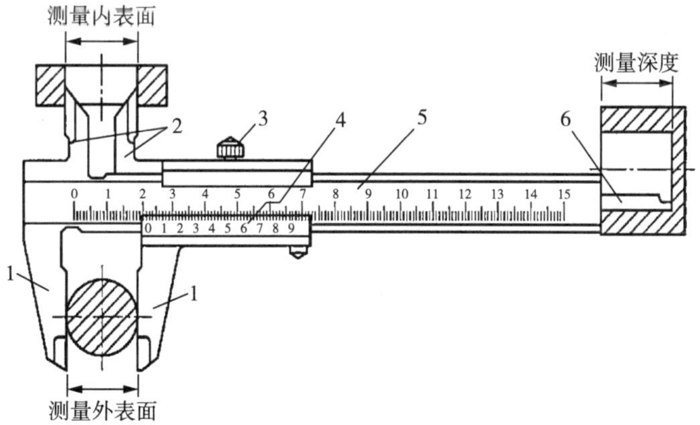

图3-9　游标卡尺的结构

1—下量爪；2—上量爪；3—紧固螺钉；4—游标；5—尺身；6—深度尺

游标卡尺的测量范围分别为0～125 mm、0～150 mm、0～200 mm、0～300 mm等。游标卡尺的游标读数值有0.02 mm、0.05 mm和0.1 mm三种。以图3-10所示的游标读数值0.02 mm的游标卡尺为例，其读数分为以下三个步骤。首先读出尺身上游标“0”线左边的整数毫米值，尺身上每格为 1 mm，即读出数值为 90 mm。再读小数，用与尺身上某刻线对齐的游标上的刻线格数，乘以游标卡尺的游标读数值，得到小数毫米值，即读出小数部分为 21×0.02 mm＝0.42 mm。最后将两项读数相加，即为被测表面的尺寸，90＋0.42＝90.42（mm）。

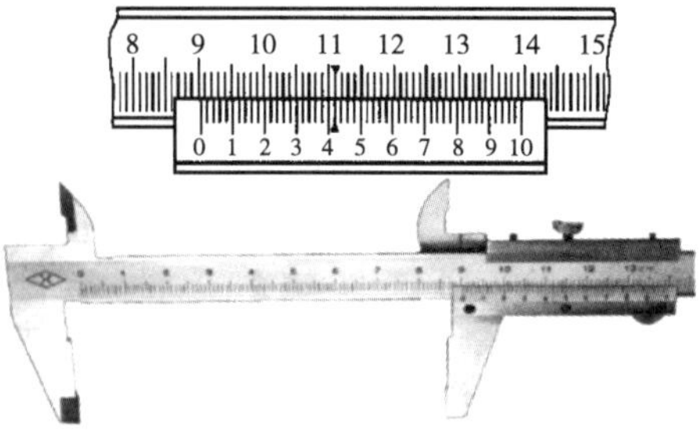

图 3-10　游标卡尺的识读

2. 千分尺

千分尺是生产中最常用的一种精密量具。千分尺的种类很多，按用途可分为外径千分尺、内径千分尺、深度千分尺、螺纹千分尺和壁厚千分尺等。若不特别说明，千分尺即指外径千分尺。图 3-11 所示为千分尺的结构，它由尺架、固定测砧、测微螺杆、测力装置和锁紧手柄等组成。

千分尺的测量范围分别为 0～25 mm、25～50 mm、50～75 mm、75～100 mm 等，即每隔 25 mm 为一挡。以图 3-12 所示的 0～25 mm 千分尺为例，读数步骤如下。首先读出固定套管上露出刻线的整毫米数和半毫米数。注意固定套管上下两排刻线的间距为每格 0.5 mm，即可读出 11.5 mm。再读出与固定套管基准线对准的微分筒上的格数，乘以千分尺的分度值 0.01 mm，即 19×0.01 mm＝0.19 mm。最后两项读数相加，即为被测表面的尺寸，其读数为 11.5 mm＋0.19 mm＝11.69 mm。

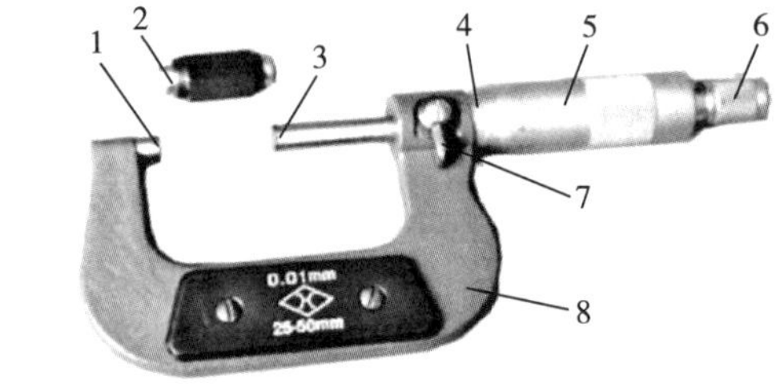

图 3-11　外径千分尺的结构

1—固定测砧；2—校对样棒；3—测微螺杆；4—固定套管；5—微分筒；6—测力装置；7—锁紧装置；8—隔热装置

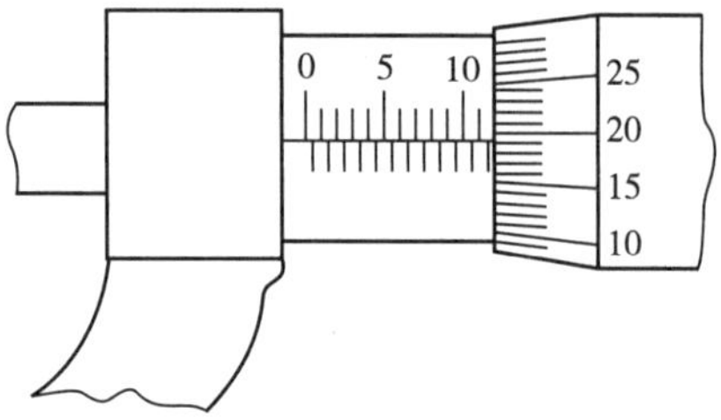

图 3-12　千分尺识读

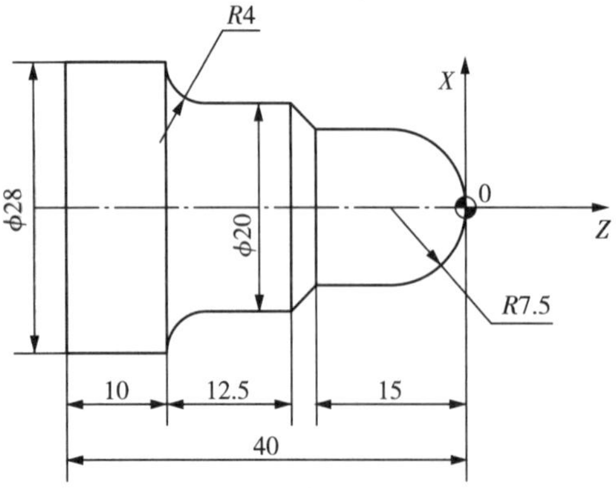

图 3-13　轴类零件（一）

3.1.5　轴类零件加工实例

【实例 3-1】　如图 3-13 所示的短轴零件，毛坯为ϕ 30×60 mm 棒材，材料为聚氯乙烯（塑料）。分析零件的加工工艺，编制加工程序，并在数控车床上加工。

（1）工艺分析

如图 3-13 所示短轴零件，外径尺寸和长度尺寸都未标注公差，表面粗糙度也未作要求。材料为聚氯乙烯，加工难度较低。本加工实例主要目的为：熟悉机床操作，掌握编程指令及对刀操作，安排走刀线路，选择数控刀具，确定切削参数等。

（2）装夹方式

短轴工件多安装在三爪自定心卡盘上，能保证轴线和主轴中心线一致。使用三爪自定心卡盘夹紧工件时不需进行找正。卡盘夹持ϕ 30 mm毛坯外圆，工件伸出卡盘50 mm，留出切断刀宽度和刀具行程限位量，一次装夹完成粗精加工，然后手动切断。

（3）加工步骤的确定

① 手动车右端面；

② 加工外轮廓（一次走刀）；

③ 手动切断工件。

（4）加工刀具卡的制定

数控加工刀具卡的制定，见表3-2。

表3-2　数控加工刀具卡

产品名称或代号		数控车实训件	零件名称	轴类零件（一）	零件图号	3-13
序号	刀具号	刀具名称及规格	数量	加工内容	刀具参数	备注
1	T0101	93°外圆可转位车刀	1	平端面、加工外轮廓	刀尖圆弧半径0.8 mm	
2	T0202	切断刀	1	切断	刀宽4 mm	刀位点左刀尖

（5）加工工艺卡的制定

数控加工工艺卡的制定，见表3-3。

表3-3　数控加工工艺卡

数控加工工艺卡			产品名称		零件名	零件图号	
			数控车实训件		轴类零件（一）	3-13	
工序号	程序编号	夹具	量具		机床设备	工具	车间
	O3001	自定心卡盘	游标卡尺		CAK6140		数控
工步号	工步内容	切削用量			刀具		备注
		主轴转速 r/min	进给速度 mm/r	背吃刀量 mm	编号	名称	
1	平端面	400	0.1	1	T0101	外圆刀	自动
2	加工外轮廓	500	0.2	外轮廓轨迹	T0101	外圆刀	自动
3	切断	350	0.05		T0404	切断刀	手动

（6）编制加工程序

以工件车平右端面中心位置为编程原点，建立工件坐标系，编制外轮廓加工程序，如表3-4所示。

表 3-4　加工程序

加工程序	程序说明
O3001；	程序名
G21G97G99；	公制尺寸 mm 编程，进给量单位设定为 mm/r，恒转速单位设定为 r/min
M03S500；	主轴正转，转速 500 r/min
G00X32Z2；	刀具快速定位到接近毛坯（X32，Z2）
G01X0Z0F0.2；	直线插补到坐标系原点，进给量 0.2 mm/r
G03X15Z−7.5R7.5；	顺时针圆弧插补加工右端圆弧面
G01Z−15；	加工ϕ 15 mm 圆柱面
X20Z−17.5；	加工锥面
Z−26；	加工ϕ 20 mm 圆柱面
G02X28Z−30R4；	逆时针圆弧插补加工左端凹弧面
G01Z−40；	加工ϕ 28 mm 圆柱面
G00X100Z100；	快速退刀到安全位置
M30；	程序结束

【实例 3-2】　如图 3-14 所示的短轴零件，毛坯为ϕ 50×62 mm 棒材，材料为 45 号钢。分析零件的加工工艺，编制加工程序，并在数控车床上加工。

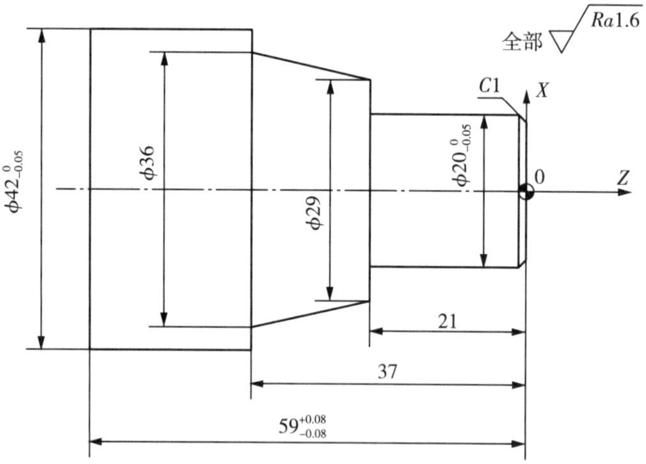

图 3-14　轴类零件（二）

(1) 工艺分析

如图 3-14 所示短轴零件，ϕ 42 mm、ϕ 20 mm 圆柱面都有公差要求，表面粗糙度要求 *Ra*1.6，走刀要分为粗加工和精加工，多次重复同一路径循环加工，采用固定循环指令 G90 编程加工。毛坯长度 62 mm，加工后总长有公差要求，左右两端要留加工余量，分别手动粗、精车端面来保证长度要求。

（2）装夹方式

用三爪自定心卡盘夹持ϕ 50 mm毛坯外圆，完成右端圆柱和锥面的加工，然后掉头装夹ϕ 20 mm的外圆柱，车工件左端面到长度尺寸59 mm，最后加工ϕ 42 mm的圆柱面。

（3）加工步骤的确定

① 手动平右端面；

② 粗、精加工右端圆柱面和圆锥面；

③ 手动平左端面；

④ 粗、精加工左端圆柱面。

（4）加工刀具卡的制定

数控加工刀具卡的制定，见表3-5。

表3-5　数控加工刀具卡

产品名称或代号		数控车实训件	零件名称	轴类零件（二）	零件图号	3-14
序号	刀具号	刀具名称及规格	数量	加工内容	刀具参数	备注
1	T0101	93°外圆可转位车刀	1	平端面、粗精加工外轮廓	刀尖半径0.4 mm	

（5）加工工艺卡的制定

数控加工工艺卡的制定，见表3-6。

表3-6　数控加工工艺卡

数控加工工艺卡			产品名称		零件名	零件图号	
			数控车实训件		轴类零件（二）	3-14	
序号	程序编号	夹具	量具		机床设备	工具	车间
	O3002 O3003	三爪卡盘	游标卡尺 千分尺		CAK6140		数控车间
工步	工步内容	切削用量			刀具		备注
		主轴转速 r/min	进给速度 mm/r	背吃刀量 mm	编号	名称	
1	平右端面	600		1	T0101	外圆刀	手动
2	粗车小圆柱和圆锥面	800	0.2	1.5	T0101	外圆刀	自动
3	精车小圆柱和圆锥面	1000	0.1	0.5	T0101	外圆刀	自动
4	平左端面	600		1	T0101	外圆刀	手动
5	粗车大圆柱	800	0.2	1.5	T0101	外圆刀	自动
6	精车大圆柱	1000	0.1	0.5	T0101	外圆刀	自动

（6）编制加工程序

① 以工件车平右端面中心位置为编程原点，建立工件坐标系，编制小圆柱和圆锥面加工程序，如表 3-7 所示。

表 3-7　加工程序

加工程序	程序说明
O3002；	程序名（小圆柱和圆锥面加工程序）
M03S800；	主轴正转，800 r/min
T0101；	换 1 号外圆刀，并调用刀补
G00X52Z2；	快速定位至固定循环起点
G90X47Z－37F0.2；	外圆固定切削循环，粗加工ϕ 36×37 mm 圆柱
X44；	
X41；	
X38；	
X36.5；	
X33.5Z－21；	外圆固定切削循环，粗加工ϕ 20×21 mm 圆柱
X30.5；	
X27.5；	
X24.5；	
X21.5；	
X20.5；	
G00X52Z－19；	快速定位至加工圆锥面的循环起点
G90X36.5Z－37R－0.8；	外圆固定切削循环，粗加工大端ϕ 36 mm、小端ϕ 29 mm、长度 16 mm 的圆锥面
R－1.6；	
R－3.2；	
R－3.9；	
G00X18Z1；	精加工线路
G01Z0F0.1S1000；	
X20Z－1；	
Z－21；	
X29；	
X36Z－37；	
X51；	
G00X100Z100；	退刀
M30；	程序结束

② 以工件车平左端面中心位置为编程原点，建立工件坐标系，编制工件左端

ϕ 42 mm圆柱加工程序，如表 3－8 所示。

表 3－8　加工程序

加工程序	程序说明
O3003；	程序名（左端大圆柱加工程序）
M03S800；	主轴正转，800 r/min
T0101；	换 1 号外圆刀，并调用刀补
G00X52Z2；	快速定位至固定循环起点
G90X47Z－23F0.2；	外圆固定切削循环，粗加工ϕ 42×22 mm 圆柱
X44；	
X42.5；	
X42F0.1S1000；	精加工ϕ 42×22 mm 圆柱
G00X100Z100；	退刀
M30；	程序结束

【实例 3－3】　如图 3－15 所示的轴类零件，毛坯为ϕ 60×70 mm 棒材，材料为 45 号钢。分析零件的加工工艺，编制加工程序，并在数控车床上加工。

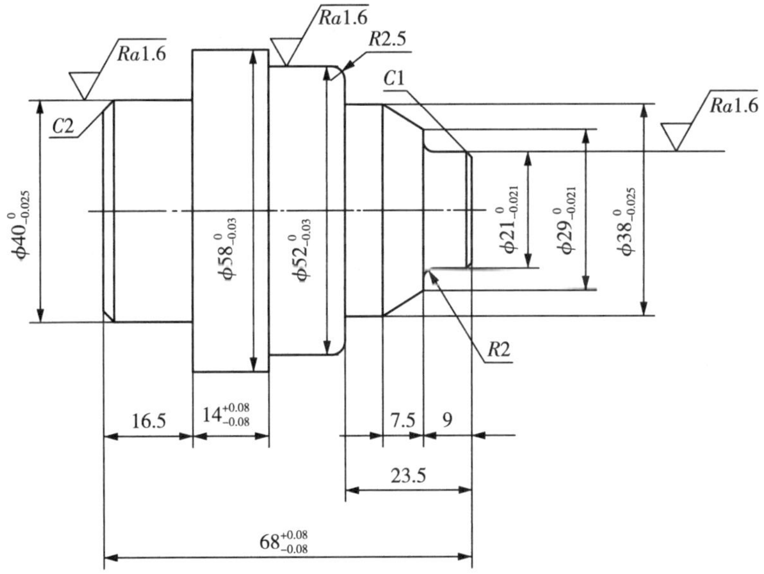

图 3－15　轴类零件（三）

（1）工艺分析

如图 3－15 所示台阶轴，圆柱面都有公差要求，表面粗糙度 Ra1.6，要分为粗加工和精加工，路径轨迹较复杂，采用复合循环指令 G71 进行粗加工，指令 G70 进行精加工。加工后总长有公差要求，左右两端要留加工余量，分别手动粗、精车端面来保证加工精度。工件左端ϕ 58 mm、ϕ 40 mm 圆柱面安排同一工序粗精车，工件右端ϕ 52 mm、ϕ 38 mm、ϕ 21 mm 圆柱面安排同一工序粗精车。

(2) 装夹方式

工件安装在三爪自定心卡盘上，能保证轴线和主轴中心线一致。三爪自定心卡盘夹持毛坯外圆，完成左端ϕ 58 mm、ϕ 40 mm 圆柱加工，然后掉头装夹ϕ 40 mm 的外圆柱，加工工件右端部分。

(3) 加工步骤的确定

① 手动平左端面；

② 粗、精加工左端两个圆柱面；

③ 手动平右端面；

④ 粗、精加工右端部分。

(4) 数控加工刀具卡的制定

数控加工刀具卡的制定，见表 3-9。

表 3-9　数控加工刀具卡

零件名称或代号		数控车实训件	零件名称	轴类零件（三）	零件图号	3-15
序号	刀具号	刀具名称及规格	数量	加工内容	刀具参数	备注
1	T0101	93°外圆可转位车刀	1	平端面、粗加工外轮廓	刀尖半径 0.8 mm	
2	T0202	93°外圆可转位车刀	1	精加工外轮廓	刀尖半径 0.4 mm	

(5) 加工工艺卡的制定

数控加工工艺卡的制定，见表 3-10。

表 3-10　数控加工工艺卡

数控加工工艺卡			产品名称		零件名	零件图号	
			数控车实训件		轴类零件（三）	3-15	
序号	程序编号	夹具	量具		机床设备	工具	车间
	O3004	三爪卡盘	游标卡尺、千分尺		CAK6140		数控车间
工步	工步内容	切削用量			刀具		备注
		主轴转速 r/min	进给速度 mm/r	背吃刀量 mm	编号	名称	
1	平左端面	600		1	T0101	外圆刀	手动
2	粗车左端圆柱	600	0.2	1.5	T0101	外圆刀	自动
3	精车左端圆柱	1000	0.1	0.5	T0202	外圆刀	自动
4	平右端面	600		1	T0101	外圆刀	手动
5	粗车右端部分	600	0.2	1.5	T0101	外圆刀	自动
6	精车右端部分	1000	0.1	0.5	T0202	外圆刀	自动

（6）编制加工程序

以工件车平右端面中心位置为编程原点，建立工件坐标系，编制工件右端外轮廓加工程序，如表3-11所示。

表3-11　加工程序

加工程序	程序说明
O3004；	程序名
M03 S600；	主轴正转，800 r/min
T0101；	换1号外圆刀，并调用刀补
G00 G42 X60 Z2；	快速定位至固定循环起点
G71 U1.5 R0.5；	应用G71循环粗加工，每次背吃刀量1 mm，每次退刀0.5 mm
G71 P10 Q20 U0.5 W0.1 F0.2；	精加工轨迹的第一个程序段号为N10，最后一个程序段号为N20；精加工余量 *X* 方向0.5 mm，*Z* 方向0.01 mm；粗车进给量0.2 mm/r
N10 X19；	工件外轮廓轨迹
G01 Z0 F0.1；	
X1 C1；	
Z-9 R2；	
X29；	
X38 Z-16.5；	
Z-23.5；	
X52 R2.5	
Z-30.5；	
N20 X60；	
G40 G00 X100 Z100；	取消刀具刀尖圆弧半径补偿，车刀快速退刀到（X100，Z100）的安全位置
M00；	程序暂停
M03 S1000；	主轴正转，转速为1200 r/min
T0202；	换2号刀，调用2号刀补
G42 G00 X60 Z2；	建立刀具刀尖圆弧半径右补偿，车刀快速定位到靠近加工的部位（X60，Z2）
G70 P10 Q20；	精加工循环
G40 G00 X100 Z100；	取消刀具刀尖圆弧半径补偿，车刀快速退刀到（X100，Z100）的安全位置
M30；	程序结束

3.2 槽类零件加工实例

3.2.1 槽的分类和加工方法

1. 槽的分类

车工经常需要把长的原材料切成多段的毛坯，然后再进行加工，或将车好的成品从原材料上切下来，这种加工方法叫切断。在工件表面上加工各种形状的槽叫切槽。按加工位置分有外槽、内槽和端面槽，如图 3-16 所示。按形状分有矩形槽、梯形槽、圆弧槽。按功能分有退刀槽、密封槽、卡圈槽等。

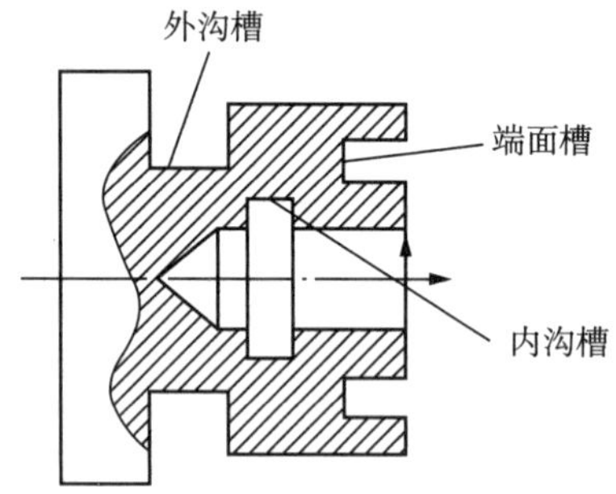

图 3-16 按加工位置槽的分类

常用的矩形外圆槽的作用：使装配在轴上的零件有正确的轴向定位；螺纹加工时作为退刀槽使用；磨削加工时作为砂轮越程槽使用。梯形槽是安装 V 带的切槽。圆弧形槽用作滑轮和圆带传动的带轮沟槽。

2. 槽的加工方法

根据宽度槽可分为窄槽和宽槽。窄槽是指宽度不大，切槽刀切削过程中不需沿 Z 向移动，就可以车出的槽。宽槽通常指槽宽大于刀的宽度，刀具切槽过程中需要沿 Z 向移动才能车出的槽。

(1) 窄槽加工

车精度不高的和宽度较窄的矩形切槽，如图 3-17 所示，加工回转体零件内、外表面槽时，槽的宽度尺寸较小（2～6 mm），加工精度要求不高，用刀宽等于槽宽的车槽刀，采用直进法 G01 指令一次进给车出。精度要求较高的切槽，可采用两次进给，第一次进给车切槽时，槽壁两侧留精车余量，第二次进给时用等宽刀修整，在槽底用 G04 指令使刀具停留几秒，以光整槽底。

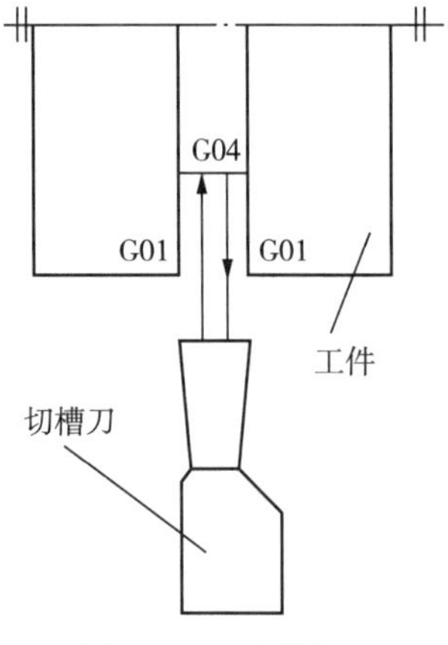

图 3-17 窄槽加工走刀线路

对于宽度值不大，但深度值较大的深窄槽零件，为了避免切槽过程中由于排屑不畅使刀具前部压力过大而出现扎刀和折断刀具的现象，应采用分次进刀的方式，刀具在切入工件一定深度后，停止进刀并退回一段距离，然后再次进刀，如此反复加工到尺寸，同时应尽量选择强度较高的刀具。

(2) 宽槽加工方法

当槽宽度尺寸较大时，应采用多次进给法加工，并在槽底及槽壁两侧留有一定精车余量，然后根据槽底、槽宽尺寸进行精加工。宽槽加工的走刀路线如图3－18所示。规律槽加工可以使用子程序指令或G75切槽循环指令。

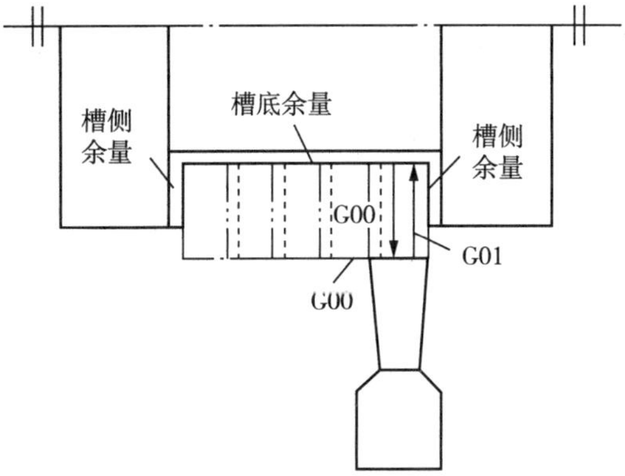

（a）宽槽粗加工

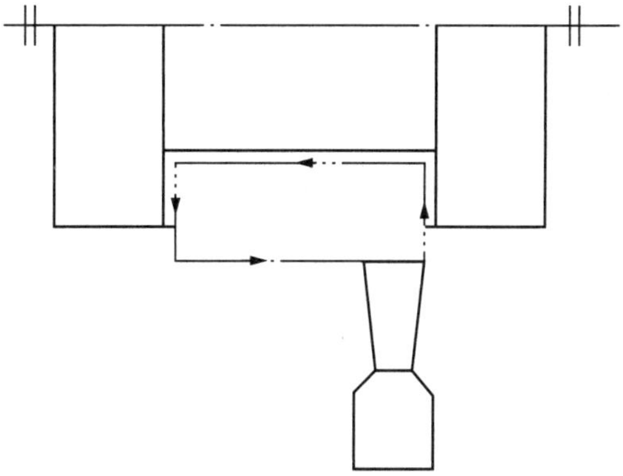

（b）宽槽精加工

图3－18　宽槽加工的走刀线路

（3）切断方法

切断方法有直进法、左右借刀法和反切法。直进法切断就是车刀横向连续进给将工件切下，操作简便，工件材料也比较节省，应用广泛，如图3－19（a）所示。左右借刀法切断，车刀横向和纵向依次进给，比较费工费料，一般用于机床、工件刚性不足的工况或切断刀刀头长度小于工件半径的工况，如图3－19（b）所示。反切法切断，车床主轴反转，车刀反装进行切断，切削比较平稳，排屑向下较顺利，如图3－19（c）所示。

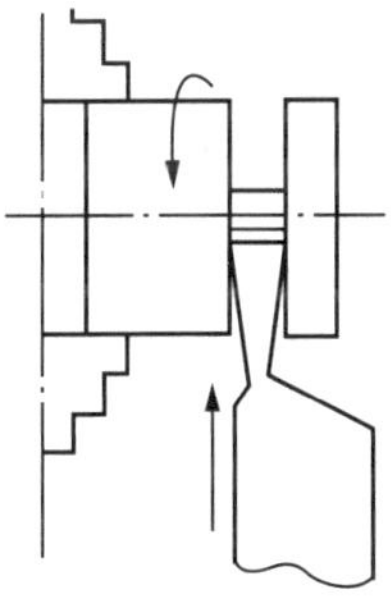

（a）直进法

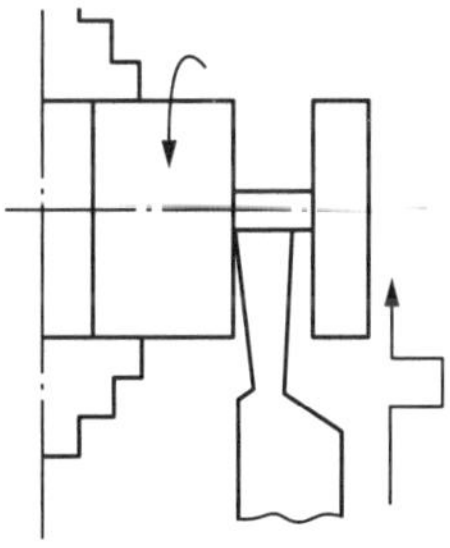

（b）左右借刀法

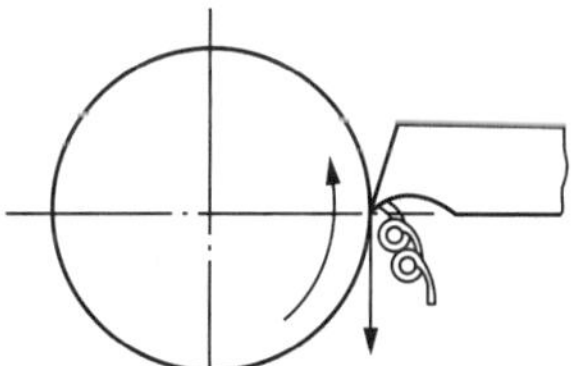

（c）反切法

图3－19　切断的方法

3.2.2　切槽刀

1．切槽刀材料

切槽刀材料常用高速钢和硬质合金。高速钢切槽刀适用于切直径较小的工件，如图3－20所示，切直径较大的工件或高速切断时选用硬质合金刀。机夹式切槽刀的刀杆和刀片的参数已做成标准值，可参考3.1.1节内容按参数选用。

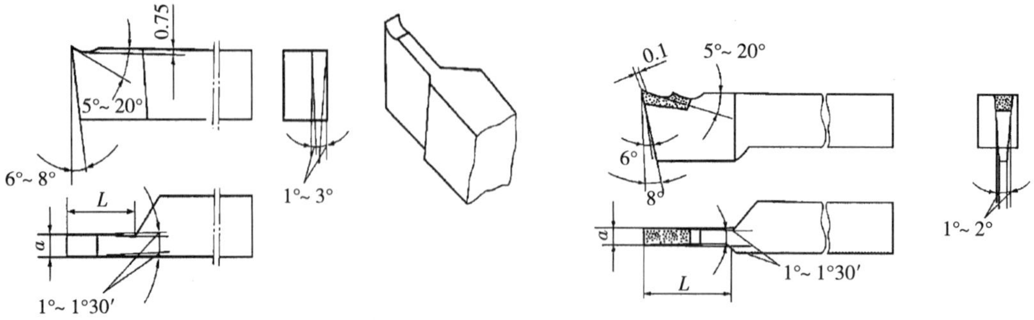

（a）高速钢切槽刀角度　　（b）硬质合金切槽刀角度

图 3－20　切槽刀角度

2. 切槽刀的安装

（1）刀尖必须与工件回转中心等高，刀尖过高不易切削，如图 3－21（a）所示；刀尖过低容易使切断刀折断，如图 3－21（b）所示。

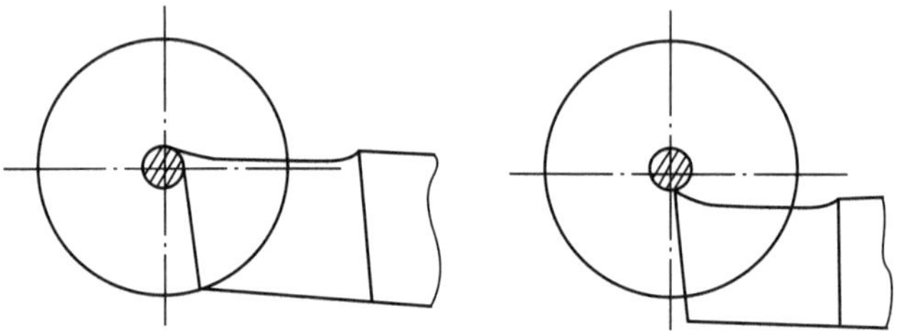

（a）刀尖过高不易切削　　（b）刀尖过低易被压断

图 3－21　切断刀尖须与工件中心同高

（2）切槽刀必须与工件轴线垂直，车刀左右对称，否则车刀的副切削刃与工件两侧面产生摩擦，如图 3－22 所示。

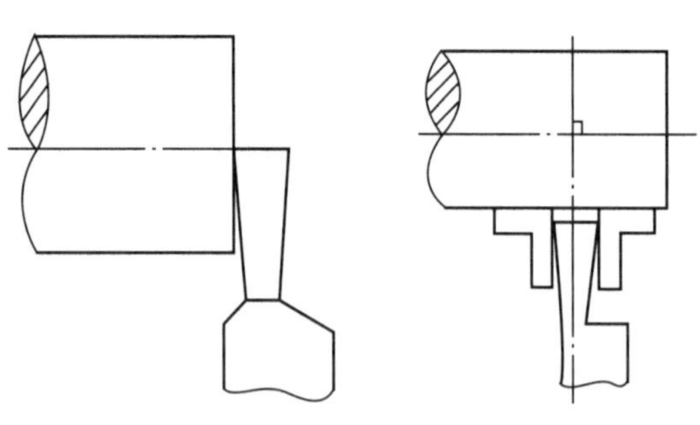

图 3－22　切槽刀的正确位置

（3）切槽刀的底平面必须平直，否则会引起副后角的变化，切断时切刀的某一副后刀面会与工件摩擦。

（4）切槽刀刀头长度

$$L=\text{槽深}+(2\sim3)\ \text{mm}$$

切断刀刀头长度

$$L=D/2+（2\sim3）\text{mm} \quad （切断实心材料）$$

$$L=h+（2\sim3）\text{mm} \quad （切断空心材料）$$

式中：L——车槽刀刀头长度，mm；

D——被车断工件直径，mm；

h——被车断工件壁厚，mm。

3. 切槽刀刀位点的选择

外切槽刀具在切削时切削刃为横刃，切削刃长度为刀片的宽度，在编程时选择切削刃上的某一点作为刀位点，一般选择切槽刀片的左刀尖或右刀尖点作为刀位点，对刀时刀位点和对刀点一定要相对应起来，以免在加工时位置尺寸发生偏移。如图3-23所示切槽刀刀宽为3 mm，利用不同刀位点编写程序的终点坐标如下：左刀尖设定为刀位点，切槽的终点坐标为（X28，Z－23）；右刀尖设定为刀位点，切槽的终点坐标为（X28，Z－20）。

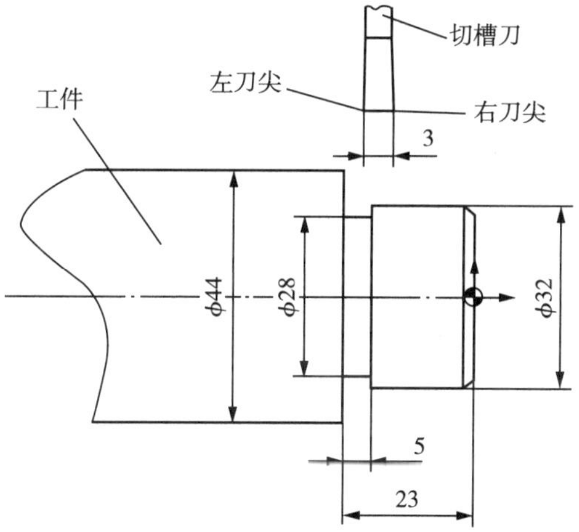

图3-23 切槽刀刀位点设置实例

3.2.3 切削用量的选择

1. 背吃刀量

横向切削时切槽刀的背吃刀量等于主切削刃的宽度，所以只需确定进给量和切削速度。

2. 进给量

切槽刀比其他类型车刀强度低，散热条件差。进给量太大时，容易使刀折断，进给量太小时，刀后面与工件会产生强烈摩擦而引起振动。进给量数值根据工件和刀具材料来确定。高速钢切槽刀车钢料时，f为0.05～0.1 mm/r，车铸铁时，f为0.1～0.2 mm/r；用硬质合金加工钢料时，f为0.05～0.3 mm/r，加工铸铁时，f为0.1～0.25 mm/r。

3. 切削速度

切槽时的实际切削速度随刀具切入越来越低，切槽时的切削速度可选得高些。用高速钢切槽刀切削钢料时，v 为 30～40 m/min，切削铸铁时，v 为 15～25 m/min；用硬质合金切削钢料时，v 为 80～120 m/min，切削铸铁时，v 为 60～100 m/min。

3.2.4 外切槽检测方法

精度较低的外切槽，用金属直尺、游标卡尺、卡钳等测量。精度要求较高的外槽，可用千分尺、样板游标卡尺、量块等检测，如图 3－24 所示。

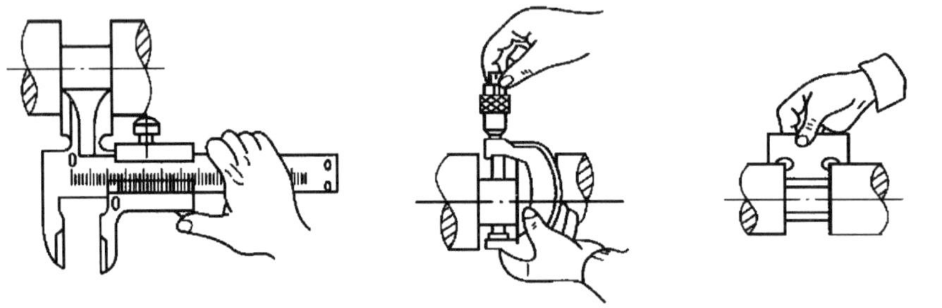

（a）游标卡尺测量外槽宽度　　（b）千分尺测量外槽直径　　（c）样板测量外槽宽度

图 3－24　外槽测量方法

3.2.5 槽类零件加工实例

【实例 3－4】　零件如图 3－25 所示，要求在数控车床上加工。零件主要由外窄槽和宽槽、外圆柱面、外圆锥面、外圆弧面等组成，已知毛坯材料为φ 55×136 mm 的 45 钢棒料，编程人员需根据加工任务，编制零件的加工工艺，选用合适的刀具，选择合理的切削参数，编写零件的加工程序，在数控车床上实际操作加工出来，并对加工后的零件进行检测、评价。

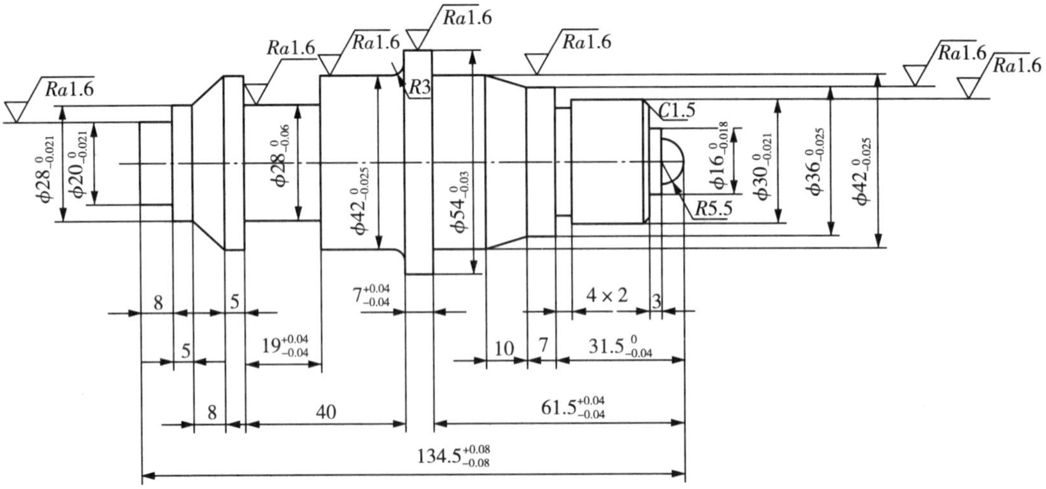

图 3－25　槽类零件

1. 工艺分析

图3－25所示零件按形状属于台阶轴类零件。工件材料为45钢，毛坯为ϕ 55×136 mm的棒料，根据零件的形状，分析此零件需要进行两次装夹才能完成加工，第一次装夹加工零件右半部分，如图3－26所示，先加工台阶轴，再加工外窄槽，其中外圆尺寸为ϕ 16 mm、ϕ 30 mm、ϕ 36 mm、ϕ 42 mm、ϕ 54 mm，以及长度尺寸为31.5 mm和61.5 mm的具体公差要求。有公差要求的外表面粗糙度为$Ra1.6$，其余加工部位表面粗糙度为$Ra3.2$，外窄槽的尺寸为自由公差，槽底表面粗糙度为$Ra3.2$。掉头加工零件左半部分，具有外宽槽结构的轴，其中外圆尺寸为ϕ 20 mm、ϕ 42 mm，有具体公差要求，外表面粗糙度为$Ra1.6$，其余加工部位表面粗糙度为$Ra3.2$。宽槽槽底直径ϕ 28 mm，槽宽19 mm，要求精度较高。左右端的圆柱面要划分粗精加工工序，使用循环指令加工。通过手动平端面保证工件总长134.5 mm。通过修正刀具磨损或工件坐标值控制轴肩7 mm。右端的窄槽用G01指令编程，左端的宽槽使用循环指令G75编程。

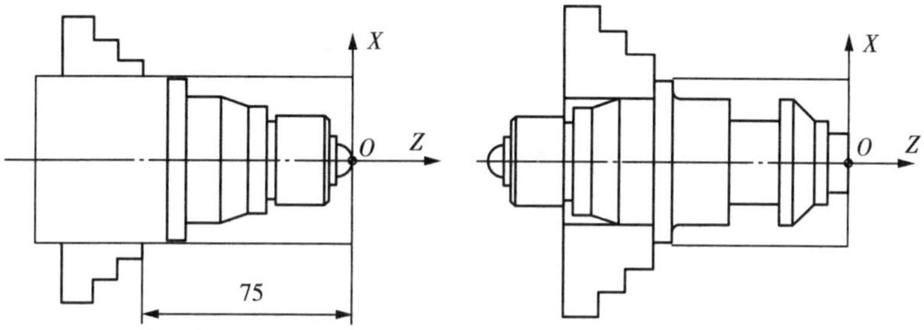

（a）加工右端　　（b）加工左端

图3－26　装夹方式

2. 加工步骤的确定

（1）手动平右端面。

（2）粗、精加工右端外轮廓。

（3）加工4×2 mm外窄槽。

（4）手动车平右端面并保证零件总长。

（5）粗、精加工右端外轮廓。

（6）加工外宽槽。

（7）检测左右两端外轮廓相应尺寸，检测两端外槽尺寸。

3. 确定装夹方案、设置工件原点

工件毛坯为ϕ 55×136 mm的棒料，材料为45钢。因工件需掉头加工，备料时总长余量要小，没有安排切断工序。夹具选用自定心卡盘，装夹面选择工件毛坯外圆，加工右端部分时如图3－26所示，伸出卡盘长度要大于75 mm，在保证刀具没有超程的情况下，尽量伸出短些。加工工件左右两部分时，通过改变刀补值把工件坐标系原点设置在左右端面和回转轴线的交点。

4. 量具选择

外圆直径、长度尺寸精度要求高，选用千分尺、游标卡尺、深度尺测量。右端部

分的切槽用游标卡尺测量宽度和槽的底径。左端部分宽槽用千分尺测量底径，用样板或量块测量槽宽。

5. 刀具选择

加工材料为45钢，刀具选用93°硬质合金外圆车刀，分为粗车刀和精车刀，刀尖圆弧半径不同，分别置于1号和2号刀位，用粗车刀加工两端面；切槽刀选用硬质合金切槽刀，刀头宽度4 mm，装在3号刀位。

6. 数控加工工艺卡的制定

（1）数控加工刀具卡的制定，见表3-12。

表3-12 数控加工刀具卡

产品名称或代号		数控车训练件	零件名称	阶梯轴	零件图号	3-25
序号	刀具号	刀具名称及规格	数量	加工内容	刀具参数	备注
1	T0101	93°外圆刀	1	平端面、粗外轮廓	刀尖半径0.8 mm	
2	T0202	93°外圆刀	1	精车外轮廓	刀尖半径0.4 mm	
3	T0303	切槽刀	1	切断	刀宽4 mm	刀位点左刀尖

（2）数控加工工艺卡的制定，见表3-13。

表3-13 数控加工工艺卡

数控加工工艺卡			产品名称		零件名	零件图号		
			数控车训练件		阶梯轴	3-25		
序号	程序编号	夹具	量具		机床设备	工具		车间
		三爪卡盘	游标卡尺 千分尺		CAK6140			数控
工步	工步内容	切削用量			刀具			备注
		主轴转速 r/min	进给速度 mm/r	背吃刀量 mm	编号	名称		
1	平右端面	800	0.1	0.5	T0101	外圆粗车刀		手动
2	粗车右端外轮廓	800	0.2	2	T0101	外圆粗车刀		自动
3	精车右端外轮廓	1200	0.1	0.5	T0202	外圆刀		自动
4	切右端窄槽	500	0.05	4	T0303	切槽刀		自动
5	平左端面	800	0.1	0.5	T0101	外圆刀		手动
6	粗车左端外轮廓	800	0.2	2	T0101	外圆粗车刀		自动
7	精车左端外轮廓	1200	0.1	0.5	T0202	外圆刀		自动
8	切左端宽槽	500	0.05	4	T0303	切槽刀		自动

7. 编制切槽程序

（1）工件右端窄槽加工程序，见表3-14。

表3-14　切槽程序（一）

加工程序	程序说明
O3005；	程序名（工件左端窄槽加工程序）
M03S500；	主轴正转，转速为500 r/min
G21G97G99；	公制尺寸编程，主轴转速单位 r/min，进给量单位 mm/r
T0202；	换2号刀，调用2号刀补
G00X40Z－31.5；	刀具定位到加工起点（X38，Z－31.5）
G01X26F0.05；	切深至槽底尺寸
G04P1000；	刀具在槽底暂停1 s
G00X40；	刀具快速退回至加工起点
G00X100Z100；	退刀
M30；	程序结束

（2）工件左端宽槽加工程序见表3-15。

表3-15　切槽程序（二）

加工程序	程序说明
O3006；	程序名（工件左端宽槽加工程序）
M03S500；	主轴正转，转速为500 r/min
G21G97G99；	公制尺寸编程，主轴转速单位 r/min，进给量单位 mm/r
T0202；	换2号刀，调用2号刀补
G00X44Z－30.2；	刀具定位到加工起点（X44，Z－30.2）
G75R0.2；	径向切槽复合循环，每次 *X* 方向退刀量 0.2 mm
G75X28.2Z－44.8 P2000Q3000F0.05；	径向切槽复合循环，终点坐标值（X28.2，Z－44.8）
G00X44Z－30；	刀具快速定位至精加工起点
G01X27.97；	精加工槽右侧面
Z－40；	精加工槽底
G00X44；	退刀
Z－45；	刀具快速定位至槽左侧面
G01X27.97F0.05；	精加工槽左侧面
Z－36；	精加工槽底
G00 X44；	退刀
G00X100Z100；	快速退刀刀安全位置
M30；	程序结束

3.3 螺纹类零件加工实例

3.3.1 螺纹的基本知识

螺纹加工是在圆柱、圆锥的内外圆表面上加工出特殊形状螺旋连续凸起和沟槽的过程。

1. 螺纹的分类

螺纹的种类很多，按用途可分为连接螺纹和传动螺纹等；按牙型可分为三角形、矩形、梯形、锯齿形、圆弧形螺纹等；按螺旋线方向可分为左旋螺纹和右旋螺纹，按螺旋线的多少又可分为单线螺纹和多线螺纹；按母体形状可分为圆柱螺纹和圆锥螺纹等。普通螺纹分为粗牙普通螺纹和细牙普通螺纹。粗牙普通螺纹的螺距是标准螺距，其代号用字母“M”及公称直径表示，如 M16，M12。细牙普通螺纹代号用字母“M”及公称直径×螺距表示，如 M24×1.5，M27×2。

2. 普通三角螺纹的几何参数

如图 3-27 所示，内螺纹的各参数用大写字母表示，外螺纹用小写字母表示。

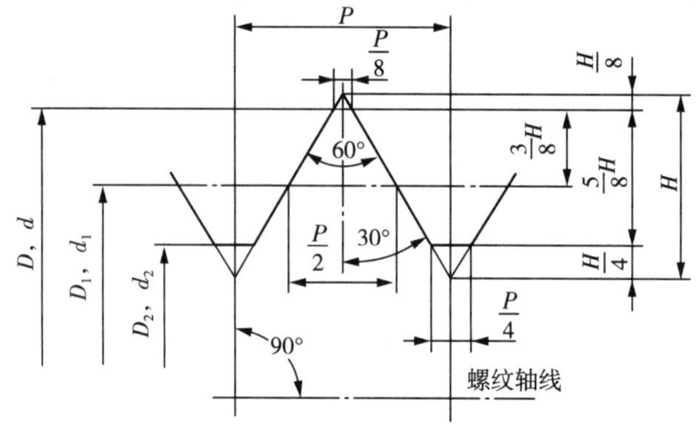

图 3-27　普通外螺纹的基本牙型

（1）牙型角　通过螺纹轴线的牙型上，相邻两牙侧间的夹角。三角螺纹的牙型角为 60°。大多数螺纹的牙型角对称于轴线垂直线，即牙型半角 $\alpha/2$。

（2）螺距（P）　相邻两牙在中径上对应两点间的轴向距离。

（3）螺纹牙型高度　指在螺纹牙型上，牙顶到牙底之间垂直于螺纹轴线的距离，即车削时车刀总切入深度。对于普通三角螺纹，牙型高度计算公式：$h=0.6495P$。

（4）螺纹大径　指外螺纹顶直径（d）或内螺纹牙底的直径（D），其基本尺寸与螺纹公称直径相等。螺纹大径是编制螺纹加工程序的依据。车削普通外螺纹时，由于受车刀挤压后，螺纹大径尺寸胀大，因此车螺纹前的外圆直径应比螺纹大径小，当螺距为 1.5～3.5 mm 时，外径一般小于 0.2～0.4 mm。可以按公式 $d_{计}=d-0.1P$ 计算。

（5）螺纹小径　指外螺纹牙底直径（d_1）或内螺纹牙顶直径（D_1）。外螺纹小径是编制螺纹加工程序的依据。内螺纹在螺纹加工前，由车削加工的内孔直径来保证。

车削普通外螺纹时，为了计算方便，不考虑螺纹车刀的刀尖半径 r 的影响，一般将螺纹的理论牙型高度 h 取为实际牙型高度 $h_1=0.6495P$，实际计算公式：

$$d_{1计}=d-2h_1\approx d-1.3P$$

车削普通内螺纹时，因车刀挤压作用，内孔直径会缩小，所以车削内螺纹前的孔径应比内螺纹小径略大，而且内螺纹加工后的实际顶径允许大于内螺纹小径的基本尺寸。在实际生产中车普通内螺纹前的孔径可以用下式近似计算。

车削塑性金属内螺纹为：

$$D_{孔}\approx D-P$$

车削脆性金属内螺纹为：

$$D_{孔}\approx D-1.05P$$

（6）螺纹中径　中径是一个假想圆柱的直径，该圆柱的母线通过牙型上凸起和沟槽宽度相等的地方。外螺纹中径（d_2）与内螺纹中径（D_2）相等。中径是螺纹尺寸检测的标准和调试螺纹程序的依据。螺纹的中径是通过控制螺纹的大径、牙型高度、牙型角和底径来实现的，如图 3－27 所示。

理论计算公式：

$$d_2=d-(3H/8)\times 2=d-0.6495P$$

$$D_2=D-(3H/8)\times 2=D-0.6495P$$

式中：H——螺纹原始三角形高度，$H=0.866P$，mm；

P——螺距，mm。

牙型角 α、螺距 P、螺纹中径 D_2（d_2）是决定螺纹的三个基本要素。

3.3.2　螺纹切削刀具

1. 螺纹车削刀具材料

螺纹车刀的材料有高速钢和硬质合金两种。高速钢螺纹车刀的优点是刃磨方便，切削刃锋利，韧性好，刀尖不易崩裂，加工螺纹的表面粗糙度值小。缺点是不宜采用高速车削，适用于低速切削或作为螺纹精车刀。硬质合金螺纹车刀硬度高，耐磨性好，耐高温，适用于高速车削螺纹。在加工脆性材料（如铸铁）或高速切削塑性材料及加工批量较大的螺纹工件时，要选用硬质合金螺纹刀。

图 3－28 所示为机夹式螺纹车刀。螺纹车刀的刀杆和刀片的参数已做成标准值，可参考 3.1.1 节内容按参数选用。每种螺距选用相对应的刀片，左车刀和右车刀刀片不同。螺纹车刀分为外螺纹车刀和内螺纹车刀两种。

2. 螺纹车刀的安装

（1）装夹车刀时，刀尖位置一般应对准工件中心或车床主轴轴线等高以免出现“扎刀”“让刀”及螺纹面不光等现象。当高速车削螺纹时，硬质合金车刀的刀尖应略高

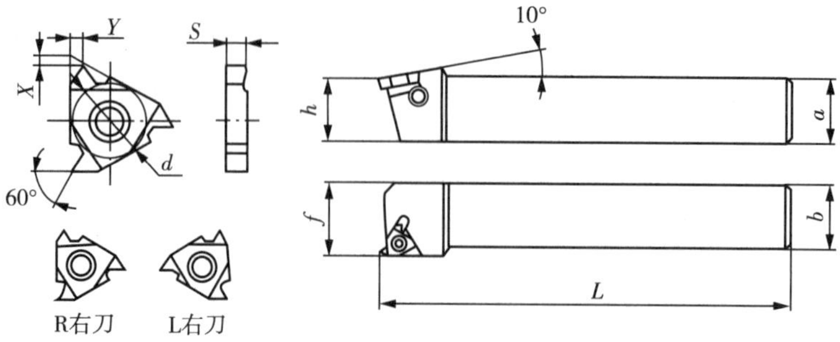

图 3-28 机夹式螺纹车刀

于车床轴线 0.1～0.3 mm。

(2) 车刀刀尖角的对称中心线必须与工件轴线垂直，装刀时可用样板来对刀，如果车刀装歪，就会产生牙型歪斜。

(3) 刀头伸出不要过长，一般为 20～25 mm（约为刀杆厚度的 1.5 倍）。

3.3.3 螺纹车削方法

数控车床加工螺纹的进刀方式有直进法、斜进法和左右借刀法三种。

1. 直进法

在每次螺纹切削往复行程后，车刀沿横向（X 方向）进给，这样反复多次切削行程，完成螺纹加工，如图 3-29（a）所示。直进法加工螺纹牙型精度较高，但刀具两侧刃同时切削工件，切削力较大，而且排屑困难，刀刃容易磨损，容易产生扎刀现象。直进法适合加工导程较小的三角形螺纹（导程<3 mm）和粗加工较大导程的螺纹。

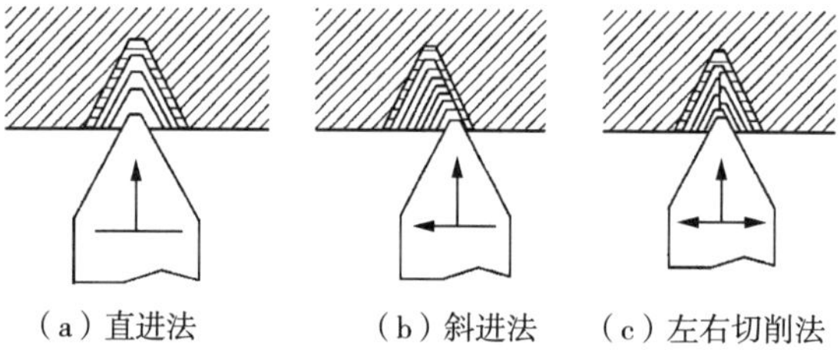

图 3-29 螺纹车削进刀方式

2. 斜进法

粗车螺纹时为了操作方便，在每次切削往复行程后，车刀除了沿横向（X 轴）进给外，还要在纵向（Z 轴）只沿一个方向做微量进给，这种方法称为斜进法，如图 3-29（b）所示。由于斜进法为单侧刃加工，加工刀刃容易损伤和磨损，使加工的螺纹面不直，刀尖角发生变化，加工出的牙型精度较差。但由于其为单侧刃工作，刀具负载较小，排屑容易，并且切削深度为递减式，故此加工方法一般适用于大螺距螺纹加工。斜进法粗车螺纹后，必须用左右切削法精车螺纹才能使螺纹的两侧都获得较小的表面粗糙度。

3. 左右切削法

在每次螺纹切削往复行程后，车刀除了沿横向（X 轴）进给外还要纵向（Z 向）做微量左、右两个方向进给（借刀），这样反复多次切削行程完成螺纹加工，这种方法称为左右切削法，如图 3－29（c）所示。左右切削法精车螺纹可以使螺纹两侧都获得较小的表面粗糙度。对于高精度、大导程的螺纹，可采用两种进刀方式混用的办法，即先采用斜进法或左右借刀法切削进行螺纹粗加工，再用直进法切削进行精加工。

3.3.4 螺纹切削参数

1. 主轴转速

在数控车床上车削加工螺纹，主轴转速受数控系统、螺纹导程、驱动电动机的特性、螺纹插补运算速度、尺寸精度、刀具和零件材料等多种因素的影响，而且不同的数控系统，推荐的主轴转速范围也不相同，操作者应在认真阅读说明书后，根据实际加工情况选用合适的主轴转速。对经济型数控车床而言，一般推荐车削螺纹的主轴转速用如下公式计算：

$$n \leqslant 1200/P - K$$

式中：P——螺纹的导程，mm；
K——保险系数，一般取 80；
n——主轴转速，r/min。

2. 背吃刀量

螺纹车刀属于成形车刀，刀具切削面积大，进给量大，切削螺纹的过程中切削力大，不能一次加工而成，需分粗、精加工工序，经多次重复切削完成，以减小切削力，保证螺纹的精度。螺纹加工中的走刀次数和每次背吃刀量会直接影响螺纹的加工质量，每次切削量的分配应依次递减。表 3－16 为常用螺纹的走刀次数与背吃刀量。

表 3－16 常用螺纹加工的进刀次数及分层切削余量

螺距		1.0	1.5	2.0	2.5	3.0	3.5	4.0
牙型高度		0.649	0.974	1.299	1.624	1.949	2.273	2.598
切削次数和背吃刀量	1次	0.7	0.8	0.9	1.0	1.2	1.5	1.5
	2次	0.4	0.6	0.6	0.7	0.7	0.7	0.8
	3次	0.2	0.4	0.6	0.6	0.6	0.6	0.6
	4次		0.15	0.4	0.4	0.4	0.6	0.6
	5次			0.1	0.4	0.4	0.4	0.4
	6次				0.15	0.4	0.4	0.4
	7次					0.2	0.2	0.4
	8次						0.15	0.3
	9次							0.2

3. 进给量

单线螺纹的进给量等于螺距，多线螺纹的进给量等于导程。

4. 螺纹起点与螺纹终点的确定

车螺纹时刀具沿螺纹方向的进给应与工件主轴旋转保持严格的速比关系。刀具从停止状态到达指定进给速度或从指定的进给速度降为零，驱动系统必须有一个过渡过程，即进给速度分为三个阶段：起始需要一个升速进刀段；中间有一个正常速度车螺纹段；结束前有一个减速退刀段。因此沿轴向进给的加工长度除保证加工螺纹长度外，还应该增加刀具引入距离 δ_1 和刀具引出距离 δ_2，即升速段和减速段，如图 3 - 30 所示。

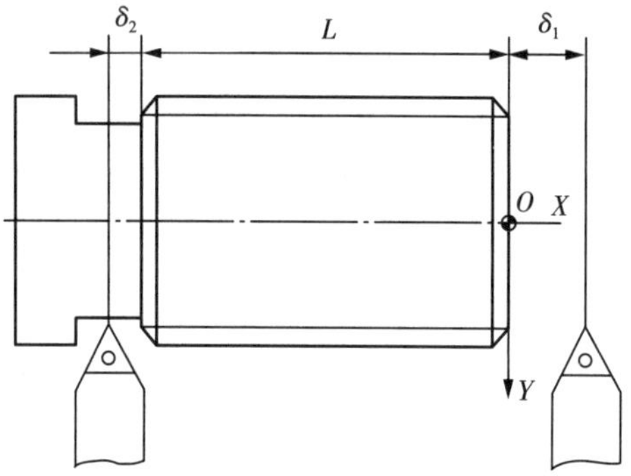

图 3 - 30　车螺纹时刀具的引入距离和引出距离

一般情况下，刀具引入距离 δ_1 取 $2P$～$3P$，为 2～5 mm，螺纹导程越大、精度越高，刀具引出距离 δ_2 取 P，为 1～3 mm，有退刀槽的工件，一般取退刀槽宽度的一半。

3.3.5　螺纹的测量

螺纹的主要测量参数有螺纹牙型角、螺距、大径、小径和中径尺寸。

1. 大径、小径、螺距的测量

外螺纹的大径和内螺纹的小径，可用游标卡尺和千分尺测量。如图 3 - 31 所示，螺距一般可用钢直尺或螺距规测量。由于普通螺纹的螺距较小，采用钢直尺测量时，测量多个螺距的长度，然后求其平均螺距尺寸。用螺距规测量时，应将螺距规沿着通过工件轴线的平面方向嵌入槽中，如完全吻合，则说明被测螺距是正确的。

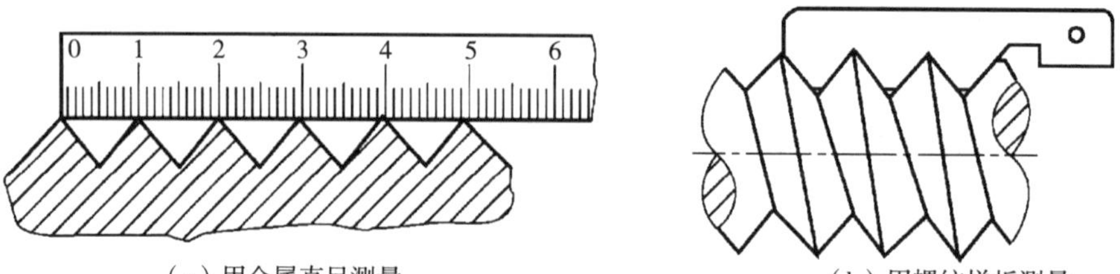

（a）用金属直尺测量　（b）用螺纹样板测量

图 3 - 31　螺距（或导程）的测量

2. 螺纹中径的测量

螺纹中径是检测螺纹时最重要的尺寸参数。当螺纹精度要求较高时，可以选择螺纹千分尺或公法线千分尺（三针配合）进行测量。

（1）螺纹千分尺测量

螺纹千分尺的结构和使用方法与一般千分尺相似，其读数原理与一般千分尺相同，只是它有两个可以调整的测量头（上测量头、下测量头），有一系列的测量触头可供不同的牙型角和螺距选用。在测量时两个与螺纹牙型相同的测量头正好卡在螺纹牙侧，所得到的千分尺读数就是螺纹中径的实际尺寸。如图 3－32 所示。

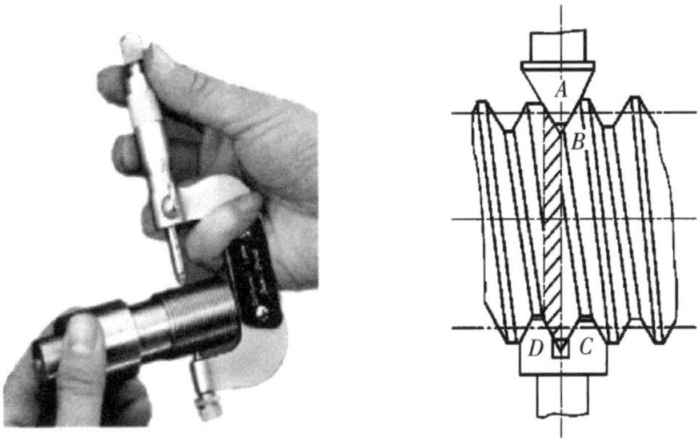

（a）测量方法　　（b）测量原理

图 3－32　螺纹千分尺测量螺纹中径

（2）三针测量法

三针测量法是测量普通外螺纹中径的一种比较精密的测量方法，适用于精度高、螺旋升角小于 4°的螺纹工件的测量。测量时将 3 根直径相等的量针放在螺纹两侧相对应的螺旋槽内，用公法线千分尺量出两边量针顶点之间的距离 M，如图 3－33 所示，根据 M 值计算出螺纹中径的实际尺寸。M 值和中径 d_2 的计算简化公式为：

$$M=d_2+3d_D-0.866P$$

式中：M——三针测量法测量时的千分尺测量值，mm；

d_2——螺纹中径，mm；

d_D——量针直径，mm；

P——螺纹螺距，mm。

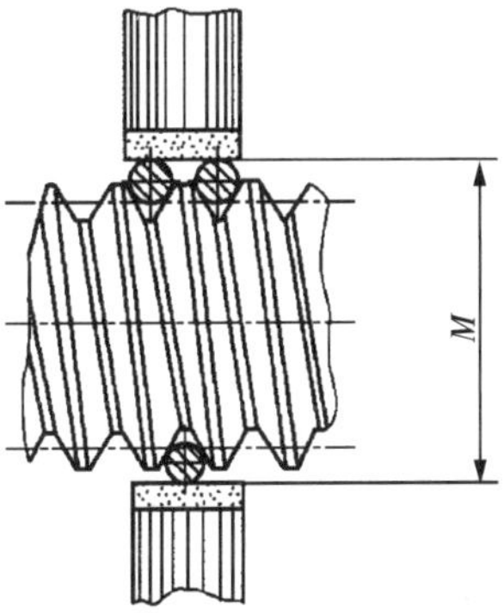

图 3－33　三针法测量螺纹中径

3. 综合测量

综合测量法是采用极限量规对螺纹的基本要素（螺纹大径、中径和螺距）同时进行综合测量的一种测量方法。螺纹量规包括螺纹塞规和螺纹环规，螺纹塞规用来检测内螺纹，螺纹环规用来检测外螺纹。通常量规按被测对象的最大和最小两个极限尺寸将量规做成通规（T）和止规（Z）。检测时当通规全部拧入，止规不能拧入时，说明螺纹各基本要素符合，如图 3－34 所示。

（a）螺纹塞规

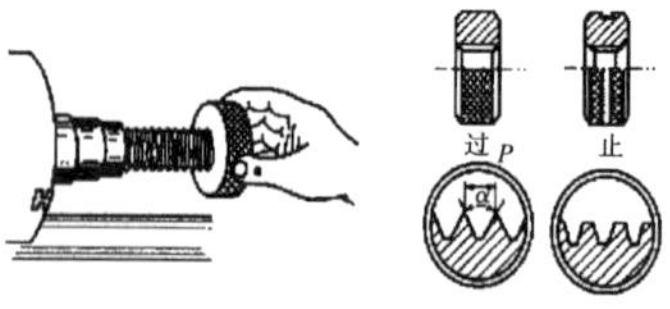

（b）螺纹环规

图 3－34　螺纹量规

3.3.6　螺纹加工实例

【实例 3－5】　如图 3－35 所示，已知毛坯材料为ϕ 60×102 mm 的 45 号钢棒料，需根据加工任务，编制零件的加工工艺，选用合适的刀具，选择合理的切削参数，编写零件的加工程序，在数控车床（FANUC 0i Mate－TD 系统）上实际操作加工出来，并对加工后的零件进行检测、评价。

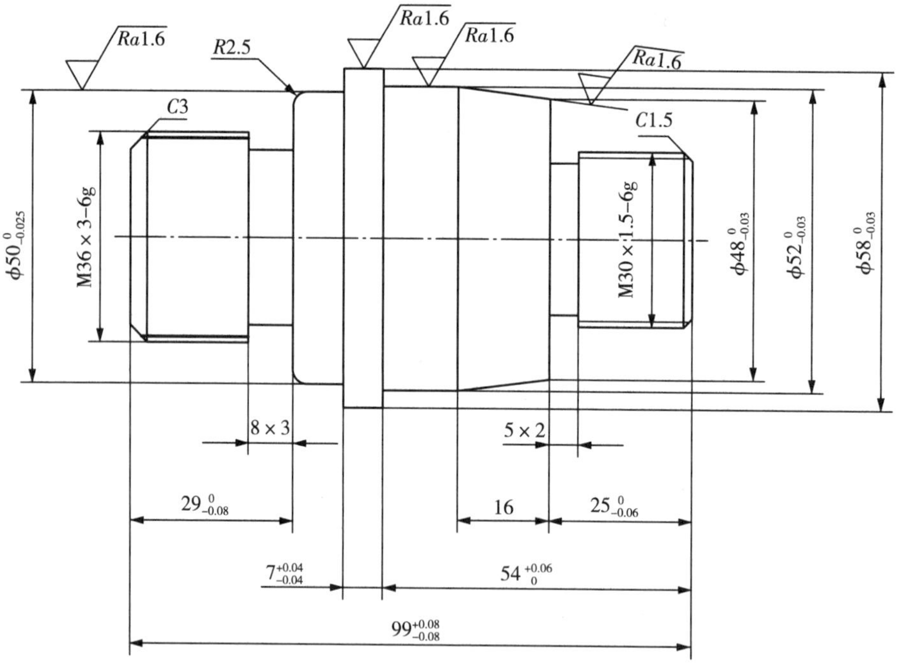

图 3－35　螺纹轴

1. 工艺分析

如图 3－35 所示零件属于螺纹轴类零件。先完成了右端部分加工，再掉头装夹，完成该零件左端部分的加工。外圆尺寸ϕ 58 mm、ϕ 52 mm、ϕ 50 mm，公差等级均为 IT7 级，表面粗糙度 $Ra1.6$，对应的长度尺寸 7 mm、25 mm、29 mm、54 mm、99 mm 均有公差要求，所以外圆的加工精度要求高，可以通过划分粗精车、选择合理的切削量、选择合适的编程坐标点、修正刀补值或刀具磨耗值等方法来保证外圆尺寸精度和表面粗糙度。两个螺纹退刀槽8×3 mm、5×2 mm为自由公差，表面粗糙度要求较低。通过上节学习的内容，用宽度4 mm的切槽刀多次直进法加工。两处$C3$、$C1.5$的倒角较大，为螺纹切入倒角，在编制外圆程序时和外轮廓轨迹一并编写。作为本小节重点内容的工件左右两端均有螺纹，右端螺纹M30×1.5和左端螺纹M36×3的顶径和中径的公差带代号为6g。M30×1.5－6g螺纹的导程为1.5 mm，采用G92指令直进法的进刀方式加工该螺纹。M36×3－6g螺纹的导程为3 mm，采用G76指令斜进刀的方式加工该螺纹。

2. 螺纹参数计算

（1）螺纹外圆大径

车削普通外螺纹时，由于受车刀挤压后，螺纹大径尺寸膨胀，因此车螺纹前的外圆直径应比螺纹大径小。外径可以按公式$d_{计}=d-0.1P$计算。

M30螺纹：$d_{计}=30-0.1\times1.5=29.85$（mm）

M36螺纹：$d_{计}=36-0.1\times3=35.7$（mm）

（2）螺纹小径

车削普通外螺纹时，为了计算方便，不考虑螺纹车刀的刀尖半径r的影响，外螺纹实际小径按公式$d_{1计}=d-1.3P$计算。

M30螺纹：$d_{1计}=30-1.3\times1.5=28.05$（mm）

M36螺纹：$d_{1计}=36-1.3\times3=32.1$（mm）

3. 螺纹切削用量的确定

（1）主轴转速n

根据相关资料查得车削螺纹的推荐主轴转速，用以下公式计算。M30螺纹公式：$n\leqslant1200/P-K$。代入数据，得

$$n\leqslant1200/1.5-80=720\ (\text{r/min})$$

综合各方面因素确定主轴转速，M30螺纹转速选取为700 r/min，M36螺纹转速选取为300 r/min。

（2）背吃刀量a_p与进刀次数

对M30×1.5螺纹，查表得螺纹的牙深为0.974 mm，进刀次数4次，背吃刀量（直径量）依次是0.8 mm、0.6 mm、0.4 mm、0.15 mm。对M36×3螺纹，查表得螺纹的牙深为1.949 mm，第1次的背吃刀量为1.2 mm，剩余每次背吃刀量和次数根据G76指令的规则执行。

（3）刀具引入距离δ_1和刀具引出距离δ_2

根据相关参数确定刀具引入距离δ_1取$2P\sim3P$，刀具引出距离$\delta_2=P$，加工M30螺纹的退刀槽的中点作为Z向终点，$\delta_1=5$ mm，$\delta_2=2.5$ mm。对M36螺纹，$\delta_1=8$ mm，$\delta_2=4$ mm。

4. 加工步骤的确定

（1）手动车平右端面。

（2）粗、精加工右端外轮廓。

(3) 加工沟槽。

(4) 加工 M30×1.5－6g 外螺纹。

(5) 掉头找正装夹，手动车平右端面，确保零件总长尺寸。

(6) 粗、精加工右端外轮廓。

(7) 加工外沟槽。

(8) 加工 M36×3－6g 外螺纹。

(9) 检测。

5. 数控工艺卡的制定

(1) 数控加工刀具卡的制定，见表 3－17。

表 3－17　数控加工刀具卡

产品名称或代号		数控车训练件	零件名称	螺纹轴	零件图号	3－35
序号	刀具号	刀具名称及规格	数量	加工内容	刀具参数	备注
1	T0101	93°外圆刀	1	平端面、粗外轮廓	刀尖半径 0.8 mm	
2	T0202	93°外圆刀	1	精车外轮廓	刀尖半径 0.4 mm	
3	T0303	切槽刀	1	加工外沟槽	刀宽 4 mm	刀位点左刀尖
4	T0404	外螺纹车刀	1	车外螺纹		

(2) 数控加工工艺卡的制定，见表 3－18。

表 3－18　数控加工工艺卡

数控加工工艺卡			产品名称		零件名	零件图号	
			数控车实训件		螺纹轴	3－35	
序号	程序编号	夹具	量具		机床设备	工具	车间
		三爪卡盘	游标卡尺、千分尺、螺纹环规		CAK6140		数控车间
工步	工步内容	切削用量			刀具		备注
		主轴转速 r/min	进给速度 mm/r	背吃刀量 mm	编号	名称	
1	平右端面	800	0.1	0.5	T0101	93°外圆粗车刀	手动
2	粗车右端外轮廓	800	0.2	2	T0101	93°外圆粗车刀	自动
3	精车右端外轮廓	1200	0.1	0.5	T0202	93°外圆刀	自动
4	切右端螺纹退刀槽	500	0.05	4	T0303	切槽刀	自动

（续表）

工步	工步内容	切削用量			刀具		备注
		主轴转速 r/min	进给速度 mm/r	背吃刀量 mm	编号	名称	
5	车右端螺纹	600	1.5	0.4 0.3 0.2 0.15 0.15	T0404	螺纹刀	自动
6	平左端面	800	0.1	0.5	T0101	93°外圆粗车刀	手动
7	粗车左端外轮廓	800	0.2	2	T0101	93°外圆粗车刀	自动
8	精车左端外轮廓	1200	0.1	0.5	T0202	93°外圆刀	自动
9	切左端宽槽	500	0.05	4	T0303	切槽刀	自动
10	车左端螺纹	300	3	第一次 0.6 mm，后面每次按 G76 指令确定	T0404	外螺纹车刀	自动

6. 编制螺纹加工程序

（1）工件右端 M30 螺纹加工程序，见表 3－19。

表 3－19　螺纹加工程序（一）

加工程序	程序说明
O3007；	程序名（工件右端螺纹加工程序）
M03 S600；	主轴正转，转速为 600 r/min
T0404；	换 4 号刀，调用 4 号刀补
G00 X32 Z5；	刀具定位刀螺纹循环点（X32，Z5）
G92 X29.2 Z－22.5 F1.5；	螺纹车削循环第一刀，X 向切削量为 0.8 mm，螺距 1.5 mm
X28.6；	X 向切削量为 0.6 mm
X28.2；	X 向切削量为 0.4 mm
X28.05；	X 向切削量为 0.15 mm
X28.05；	X 向切削量为 0，光刀
G00 X100 Z100；	退刀
M30；	程序结束

（2）工件左端 M36 螺纹加工程序，见表 3-20。

表 3-20 螺纹加工程序（二）

加工程序	程序说明
O3008；	程序名（工件左端螺纹加工程序）
M03 S300；	主轴正转，转速为 600 r/min
T0404；	换 4 号刀，调用 4 号刀补
G00 X52 Z6；	刀具定位刀螺纹循环点（X52，Z6）
G76 P020060 Q100 R100；	应用 G76 螺纹复合循环加工，精加工重复次数 2 次，倒角量为 0.0＊P，刀尖角度为 60°，最小背吃刀量为 100 μm，精加工余量为 100 μm（直径量）
G76 X32.1 Z−25 P1950 Q600 F3；	螺纹加工终点坐标为（X32.1，Z−25），螺纹的牙高为 1950 μm（半径量），第 1 刀的背吃刀量为 600 μm，螺纹导程为 3 mm
G00 X100 Z100；	退刀
M30；	程序结束

3.4 孔类零件加工实例

孔套类零件是机械中经常遇到的典型零件，主要起支承和导向作用，其长度一般大于直径。一般由外圆、端面、台阶、沟槽和内孔等组成。其主要表面为同轴度要求较高的内、外圆表面，零件壁薄容易变形，相比外圆类零件加工难度大。

3.4.1 孔的加工方法

对孔的切削加工可分为两大类。一类是用钻头在实心材料上钻孔，另一类是对已有孔进行再加工，如扩孔、铰孔、车孔、镗孔及拉孔等。在车床上加工内孔的方法主要有钻孔、车孔和铰孔。在车床上加工内孔是工件做回转运动，刀具做直线进给运动。在镗铣床上镗孔是刀具做回转运动，工件做直线进给运动。工件和刀具的运动是相对的，理论上区别不大，只是机床结构形式不同，在车床车孔也可以称为镗孔。

1. 钻孔

对于精度要求不高的孔可以选用麻花钻直接钻出。而精度要求高的孔，需留出加工余量，实施铰孔或镗孔。

（1）麻花钻

根据制造麻花钻的材料不同。麻花钻可分为碳高速钢麻花钻和硬质合金麻花钻，高速钢麻花钻是常用的刀具。由于高速切削技术的发展，镶硬质合金的麻花钻也得到广泛使用。钻孔属于粗加工，其尺寸公差等级可达到 IT11～IT12，表面粗糙度值 Ra12.5～25 μm。其组成部分如图 3-36 所示。

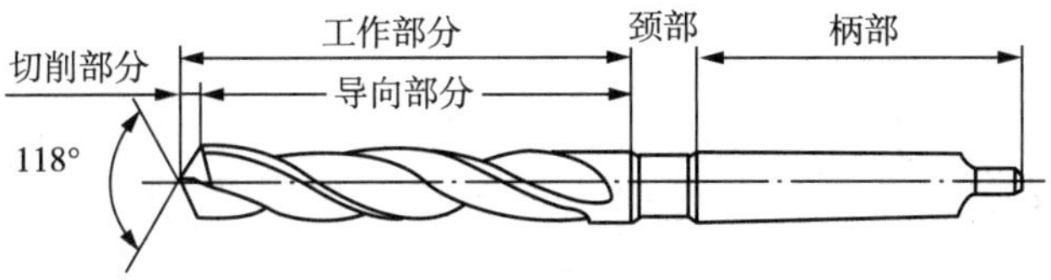

图 3-36 锥柄麻花钻组成

① 柄部是麻花钻上的夹持部分，切削时起定心和传递扭矩作用。13 mm 以下的麻花钻通常为圆柱柄，直径大于 13 mm 的为莫氏锥柄。

② 工作部分包括切削部分和导向部分。导向部分上有两条刃带和螺旋槽。刃带的作用是引导钻头，螺旋槽的作用是构成切削刃向孔外排屑及流入切削液。

③ 切削部分上的两个主切削刃担负着切削工作，锥顶角为 118°。

④ 颈部是麻花钻磨削退刀槽，麻花钻的规格、材料及商标常打印在颈部。

(2) 钻孔操作方法

将工件装夹在卡盘上，钻头安装在尾架套筒锥孔内，钻孔前先车平端面，如果对孔的位置精度要求较高，则要用中心钻钻出定位孔，位置精度要求不高的孔，则用钻头定出一个中心凹坑，调整好尾架位置并紧固于床身上，使钻头中心对准工件旋转中心。根据钻头直径调整主轴转速，摇动尾座手轮，匀速进给钻削，注意经常退出钻头，排出切屑。钻钢料要不断注入冷却液。钻孔进给不能过猛，以免折断钻头，一般钻头直径越小，进给量也越小，但切削速度可加大。钻大孔时，进给量可大些，但切削速度应放慢。当孔将钻穿时，因横刃不参加切削，应减小进给量，否则容易损坏钻头。孔钻通后应把钻头退出后再停车。钻孔的精度较低、表面粗糙，多用于对孔的粗加工，如图 3-37 所示。

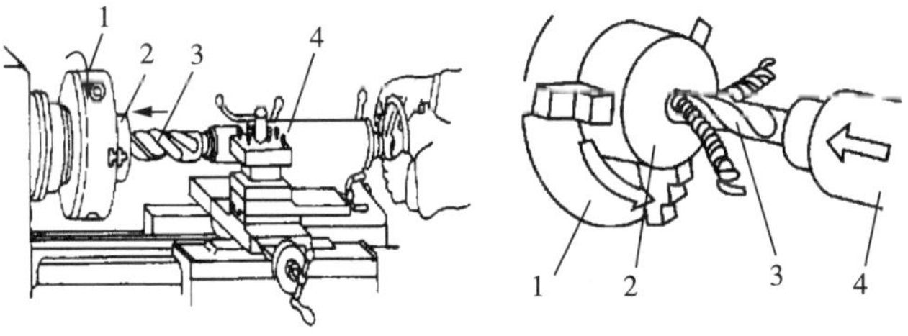

图 3-37 车床上钻孔

1—三爪卡盘；2—工件；3—麻花钻；4—尾座

2. 车孔

车孔一般是对工件上已有的预制孔（铸、锻、钻孔）进行继续加工。车孔分粗车和精车，精车孔尺寸公差等级可达 IT7～IT6，表面粗糙度值 $Ra1.6$～$0.8\ \mu m$。车孔可车通孔、盲孔和切内槽，如图 3-38 所示。

(1) 车孔刀

车孔刀材料有高速钢和硬质合金。车孔刀的切削部分基本上与外圆车刀相似，刀头做成弯头。根据内孔的几何形状，内孔车刀分为通孔车刀和不通孔车刀。通孔车刀

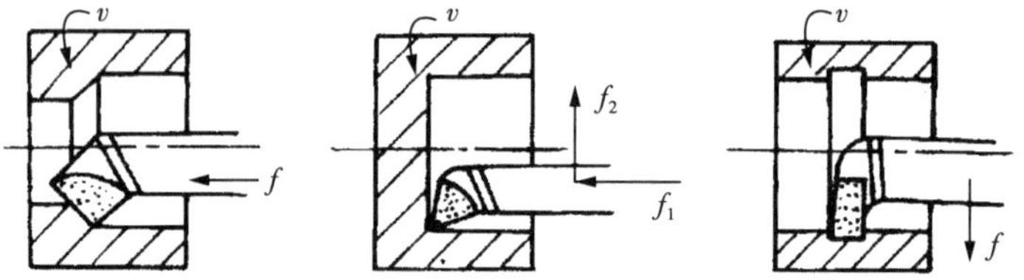

（a）车通孔　（b）车盲孔　（c）切内槽

图 3－38　镗孔

的主偏角为 45°～75°，如图 3－38（a）所示。不通孔车刀主偏角为大于 90°，如图 3－38（b）所示。图 3－38（c）所示为切内槽车刀。在数控车床上车内孔时，如图 3－39 所示。选用可转位镗孔刀可参考 3.1.1 节数控刀具的内容。

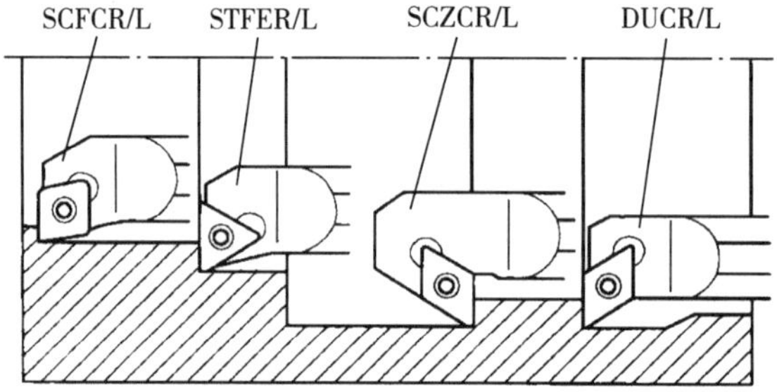

图 3－39　可转位内孔车刀

（2）车孔刀的装夹

① 内孔车刀装夹时，刀尖应对准工件中心。刀杆与轴心线基本平行，精车时可略高一些，避免车刀受到压力下弯而产生“扎刀”现象；粗车时刀尖可装得略低一些，以增大前角使切削顺利。根据实践经验，刀尖的高低允差应小于工件直径的 1％。

② 刀杆基面必须与主轴中心线平行，刀头部分可略向操作者偏斜一些，以免车刀进入内孔到一定深度后刀杆与内孔壁摩擦。

③ 如果刀杆伸出太长，可在刀杆下面与方刀架之间用一垫块支撑，以减少振动。

④ 车孔刀尽可能选择粗的刀杆，刀杆装在刀架上伸出的长度略长于孔的深度即可。

（3）在车床上内孔加工方法

① 车削孔径要求不高、孔径又小的孔（如螺纹孔），可直接用钻头钻削。

② 车削孔径要求较高或深孔可采用端面深孔加工循环（G74）的车削方法加工，或采用外圆、内圆车削循环（G90）的车削方法加工；车削有圆弧、台阶多、圆锥的内孔，可采用粗车循环（G71）、端面粗车循环（G72）的车削方法加工；车削内槽可采用端面车削循环（G94）或切槽循环（G75）的车削方法。

③ 车直径较大的台阶孔时，先粗车大孔和小孔，再精车小孔和大孔。车直径较小的台阶孔时，先粗、精车小孔，再粗、精车大孔。

(4) 切削用量的选择

车内孔时由于工作条件不利，容易引起振动，因此切削用量要比车外圆时适当小些。粗车时主轴转速 600～800 r/min，背吃刀量 1～3 mm，进给量 0.2～0.3 mm/r；精车时主轴转速 800～1200 r/min，背吃刀量 0.3～0.5 mm，进给量 0.1～0.2 mm/r。

(5) 车内孔的关键技术

车孔的关键技术是解决内孔刀的刚性问题和内孔车削过程中的排屑问题。为了增加车削刚性、防止产生振动，要尽量选择粗的刀杆，装夹时刀杆伸出长度尽可能短，只要略大于孔深即可。刀尖要对准工件中心，刀杆与轴心线平行。精车内孔时，应保持刀刃锋利，否则容易产生让刀，把孔车成锥形。

内孔加工过程中，主要是控制切屑流出方向来解决排屑问题。精车孔时要求切屑流向待加工表面，采用正刃倾角内孔车刀。粗加工盲孔时，应采用负的刃倾角，切屑从孔口排出，还可通过调整切削参数、选择刀片上断屑槽宽度、调整冷却液等方法控制切屑的流出。

3.4.2　孔类零件的检测

内孔加工零件的检测项目主要包括孔径的测量、几何公差的测量等。孔径的测量可采用游标卡尺、内卡钳、塞规、内测千分尺、内径千分尺、内径百分表等。

1. 游标卡尺

游标卡尺有普通游标卡尺、带表游标卡尺、数显游标卡尺等。具体使用方法见 3.1.4 节。

2. 内卡钳

在孔口试切削对刀或位置狭小时，使用内卡钳显得灵活方便，用内卡钳测量孔径示意图如图 3-40 所示。内卡钳与千分尺配合使用测量出精度较高（IT7～IT8）的孔径，对操作者的测量技术要求较高。

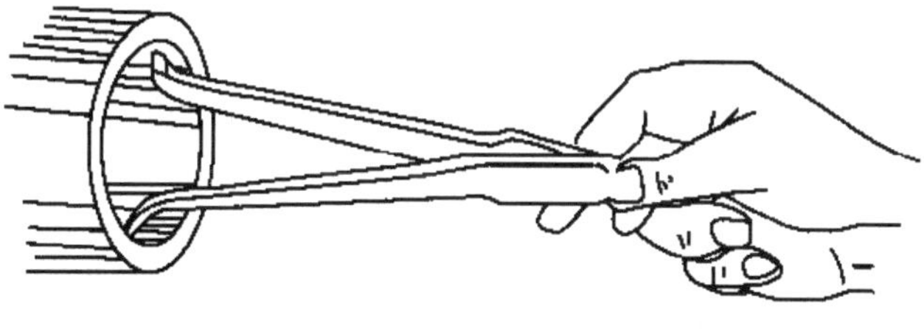

图 3-40　用内卡钳测量孔径示意图

3. 塞规

对于批量较大、精度要求高的孔径，为了提高效率，可使用塞规测量。塞规检验孔径如图 3-41 所示，塞规通端的基本尺寸等于孔的下极限尺寸 L_{min}，止端的基本尺寸等于孔的上极限尺寸 L_{max}。用塞规检验孔径时，若通端进入工件的孔内，而止端不能进入，说明工件孔径合格。

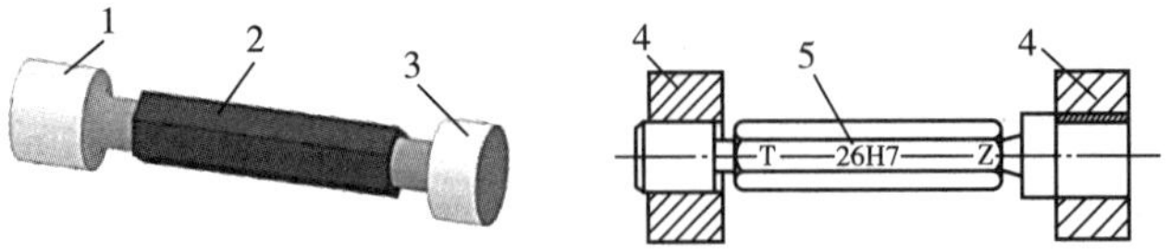

（a）塞规的形状　（b）用塞规检验孔径

图 3-41　塞规及其用法

1—通端；2—手柄；3—止端；4—工件；5—孔径

4. 内径千分尺

内径千分尺的测量范围有 50～250 mm，50～600 mm，150～1400 mm 等多种规格，其分度值为 0.01 mm。测量大于ϕ 50 mm 的精度较高、深度较大的孔径时，可采用内径千分尺。此时内径千分尺应在孔内摆动，在直径方向（径向）位置应找出最大读数，轴向位置应找出最小读数，如图 3-42 所示。这两个重合读数就是孔的实际尺寸。

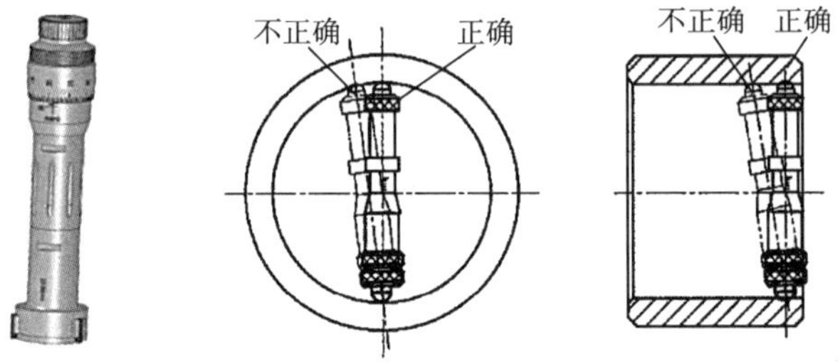

（a）实物图　（b）径向位置　（c）轴向位置

图 3-42　内径千分尺及使用方法

1—通端；2—手柄；3—止端；4—工件；5—孔径

5. 内径百分表

内径百分表是常用的测量内径尺寸的高精度量具。主要用比较法测量孔的直径或形状误差。测量时先用游标卡尺控制孔径尺寸，留余量 0.3～0.5 mm 时再使用内径百分表，否则余量太大难以测量。测量中要注意百分表的读法，长指针逆时针过零为孔小，逆时针不过零为孔大，内径表上下摆动取最小值为实际值，如图 3-43 所示。

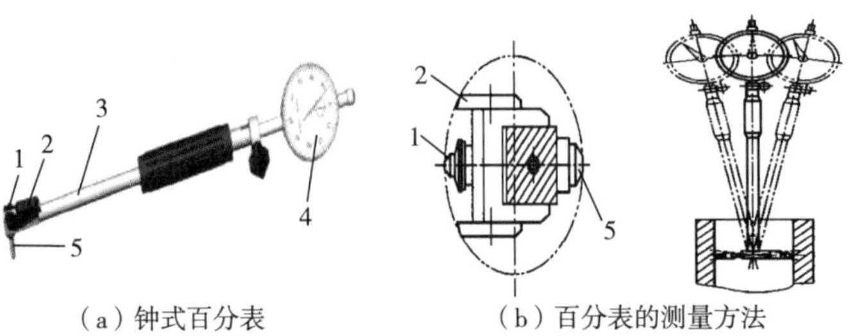

（a）钟式百分表　（b）百分表的测量方法

图 3-43　百分表及其测量

1—活动测量头；2—定心器；3—测杆；4—百分表；5—固定测量头

3.4.3 孔类零件加工实例

【实例3-6】 如图3-44所示，已知毛坯材料为ϕ 55 mm×50 mm的45号钢棒料，需根据加工任务，编制零件的加工工艺，选用合适的刀具及合理的切削参数，编写零件的加工程序，在数控车床上实际操作加工出来，并对加工后的零件进行检测、评价。

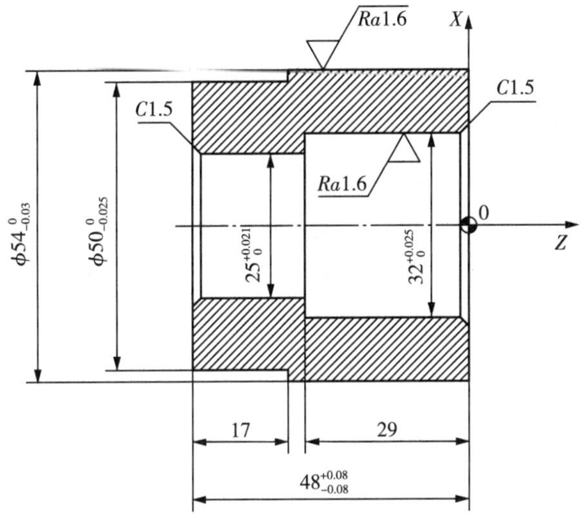

图3-44 套类零件

1. 零件图分析

如图3-44所示零件属于简单的套类零件。两个外圆（ϕ 50 mm，ϕ 55mm）、两个内孔（ϕ 25 mm，ϕ 32 mm）和长度尺寸48 mm都有具体公差要求，表面粗糙度为Ra1.6，加工精度要求高。内孔两端要C1.5的倒角，未注倒角为C1。其他加工尺寸公差未具体要求。

2. 工艺分析

(1) 为了提高加工精度及对刀补指令的掌握，在编程时加入G42或G41刀具半径补偿指令。本例工件的加工属于内轮廓车削加工，应该使用刀具半径左补偿指令G41，假想刀尖位置序号为2号位，内孔粗车和精车共用一把刀，刀尖半径0.8 mm。

(2) 内孔粗加工循环指令G71参数的改变。U和W后面跟的数字分别代表工件在X轴和Z轴方向的精加工余量。由于实例中工件加工属于内轮廓车削加工，工件加工过程中的径向尺寸是越加工越大，因此在编程时，U后面跟的数字代表的精加工余量，应取负值。

(3) 循环起点的确定。循环起点选择一定要在底孔以内，给定毛坯后，要手动钻削ϕ 20 mm底孔，循环起点X向选择ϕ 18 mm。

(4) 换刀点的确定。车直通孔时刀具的轴线与工件的轴线应保持平行。由于刀杆伸出较长，设置换刀点时一定要远离工件，以免换刀时刀具与工件碰撞，实例中退刀点和换刀点坐标为（Z200，X100）。

3. 加工步骤的确定

（1）手动平左端面。

（2）粗、精加工左端外轮廓。

（3）右端面钻 A3.15 中心孔。

（4）钻ϕ 20 mm 的底孔。

（5）掉头找正装夹工件，手动平右端面，控制总长。

（6）粗、精加工右端外轮廓。

（7）粗、精加工内孔轮廓。

（8）检测。

4. 数控工艺卡的制定

（1）数控加工刀具卡片的制定，见表 3－21。

表 3－21　数控加工刀具卡片

零件名称或代号		数控车削技术训练实训件	零件名称	套类零件	零件图号	3－44
序号	刀具号	刀具名称及规格	数量	加工内容	刀具参数	备注
1	T0101	93°可转位外圆刀	1	平端面、粗精加工外轮廓	刀尖半径 0.8mm	
2	T0202	93°可转位外圆刀	1	精加工外轮廓	刀尖半径 0.4mm	
3	T0303	内孔刀	1	粗、精加工内轮廓	刀尖半径 0.8mm	
4		ϕ 20mm 麻花钻	1	钻ϕ 20mm 通孔		手动
5		A3.15 中心钻	1	右端面上点钻		手动

（2）数控加工工艺卡的制定，见表 3－22。

表 3－22　数控加工工艺卡

数控加工工艺卡			产品名称		零件名	零件图号	
			数控车削技术训练实训件		套类零件	3－44	
序号	程序编号	夹具	量具		机床设备	工具	车间
	O3009	三爪卡盘	游标卡尺、千分尺、内径百分表		CAK6140		数控车间
工步	工步内容	切削用量			刀具		备注
		主轴转速 r/min	进给速度 mm/r	被吃刀量 mm	编号	名称	
1	平左端面	800	0.1	1	T0101	93°外圆刀	手动

（续表）

工步	工步内容	切削用量			刀具		备注
		主轴转速 r/min	进给速度 mm/r	被吃刀量 mm	编号	名称	
2	粗车左端外轮廓	800	0.2	1	T0101	93°外圆刀	自动
3	精车左端外轮廓	1200	0.1	0.5	T0202	93°外圆刀	自动
4	钻A3.15中心孔	1200	0.05			A3.15 中心钻	手动
5	钻ϕ20mm的通孔	500	0.1			ϕ20 mm 麻花钻	手动
6	掉头车右端面，控制总长	800	0.1	1	T0101	93°外圆刀	手动
7	粗车左端外轮廓	800	0.2	1	T0101	外圆刀	自动
8	精车左端外轮廓	1200	0.1	0.5	T0202	93°外圆刀	自动
9	粗加工内轮廓	600	0.15	1.5	T0303	内孔车刀	自动
10	精加工内轮廓	1000	0.1	0.5	T0303	内孔车刀	自动

5. 编制内轮廓加工程序

以工件精加工后的右端面中心位置作为编程原点，建立工件坐标系，编制内孔加工程序，如表3-23所示。

表3-23 镗孔程序

加工程序	程序说明
O3009；	程序名（内孔加工程序）
M03 S600；	主轴正转，转速为600 r/min
T0303；	换3号刀，调用3号刀补
G41 G00 X18 Z5；	建立刀具刀尖圆弧半径左补偿，车刀快速定位到靠近加工的部位（X18，Z5）
G71 U1.5 R0.5；	应用G71循环粗加工，每次背吃刀量1 mm，每次退刀0.5 mm
G71 P10 Q20 U−1 W0.05 F0.15；	精加工轨迹的第一个程序段号为N10，最后一个程序段号为N20；精加工余量X方向1 mm，Z方向0.05 mm；粗车进给量为0.15 mm/r
N10 G00 X35；	描述精加工轨迹的第一个程序段
G01 Z0 F0.2；	靠近轮廓起点，设置精车进给量为0.1 mm/r
X32 C1.5；	倒角C1.5
Z−29；	车ϕ32 mm内孔

（续表）

加工程序	程序说明
X25 C1；	倒角 *C*1
Z−49；	车ϕ 25 mm 内孔
N20X18；	描述精加工轨迹的最后一个程序段
G40 G00 X100 Z200；	取消刀具刀尖圆弧半径左补偿，车刀快速退刀到（X100，Z200）的安全位置
M00；	程序暂停
T0303；	换 3 号刀，调用 3 号刀补
M03 S1000；	主轴正转，转速为 1000 r/min
G41 G00 X18 Z5；	建立刀具刀尖圆弧半径左补偿，车刀快速定位到靠近加工的部位（X18，Z5）
G70 P10 Q20 F0.1；	精加工外轮廓，精车进给量为 0.1 mm/r
G40 G00 X100 Z200；	取消刀具刀尖圆弧半径左补偿，车刀快速退刀到（X100，Z200）的安全位置
M30；	程序结束

3.5 编程训练

如图 3-45～图 3-48 所示，给定相应尺寸的毛坯，材料为 45 号钢棒料，需根据加工任务，编制零件的加工工艺，选用合适的刀具及合理的切削参数，编写零件的加工程序，在数控车床上实际操作加工出来，并对加工后的零件进行检测、评价。

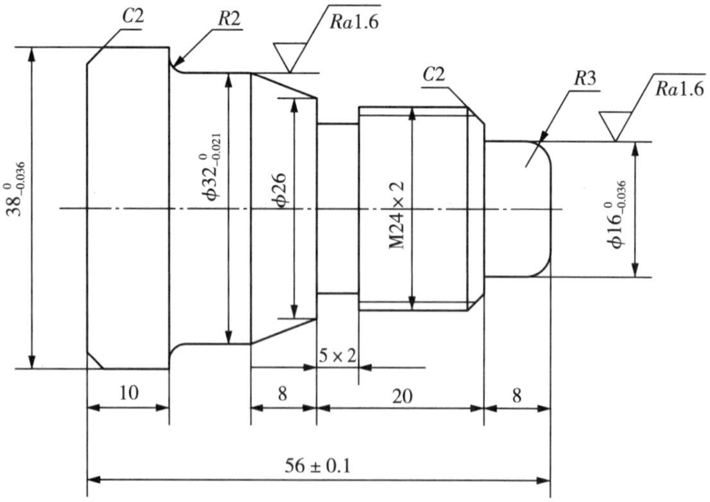

图 3-45　练习件（一）

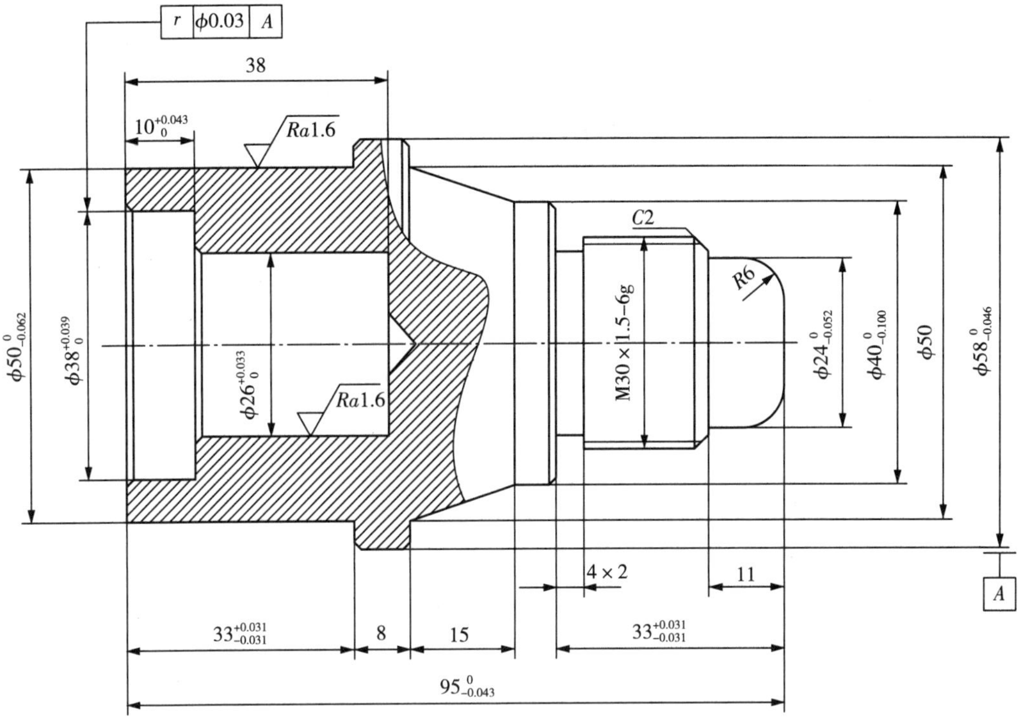

技术要求：

1. 未注直线线性公差等级IT10。
2. 未注长度尺寸允许偏差 ± 0.15 mm。
3. 未注倒角*C*1。

图 3-46　练习件（二）

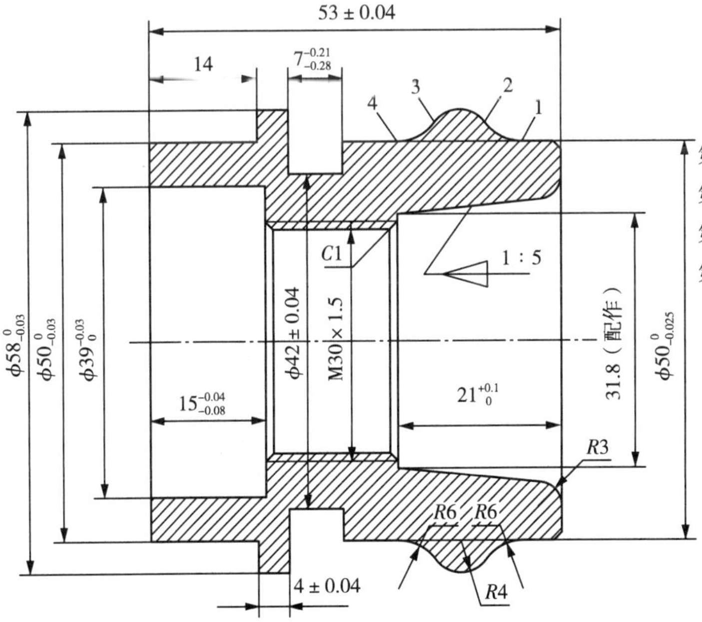

第1个点坐标：*Z*=-5.000，*X*=25.000
第2个点坐标：*Z*=-9.800，*X*=27.400
第3个点坐标：*Z*=16.200，*X*=27.400
第4个点坐标：*Z*=21.000，*X*=25.000

图 3-47　练习件（三）

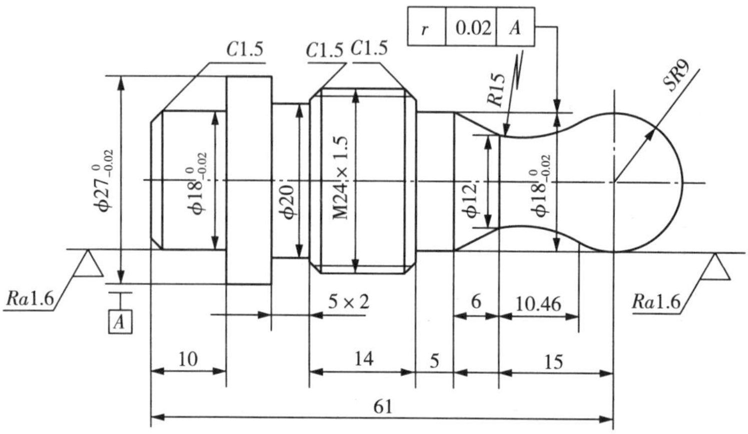

图 3-48 练习件（四）

3.6 拓展阅读

柔肩担重任——巾帼“大匠”董慧

在安徽合力股份有限公司，有一位精通数控技术的工匠——董慧（图 3-49）。她先后获得全国劳模、全国技术能手、全国三八红旗手、全国知识型职工先进个人、全国优秀班组长等荣誉称号，享受国务院政府特殊津贴，荣获第十四届中华技能大奖。带领班组先后获得“全国女职工建功立业班组”“安徽省青年文明号”“安徽省优秀班组”“安徽省模范班组”“安徽省工人先锋号班组”等一系列荣誉。

图 3-49 董慧在操作数控机床

柔肩担重任——
巾帼“大匠”董慧

20 世纪 90 年代，董慧幸运地走进公司技术设备最先进、拥有高精尖数控加工设备的车间，只有技校文化水平的她明白，“要当企业主人，先当技术主人”。为掌握数控软件知识，攻克数控车加工技术，她白天参加公司培训，晚上回家自学，不懂就请教老师，一步一个脚印，董慧不仅把自己练成一名高级技师，还取得中国石油大学本科学历。2008年1月，董慧受到胡锦涛总书记亲切接见，并得到“要好好学习技术，多带徒弟”的勉励。2016年，董慧被公司评为“金牌员工”。2017年，董慧当选安徽省机械冶金工会兼职副主席。

董慧出身于农村，工作之前从未接触过电脑，进厂以后，从零开始，学习数控指令和编程知识。下班后的董慧不串门、不逛街，一心窝在宿舍里背诵数控指令，再把一个个指令代码编写成程序段，反复验证、实践。周围的同事畅谈职业规划时，大部分都是想着怎样早点离开生产一线，换个轻松点的工作，而董慧的职业理想是“学会操作数控车床”。在一线摸爬滚打多年，董慧最终从一名数控机床的“门外汉”成长为技术大师，每当公司购置高精设备、配备新的数控系统，她都将自己重新“归零”，一步一个脚印地从头学起。酷暑时节，租来的房子里没有空调，又闷又热，看书的时候，她就把一条毛巾搭在脖子上降温。面对新技术、新挑战，董慧身上有股不服输的韧劲，28年来，从简易机床到自动化机床，再到智能化设备，董慧始终保持着钻研新技术的一股韧劲，毫无退缩。她苦学编制程序和设备调整，有时为解决一个难点，干到凌晨一两点钟，问题解决不了，觉也睡不着。靠着“吃苦耐劳”的劲头和数十年如一日的潜心钻研，董慧成为安徽合力当之无愧的数控技术专家。

董慧所在班组加工的产品是叉车变速箱重要零部件，生产量大，质量要求很高。她凭着多年的加工经验和顽强的拼搏精神，不断改进加工方法，提高产品质量。针对滑动螺栓每班次加工20多件、生产效率低的问题，她大胆提出改用数控成型刀具，主轴转速由原来500 r/min提高到1500 r/min，实现每班次加工100多件，效率提高了4倍。2017年，公司推进智能制造项目，作为数控车自动化项目的主要负责人，她带领年轻员工攻克一个又一个难题，使智能制造线提前投入生产，不仅突破了生产瓶颈，还极大提升了产品质量。

她积极投身QC攻关，解决了许多生产中的技术难题。作为QC小组组长，她集思广益，组织小组成员共同设计活动课题和活动计划。近年来多项攻关活动荣获了公司QC攻关成果奖。在2015年公司一等奖QC成果“1～3吨轮毂粗车效率提升”攻关中，她发现零件毛坯余量较大，导致轮毂粗加工效率低，经过反复验证，最终设计出一套新毛坯尺寸方案，效率提高了25%，3年来取得经济效益近500万元。在2016年公司一等奖QC成果“1.8T整体差速器试制加工技术”攻关中，针对公司研发的新产品，引入七轴五联动车铣复合加工中心，此设备是公司首台车铣复合，调试加工的又是新产品，难度高，加工型腔需要通过三维模拟，结合手工编程与自动编程为一体方能实现加工，加工时遇到形位公差不符合图纸0.02 mm要求，她大胆革新提出改进模具的定位方式，重新设计制作一套模具，再一次攻克难关，最终顺利完成新品试制。近年来通过一系列QC活动的开展，共取得1200多万元的经济效益。她还利用业余时间制作QC培训教材，编制了400多份标准作业指导书。

董慧说话总是低声细语，眉眼带笑，非常具有亲和力。然而，当她身着工装出现在生产车间、培训课堂，整个人又变得干练沉稳，写起程序时更是专注严谨，心无旁骛，和声细语似长姐，循循善诱是严师。2006年，董慧带着徒弟熊丽参加全国第二届数控技能大赛。“竞赛大纲里增加了宏程序知识点，大家都不会，训练时只能用圆弧代替椭圆，只有董慧一个人突击钻研出来了。”熊丽说，“师傅学会了宏程序，一点也不藏私，把公司参赛团队的人全都教会了。”这次比赛，包括熊丽在内，公司 6 名参赛选手全都获了奖。操作工储继龙说，“我刚参加工作时只有 18 岁，每天只想着把活干完就好，从没想过要做职业规划。”当时担任班长的董慧找他谈话，勉励他好好干，树立远大的职业目标，“数控技术发展快，公司会不断地引进新技术、上马新设备，一线操作工紧跟技术进步的要求，才能更好地实现自身价值。”就这样，储继龙跟着董慧学起了数控编程，工作中遇到各种技术问题，也都会向她请教。一段时间后，师傅觉得他有进步了，就鼓励他参加技能竞赛。储继龙说，董慧把自己参加比赛做过的训练试题拿给他做，遇到不懂的就慢慢讲给他听。2017 年，储继龙获得“振兴杯”青年职业技能大赛（安徽赛区）第一名，他还被评为安徽省技术能手、安徽省向上向善好青年，如今自己也当上了师傅。多年来，董慧累计开展中高级培训 1000 多人次，培养技师 10 多名，高级工 50 多名。予人为乐，与己而乐。董慧觉得，带徒弟有辛勤付出也有收获，正是因为有了许多勤学好问的徒弟，才使自己的技能水平得到不断提升。

当代工人不仅要有力量，还要有智慧、有技术、能发明、会创新，以实际行动奏响时代主旋律。时代发展对当代工人提出了更高要求，同时也为他们人生出彩、梦想成真提供了更加广阔的奋斗舞台。多年来，江淮大地各行各业涌现出千千万万像董慧一样爱岗敬业、刻苦钻研、甘于寂寞、乐于奉献的优秀一线职工，他们努力学习新知识，掌握新技能，练就干事创业的过硬本领，用劳动和创造成就美好人生，也为推动安徽省经济社会发展贡献出源源不断的智慧力量。

今天，全社会都在大力弘扬劳动精神、劳模精神、工匠精神。随着国家和安徽省关于推进新时期产业工人队伍建设改革等一系列鼓励性政策的出台，广大工人将越来越受到社会的认可尊重，他们的综合素质将不断提高，发展空间将更加广阔，劳动价值也将会得到更好的体现。（摘自网络）

第4章　数控铣床/加工中心（FANUC系统）编程与操作

4.1　数控铣床/加工中心基本操作

本节以 FANUC 0i－MF Plus 为例进行介绍，FANUC 0i－MF Plus 系统数控铣床控制面板如图 4－1 所示。

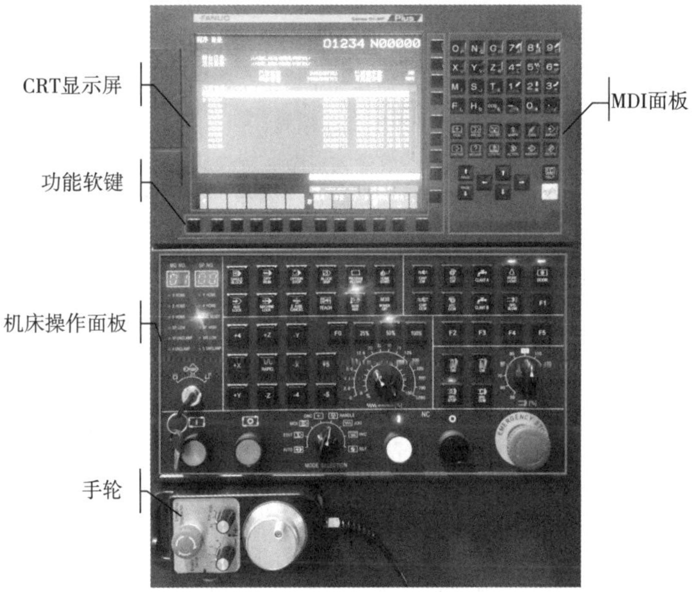

图 4－1　FANUC 0i－MF Plus 系统数控铣床控制面板

数控铣床控制面板介绍

4.1.1　数控铣床控制面板按键和旋钮及其功能

FANUC 0i－MF Plus 数控铣床的控制面板由机床操作面板和系统操作面板（包含 CRT 显示屏、功能软键及 MDI 键盘）组成。

1. 机床操作面板

机床操作面板主要用于控制机床的运动和选择机床运行状态，相关按键和旋纽功能见表 4－1。

表 4－1　FANUC 0i－MF Plus 数控铣床机床操作面板按键和旋钮功能

名　称	功能键图	功　能
机床总电源开关	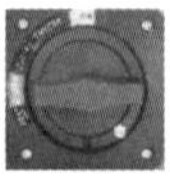	机床总电源开关一般位于机床的侧面。置于“ON”时为主电源开，置于“OFF”时为主电源关
系统电源开关		按下按钮“电源开”，向机床润滑、冷却等机械部分及数控系统供电
紧急停止		当出现紧急情况而按下急停按钮时，在屏幕上出现“EMG”字样，机床报警指示灯亮
机床状态指示灯		用于机床当前相关信号显示
程序保护		当钥匙旋至关闭锁符时，程序被锁定，无法进行程序新建、编辑及删除等操作；当钥匙旋至打开锁符时，程序锁打开，可进行程序新建、编辑及删除等操作
加工控制		按下绿色键，执行程序自动运行，加工启动。 在程序运行过程中按下红色键，停止程序运行，但M、S、T功能有效；按下绿色键，程序继续运行
操作方式选择		AUTO：用于循环加工。 EDIT：用于加工程序编辑。 MDI：用于参数输入或单一程序段输入并立即按下循环启动按键使机床执行相关动作。 DNC：用于程序传输及在线加工。 HANDLE：用于手轮控制机床各进给轴的进给运动。 JOG：用于手动控制机床各进给轴的进给运动。 INC：增量进给（点动），选择增量步长（×1或×10或×100或×1000），每按一次方向按钮所选进给轴向相应方向移动一定距离。 REF：用于建立机床坐标系零点
进给轴控制和速度选择		在JOG模式下，按下指定轴的方向键不松开，即可指定刀具沿指定的方向进行手动连续慢速进给，进给速率可通进给速度倍率旋钮进行调节；按下指定轴的方向键不松开，同时按下中间位置的快速移动按钮（RAPID），即可实现自动快速进给。 在REF模式下，按下指定轴的方向键松开，再按下HOME START，即可进行回零操作
		在手动或自动模式下，调整各进给轴的快速进给运动速度
		在手动或自动模式下，调整各进给轴的进给运动速度

（续表）

名　称	功能键图	功　能
主轴控制		在 HANDLE 或 JOG 模式下，按下 SPD. ORI 键，执行主轴点动。 在 HANDLE 或 JOG 模式下，按下 SPD. CW 键，执行主轴正转。 在 HANDLE 或 JOG 模式下，按下 SPD. CCW 键，执行主轴反转。 在 HANDLE 或 JOG 模式下，按下 SPD. STOP 键，执行主轴停止。 在 HANDLE、JOG 或 AUTO 模式下，旋转该旋钮用于手动控制主轴的旋转速度
扩展区		此区域按键用于机床功能扩展备用
程序控制选择		SINGLE BLOCK（单段运行）：按下该键，可控制程序单段运行。 DIY RUN（空运行）：按下此按键后，在自动运行过程中刀具按参数指定的速度快速运行，该功能主要用于检查刀具的运行轨迹是否正确。 OPTION STOP（选择停止）：按下此按键后，在自动执行的程序中出现 M01 指令时，程序将停止执行。再次按下循环启动按钮后，系统将继续执行 M01 以后的程序。 BLOCK SKIP（跳转）：按下此按键后，程序段前加“/”符号的程序段将被跳过不执行。 PROGRAM RESTART（程序再启动）：按下此按键后，程序将重新启动。 HOME START（回零开始）：按下此按键后，机床所选轴执行回参考点操作。 AUX LOCK（辅助功能锁定）：按下此按键后，M、S、T 指令被锁定。 MACHINE LOCK（机械锁定）：按下此按键后，在自动运行过程中各进给轴移动功能将被限制执行，但不禁止执行 M、T 指令。 Z AXIS CANCEL（Z 轴锁定）：按下此按键后，在自动运行过程中 Z 轴移动功能将被限制执行。 TEACH（示教功能）：按下此按键后，可在手动进给试切削时编写程序。 MAN ABS（手动绝对值）：程序自动运行时，按下此键，机床各轴移动量进入绝对记忆中，否则不进入绝对记忆中，可能会出现撞机事故。 M30 POWER OFF（执行 M30 后关机）：按下此按键后，在自动执行的程序中遇到 M30 指令时，机床将会在设定时间内自动关机

（续表）

名　称	功能键图	功　能
辅助功能选择		CHIP CW（排屑机正转）：按下此按键后，排屑螺杆开始顺时针转动。 CHIP CCW（排屑机正转）：按下此按键后，排屑螺杆开始逆时针转动。 ATC CW（刀库正转）：按下此按键后，刀库开始顺时针转动，数控加工中心具备。 ATC CCW（刀库反转）：按下此按键后，刀库开始逆时针转动，数控加工中心具备。 CLANT A（切削液 A）：按下此按键后，打开切削液 A。 CLANT B（切削液 B）：按下此按键后，打开切削液 B。 WORK LIGHT（工作灯）：按下此按键后，打开机床照明灯。 SPD. BLOW（主轴吹气）：主轴启动后，该按键自动点亮，按下后可关闭主轴吹气。 DOOR（门）：程序运行结束后，切换至 JOG 模式下，按下此按键后，可打开机床防护门。 F1：扩展功能键
“HANDLE” 操作方向、 进给轴和速度选择		紧急停止旋钮，功能同机床操作面板上紧急停至旋钮。 轴选择旋钮，“HANDLE”模式下，通过该旋钮选择切换进给轴。 进给速率旋钮，“HANDLE”模式下，通过该旋钮选择切换进给速率。 手摇脉冲发生器，“HANDLE”模式下，该摇柄顺时针摇，所选进给轴正向进给；逆时针摇，所选进给轴负向进给

2. 系统操作面板

系统操作面板由 CRT 显示屏、功能软键及 MDI 键盘三部分组成。

(1) CRT 显示屏　用于显示机床的各种参数和功能，如显示机床坐标、刀具移动坐标、输入的数控程序指令、刀具补偿数值、刀具运动轨迹图形、报警信号、主轴转速、刀架移动速度等信息。

(2) 功能软键　CRT 显示屏下方和右方分别有一行和一列软键，其功能与 CRT 显示屏当前显示页面底部和右部内嵌功能条一一对应，按下相应软键，将执行内嵌功能条对应功能。最左边和最顶边的带左向箭头和上箭头的软键按钮是“菜单返回”按键，用于返回上一屏幕软键，最右边和最下边的带右向箭头和下箭头的软键按钮是“扩展软键”按键，用于显示本屏未显示完的内嵌功能条功能。

（3）MDI键盘　主要用来输入数控指令及设置相关参数，MDI键盘输入是数控系统最主要的输入方式。其按键功能见2.1.1节中表2-2“MDI按键功能”。

4.1.2 数控铣床操作流程

1. 开机操作

开机具体流程如图4-2所示。

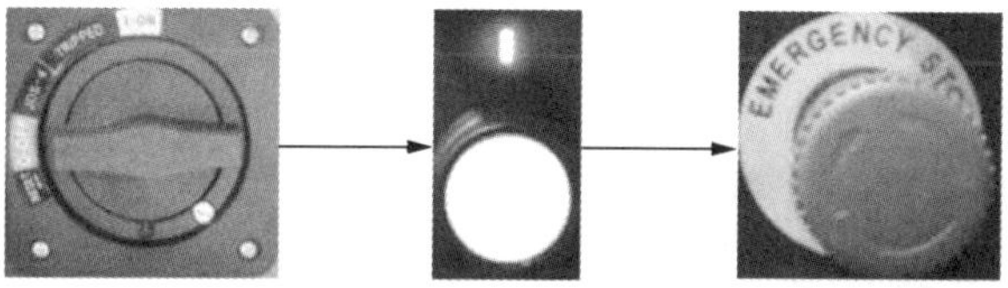

图4-2　FANUC 0i-MF Plus系统数控铣床开机操作流程

数控铣床的基本操作

① 检查机床外观是否损坏。

② 打开电气柜机床电源开关。

③ 按下机床操作面板中“系统起动”按钮。

④ 待显示屏完全点亮后，旋开“紧急停止”按钮。

2. 回零操作

机床回零操作如图4-3所示。

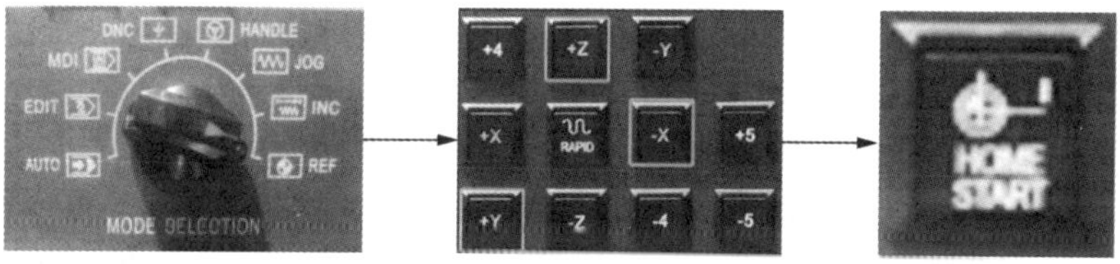

图4-3　FANUC 0i-MF Plus系统数控铣床回零操作流程

① 将机床操作面板中操作方式选择旋钮旋至“REF”挡。

② 依次按下机床操作面板中“+Z”“+Y”“-X”轴方向选择按钮。

③ 最后按下机床操作面板中“HOME START”按钮，机床开始自动移动，至机床坐标零点位置后停止。

3. JOG手动进给操作

机床JOG手动操作如图4-4所示。

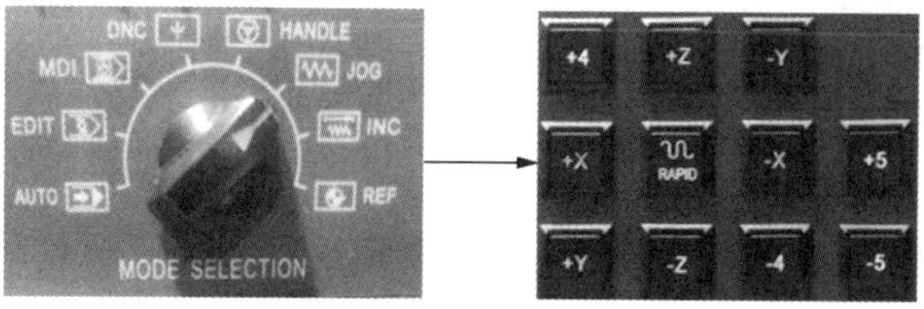

图4-4　FANUC 0i-MF Plus系统数控铣床JOG手动操作流程

① 将机床操作面板中操作方式选择旋钮旋至“JOG”挡。

② 按下机床操作面板中“＋Z”或“－Z”轴方向选择按钮，主轴分别向上移动和向下移动。

③ 按下机床操作面板中“＋Y”或“－Y”轴方向选择按钮，工作台分别向前移动和向后移动。

④ 按下机床操作面板中“＋X”或“－X”轴方向选择按钮，工作台分别向左移动和向右移动。

4. 手摇进给操作

机床手摇进给操作如图 4－5 所示。

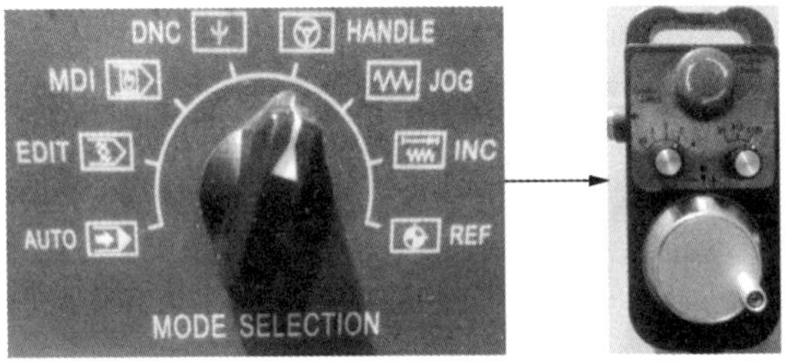

图 4－5　FANUC 0i－MF Plus 系统数控铣床手摇操作流程

① 将机床操作面板中操作方式选择旋钮旋至“HANDLE”挡。

② 通过手轮上“轴选择旋钮”选择需要控制的轴。

③ 通过手轮上“倍率选择旋钮”选择进给移动速度。

④ 按下手轮左侧绿色按钮，并旋转手轮（又称手摇脉冲发生器），所选择的进给轴按选择的倍率向相应的方向移动。

5. 程序的新建、调用与删除操作

（1）程序的新建　将机床操作面板中操作方式选择旋钮旋至“EDIT”挡→按 MDI 面板中功能键“PORG”→输入程序名（如 O0001）→按“INSERT”按钮，即完成新程序的建立，如图 4－6 所示。新建程序时，程序号应为机床内存中没有的新程序号，否则无法新建。

数控铣床程序编辑

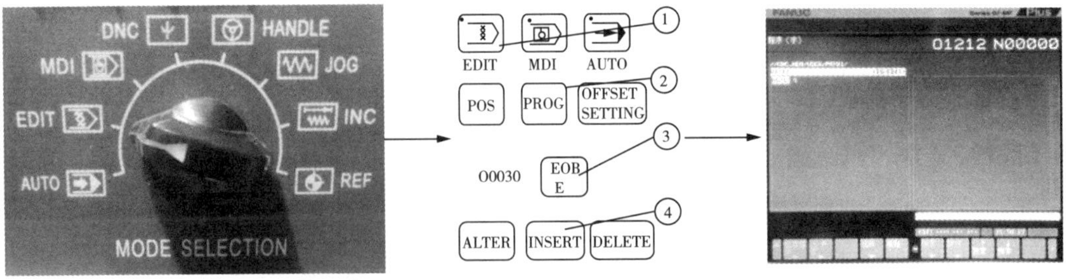

图 4－6　FANUC 0i－MF Plus 系统数控铣床程序创建操作流程与画面

（2）程序的调用　将机床操作面板中操作方式选择旋钮旋至“EDIT”挡→按 MDI 面板中功能键“PORG”→输入程序名（如 O0001）→按屏幕下方“检索程序”软键，

即完成程序的调用。

（3）程序的删除　将机床操作面板中操作方式选择旋钮旋至“EDIT”挡→按 MDI 面板中功能键“PORG”→输入程序名（如 O0001）→按“DELETE”功能键→按屏幕下方“执行”软键，即完成程序的删除。

6. 程序输入与编辑

将机床操作面板中操作方式选择旋钮旋至“EDIT”挡→按 MDI 面板中功能键“PORG”→依次输入程序名 O＊＊＊＊→程序主体内容→程序结束语 M30。如有输入错误，可通过图 4-7 所示 MDI 面板中功能键“CAN”“ALTER”“DELETE”等来进行撤销、替换和删除等操作。

图 4-7　FANUC 0i-MF Plus 系统数控铣床 MDI 面板

7. 工件装夹

在加工零件时需根据图纸的要求选择合适的毛坯，并进行装夹，数控车床通常采用机用平口钳、压板、分度头等进行装夹。

8. 工件找正与对刀

数控铣床对刀方法有试切法（即采用刀具试切工件表面来确定工件坐标原点）、辅助法（即借助专用工具，如塞尺、寻边器、标准棒、对刀块、Z 向设定仪等）及自动测量法（即通过相关程序控制辅助测量仪自动设定工件坐标原点）等。下面将针对试切法作操作步骤详解：

数控铣床工件坐标系建立

① 将机床操作面板中操作方式选择旋钮旋至“MDI”挡→按 MDI 面板中功能键“PORG”，进入编程界面，输入“S300 M03;”，按下机床控制面板上程序启动键使主轴旋转。

② 按下 MDI 面板上“POS”键，切换至相对坐标系界面。然后将将机床操作面板

中操作方式选择旋钮旋至“HANDLE”挡。

③ 先对 X 轴，摇动手轮，移动 X 轴，使刀具快速靠近毛坯左侧，逐渐缩小进给倍率，使刀具与毛坯微量接触，按下控制面板上的 X、归零，将相对坐标系中 X 轴数值归零。摇动手轮，抬升 Z 轴，Y 轴保持不动，摇动手轮，移动 X 轴，使刀具快速靠近毛坯右侧，逐渐缩小进给倍率，使刀具与毛坯微量接触，摇动手轮，抬升 Z 轴，Y 轴保持不动，摇动手轮，移动 X 轴，使刀具移动至当前相对坐标系中 X 轴数值一半位置，保持 X 轴不动；然后对 Y 轴，具体操作方法与对 X 轴相似；最后对 Z 轴，摇动手轮，移动 Z 轴，逐渐缩小进给倍率，使刀具与毛坯微量接触，保持刀具在当前位置不动。

④ 按下 MDI 面板上的“OFSSET”键、工件坐标系键，切换至工件坐标系界面，按上下箭头，将黄色光标移动至 G54 坐标系中任何一个轴上，输入 X0，按测量；输入 Y0，按测量；输入 Z0，按测量。系统将自动把当前的机械坐标系的数值输入到 G54 坐标系中。

⑤ 按下 MDI 面板上的“POS”键，摇动手轮，抬升 Z 轴至安全位置，按下控制面板上的 RESET 键，使主轴停转。至此，对刀结束，工件坐标系建立完成。

9. 程序校验与图形模拟

完成对刀后，需要对已编制的加工程序进行校验，可采用机床提供的图形模拟功能进行查验。

数控铣床程序校验与加工

① 按 MDI 面板中功能键“CSTM/GR”。

② 按 CRT 显示屏下方功能软键菜单中“路径执行”软键，切换至“刀具路径图”页面。

③ 按 CRT 显示屏下方功能软键菜单中“操作”软键，切换功能软键菜单。

④ 按功能软键菜单“程序选择”软键，切换至“程序目录”页面。

⑤ 按 MDI 面板中上下箭头，将黄色光标移至需要模拟的程序名上，再按 CRT 显示屏下方功能软键菜单中“绘图选择”软键，再次切换至“刀具路径图”页面。

⑥ 按功能软键菜单“开始”软键，观看刀具路径图。

10. 工件加工

当程序输入和对刀完成后，就可以进行机床的加工环节，如图 4－8 所示。

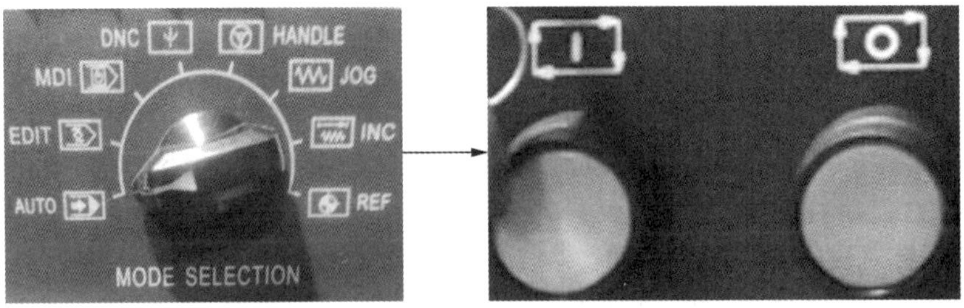

图 4－8　FANUC 0i－MF Plus 系统数控铣床自动加工操作流程

① 调出需要执行的程序。

② 将机床操作面板中操作方式选择旋钮旋至“AUTO”挡。

③ 按机床操作面板中循环功能区中的“循环启动（绿色）”按钮，启动循环加工。

④ 加工过程中根据零件精度要求适当调整主轴转速和各进给轴进给速度，可通过机床操作面板上主轴转速倍率旋钮和进给速度倍率旋钮调整。

11. 机床维护保养

清扫加工产生的切屑，使用干净的无纺布或棉布擦净机床导轨，并加注润滑油。

12. 关机操作

关机具体流程如图 4 - 9 所示。

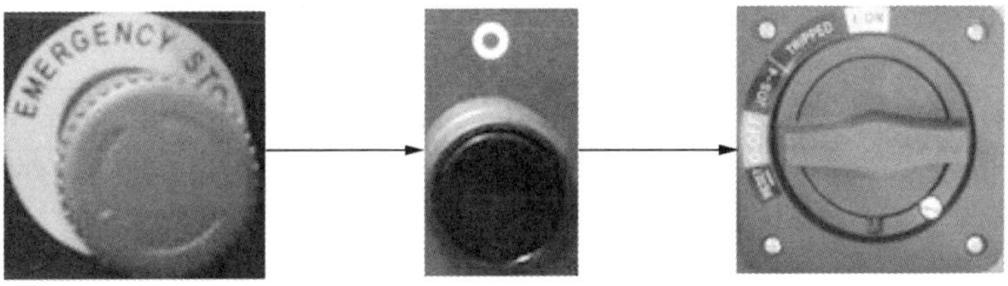

图 4 - 9　FANUC 0i - MF Plus 系统数控铣床关机操作流程

① 机床主轴处于停转的状态。

② 刀架移动至机床的最左端。

③ 先按下“急停按钮”，然后按下“系统停止”按钮，机床设备处于关闭模式。

④ 关闭电气柜机床电源开关。

4.2　数控铣床/加工中心编程基础

4.2.1　准备功能

FANUC 0i - MF Plus 系统部分 G 代码功能见表 4 - 2。

表 4 - 2　FANUC 0i - MF Plus 部分准备功能 G 代码

代码	分组	功能
G00	01	定位（快速进给）
G01		直线插补（切削进给）
G02		顺时针圆弧插补或顺时针螺旋插补
G03		逆时针圆弧插补或逆时针螺旋插补
G04	00	暂停
G09		准确停止
G10		可编程数据输入
G11		可编程数据输入取消
G15	17	极坐标指令取消
G16		极坐标指令

（续表）

代码	分组	功能
G17	02	*XY* 平面选择
G18		*XZ* 平面选择
G19		*YZ* 平面选择
G20	06	英制数据输入
G21		米制数据输入
G27	00	参考点返回检查
G28		自动返回参考点
G29		从参考点移动
G30		第 2、第 3、第 4 参考点返回
G31		跳转功能
G33	01	螺纹切削
G40	07	刀具半径补偿或刀尖半径补偿取消
G41		刀具半径左补偿或刀尖半径左补偿
G42		刀具半径右补偿或刀尖半径右补偿
G43	08	刀具长度正补偿
G44		刀具长度负补偿
G49		刀具长度补偿取消
G50	11	比例缩放取消
G51		比例缩放
G50.1	22	可编程镜像取消
G51.1		可编程镜像
G52	00	局部坐标系设定
G53		机械坐标系选择
G54	14	工件坐标系 1 选择
G55		工件坐标系 2 选择
G56		工件坐标系 3 选择
G57		工件坐标系 4 选择
G58		工件坐标系 5 选择
G59		工件坐标系 6 选择
G61	15	准确停止模式
G62		自动拐角倍率
G63		攻丝模式
G64		切削模式

（续表）

代码	分组	功能
G65	00	宏程序调用
G68	16	坐标系旋转
G69		坐标系旋转取消
G73	09	高速啄钻深孔循环
G74		左旋攻丝循环
G76		精镗循环
G80		固定循环取消
G81		钻浅孔循环
G82		钻孔循环
G83		钻深孔循环
G84		右旋攻丝循环
G85		镗孔循环
G86		镗孔循环
G87		回程镗孔循环
G88		镗孔循环
G89		镗孔循环
G90	03	绝对坐标编程
G91		相对坐标编程
G92	00	工件坐标设定
G94	05	每分钟进给
G95		每转进给
G96	13	周速恒定控制
G97		周速恒定控制取消
G98	10	返回固定循环初始平面
G99		返回固定循环 *R* 点平面

1. 模态与非模态

数控铣床准备功能同样分模态和非模态有两大类。表 4－2 中 00 组代码为非模态，其他组均为模态代码。

2. 绝对值编程与相对值编程

（1）G90 绝对值编程

在坐标系中，所有基点、节点的坐标，都是以某一固定点为坐标原点给出的，即以固定的坐标原点为起点，计算各点的坐标值，这样的坐标系称为绝对坐标系。

利用绝对坐标系确定刀具（或工件）的运动轨迹坐标值的编程方法，称为绝对值编程（G90）。绝对坐标值与刀具（或工件）的运动方向无关，它是由运动轨迹终点在坐标系中的位置决定的。绝对坐标编程在程序段中用 G90 指令来设定，该指令表示后续程序中的所有编程尺寸，都是按绝对坐标值给定的。

（2）G91 相对值编程

在坐标系中，刀具（或工件）的运动轨迹坐标值是以前一个位置为零点计算的，这样的坐标系称为相对坐标系，又称为增量坐标系。

利用相对坐标系确定刀具（或工件）的运动轨迹坐标值的编程方法，称为增量坐标编程（G91）。增量坐标值与刀具（或工件）的运动方向有关，当刀具运动方向与机床坐标系正方向相同时为正，反之为负。增量坐标编程在程序段中用 G91 指令来设定，该指令表示后续程序中的所有编程尺寸，都是按增量坐标值给定的。

如图 4－10 所示，图中从 A 点到 B 点的移动，用绝对值指令 G90 编程和相对值指令 G91 编程的情况如下：

```
G90 G01 X40.0 Y70.0 F200;
G91 G01 X-60.0 Y40.0 F200;
```

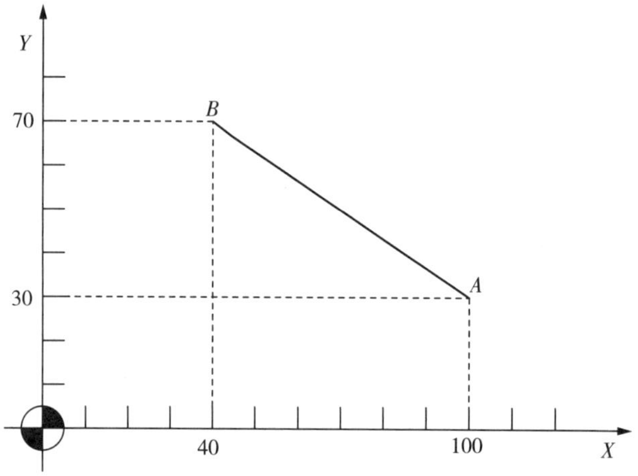

图 4－10　G90 和 G91 编程

选择合适的编程方式将使编程简化。多数情况图纸尺寸由一个固定基准给定的，采用绝对值方式编程较为方便，而当图纸尺寸是以轮廓顶点之间的间距给出时，采用相对方式编程较为方便。

3. 米制数据输入与英制数据输入

与数控车床一样，数控铣床的程序输入有米制数据输入和英制数据输入两种。我国的零件一般采用米制标注，所以我国数控铣床出厂时，机床各项参数均默认设置为米制单位。若要采用英制数据输入，在程序起始行输入 G20 指令即可切换。

4.2.2　辅助功能

FANUC 0i－MF Plus 系统常用辅助功能 M 代码，见表 4－3。

表 4－3　FANUC 0i－MF Plus 常用辅助功能 M 代码

代 码	功能	说明
M00	程序暂停	当执行 M00 程序段后，机床所有动作均被切断，现存模态信息保持不变，重按循环启动按钮，继续执行后续程序段。 用于加工中测量刀具和工件的尺寸、工件调头、手动变速等固定手工操作
M01	程序任选停止	功能与 M00 类似，但必须在机床“任选停止”按钮接通时才有效。 用于首件检测及工件关键尺寸抽检
M02	程序结束	表示加工程序全部结束，切断机床所有动作，并使系统复位。再按“循环启动”按钮，程序重新开始执行
M03	主轴正转	
M04	主轴反转	
M05	主轴停止	
M06	自动换刀	
M08	切削液开	
M09	切削液关	
M19	主轴准停	
M29	弹性攻丝	
M30	程序结束返回程序头	切断机床所有动作，系统复位，并使控制返回零件程序头，且重新执行
M98	调用子程序	将主程序转至子程序
M99	子程序结束	使子程序返回到主程序

4.2.3　其他功能

1. S 功能

S 功能是设定主轴转速的指令，格式为 S ____，单位为 r/min，利用 S 后续数值，可以控制主轴回转速度。

2. F 功能

F 功能是指定进给速度的指令，其为模态指令。数控车床加工中，有以下三种指定形式：

（1）每分钟进给量

格式：G94 F ____；

说明：G94 是每分钟进给量 G 代码，F 是每分钟刀具进给量，单位为 mm/min。

（2）每转进给量

格式：G95 F ____；

说明：G95 是每转进给量 G 代码，F 是每转刀具进给量，单位为 r/min。

(3) 攻丝切削进给速度（也叫作导程）

格式：G74/G84 F ____；

说明：G74/G84 是攻丝循环 G 代码，F 是指定螺纹导程，单位为 mm/r。

3. T 功能

T 功能是加工中心中指定选用刀具的功能，用 T 代码连接两位数字表示，如 T01 表示选用 1 号刀具。

4. 刀具补偿功能代码

数控铣和加工中心中刀具补偿分为半径补偿和长度补偿两种，分别用字符 D 和 H 连接两到三位数字表示，如 D01 和 H01，目前 FANUC 系统刀具补偿寄存器从 00～400 可选。

4.2.4 编程术语

数控铣床编程时，通常会涉及起始平面、进刀平面、退刀平面、安全平面和返回平面，如图 4-11 所示。

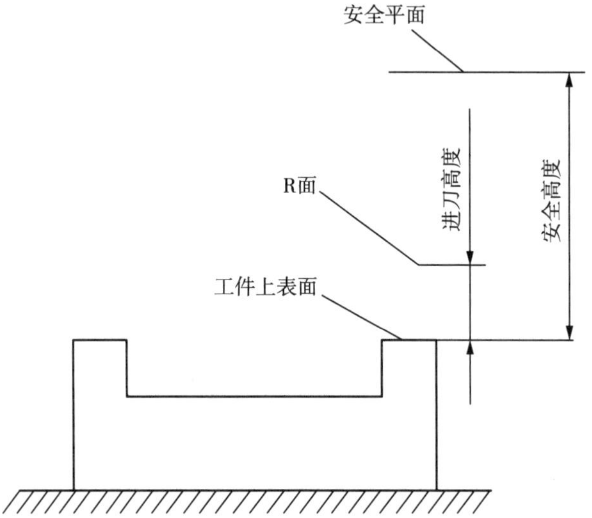

图 4-11 编程术语示意图

(1) 起始平面 是程序开始时刀具的初始位置所在的平面。起刀点是加工零件时刀具相对于零件运动的起点，数控程序是从这一点开始执行的。起刀点必须设置在远离工件的高度位置，该位置一般称为起始平面或起始高度，通常选距工件上表面 50 mm左右位置。起刀点太高会降低生产效率，太低又不便于操作人员观察工件。起始平面一般高于安全平面。

(2) 进刀平面 刀具以快速移动下刀至要切削到材料时变成以进刀速度下刀，以免撞刀，此速度转折点的位置即为进刀平面，也称为 R 面，其高度为进刀高度，也称接近高度，一般距加工平面 5 mm 左右，如图 4-11 所示。

(3) 退刀平面 零件或加工零件的某区域加工结束后，刀具以切削进给速度离开工件表面一段距离后转为高速返回平面，此转折位置即为退刀平面，其高度为退刀高度。

（4）安全平面　是指刀具在完成工件的一个区域加工后，刀具沿其轴向反向运动一段距离，此时刀尖所处的平面，其对应的高度称为安全高度。它一般被定义为高出被加工零件的最高点 10 mm 左右，刀具处于安全平面时，可以以 G00 速度进行移动。设置安全平面既能防止刀具碰伤工件，又能使非切削加工时间控制在一定的范围内。

（5）返回平面　指程序结束后，刀尖点（不是刀具中心）所在的 Z 平面，它在被加工零件表面最高点 100 mm 左右的位置上，一般与起始高度重合或高于起始高度，以便在工件加工完毕后观察和测量，同时在机床移动时能避免工件和刀具发生碰撞，刀具在返回平面上以高速移动。

4.2.5　坐标系设定

1. 坐标平面选择

坐标平面选择指令用于圆弧插补、刀具补偿、坐标选择及钻孔平面的选择。如图 4-12 所示，G17 选择 XOY 平面，G18 选择 XOZ 平面，G19 选择 YOZ 平面。该组指令为模态指令，在数控铣床上，数控系统初始状态一般默认为 G17 状态，程序中可省略不写，若要使用其他平面需在程序中指定相应坐标平面选择指令。需要注意的是，移动指令与平面选择无关，如执行指令“G17 G01　Z10.0”时，Z 轴照样会移动。

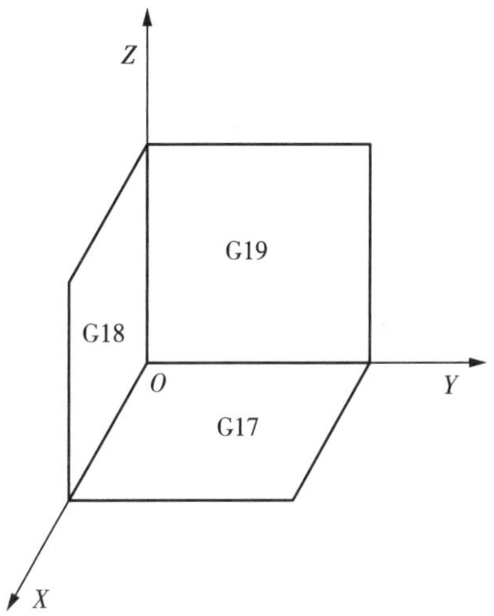

图 4-12　数控铣床坐标平面

2. 工件坐标系设定

FANUC 系统数控铣床既可通过工件坐标系选择代码 G54～G59 来设定，也可以通过工件坐标系设定代码 G92 设定。

（1）G54～G59 设定工件坐标系

G54～G59 指令通过工件坐标原点在机床坐标系中的坐标值来建立工件坐标系，如图 4-13 所示。

图 4-13 中的 a，b，c 值一般通过对刀操作获得，并通过 MDI 面板输入机床偏置存储器 G54～G59 中，G54～G59 是系统预定的 6 个工件坐标系，可根据需要任意选用，从而将坐标系原点偏置至工件坐标系原点。

通过这种方法设定的工件坐标系，工件坐标系原点在机床坐标系中的位置是不变的，它与刀具的当前位置无关，除非更改，在系统断电后并不破坏，再次开机后回参考点后仍有效。

若在工作台上同时加工多个相同的零件或不同零件，它们都有各自的尺寸基准，在编程过程中，有时为了避免尺寸换算，可以建立多个工件坐标系，其坐标原点设在便于编程的某一固定点上，当加工某个零件时，只需选择相应的工件坐标系编制加工程序。

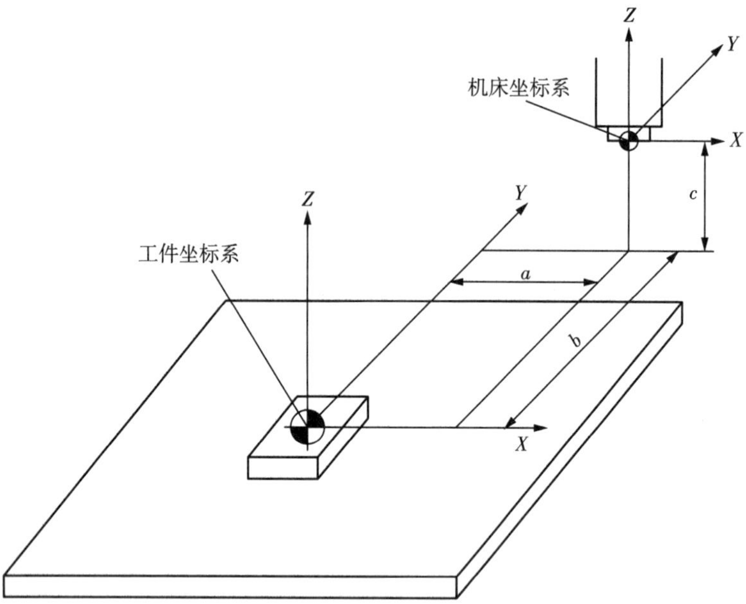

图 4-13　工件坐标系与机床坐标系相对关系

（2）G92 设定工件坐标系

功能：G92 指令用于设定起刀点与工件坐标系原点的相对距离来建立工件坐标系。

格式：G92 X ____ Y ____ Z ____；

例如，要建立如图 4-14 所示工件的坐标系，使用 G92 设定坐标系的程序为 G92 X50.0 Y50.0 Z30.0。

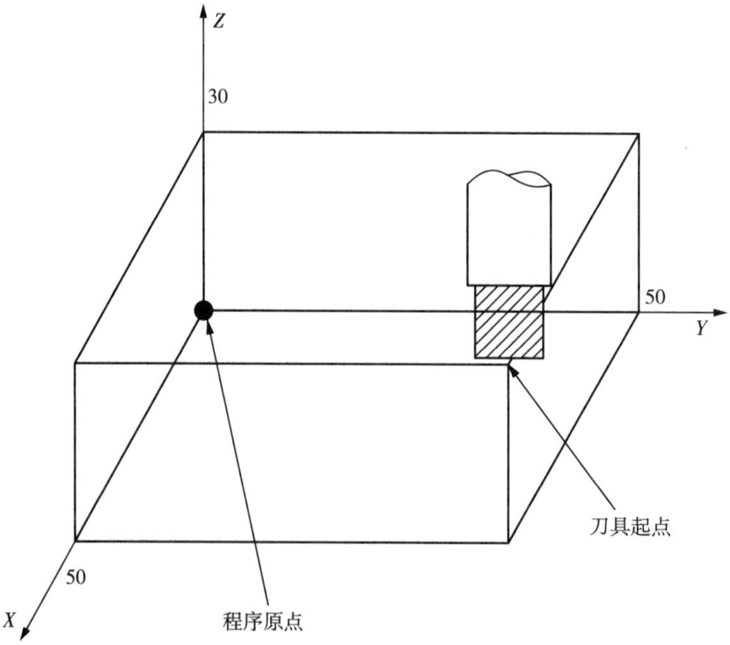

图 4-14　G92 设定工件坐标系

G92指令一般放在加工程序的第一段。通过G92建立的工件坐标系与刀具的当前位置有关，实际上由刀具的当前位置及G92指令后的坐标值反推得出，是不稳定坐标系。在成批量生产中，为避免刀具位置误差影响加工坐标系位置精度，通常不采用G92建立工件坐标系，而是使用一些稳定的坐标系，如G54～G59工件坐标系。

值得注意的是，执行G92指令时，机床不动作，即 X，Y，Z 轴均不移动，但CRT显示屏上的坐标值发生了变化。G92坐标系通常用于临时工件加工时的找正，不具有记忆功能，当机床关机后，设定的坐标系即消失。通常运行在程序开始处或自动运行程序之前MDI方式下指令G92，因操作使用不便，新的系统大多不采用G92指令设定工件坐标系。

(3) G52设定局部坐标系

G52指令能在所有的工件坐标系（G92，G54～G59）内形成子坐标系，即局部坐标系。G52指令之后的程序段中，指令值就是在该局部坐标系中的坐标值。设定局部坐标系后，工件坐标系和机床坐标系保持不变。G52指令为非模态指令，在缩放及旋转功能下不能使用G52指令，但在G52下能进行缩放及坐标系旋转。

格式：G52 X____ Y____ Z____；

说明：X、Y、Z是局部坐标系原点在当前工件坐标系中的坐标值。

要取消局部坐标系设定，运行G52 X0 Y0 Z0即可。

4.3　基础插补指令

基础指令包括快速定位G00、直线插补G01、圆弧插补G02/G03及螺纹切削G33。

1. G00快速定位

(1) 功能

G00指令是使刀具以机床厂家设定的最快速度，按点位控制方式从刀具当前点快速移动至目标点。一般用于加工前的快速定位或加工后的快速退刀。

(2) 指令格式

G00 X____ Y____ Z____；

其中：

X____ Y____ Z____，在G90方式下，表示目标点在工件坐标系中的坐标；在G91方式下，表示目标点相对于起始点的位移量。

注意：

① 进给速度F对G00指令无效，其移动的速度由系统内部参数确定。对于快速进给速度的调整，可用机床操作面板上快速倍率选择键来调节，通常快速进给速率修调分为F0，25%，50%，100%；F0对应的速度是系统默认最大速度值的10%，各轴通用。

② 在执行G00指令时，例如G90 G00 X160.0 Y110. 0，由于各轴以各自速度移动，不能保证各轴同时到达终点，因而联动直线轴的合成轨迹不一定是直线，如图4-15所示。所以编程时需要格外注意，以免刀具与工件发生碰撞。常见的做法是将 Z 轴移动到安全高度，再放心地执行G00指令。

2. G01 直线插补

(1) 功能

G01 指令是使刀具以 F 指定的进给速度从当前点直线或斜线移动到目标点，既可使刀具沿 *X* 轴方向或 *Z* 轴方向做直线运动，也可以两轴联动方式在 *XZ* 平面内做任意斜率的直线运动。

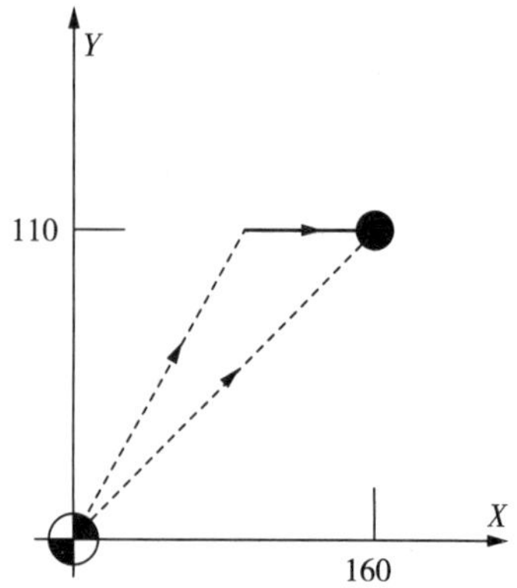

图 4-15　快速点定位刀具轨迹

(2) 指令格式

G01 X____ Y____ Z____ F____;

其中：

X____ Y____ Z____，在 G90 方式下，表示目标点在工件坐标系中的坐标；在 G91 方式下，表示目标点相对于起始点的位移量。

F____，表示刀具的进给速度（进给量），直到新的 F 值被指定之前一直有效，因此无须对每个程序段都指定 F。单位为 mm/min。

(3) 实例

【实例 4-1】　如图 4-16 所示，刀具从 *A* 点开始沿直线移动到 *B* 点，可分别用绝对方式 G90 和相对方式 G91 编程。

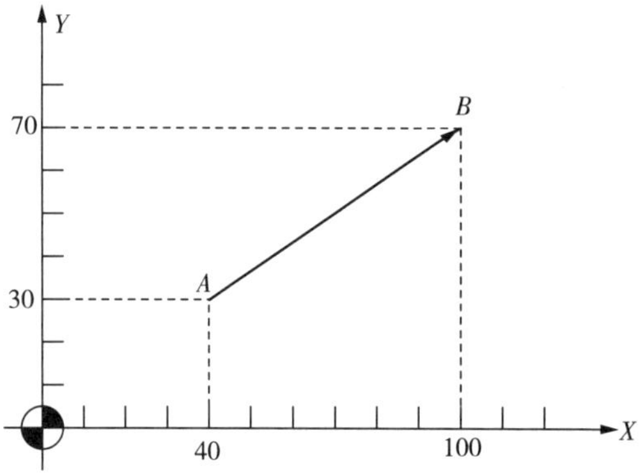

图 4-16　直线插补

绝对编程：G90 G01 X100.0 Y70.0 F200;

相对编程：G91 G01 X60.0 Y40.0 F200;

【实例 4-2】　用ϕ 6 键槽铣刀加工如图 4-17 所示零件，图中点画线为刀具轨迹，切削深度为 2 mm，试采用 G00，G01 指令编写加工程序。

```
O4001;
S300 M03;
G90 G54 G00 Z50.0;
G00 X10.0 Y10.0;
G00 Z3.0;
G01 Z-2.0 F100;
G01 X20.0 Y40.0 F300;
```

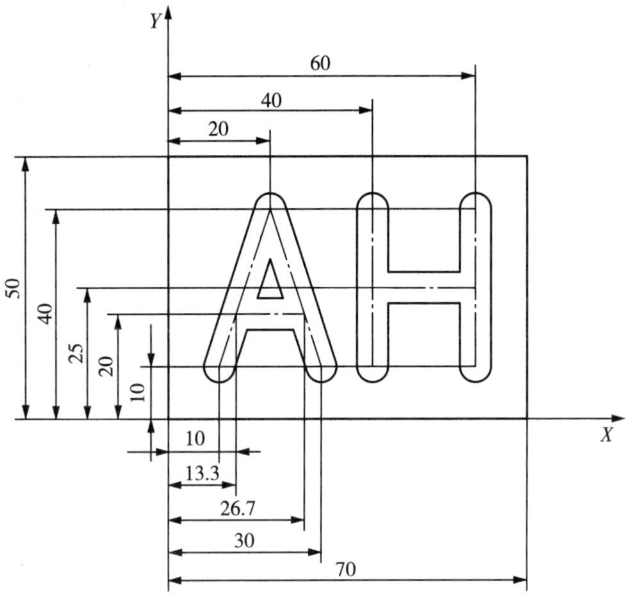

图 4－17　G00，G01 指令编程实例

```
G01 X30.0 Y10.0;
G00 Z3.0;
G00 X26.7 Y20.0;
G01 Z－2.0 F100;
G01 X13.3 F300;
G00 Z3.0;
G00 X40.0 Y10.0;
G01 Z－2.0 F100;
G01 X40.0 Y40.0 F300;
G00 Z3.0;
G00 X60.0 Y40.0;
G01 Z－2.0 F100;
G01 X60 Y10 F300;
G00 Z3.0;
G00 X60.0 Y25.0;
G01 Z－2.0 F100;
G01 X40.0 Y25.0 F300;
G00 Z100.0;
M05;
M30;
```

3. G02/G03 圆弧插补

(1) 功能

G02/G03 指令用于指定刀具相对于工件在指定的坐标平面（G17，G18，G19）内做圆弧运动，以 F 指令所给定的进给速度，从圆弧起点沿着指定圆弧向圆弧终点进行加工。

圆弧插补顺逆方向判断：沿着不在圆弧平面内的坐标轴正向朝负向看去，顺时针走刀为顺时针圆弧插补 G02，逆时针走刀为逆时针圆弧插补 G03，如图 4－18 所示。

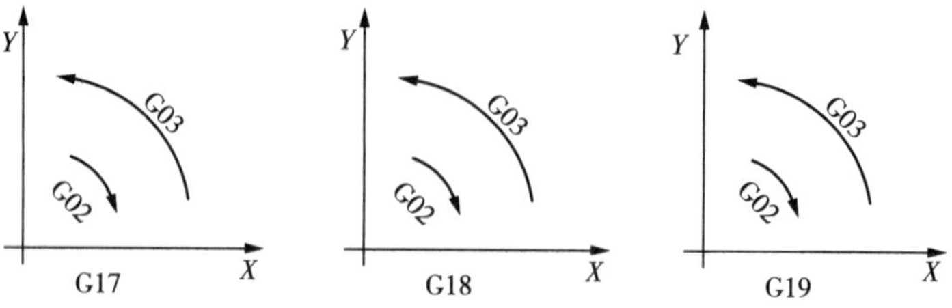

图 4－18　圆弧插补顺逆方向判断

（2）指令格式

① *XOY* 平面圆弧

$$G17\left\{\begin{matrix}G02\\G03\end{matrix}\right\}X\_\_\_\ Y\_\_\_\left\{\begin{matrix}R\_\_\_\\I\_\_\_\ J\_\_\_\end{matrix}\right\}F\_\_\_;$$

② *XOZ* 平面圆弧

$$G18\left\{\begin{matrix}G02\\G03\end{matrix}\right\}Y\_\_\_\ Z\_\_\_\left\{\begin{matrix}R\_\_\_\\J\_\_\_\ K\_\_\_\end{matrix}\right\}F\_\_\_;$$

③ *YOZ* 平面圆弧

$$G19\left\{\begin{matrix}G02\\G03\end{matrix}\right\}X\_\_\_\ Z\_\_\_\left\{\begin{matrix}R\_\_\_\\I\_\_\_\ K\_\_\_\end{matrix}\right\}F\_\_\_;$$

式中：

G17 表示 *XOY* 平面选择；

G18 表示 *YOZ* 平面选择；

G19 表示 *XOZ* 平面选择；

X____ Y____ Z____，在 G90 方式下，表示目标点在工件坐标系中的坐标，在 G91 方式下，表示目标点相对于起始点的位移量；

I____ J____ K____，表示圆弧圆心相对于圆弧起点分别在 *X* 轴、*Y* 轴、*Z* 轴上的增量，如图 4－19 所示；

R____，表示圆弧半径；

F____，表示刀具的进给速度（进给量）。

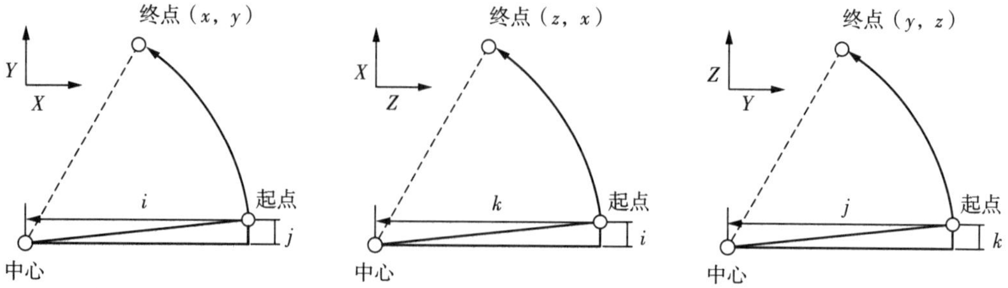

图 4－19　用 I，J，K 指定圆心

注意：

① 对于 R 值，当圆弧所对应的圆心角（α）为 $0° < \alpha \leqslant 180°$ 时（劣弧），R 取正值；为 $180° < \alpha < 360°$ 时（优弧），R 取负值。

② 整圆编程时不可以使用 R 方式，只能用 I，J，K 方式，I，J，K 为零时可以省略。

③ 在同一程序段中，如 I，J，K 与 R 同时出现时，R 有效。

④ G02，G03 除了可以加工圆弧外，还可以进行螺纹切削编程。

（3）实例

【实例 4－3】　如图 4－20（a）所示，刀具从起点开始沿直线移动到 1，2，3 点，试分别用绝对值方式 G90 和相对值方式 G91 编程，说明 G02，G03 的编程方法。

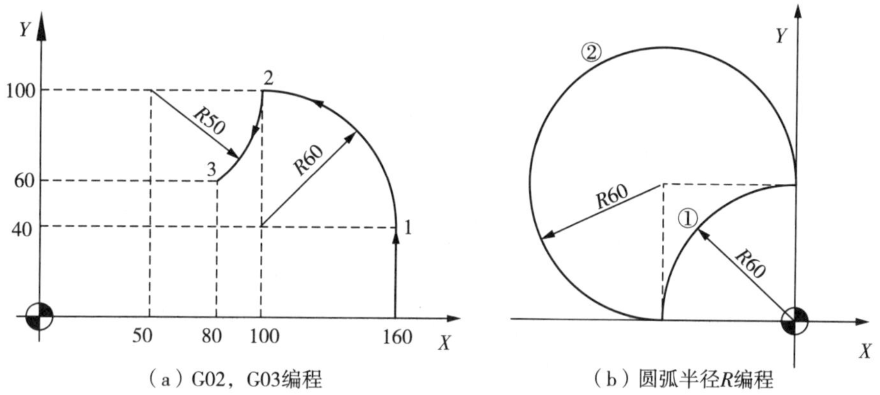

图 4－20　G02，G03 编程实例

绝对值编程：

```
G90 G01 X160.0 Y40.0 F200;           (切削至点 1)
G03 X100.0 Y100.0 R60.0 F100;        (切削至点 2)
G02 X80.0 Y60.0 R50.0;               (切削至点 3)
```

或

```
G90 G01 X160.0 Y40.0 F200;           (切削至点 1)
G03 X100.0 Y100.0 I-60.0 F100;       (切削至点 2)
G02 X80.0 Y60.0 I-50.0;              (切削至点 3)
```

相对值编程：

```
G91 G01 X0 Y40.0 F200;               (切削至点 1)
G03 X-60.0 Y60.0 R60.0 F100;         (切削至点 2)
G02 X-20.0 Y-40.0 R50.0;             (切削至点 3)
```

或

```
G91 G01 X0 Y40.0 F200;               (切削至点 1)
G03 X-60.0 Y60.0 I-60.0 F100;        (切削至点 2)
G02 X-20.0 Y-40.0 I-50.0;            (切削至点 3)
```

【实例 4－4】　如图 4－20（b）所示，刀具从起点开始沿圆弧段 1 和圆弧段 2 进行圆弧插补，通过 R 的正负值可到达同一位置，试编写程序。

绝对值编程：

```
G90 G02 X0 Y60.0 R60.0 F100;          (圆弧段 1)
G90 G02 X0 Y60.0 R-60.0 F100;         (圆弧段 2)
```

相对值编程：

```
G91 G02 X-60.0 Y60.0 R60.0 F100;      (圆弧段 1)
G91 G02 X-60.0 Y60.0 R-60.0 F100;     (圆弧段 2)
```

【实例 4-5】 用ϕ6 键槽铣刀加工如图 4-21 所示零件，图中点画线为刀具轨迹，切削深度为 2 mm，试采用 G00，G01，G02，G03 编写加工程序。

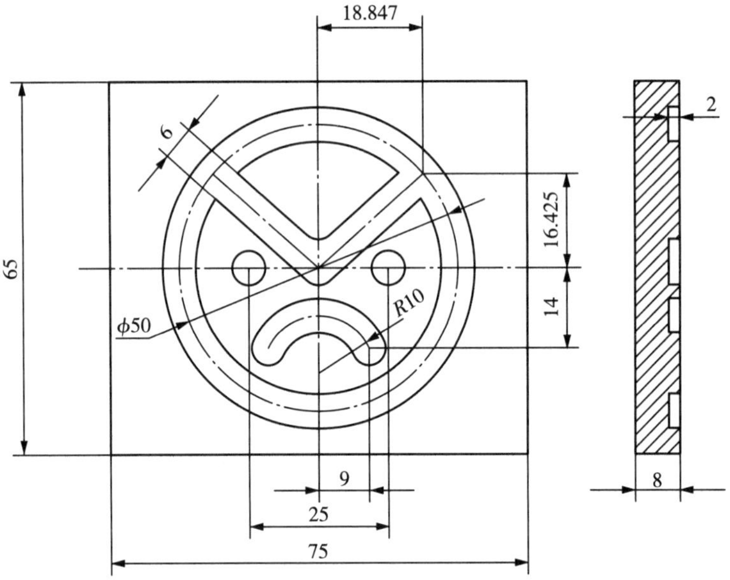

图 4-21 G00，G01，G02，G03 指令编程实例

```
O4002;
S300 M03;
G90 G54 G00 Z50.0;
G00 X18.847 Y16.425;
G00 Z3.0;
G01 Z-2.0 F100;
G02 X18.847 Y16.425 I-18.847 J-16.425 F300;
G01 X0 Y0;
G01 X18.847 Y16.425;
G00 Z3.0;
G00 X-12.5 Y0;
G01 Z-2.0 F100;
G00 Z3.0;
G00 X12.5 Y0;
G01 Z-2.0 F100;
G00 Z3.0;
```

```
G00 X9.0 Y-14;
G01 Z-2.0 F100;
G03 X-9 Y-14 R10 F300;
G00 Z100.0;
M05;
M30;
```

4. 简化倒角与倒圆

与数控车床相同，FANUC 系统数控铣床/加工中心同样提供简化倒角与倒圆编程方式。但其格式与数控车略有不同，具体如下：

倒角：G01 X____ Y____，C____ F____；

其中：C____，表示从假想拐角交点起的倒角起点到终点的距离，所谓假想拐角就是不进行倒角时假设存在的拐角，如图 4-22 所示。

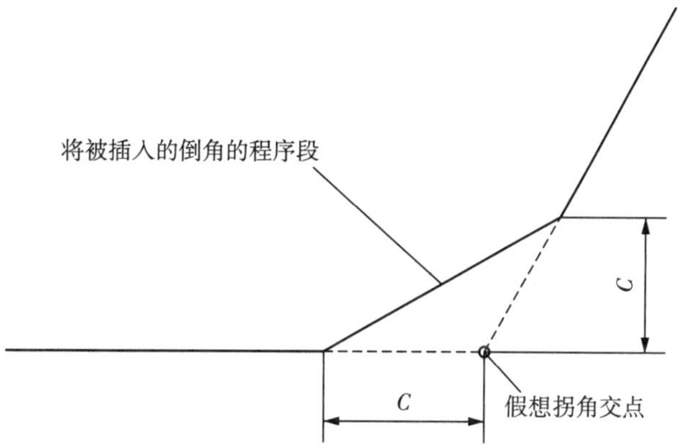

图 4-22　简化倒角

倒圆：G01 X____ Y____，R____ F____；

其中：R____，表示倒圆的半径，如图 4-23 所示。

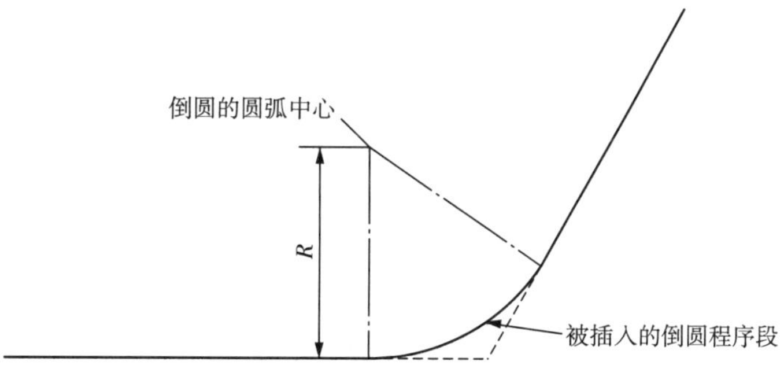

图 4-23　简化倒圆

5. G33 螺纹切削

(1) 功能

G33 指令可以切削等导程的直线螺纹。主轴转速可从安装在主轴上的位置编码器实时读得，并被转换为用来移动刀具的每分钟切削进给速度后发送给刀具。

(2) 指令格式

G33 Z ____ F ____;

式中：

Z ____，表示螺纹切削之终点坐标值（绝对值）或切削螺纹的长度（增量值）；

F ____，表示螺纹导程。

(3) 实例

【实例 4-6】 现有一 M30×1.5 的内螺纹需要加工，螺纹长度 45 mm，螺纹底孔已加工完成，试采用可调式镗刀，配合 G33 指令编写数控铣削螺纹的程序。

```
O4003;                 (程序号)
S400 M03;              (主轴正转，400 r/min)
G90 G54 G00 Z50.0;     (选择 G54 工件坐标系，选择绝对值编程，使刀具快速定位至起始平面 Z50)
G00 X0 Y0;             (快速定位至螺纹孔中心)
G00 Z3.0;              (快速定位至进刀平面)
G33 Z-45.0 F100;       (第一次铣削螺纹)
M19;                   (主轴定向)
G00 X-5.0;             (主轴中心偏移，防止退刀时拉伤螺纹)
G00 Z3.0;              (快速定位至退刀平面)
G00 X0;                (快速定位至螺纹孔中心)
M00;                   (程序暂停，手动调整镗孔刀螺纹切削深度)
M03 S400;              (主轴正转，400 r/min)
G04 X2.0;              (暂停 2 秒，使主轴转速 400 r/min 稳定)
G33 Z-45.0;            (第二次铣削螺纹)
M19;
G00 X-5.0;
G00 Z3.0;
G00 X0;
M00;
M03 S300;
G04 X2.0;
G33 Z-45.0;            (第三次铣削螺纹)
M19;
G00 X-5.0;
G00 Z100.0;            (快速定位至安全平面)
M30;                   (程序结束)
```

4.4 刀具补偿指令

4.4.1 刀具长度补偿

1. 刀具长度补偿的作用

刀具长度补偿功能用于在 Z 轴方向的刀具补偿，它可使刀具在 Z 轴方向的实际移动量大于或小于编程时给定的移动量。其是通过在偏置存储器中设定编程时假想的刀具长度值与实际进行加工时使用的刀具长度值的偏移，来补偿刀具长度值的偏移。其主要作用如下：

（1）当加工中因刀具磨损、更换刀具等原因产生刀具长度发生变化时，无须更改程序，只用修改偏置寄存器内刀具长度补偿值即可。

（2）当需要多把刀具完成一个零件的加工时，编程时无须考虑各刀具长度不一致对编程坐标的影响，只用将其中一把刀具设置为标准刀，其余各刀具相对标准刀在偏置寄存器设置长度补偿值即可。

2. 刀具长度补偿的指令

刀具长度补偿属于模态指令，分为建立指令和取消指令。刀具长度补偿建立指令有刀具长度正补偿 G43、刀具长度负补偿 G44，刀具长度补偿取消指令为 G49。

（1）指令格式

G43 G00/G01 Z ____ H ____；

G44 G00/G01 Z ____ H ____；

……

G49；

其中：

Z ____，表示程序中 Z 轴移动量，即目标点 Z 坐标值；

H ____，表示刀具长度补偿偏置寄存器号，其后连接两至三位数字，FANUC 系统中提供的寄存器号为 H01 至 H400。

（2）刀具长度补偿的使用

不管是绝对值编程还是相对值编程，对于存放在偏置寄存器 H 中的数值，在使用 G43 时是加到编程中的 Z 坐标值上获得新的 Z 坐标值，在使用 G44 时是从编程中的 Z 坐标值上减去获得新的 Z 坐标值。如图 4－24 所示。

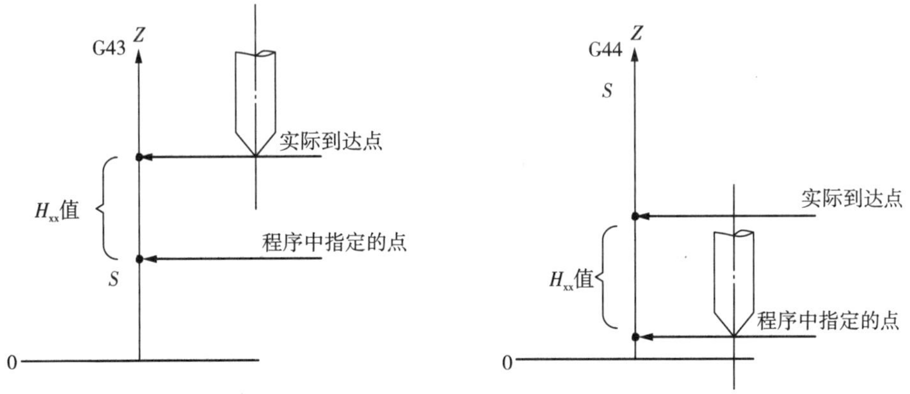

（a）刀具长度正补偿G43　　（b）刀具长度负补偿G44

图 4－24　刀具长度补偿图解

执行 G43：$Z_{实际值}=Z_{指令值}+H_{xx}$

执行 G44：$Z_{实际值}=Z_{指令值}-H_{xx}$

注意：存放在偏置寄存器 H 中的数值可以是正值或者是负值。当刀具长补偿量取负值时，G43 和 G44 的功能将互换。

4.4.2 刀具半径补偿

由于铣刀刀位点设定在铣刀端面中心，且铣刀有一定半径的存在，因此其切削刃实际切削轨迹与编程轨迹偏移距离为铣刀半径 R。若不考虑刀具半径的存在，直接按工件轮廓进行编程，则加工外轮廓时会比图样尺寸小一个刀具半径，加工内轮廓时会比图样尺寸大一个刀具半径。为解决此问题，刀具必须沿图样轮廓向内或向外偏移一个刀具半径以保证加工零件符合图样要求，这就是所谓的刀具半径补偿。

1. 刀具半径补偿的作用

刀具半径补偿功能可以简化编程，编程时无须考虑刀具半径，直接按照零件轮廓进行编程，并且可以通过一个程序完成零件的粗加工、半精加工和精加工，还能对刀具的磨损进行补偿。

2. 刀具半径补偿指令

刀具半径补偿同样属于模态指令，分为建立指令和取消指令。刀具半径补偿建立指令有刀具半径左补偿 G41、刀具半径左补偿 G42，刀具半径补偿取消指令为 G40。

(1) 刀具半径左、右补偿判断

G41：假定工件不动，刀具移动，沿刀具进给方向看，刀具在加工轮廓的左侧，称为刀具半径左补偿。此时相当于顺铣，如图 4-25 (a) 所示。

G42：假定工件不动，刀具移动，沿刀具进给方向看，刀具在加工轮廓的右侧，称为刀具半径右补偿。此时相当于逆铣，如图 4-25 (b) 所示。

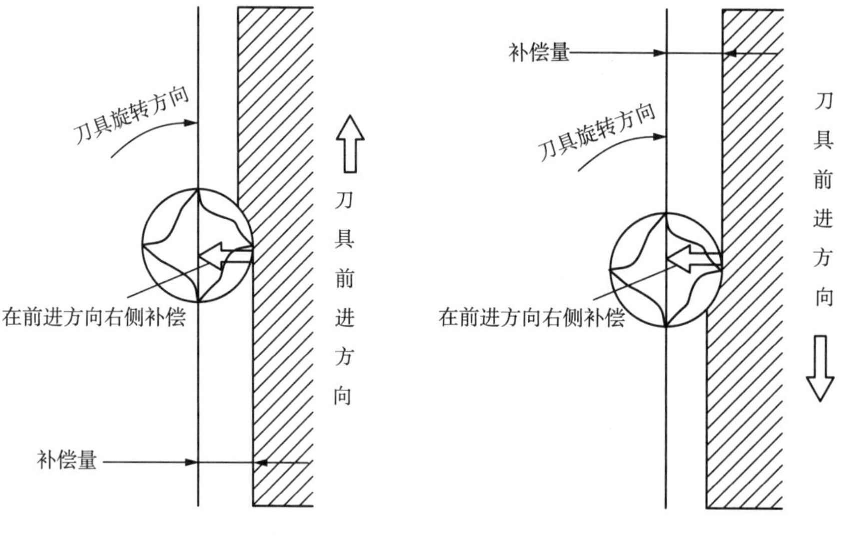

(a) 刀具半径左补偿G41　　(b) 刀具半径右补偿G42

图 4-25　刀具半径左、右补偿判断

(2) 刀具半径补偿的过程

刀具半径补偿从开始到结束可划分为建立、进行、取消三个阶段，如图 4-26 所示。

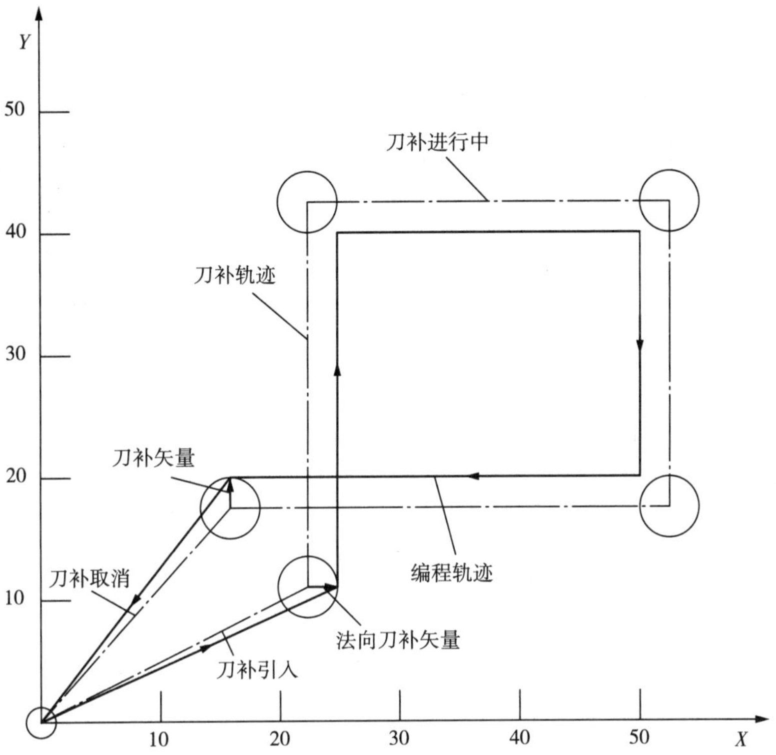

图 4-26　刀具半径补偿阶段

① 刀具半径补偿的建立：刀具从起点接近工件切削加工前的引入程序段，刀心轨迹从与编程轨迹重合过渡到与编程轨迹偏离一个偏置量的过程。

② 刀具半径补偿进行：机床会根据刀具补偿参数区内设置补偿值，刀具中心始终与编程轮廓相距一个偏置量进行加工直到刀补取消。

③ 刀具半径补偿取消：轮廓加工结束后，刀具加工面撤离工件的一程序段，刀心轨迹要过渡到与编程轨迹重合的过程，该阶段不参与加工。

（3）指令格式

建立：$\left\{\begin{matrix}G17\\G18\\G19\end{matrix}\right\}\left\{\begin{matrix}G41\\G42\end{matrix}\right\}\left\{\begin{matrix}G00\\G01\end{matrix}\right\}\left\{\begin{matrix}X\underline{\quad}\ Y\underline{\quad}\\X\underline{\quad}\ Z\underline{\quad}\end{matrix}\right\}Y\underline{\quad}\ Z\underline{\quad}\ D\underline{\quad}\ F\underline{\quad}$；

取消：$\left\{\begin{matrix}G17\\G18\\G19\end{matrix}\right\}G40\left\{\begin{matrix}G00\\G01\end{matrix}\right\}\left\{\begin{matrix}X\underline{\quad}\ Y\underline{\quad}\\Y\underline{\quad}\ Z\underline{\quad}\\X\underline{\quad}\ Z\underline{\quad}\end{matrix}\right\}F\underline{\quad}$；

其中：

X ____ Y ____ Z ____，表示建立或取消刀补段中，刀具移动的终点坐标；

H ____，表示刀具半径补偿偏置寄存器号，其后连接两至三位数字，FANUC 系统中提供的寄存器号为 D01 至 D400；

F ____，表示进给量。

注意：

① G41，G42 具有续效性，使用后必须用 G40 取消；

② 只能在 G00 或 G01 下建立和取消刀补；

③ 刀补建立一定要有直线启动路径；

④ 启动路径的长度一定要大于或等于最大刀具半径补偿值；

⑤ 最大刀具半径补偿值一定要小于或等于最小内圆弧半径值；

⑥ 尽量不要在尖点或斜线建立和取消刀补；

⑦ 当刀具半径补偿值为负值时，则 G41、G42 偏移方向互换。

数控铣床刀具半径补偿应用

(4) 实例

【实例 4－7】 用ϕ 6 键槽铣刀加工如图 4－27 所示零件，切削深度为 2 mm，试采用刀具半径补偿指令编写加工程序。

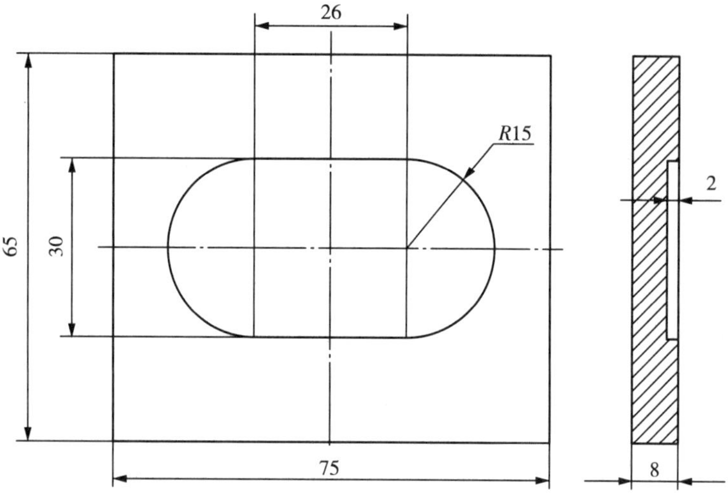

图 4－27　刀具半径补偿指令编程实例

① 计算刀补值：

D01＝ϕ/2＝3

D02＝D01＋（ϕ－1）＝8

D03＝D02＋（ϕ－1）＝13

② 编程：

```
O4004;                    (程序号)
S300 M03;                 (主轴正转，400 r/min)
G90 G54 G00 Z50.0;        (选择 G54 工件坐标系，选择绝对值编程，使刀具快速定位至起
                          始平面 Z50)
G00 X0 Y0;                (快速定位至起刀点)
G00 Z3.0;                 (快速定位至进刀平面)
G01 Z-2.0 F100;           (Z 向下刀切削)
G41 D03 G01 X0 Y15.0 F300; (调用 D03 号刀补值，建立刀补)
```

```
G01 X-13.0 Y15.0;              ┐
G03 X-13.0 Y-15.0 R15.0;       │
G01 X13.0 Y-15.0;              ├（执行 D03 号刀补切削）
G03 X13.0 Y15.0 R15.0;         │
G01 X0 Y15.0;                  ┘
G40 G01 X0 Y0;                 （取消 D03 号刀补）
G41 D02 G01 X0 Y15.0 F300;     （调用 D02 号刀补值，建立刀补）
G01 X-13.0 Y15.0;              ┐
G03 X-13.0 Y-15.0 R15.0;       │
G01 X13.0 Y-15.0;              ├（执行 D02 号刀补切削）
G03 X13.0 Y15.0 R15.0;         │
G01 X0 Y15.0;                  ┘
G40 G01 X0 Y0;                 （取消 D02 号刀补）
G41 D01 G01 X0 Y15.0 F300;     （调用 D01 号刀补值，建立刀补）
G01 X-13.0 Y15.0;              ┐
G03 X-13.0 Y-15.0 R15.0;       │
G01 X13.0 Y-15.0;              ├（执行 D01 号刀补切削）
G03 X13.0 Y15.0 R15.0;         │
G01 X0 Y15.0;                  ┘
G40 G01 X0 Y0;                 （取消 D01 号刀补）
G00 Z100;                      （快速定位至安全平面）
M05;                           （主轴停止）
M30;                           （程序结束）
```

4.4.3 子程序

如果一个程序中含有固定的顺序或频繁重复出现的程序段，这样的一个顺序或程序段可以在存储器中储存为单独的一个程序，通过主程序调用，以简化该程序，这个单独存储的程序称为子程序。

注意：主程序可以调用一个子程序，也可以调用多个子程序。另外，一个被调用的子程序也可以调用另一个子程序。

1. 子程序的格式

O____ ____ ____ ____ ；

……

M99；

其中：

O____ ____ ____ ____，O 后面跟 4 位数字，表示子程序号；

M99 表示子程序结束，并返回主程序。

2. 调用子程序的格式

格式一：M98 P____ ____ ____ ____ L ____；

其中：

M98 表示调用子程序；

P ____ ____ ____ ____，P 后面跟 4 位数字，表示子程序号，与主程序调用的程序号一致。

L ____ ____ ____，L 后面跟数字，表示调用子程序次数，调用 1 次时可省略不写。

格式二：M98 P ____ ____ ____ ____ ____ ____ ____ ____；

式中：

M98 表示调用子程序；

P ____ ____ ____ ____ ____ ____ ____ ____，P 后面跟 8 位数字，前 4 位数字表示调用次数，后 4 位数字表示子程序号，与主程序调用的程序号一致。

3. 实例

【实例 4－8】 用ϕ 6 键槽铣刀加工如图 4－27 所示零件，切削深度为 2 mm，试采用刀具半径补偿指令和子程序调用指令编写加工程序。

```
O4005;                        (主程序号)
S300 M03;                     (主轴正转，400 r/min)
G90 G54 G00 Z50.0;            (选择 G54 工件坐标系，选择绝对值编程，使刀具快速定位至
                              起始平面 Z50)
G00 X0 Y0;                    (快速定位至起刀点)
G00 Z3.0;                     (快速定位至进刀平面)
G01 Z-2.0 F100;               (Z 向下刀切削)
D03 M98 P4006;                (D03 号刀补值，调用 4006 号子程序)
D02 M98 P4006;                (D02 号刀补值，调用 4006 号子程序)
D01 M98 P4006;                (D01 号刀补值，调用 4006 号子程序)
G00 Z100;                     (快速定位至安全平面)
M05;                          (主轴停止)
M30;                          (程序结束)
O4006;                        (子程序号)
G41 G01 X0 Y15.0 F300;        (建立刀补)
G01 X-13.0 Y15.0;            ┐
G03 X-13.0 Y-15.0 R15.0;     │
G01 X13.0 Y-15.0;            ├ (执行刀补切削)
G03 X13.0 Y15.0 R15.0;       │
G01 X0 Y15.0;                ┘
G40 G01 X0 Y0;                (取消刀补)
M99;                          (子程序结束，并返回主程序)
```

4.5 固定循环指令

1. 固定循环指令的功能

孔加工是数控铣/加工中心加工时最常见的加工工序，孔加工包含钻孔、铰孔、镗

孔和攻丝等。在进行孔加工时，刀具往往要进行多次反复地执行相同的动作，直至达到图样要求，为了优化程序，数控铣/加工中心机床给出了固定循环指令。固定循环指令可以用一个程序段取代通常要用多个程序段来指定使用频率较高的几个加工动作，从而简化程序。同时可以减少程序代码，从而有效使用存储器。

2. 固定循环指令的动作

固定循环指令有 G73，G74，G76，G80～G89，其中 G80 是取消固定循环指令。固定循环指令应用于孔的加工，其加工过程可分解为多个动作，例如钻孔可分解为如图 4-28 所示的 6 个动作。

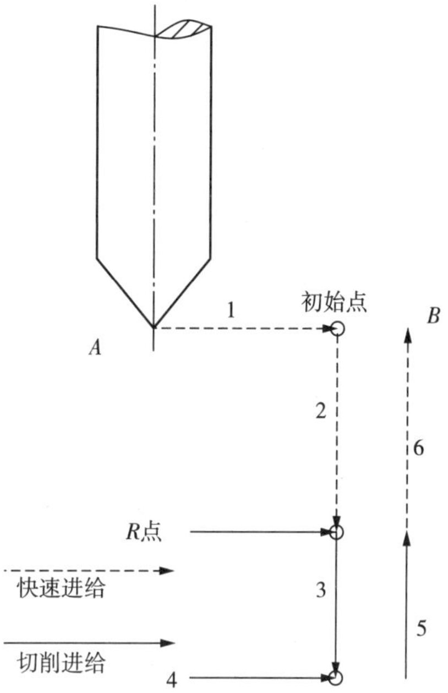

图 4-28　固定循环指令的动作图解

固定循环 6 个动作依次为：

① X 轴和 Y 轴的定位：使刀具快速定位到孔加工的位置；

② 快速移动到 R 点：刀具自初始点快速进给到 R 点；

③ 孔加工：以切削进给的方式执行孔加工的动作（钻孔、镗孔、铰孔、攻丝）；

④ 孔底的动作：包括暂停、主轴准停、刀具位移等动作；

⑤ 返回到 R 点：继续孔的加工而又可以安全移动刀具时选择 R 点；

⑥ 返回初始点：孔加工完成后一般应选择返回初始点。

FANUC 系统数控铣/加工中心给出的循环指令所做相关动作见表 4-4。

表 4-4　固定循环指令表

G 代码	开孔动作（$-Z$ 方向）	孔底动作	退刀动作（$+Z$ 方向）	用途
G73	间歇进给	—	快速进给	高速深孔加工
G74	切削进给	暂停主轴正转	切削进给	攻左螺纹
G76	切削进给	主轴准停刀具偏移	快速进给	精镗
G80	—	—	—	取消固定循环
G81	切削进给	—	快速进给	钻浅孔，钻定位孔
G82	切削进给	暂停	快速进给	锪孔，镗阶梯孔
G83	间歇进给	—	快速进给	钻深孔
G84	切削进给	暂停主轴反转	切削进给	攻右螺纹
G85	切削进给	—	切削进给	精镗

（续表）

G代码	开孔动作（−Z方向）	孔底动作	退刀动作（+Z方向）	用途
G86	切削进给	主轴停	快速进给	镗孔
G87	切削进给	刀具偏移主轴正转	快速进给	反镗
G88	切削进给	暂停，主轴停	手动操作快速返回	镗孔
G89	切削进给	暂停	切削进给	精镗阶梯孔

3. 固定循环指令的格式

$\begin{Bmatrix} G90 \\ G91 \end{Bmatrix} \begin{Bmatrix} G98 \\ G99 \end{Bmatrix} \Big\{ G\_\_\_\ X\_\_\_\ Y\_\_\_\ Z\_\_\_\ R\_\_\_\ Q\_\_\_\ P\_\_\_\ F\_\_\_$；

其中：

G90 表示绝对值编程；

G91 表示相对值编程；

G98 表示返回初始平面，多用于单孔加工，如图 4-29（a）所示；

G99 表示返回 R 平面，多用于多孔加工，如图 4-29（b）所示；

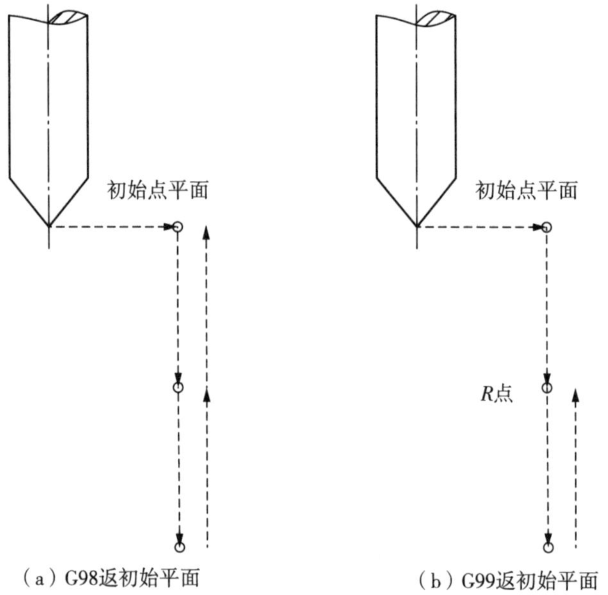

图 4-29　G98，G99 返回平面图解

G ____，表示固定循环代码 G73，G74，G76 和 G81～G89 之一；

G80 表示取消固定循环；

X ____ Y ____，表示孔的中心位置坐标值，用绝对值或相对值指定孔位置，刀具以快速进给方式到达（X，Y）点；

Z ____，表示孔加工轴方向切削进给最终位置坐标值，在采用绝对值编程方式时，Z 值为孔底坐标值，如图 4-30（a）所示，采用增量方式时，Z 值为 R 点平面相对于孔底的增量值，如图 4 - 30（b）所示；

R ____，在绝对值编程方式时，表示 R 点平面的绝对坐标，如图 4 - 30（a）所示，在相对值编程方式时，R 值为初始点相对于 R 点平面的增量值，如图 4 - 30（b）所示；

Q ____，在用于深孔钻削加工 G83 和高速钻深孔 G73 方式中，表示每次切削深度，它始终是一个增量值；

P ____，表示在孔底暂停的时间，用整数表示，以 ms 为单位；

F ____，表示切削进给速度，以 mm/min 为单位。

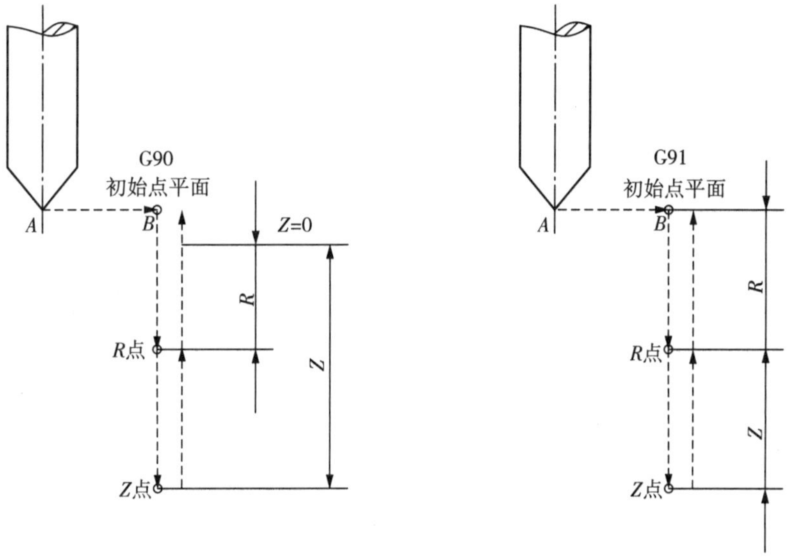

（a）G90绝对值编程Z和R参数　　（b）G91相对值编程Z和R参数

图 4 - 30　G90，G91 两种编程方式下 Z 和 R 参数图解

注意：

① 当孔加工方式建立后，一直有效，而不需要在执行相同孔加工方式的每一个程序段中指定，直到被新的孔加工方式所更新或被取消。

② 上述孔加工数据，不一定全部都写，根据需要可以省去若干地址和数据。

③ 这里固定循环指定是模态指令，一旦指定，就一直保持有效，直到用 G80 取消指令为止。此外，G00，G01，G02，G03 也起取消固定循环指令作用。

④ 在固定循环方式中，如果指令规定了刀具长度补偿（G42，G43，G49），则 R 点平面定位时进行偏移。

4. 常用固定循环指令

(1) G81 钻浅孔循环

$$\begin{Bmatrix}G90\\G91\end{Bmatrix}\begin{Bmatrix}G98\\G99\end{Bmatrix}\Big\{\text{G81 X\_\_\_\_ Y\_\_\_\_ Z\_\_\_\_ R\_\_\_\_ F\_\_\_\_;}$$

G81 钻孔动作循环，包括 X，Y 坐标定位、快进、工进和快速返回等动作，如图 4 - 31所示。

注意：

① G82 钻孔循环指令格式和动作与 G81 类似，但 G82 要在孔底暂停，暂停时间由地址 P 给出。该指令主要用于加工盲孔，以提高孔深精度。

② G86 镗孔循环指令格式和动作与 G81 类似，但在孔底时主轴停止，然后快速退回。

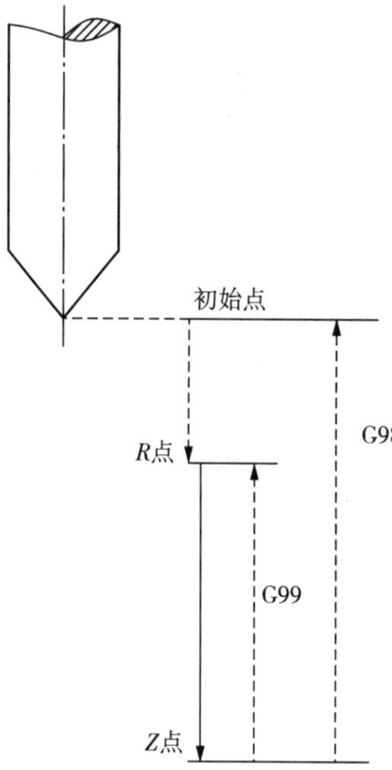

图 4－31　G81 钻浅孔循环动作

（2）G83 钻深孔循环

$\left\{\begin{matrix}G90\\G91\end{matrix}\right\}\left\{\begin{matrix}G98\\G99\end{matrix}\right\}\Big\{$ G83 X ____ Y ____ Z ____ R ____ Q ____ P ____ F ____；

G83 钻孔动作循环，包括 X，Y 坐标定位、快进、工进和快速返回等动作。Q 为每次切削深度，如图 4－32 所示。

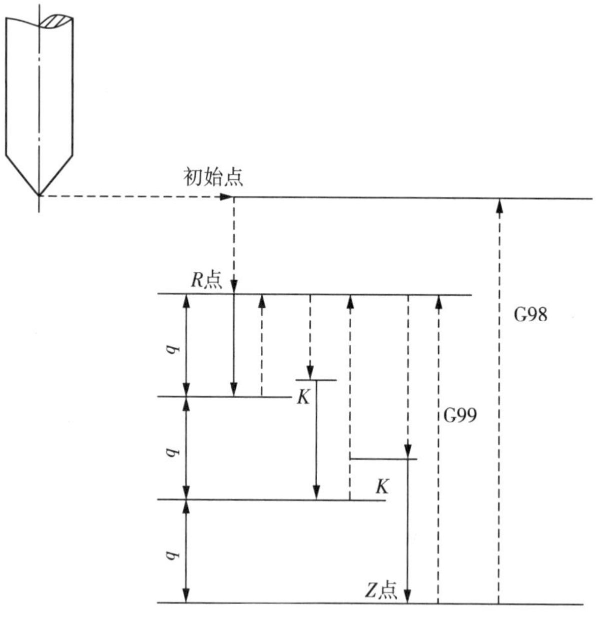

图 4－32　G83 钻深孔循环动作

（3）G73 高速啄钻深孔循环

$\left\{\begin{matrix}G90\\G91\end{matrix}\right\}\left\{\begin{matrix}G98\\G99\end{matrix}\right\}\Big\{$ G73 X ____ Y ____ Z ____ R ____ Q ____ P ____ F ____；

G73 钻孔动作循环，包括 X，Y 坐标定位、快进、工进和快速返回等动作。Q 为每次切削深度。G73 用于 Z 轴的间歇进给，使深孔加工时容易排屑，减少退刀量，可以进行高效率的加工，如图 4－33 所示。

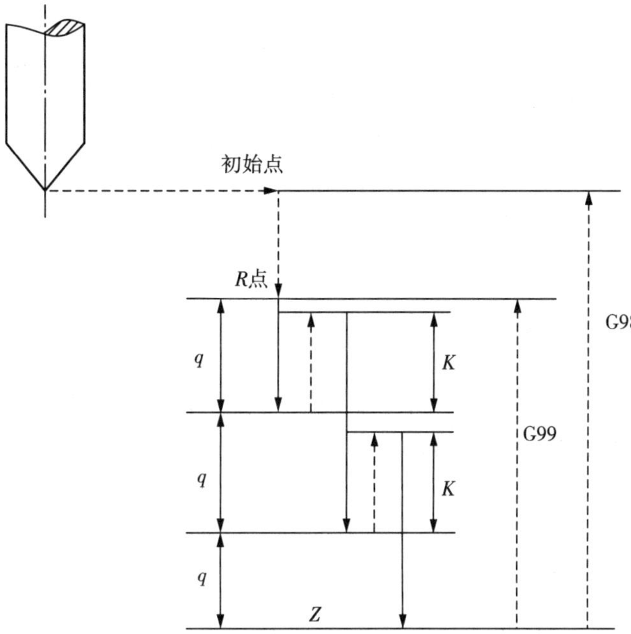

图 4－33　G73 高速啄钻深孔循环动作

（4）G74 左旋攻丝循环

$\begin{Bmatrix} G90 \\ G91 \end{Bmatrix} \begin{Bmatrix} G98 \\ G99 \end{Bmatrix} \Big\{$ G74 X ____ Y ____ Z ____ R ____ F ____；

G74 攻左旋螺纹循环动作，包括从 R 点到 Z 点主轴反转，在孔底暂停后，主轴正转，然后退回，如图 4－34 所示。

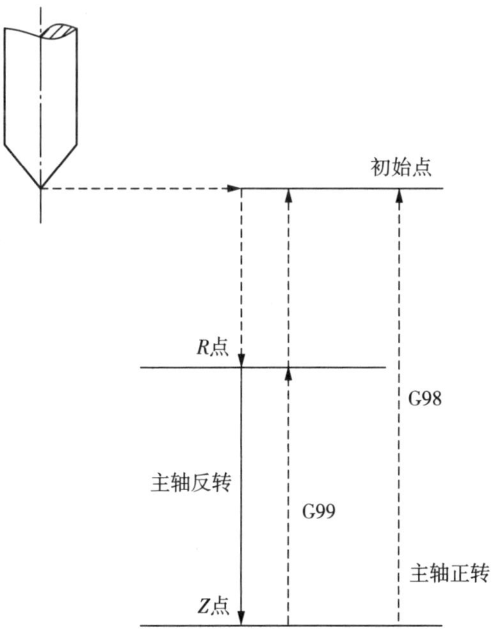

图 4－34　G74 攻左旋螺纹循环动作

注意：

① M29 表示弹性攻丝，若机床不具备该功能，则会造成螺纹乱扣；

② 攻丝时速度倍率、进给保持均不起作用；

③ $F=S\times T$（S 是主轴转速，T 是导程，且主轴必须有编码器，它使主轴与 Z 轴插补运行）；

④ 如果 Z 的移动量为零，该指令不执行。

（5）G84 右旋攻丝循环

$$\begin{Bmatrix}G90\\G91\end{Bmatrix}\begin{Bmatrix}G98\\G99\end{Bmatrix}\Big\{\text{G84 X\_\_\_\_ Y\_\_\_\_ Z\_\_\_\_ R\_\_\_\_ F\_\_\_\_;}$$

G84 攻右螺纹循环动作，包括 X，Y 坐标定位、快进，从 R 点到 Z 点主轴正转，在孔底暂停后，主轴反转，然后退回，如图 4－35 所示。

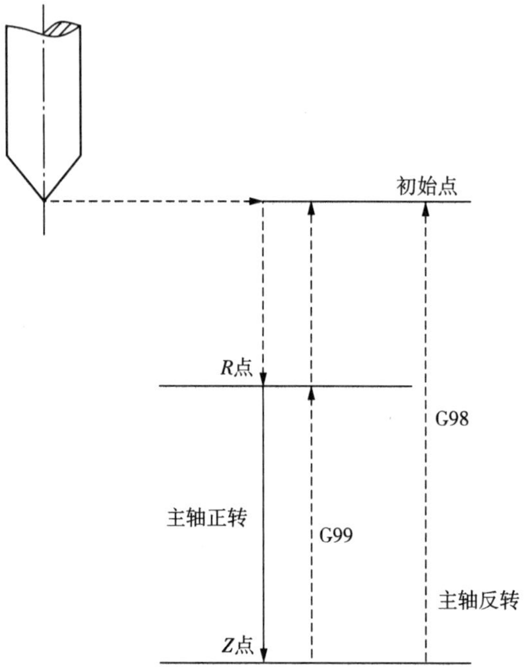

图 4－35　G84 攻右旋螺纹循环动作

注意：

① M29 表示弹性攻丝，若机床不具备该功能，则会造成螺纹乱扣；

② 攻丝时速度倍率、进给保持均不起作用；

③ $F=S\times T$（S 是主轴转速，T 是导程，且主轴必须有编码器，它使主轴与 Z 轴插补运行）；

④ 如果 Z 的移动量为零，该指令不执行；

⑤ G85 镗孔循环与 G84 类似，但在孔底时主轴不反转。

（6）G76 精镗循环

$$\begin{Bmatrix}G90\\G91\end{Bmatrix}\begin{Bmatrix}G98\\G99\end{Bmatrix}\Big\{\text{G76 X\_\_\_\_ Y\_\_\_\_ Z\_\_\_\_ R\_\_\_\_ P\_\_\_\_ I\_\_\_\_ J\_\_\_\_ F\_\_\_\_;}$$

其中：

I 表示 X 轴刀尖反向位移量；

J 表示 Y 轴刀尖反向位移量。

G76 精镗动作循环，包括 X，Y 坐标定位、快进、工进，主轴在孔底定向停止后，向刀尖反方向移动，然后快速退刀，如图 4－36 所示。这种带有让刀的退刀不会划伤已加工平面，保证了镗孔精度。

（7）G87 反镗循环

$\begin{Bmatrix}G90\\G91\end{Bmatrix}\begin{Bmatrix}G98\\G99\end{Bmatrix}\Big\{$G87 X____ Y____ Z____ R____ P____ I____ J____ F____；

式中：

I 表示 X 轴刀尖反向位移量；

J 表示 Y 轴刀尖反向位移量。

G87 反镗循环动作如图 4－37 所示，具体如下：

① 在 X，Y 轴定位；

② 主轴定向停止；

③ 在 X，Y 方向分别向刀尖的反方向移动 I，J 值；

④ 定位到 R 点（孔底）；

⑤ 在 X，Y 方向分别向刀尖方向移动 I，J 值；

⑥ 主轴正转；

⑦ 在 Z 轴正方向上加工至 Z 点；

⑧ 主轴定向停止；

⑨ 在 X，Y 方向分别向刀尖反方向移动 I，J 值；

⑩ 返回到初始点（只能用 G98）；

⑪ 在 X，Y 方向分别向刀尖方向移动 I，J 值；

⑫ 主轴正转。

注：G89 指令与 G86 指令相同，但在孔底有暂停。

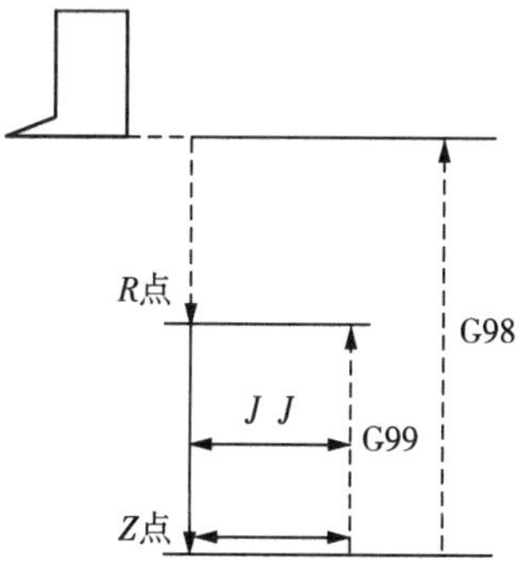

图 4－36　G76 精镗循环动作

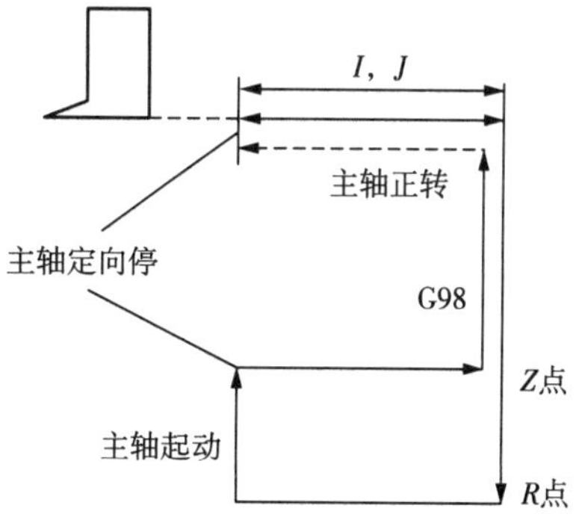

图 4－37　G87 反镗循环动作

（8）G88 镗孔循环

$\begin{Bmatrix}G90\\G91\end{Bmatrix}\begin{Bmatrix}G98\\G99\end{Bmatrix}\Big\{$G88 X____ Y____ Z____ R____ P____ F____；

G87 反镗循环动作如图 4－38 所示，具体如下：

① 在 X，Y 轴定位；

② 定位到 R 点；

③ 在 Z 轴方向上加工至 Z 点（孔底）；

④ 暂停后主轴停止；

⑤ 转换为手动状态，手动将刀具从孔中退出；

⑥ 返回到初始平面；

⑦ 主轴正转。

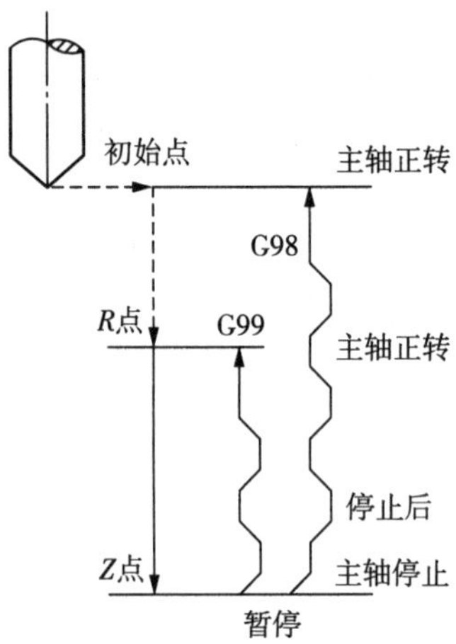

图 4－38　G88 镗孔循环动作

5. 实例

【实例 4－9】　试采用固定循环指令编制如图 4－39所示四个孔的钻孔程序和右旋攻丝程序，钻孔深度 20 mm，攻丝深度 15 mm。

① 钻孔程序

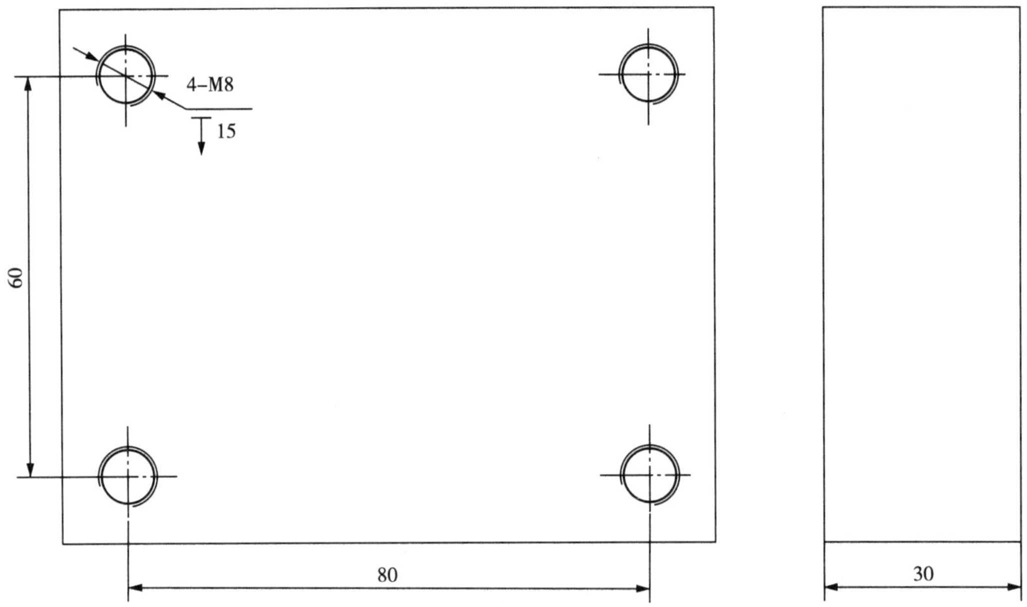

图 4－39　固定循环编程实例

```
O4007;
S600 M03;
G90 G54 G00 Z50.0;
G99 G73/G83 X40.0 Y30.0 R3.0 Q5.0 Z－20.0 F50;
Y－30.0;
X－40.0;
Y40.0;
X30.0;
G80.0;
M30;
```

② M29 刚性工丝程序

```
O4008;
S60 M03;
G90 G54 G00 Z50.0;
M29 G99 G84 X40.0 Y30.0 Z-15.0 F75;
Y-30.0;
X-40.0;
Y40.0;
X30.0;
G80;
M30;
```

4.6　坐标变换指令

在数控编程中，为了实现简化编程的目的，除常用固定程序循环指令外，还采用一些特殊的功能指令，对工件的坐标系进行变换以达到简化编程的目的。常用的坐标变换指令有比例缩放 G51、可编程镜像 G51.1、坐标系旋转 G68、极坐标 G16。

4.6.1　比例缩放

在数控编程中，当遇到图形形状一样，只是在对应坐标轴上的值是按照固定的比例系数进行放大或缩小的，此时，为了编程方便，可以采用比例缩放指令进行编程。如图 4-40 所示，图形 $P_1P_2P_3P_4$ 为原程序指令的图形，图形 $P_1'P_2'P_3'P_4'$ 为以 P_0 为比例缩放中心比例缩放后的图形。

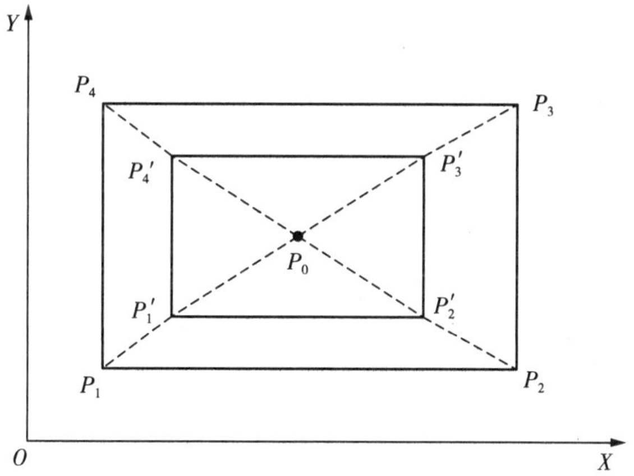

图 4-40　比例缩放图解

（1）指令格式

格式一：

G51 X____ Y____ Z____ P____;

……

G50；

其中：

X ____ Y ____ Z ____，表示比例缩放中心坐标值的绝对值指令；

P ____，表示各轴以 P 指定的比例进行缩放，其最小输入量为 0.001 或 0.00001；

……，表示比例缩放的加工程序段；

G50 表示比例缩放取消。

格式二：

G51 X ____ Y ____ Z ____ I ____ J ____ K ____；

……

G50；

其中：

G51 表示比例缩放建立；

X ____ Y ____ Z ____，表示比例缩放中心坐标值的绝对值指令；

I ____ J ____ K ____，表示各轴按各个比例进行缩放；

……，表示比例缩放的加工程序段；

G50 表示比例缩放取消。

注意：

① 不论是绝对值编程方式，还是相对值编程方式，通过 G51 程序段指定的比例缩放中心坐标 X ____ Y ____ Z ____都被视为绝对位置；

② 若比例缩放的中心坐标 X ____ Y ____ Z ____不指定参数，则指令 G51 时刀具所在位置即为缩放中心；

③ 参数 P ____和 I ____ J ____ K ____的数值不可以输入小数点；

④ 同时指定参数 P ____，I ____ J ____ K ____，系统将忽略 I ____ J ____ K ____参数；

⑤ 参数 P ____不可以设定为负值，而 I ____ J ____ K ____可以设定为负值应用镜像，在这种情况下，镜像的对象轴位置和比例缩放为同一位置；

⑥ 采用 I ____ J ____ K ____应用镜像时，若某个轴未指定，则该轴不进行缩放，如果均未指定，则各轴均不进行比例缩放；

⑦ G51 为模态指令，使用结束后必须用 G50 指令取消。

（2）实例

【实例 4-10】 试采用比例缩放指令编制如图 4-41 所示工件的加工程序。

```
O4009;                        (主程序)
G54 G90 G00 X0 Y0 Z50.0;
S300 M03;
G00 X-30.0 Y-30.0;
G01 Z-10.0 F500;
M98 P4010;                    (调用子程序加工 120×120×10 的凸台)
G01 Z-6.0 F500;
G51 X60.0 Y60.0 P750;         (以坐标 (60, 60) 为缩放中心, X, Y 轴等比例缩放, 缩放
                               比例为 0.75)
```

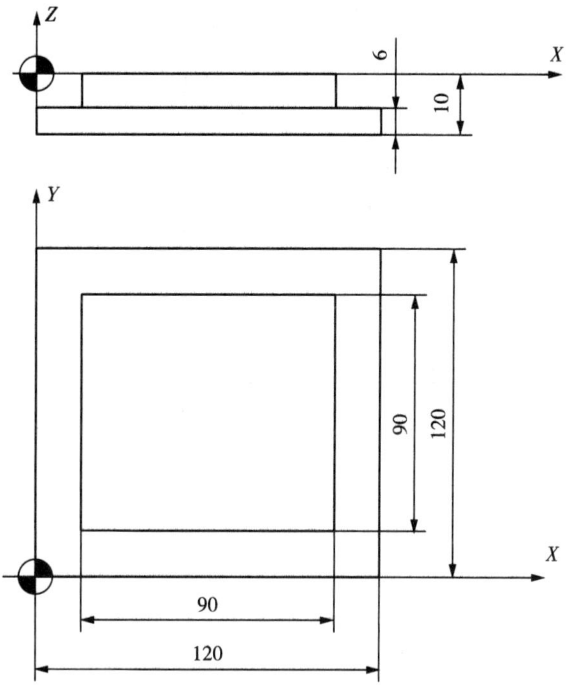

图 4 - 41　比例缩放编程实例

```
M98 P4010;                    （调用子程序加工 90×90×6 的凸台）
G50;                          （缩放取消）
G00 Z100.0;
M05;
M30;
O4010;                        （子程序）
G41 G01 X0 Y-10.0 D01 F100;
Y120.0;
X120.0;
Y0;
X-10.0;
G40 G00 X-30.0 Y-30.0;
M99;
```

4.6.2　可编程镜像

当工件具有相对于某一轴或某一坐标点的对称形状时，可以利用镜像功能和子程序的方法，只对工件的一部分进行编程，就能加工出工件的整体，这就是镜像功能。如图 4 - 42 所示，图中（1）为原程序指令，图中（2）为关于 X50 的位置镜像图形，图中（3）为关于 X50，Y50 的位置镜像图形，图中（4）为关于 Y50 的位置镜像图形。

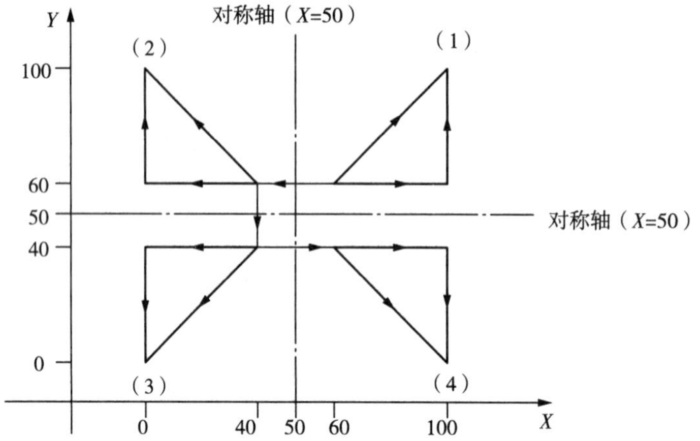

图 4-42　可编程镜像图解

（1）指令格式

G51.1 IP ____；

……

G50.1 IP ____；

式中：

G51.1，表示可编程镜像建立；

IP ____，表示可编程镜像指令轴，可以是任何位置；

……，表示可编程镜像的加工程序段；

G50.1 表示可编程镜像取消。

注意：

① 当 G51.1 后的 IP 仅有一个坐标字时，表示以某一坐标轴为镜像轴。如“G51.1X10.0;”指令表示以与 Y 轴平行，且与 X 轴在 X＝10.0 处相交直线为对称轴。

② 当 G51.1 指令后有两个坐标字时，表示以某一点作为对称点进行镜像。如“G51.1 X10.0 Y10.0;”指令表示以（10，10）这一点为对称点进行镜像加工。

③ G51.1 为模态指令，使用结束后必须用 G50.1 指令取消。

④ G50.1 后的 IP 地址必须与 G51.1 后的 IP 地址一致。

⑤ 使用可编程镜像后，圆弧插补指令 G02 与 G03 互换，刀补半径补偿指令 G41 与 G42 互换，坐标旋转角度互换。

（2）实例

【实例 4-11】　试采用可编程镜像指令编制如图 4-42 所示工件的加工程序，切削深度 2 mm。

```
O4011;                          (主程序)
G54 G90 G00 X0 Y0 Z50.0;
S300 M03;
M98 P4012;                      (调用子程序加工图形 (1))
G51.1 X50.0;                    (以 X50.0 为对称轴建立可编程镜像)
```

```
M98 P4012;                    (调用子程序加工图形（2))
G50.1 X50.0;                  (取消以 X50.0 为对称轴的可编程镜像)
G51.1 X50.0 Y50.0;            (以 X50.0，Y50.0 的点为对称中心建立可编程镜像)
M98 P4012;                    (调用子程序加工图形（3))
G50.1 X50.0 Y50.0;            (取消以 X50.0，Y50.0 为对称中心的可编程镜像)
G51.1 Y50.0;                  (以 Y50.0 为对称轴建立可编程镜像)
M98 P4012;                    (调用子程序加工图形（4))
G50.1 Y50.0;                  (取消以 Y50.0 为对称轴的可编程镜像)
G00 Z100.0;
M05;
M30;
O4012;                        (子程序)
G00 X60.0 Y60.0;
Z3.0;
G01 Z-2.0 F100;
G01 X100.0 F300;
Y100.0;
X60.0 Y60.0;
G00 Z50.0;
M99;
```

4.6.3　坐标系旋转

当工件具有相对于某一轴或某一坐标点的对称或相似形状时，除了可以利用可编程镜像功能简化程序外，还可以使用坐标旋转功能。通过使用这一功能，在安装的工件处在相对于机床旋转的位置上这样的情况，即可通过旋转指令来进行补偿。此外，当存在使一个形状旋转的图形时，通过编写一个形状子程序，在使其旋转后调用该子程序，就可以缩短编程所需的时间和程序长度。如图 4-43 所示，黑色图形为原程序指令，灰色图形为旋转后图形。

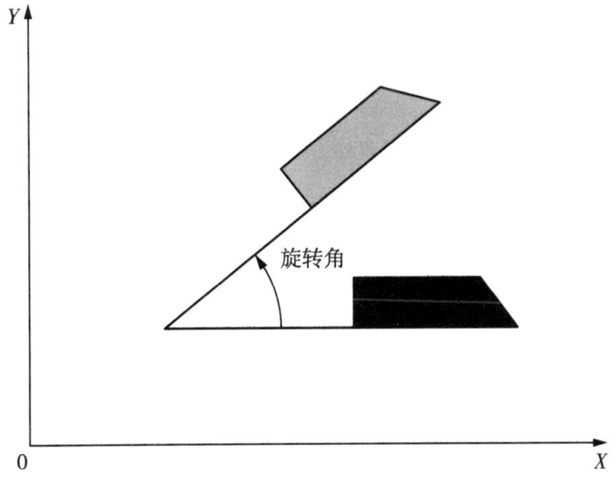

图 4-43　可编程镜像图解

（1）指令格式

$$\begin{Bmatrix} G17 \\ G18 \\ G19 \end{Bmatrix} G68 \begin{Bmatrix} X\_\_\_\_ \ Y\_\_\_\_ \\ Y\_\_\_\_ \ Z\_\_\_\_ \\ X\_\_\_\_ \ Z\_\_\_\_ \end{Bmatrix}$$

……

G69；

式中：

G68 表示建立坐标旋转；

G17，G18，G19，表示选择包含要旋转图形的平面；

X ____ Y ____，Y ____ Z ____，X ____ Z ____，表示旋转中心坐标值；

R ____，表示旋转角度，以逆时针方向作为正值的旋转角度；

……，表示旋转的加工程序段；

G69，表示取消坐标旋转。

（2）实例

【实例 4－12】 试采用坐标旋转指令编制如图 4－42 所示工件的加工程序，切削深度 2 mm。

```
O4013;                      (主程序)
G54 G90 G00 X0 Y0 Z50.0;
S800 M03;
M98 P4014;                  (调用子程序加工图形(1))
G68 X50 Y50 R90;            (以 X50.0，Y50 为旋转中心建立坐标旋转，旋转角度 90°)
M98 P4014;                  (调用子程序加工图形(2))
G68 X50 Y50 R180;           (以 X50.0，Y50 为旋转中心建立坐标旋转，旋转角度 180°)
M98 P4014;                  (调用子程序加工图形(3))
G68 X50 Y50 R270;           (以 X50.0，Y50 为旋转中心建立坐标旋转，旋转角度 270°)
M98 P4014;                  (调用子程序加工图形(4))
G69;                        (取消坐标旋转)
G00 Z100.0;
M05;
M30;
O4014;                      (子程序)
G00 X60.0 Y60.0;
Z3.0;
G01 Z-2.0 F100;
G01 X100.0 F300;
Y100.0;
X60.0 Y60.0;
G00 Z50.0;
M99;
```

4.6.4　极坐标

编程时，一般采用直角坐标中终点坐标值直接编写，而对于终点坐标值不易计算或计算量较大时，可考虑采用极坐标（即半角和角度）来编写程序，从而简化编程过程，提高编程效率。

（1）指令格式

$$\left\{\begin{matrix}G17\\G18\\G19\end{matrix}\right\}\left\{\begin{matrix}G90\\G91\end{matrix}\right\}G16;$$

$$\left\{\begin{matrix}G00\\G01\end{matrix}\right\}\left\{\begin{matrix}X\ \_\_\_\_\ \ Y\ \_\_\_\_\\Y\ \_\_\_\_\ \ Z\ \_\_\_\_\\X\ \_\_\_\_\ \ Z\ \_\_\_\_\end{matrix}\right\}$$

……

G15；

式中：

G17，G18，G19，表示极坐标指令平面选择；

G90，G91，表示极坐标指令中心选择；

G16，表示极坐标模式建立；

X ____ Y ____，G17 平面下，X ____表示极坐标半径，Y ____表示极坐标角度；

X ____ Z ____，G18 平面下，X ____表示极坐标半径，Z ____表示极坐标角度；

Y ____ Z ____，G19 平面下，Y ____表示极坐标半径，Z ____表示极坐标角度；

G15，表示极坐标模式取消。

注意：

① 在绝对指令/增量指令（G90，G91）下都可以指定半径和角度；

② 以 G90 绝对值编程方式指定极坐标半径时，工件坐标系原点为极坐标中心［如图 4－44（a）所示］，以 G91 相对值编程方式指定极坐标半径时，刀具当前位置为极坐标中心［如图 4－44（b）所示］；

③ 从指定极坐标指令的平面的第一轴的正方向，沿逆时针方向的角度为正，沿顺时针方向的角度为负。

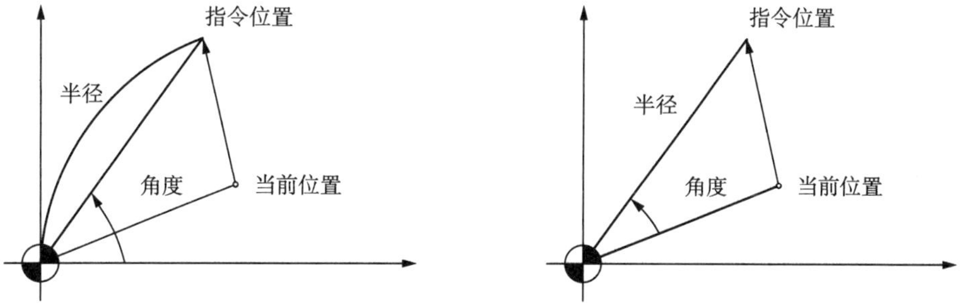

（a）以G90绝对编程方式指定　　（b）以G91相对编程方式指定

图 4－44　极坐标半径和角度图解

(2) 实例

【实例 4-13】 试采用极坐标指令编制如图 4-45 所示工件的加工程序。

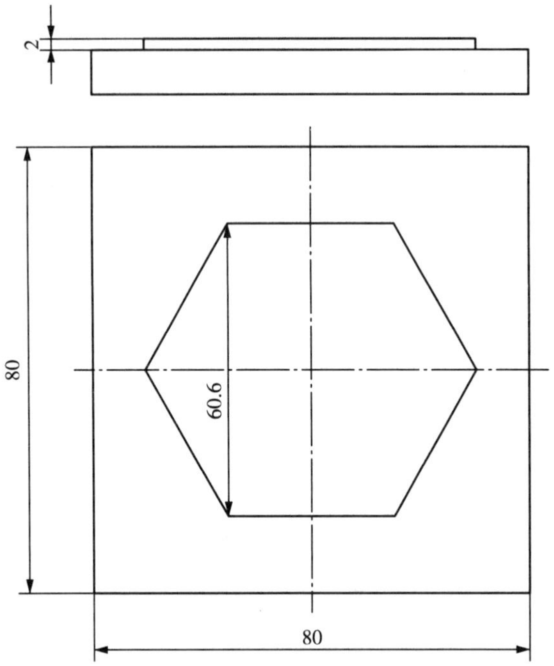

图 4-45 极坐标编程实例

```
O4015;                        (主程序)
S500 M03;
G90 G54 G40 G15 G00 Z50.0;
X0 Y-45.0;
Z3.0;
D01 M98 P4016;
D02 M98 P4016;
G00 Z50.0;
M30;
O4016;                        (子程序)
G41 G01 Y-30.3;               (建立刀具半径补偿)
G16 G01 X35.0 Y240;           (建立极坐标模式)
Y180;
Y120;
Y60;
Y0;
G15 G01 X0;                   (取消极坐标模式)
G40 G01 X0 Y-45.0;            (取消刀具半径补偿)
M99;
```

4.7　拓展阅读

以柔克刚的“工人院士”——李峰

在航天科技集团九院的车间里，曾获“航天技能大奖”“中央企业技术能手”“全国技术能手”“大国工匠”等荣誉称号的特级技师李峰（图 4－46）正在工作。尽管此刻属于加班加点赶工，但他的每一个动作依然是从容不迫。李峰加工的部件是火箭“惯组”中的加速度计，如果说“惯组”是长征七号的重中之重，那么加速度计就是“惯组”的重中之重。对于普通人而言，惯性器件可能是一个陌生的词汇，但在航天领域，却是众人皆知的关键产品，它犹如火箭的“眼睛”，在茫茫太空中测量火箭的飞行数据，提高火箭的入轨精度，控制飞行姿态。加速度计的核心零件从毛坯到成型，需要经历车、钳、铣、研磨等 17 道工序，其间既要经受高温烘烤，也要在－70 ℃的液氮中完成低温考验。李峰的精铣工作，是零件加工的第 11 道工序，但却是由粗加工向精加工迈进的一道关口，加工中一旦出现细小误差，前面的工作都将功亏一篑，打磨的不仅是零件，更是一种航天人的心性。在他的工作模式里，速度从不来自表面的急促紧迫，而源于每一个工作行为的准确有效；在他心里，精益求精已经成为一种信仰。李峰说，虽然自己只有大专文凭，但为了与精铣以及精密加工等领域产生“化学反应”，他买回《机械加工原理》《金属材料力学》等专业书籍细细“咀嚼”，一有空就学习设备工作原理，每天抽出固定时间专攻晦涩难懂的理论知识。

图 4－46　李峰正在检测加工件精度

以柔克刚的工人院士
——李峰

他参与生产的项目荣获国家科学技术进步奖特等奖。创造经济效益的“铣工发明家”面对“技术快速发展、设备不断更新、指标逐年提高”的形势，李峰不断创新组合加工、强力切削等加工方法，发明一次性装夹、多面加工专用工艺装备，设计制作一系列专用刀具，将技术诀窍量化分解形成标准化、程序化的加工方法，助力型号任务的完成。在某新型运载火箭系统零件生产任务中，李峰攻克了生产瓶颈，精确计算出支架各点受力，设计了“双侧夹持过定位支撑”工装，使产品合格率得到大幅度提升，确保了任务的研制成功。他参与生产的项目又一次获得国家科学技术进步奖特等奖。针对某些结构件材料强度高但脆性大导致的合格率不高问题，李峰反复试验，发明了一套小螺纹加工刀具，并独创了修磨方法，解决了直径1.6毫米以下小孔的钻孔切削和攻丝难题，开创了用普通高速钢丝锥加工特殊材料小螺纹孔的行业先河，使系统产品重量大幅减轻，有效地确保了发射任务顺利完成。他坚持不懈地创新技术，有效地提升了核心关键零部件加工生产效能。

自工作以来，李峰先后参与完成重点项目30余个，承担精密加工任务2000余项，在推动加工技术创新的同时，也为单位创造了巨大的经济效益。成为潜心传授绝招的“技艺传道者”，航天绝技绝招既要传承，更要延续创新。一花独放不是春，百花齐放春满园。李峰善于钻研，勤于总结，乐于授业。他以技能大师工作室为平台，积极开展绝技绝招讲座、技能实操等活动650余场，累计培训6000余人次，无私地将绝技绝招和加工技艺传授给一线技能人员。他积极发挥带头人的引领、示范和“传帮带”作用，先后带徒25人，培养高级技师3人、技师8人，2人获航天技术能手称号。李峰积极参与班组建设和加工技术推广活动，主持编制了典型零件铣削加工作业指导书20余份、企业标准10余项，将超精密加工经验、成果进行固化和推广应用，带领班组获得“全国质量信得过班组”荣誉称号。李峰多次作为国家级技能竞赛教练，指导和帮助青年技能人员提高加工技术水平。他将多年积累的加工经验和绝技绝招传授给参赛技能人员，帮助他们在竞赛中取得了优异成绩。李峰多次在各种交流活动中，分享经验、传授技艺，将航天领域，超精密加工经验和技艺推广到其他行业。

家人眼中的航天“明星”由于工作原因，李峰经常需要加班抢任务，临时性工作也较多，一年到头难有节假日。李峰的妻子独自扛起了家里的全部事情，全家10多年间只有一次出游。别人家的孩子都是心肝宝贝，可被李峰像宝贝一样捧在手里的却是自己加工出的产品。李峰的父亲李发祥也在这个厂里干了一辈子，30多年的磨工让他成为厂里成品率最高返工率最少的冠军，后来儿子从父亲手里接过了那个无形的“冠军”奖杯。如今年逾八旬的老父亲腰腿都不那么劲道了，李峰在家时会给老父亲做做按摩，那双手此时此刻变得轻重有节，张弛有律，工匠们的手上沉淀他们的技艺磨砺，心智淬炼和人生阅历，如同参天大树的年轮记载着大树所承接的日月风霜。女儿参加高考时，他在头天晚上亲手做了饭，一边给女儿夹菜一边说：“你看到天上那颗最亮的星星了吗？航天人的目标就是探索浩瀚星空，在遇到困难时，我们航天人只要抬头望望那颗最亮的星，就能进一步坚定初心和使命，爸爸相信你，坚持走自己的路，坚定初心，勇敢向前。”女儿小时候总是骄傲地对小伙伴们说：“我爸爸是干航天的，他是最棒的！”这句话，李峰一直记得。

30年来，李峰不忘航天报国初心，勇担航天强国使命，坚守小小三尺铣削台，铸就件件大国重器。在工作岗位上先后荣获了“中央企业百名杰出工匠”“国资委中央企业技术能手”等荣誉称号，以及航天科技集团“航天技能大奖”和中国航天基金会“中国航天基金奖”。他享受国务院政府特殊津贴，是航天科技集团技能人才队伍建设工作领域“智库专家”成员、航天科技集团技能大师工作室——“李峰技能大师工作室”技术带头人。1990 年工作以来李峰先进事迹曾在央视《大国工匠》新闻专题片中完美呈现，并入选《国防邮电产业大国工匠风采录》和航天科技集团“匠心初心”先进事迹报告会。2020 年 1 月，作为国防科技工业领域代表，李峰受邀参加中央春节团拜会。他用专注与奉献诠释了航天技能人员的追求和梦想，实现了从一名普通技工到技能大师的完美蜕变，为航天强国建设做出了自己的贡献，中华技能大奖实至名归。（摘自网络媒体）

第5章　数控铣床/加工中心（FANUC系统）加工实例

5.1　平面加工实例

5.1.1　平面铣削概述

平面类零件是指加工面平行或垂直于工作台面，以及加工面与工作台面的夹角为一定值的工件，这类加工面可展开为平面。零件的平面有非加工平面和加工平面两种。加工平面就是有一定的尺寸精度要求、形位和粗糙度要求的平面，需通过机械加工途径获得。平面铣削是铣削加工中最基本的加工内容，是数控铣削加工对象中最主要、也是较简单的一类，一般只需用三轴数控铣床就可以加工。在实际生产中应用相当广泛，如齿轮箱体、法兰盘、发动机箱体等零件的凸台面、接合面，均要进行平面铣削。

按照平面与机床工作台的相对位置关系，平面铣削可分为平行面、垂直面、斜面及台阶面的加工。

5.1.2　平面铣削常用刀具

1. 面铣刀

面铣刀主要用于铣削较大平面和台阶面等。面铣刀的圆周表面和端面上都有切削刃，端部切削刃为主切削刃，一般采用可转位镶片式刀盘，刀片多为硬质合金材料。

2. 立铣刀

立铣刀适用于加工深度较深的工件，常采用分层铣削完成粗、精铣。

5.1.3　平面铣削常用夹具

1. 平口虎钳

平口虎钳俗称虎钳，具有较大的通用性和经济性，适用于大部分产品加工装夹，是使用最为广泛的夹具之一。为了提高刚度，在铣削平面、垂直面和平行面时，一般采用非回转式的机床用平口虎钳装夹工件。

2. 压板

用压板装夹工件是铣床上常用的一种方法，在卧式数控铣床上用得最多，常用于端铣刀铣削。在铣床上用压板安装工件时，所用的工具比较简单，主要有压板、垫铁、T 形螺栓及螺母等，为了满足不同形状工件的装夹需要，压板的形状也有很多种。

3. 专用夹具

除上述所述的虎钳及压板装夹外，铣削加工中，对于形状复杂、批量生产或畸形工件，往往设计专用夹具进行装夹。

5.1.4　平面铣削的方法和进给路线

1. 平面铣削的方法

根据所使用刀具种类的不同，平面铣削的方法分为周铣［如图 5－1（a）所示］与端铣［如图 5－1（b）所示］两种。

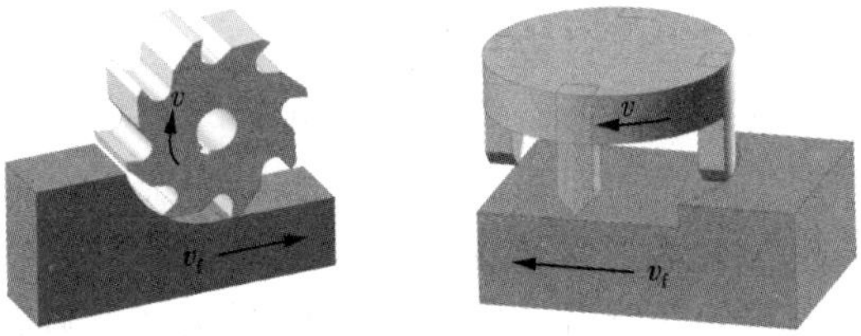

（a）周铣　　（b）端铣

图 5－1　周铣与端铣

利用分布在铣刀圆柱面上的切削刃来铣出表面的铣削方法称为周铣，利用分布在铣刀端面上的切削刃来铣出表面的铣削方法称为端铣。

端铣与周铣相比，其优点如下：一般面铣刀的刀杆短，铣刀直径比较大，工作时同时参加切削的刀齿较多，铣削工作平稳、振动小，铣削用量可适当增大，切削刃磨损较慢，能一次铣出较宽的平面。其缺点如下：一次削深度一般不及周铣。在相同的切削用量条件下，一般端铣比周铣获得的表面粗糙度要好。

根据铣刀切入工件时的切削速度方向与工件进给方向的不同，铣削方式分为逆铣和顺铣两种。铣削时铣刀切出工件时的切削速度方向与工件的进给方向相同，称为顺铣，如图 5－2（a）所示；铣刀切入工件时的切削速度方向与工件进给方向相反，称为逆铣，如图 5－2（b）所示。

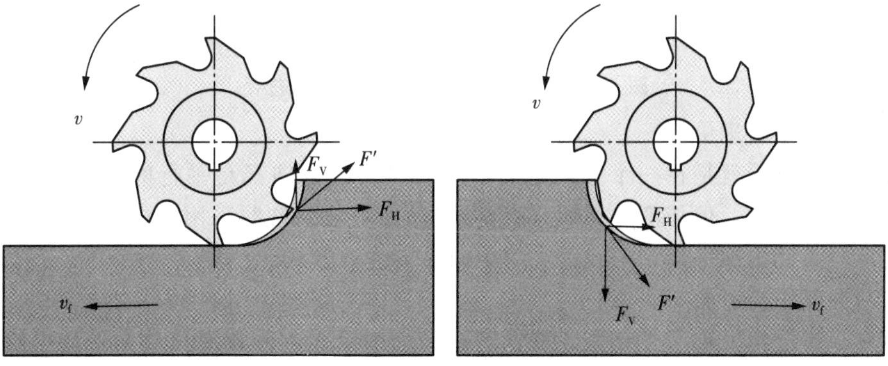

（a）顺铣　　（b）逆铣

图 5－2　顺铣和逆铣

逆铣时，切削厚度由零逐渐增大，切入瞬时刀刃钝圆半径大于瞬时切削厚度，刀齿在工件表面上要挤压和滑行一段后才能切入工件，使已加工表面产生冷硬层，加剧了刀齿的磨损，同时使工件表面粗糙度较大。此外，逆铣时刀齿作用于工件的垂直进给力 F_V 朝上，有抬起工件的趋势，这就要求工件装夹得牢固。但是逆铣时刀齿是从切削层内部开始工作的，当工件表面有硬皮时，对刀齿磨损较小。

顺铣时，刀齿的切削厚度从最大开始，避免了刀齿挤压、滑行现象，可提高铣刀耐用度和加工表面质量。并且铣削力的垂直分力 F_V［如图 5－2（a）顺铣］朝下压向工作台，有利于工件的夹紧。铣削力的水平分力 F_H［如图 5－2（a）顺铣］的方向与工件进给方向 v_f 相同，如果丝杠螺母传动副中存在背向间隙，易使工作台连同丝杠沿背隙窜动，使由螺纹副推动的进给运动变成了由铣刀带动工作台窜动，引起进给量突然变化，影响工件加工的表面质量，严重时会使铣刀崩刃。与逆铣相反，顺铣加工要求工件表面没有硬皮，否则刀齿很容易磨损。

顺铣与逆铣比较，顺铣加工可以提高铣刀耐用度 2～3 倍，加工表面粗糙度小。尤其在铣削难加工材料时，效果更加明显。但是，采用顺铣，铣床本身需有消除工作台进给丝杠螺母副间隙的机构，能消除传动间隙，避免工作台窜动。其次要求毛坯表面没有硬皮。如果具备以上条件，应当优先考虑采用顺铣，否则应采用逆铣。目前生产中采用逆铣加工方式较多。

2. 平面铣削进给路线

当工件平面较大，铣削平面大于刀具平面时，一次进给无法完成铣削平面，就需要进行多次进给，这就涉及进给路线的选择。平面铣削进给路线的安排比较简单，一般采用单向平行进给或往复平行进给，如图 5－3 所示。

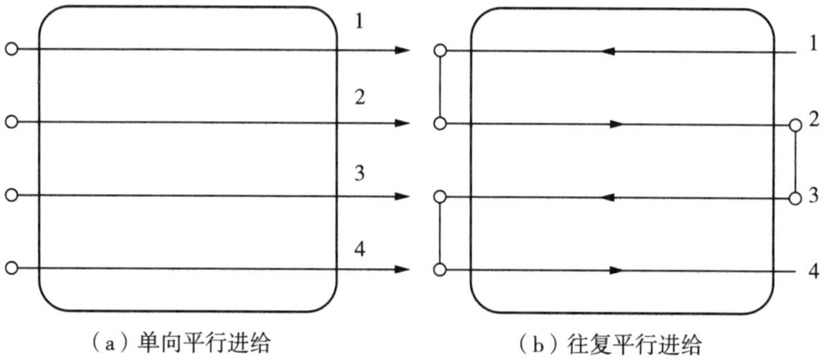

图 5－3　单向平行进给和往复平行进给

（1）单向平行进给

单向平行进给就是在一个方向走刀，所有接刀痕方向都是平行的直线，单向走刀加工平面度精度高，但切削效率低（有空行程）。一般精铣时采用单向铣削方式，对于要求精度较高的大型平面，一般都采用单向平行进刀方式。

（2）往复平行进给

往复平行进给又称 Z 型切削，双向都进行切削因此它的效率比单向平行进给要高，但往复走刀会进行顺、逆铣交替，影响加工平面度精度。一般粗铣时为提高加工效率经常采用往复平行进给方式。

5.1.5　刀具切削参数选择

平面铣削切削用量主要包含铣削深度 a_p（背吃刀量）、铣削速度 v_c 及进给速度 F。先选取背吃刀量，其次确定铣削速度，最后确定进给速度。

1. 背吃刀量 a_p 的选择

背吃刀量的选取，主要由加工余量和对表面质量的要求决定。粗加工时，在工艺系统刚度允许的情况下，尽量加大吃刀量，应尽量一次进给铣去全部的加工余量以提高加工效率。精加工时或精度要求高时，应减小吃刀量，增加走刀次数。而当加工平面的余量较大、无法一次去除时，则要进行分层铣削，此时背吃刀量 a_p 可参考表 5-1 来选择。

表 5-1　铣削深度选择推荐表

工件材料	高速钢铣刀/mm		硬质合金铣刀/mm	
	粗铣	精铣	粗铣	精铣
铸铁	5～7	0.5～1	10～18	1～2
低碳钢	<5	0.5～1	<12	1～2
中碳钢	<4	0.5～1	<7	1～2
高碳钢	<3	0.5～1	<4	1～2

2. 铣削速度 v_c 的确定

在保证合理刀具寿命的前提下，确定其铣削速度 v_c。在这个基础上，为提高生产效率尽量选取较大的铣削速度。可用经验公式计算，也可根据生产实践经验，在机床说明书允许的切削速度范围内查阅有关手册或参考表 5-2 选取，在完成 v_c 值的选择后，应根据公式 $n=1000v/\pi d$ 计算出主轴转速 n（r/min）值。

表 5-2　铣削速度推荐表

工件材料	铣削速度（mm/min）		说明
	高速钢铣刀	硬质合金铣刀	
低碳钢	20～45	150～190	粗铣时取小值，精铣时取大值； 工件材料强度和硬度较高时取小值，反之取大值； 刀具材料耐热性好时取大值，反之取小值
中碳钢	20～35	120～150	
合金钢	15～25	60～90	
灰口铸铁	14～22	70～100	
黄铜	30～60	120～200	
铝合金	112～300	400～600	
不锈钢	16～25	50～100	

3. 确定进给速度 F

铣刀的进给速度大小直接影响工件的表面质量及加工效率，因此进给速度选择得合理与否非常关键。在确定好背吃刀量 a_p 及铣削速度后，接下来就是确定刀具的进给速度 F，通常根据公式 $F=n\times z\times f_z$ 计算得出。

每齿进给量 f_z 的选取主要取决于工件材料的力学性能、刀具材料、工件表面粗糙度等因素。工件材料的强度和硬度越高，每齿进给量越小，反之则越大。每齿进给量可参考表 5－3 选取。

表 5－3　铣刀每齿进给量 f_z 选择推荐表

刀具名称	每齿进给量（mm/z）			
	高速钢铣刀		硬质合金铣刀	
圆柱铣刀	0.12～0.20	0.1～0.15	0.2～0.5	0.08～0.20
立铣刀	0.08～0.15	0.03～0.06	0.2～0.5	0.08～0.20
三面刃铣刀	0.15～0.25	0.06～0.08	0.2～0.5	0.08～0.20

5.1.6　加工实例

【实例 5－1】　如图 5－4 所示平面类平板零件，毛坯尺寸 80 mm×80 mm×20 mm，材料为 45 钢，现需要采用数控铣床加工该平板零件，试进行数控铣削加工工艺设计，并编写加工程序。

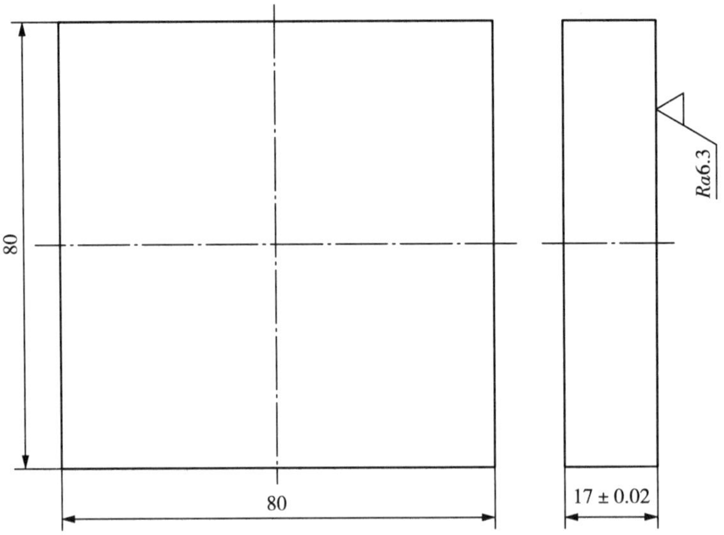

图 5－4　平板

（1）零件图纸分析

图 5－4 所示零件需要加工一个平面，只有一个尺寸精度公差要求，表面粗糙度为 $Ra6.3$，没有形位公差要求，加工精度要求较低。

（2）零件工艺分析

① 确定装夹方案。毛坯为长方体零件，可选平口虎钳装夹，工件加工表面高出钳

口 8 mm 左右。

② 确定加工方案。根据图样加工要求，表面可采用端铣刀粗铣→精铣完成。表面粗加工时采取单向平行进给，端铣刀下刀时因远离工件从工件外部进刀。

③ 确定刀具。可选用端面铣刀铣削，加工效率高，具体参数见表 5－4 数控加工刀具卡。

表 5－4 平板数控加工刀具卡

<table>
<tr><td colspan="2">产品名称或代号</td><td></td><td>零件名称</td><td colspan="2">平板</td><td>零件图号</td><td>图 5－4</td><td>工序号</td><td></td></tr>
<tr><td>序号</td><td>刀具号</td><td colspan="2">刀具规格名称</td><td>数量</td><td>刃长</td><td colspan="2">加工表面</td><td colspan="2">备注</td></tr>
<tr><td>1</td><td>T01</td><td colspan="2">ϕ 60 面铣刀</td><td>1</td><td></td><td colspan="2">工件上表面</td><td colspan="2">硬质合金</td></tr>
<tr><td>编制</td><td></td><td>审核</td><td></td><td>批准</td><td></td><td colspan="2">年 月 日</td><td>共 页</td><td>第 页</td></tr>
</table>

④ 确定加工工艺。该零件精度要求低，对每个表面只需用面铣刀粗铣一次，然后精铣一次即可保证精度。具体参数见表 5－5 平板数控加工工艺卡。

表 5－5 平板数控加工工艺卡

<table>
<tr><td rowspan="2">单位名称</td><td rowspan="2"></td><td>产品名称或代号</td><td>零件名称</td><td colspan="2">材料</td><td colspan="2">零件图号</td></tr>
<tr><td></td><td>平板</td><td colspan="2">45 钢</td><td colspan="2">图 5－4</td></tr>
<tr><td>工序号</td><td>程序编号</td><td>夹具名称</td><td>夹具编号</td><td>设备名称</td><td>设备编号</td><td colspan="2">车间</td></tr>
<tr><td></td><td>O0001</td><td>平口虎钳</td><td></td><td>数控铣</td><td>VMC850E</td><td colspan="2">现代制造技术实训车间</td></tr>
<tr><td>工步号</td><td>工步内容</td><td>刀具号</td><td>刀具规格名称</td><td>主轴转速 r/min</td><td>进给速度 mm/min</td><td>背吃刀量 mm</td><td>备注</td></tr>
<tr><td>1</td><td>粗铣上表面</td><td>T01</td><td>ϕ 60 面铣刀</td><td>1500</td><td>120</td><td>1</td><td></td></tr>
<tr><td>2</td><td>精铣上表面</td><td>T01</td><td>ϕ 60 面铣刀</td><td>2000</td><td>200</td><td>0.5</td><td></td></tr>
<tr><td>3</td><td>粗铣下表面</td><td>T01</td><td>ϕ 60 面铣刀</td><td>800</td><td>120</td><td>1</td><td></td></tr>
<tr><td>4</td><td>精铣下表面</td><td>T01</td><td>ϕ 60 面铣刀</td><td>2000</td><td>200</td><td>0.5</td><td></td></tr>
<tr><td>编制</td><td></td><td>审核</td><td></td><td>批准</td><td></td><td>共 页</td><td>第 页</td></tr>
</table>

（3）程序编制

① 建立工件坐标。系根据工件特点，选择工件上表面的对称中心作为工件坐标系 G54 原点。以上表面为例，如图 5－5 所示。

② 基点坐标计算。分别计算出 A，B，C，D 各点的坐标值，如图 5－5 所示。

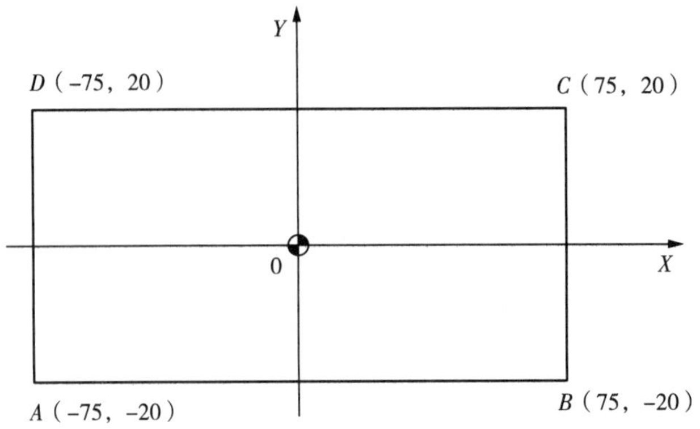

图 5-5　工件坐标系 G54 原点及特征点坐标

③ 编制加工程序。根据前面的工艺分析和坐标计算，编制加工程序，并填写加工程序单。表面粗铣程序单如表 5-6 所示，精加工前测量工件厚度，修改 Z 向下刀量即可。

表 5-6　上表面粗铣程序

零件名称	平板	数控系统	FANUC 0i
零件图号	图 5-4	程序号	O0001
段号	程序内容	备注	
N10	G90G54G49G40；	初始化程序建立工件坐标系	
N20	G91G28Z0；	Z 向回参考点	
N30	M03S1500；	主轴正转，转速 1500 r/min	
N40	G00Z10M08；	刀具 Z 向快速定位，切削液开	
N50	X－75Y－20；	刀具在 XY 平面中快速定位	
N60	G01Z－1F120；	下刀至切削深度	
N70	X75；	A→B	
N80	G00Z3；	抬刀至安全高度	
N90	X－75Y20	定位至 D 点	
N100	G01Z－1F120；	下刀至切削深度	
N110	Y20；	D→C	
N120	G00Z100M09；	刀具 Z 向快速抬刀关冷却液	
N130	M30；	程序结束	

【实例 5-2】　如图 5-6 所示平面台阶类零件，材料为 45 钢，表面基本平整。需要进行阶梯面的加工，毛坯尺寸 40 mm×30 mm×25 mm，现需要采用数控铣床加工该平板零件，试设计数控铣削加工工艺，并编写加工程序。

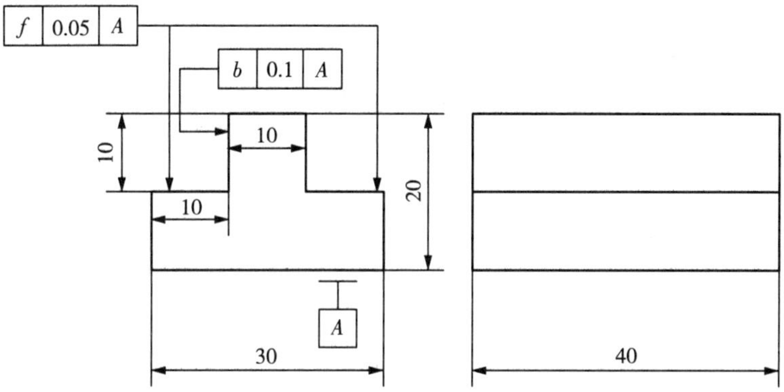

图 5－6　台阶面铣削

（1）零件图纸分析

图 5－6 所示零件有形位公差垂直度、平行度要求和尺寸公差要求，加工精度相对较高。

（2）零件工艺分析

① 确定装夹方案

根据工件的切削高度在平口钳内垫上合适的高精度平行垫铁，以保证工件在切削过程中不好产生受力移动；对平口钳钳口进行找正，以保证平口钳的钳口方向与主轴刀具的进给方向平行和垂直；工件找正，将百分表用磁性表座固定在主轴上，百分表触头接触工件，从而找正工件上下面和工作台面的平行度。

采用平口钳装夹，下垫垫铁，因零件有形位公差要求，需使用百分表校准平口钳精度。

② 确定加工方案

根据图纸加工要求，工件上下表面采用粗加工→精加工来完成，每一个台阶分粗加工→精加工来完成，台阶面深度较深时粗加工需要分多次加工。

③ 确定刀具

该零件的台阶面加工选用直径为ϕ 10 mm 的立铣刀，加工该零件；该零件的大面使用ϕ 60 mm 面铣刀加工。具体参数见表 5－7 台阶数控加工刀具卡。

表 5－7　台阶数控加工刀具卡

产品名称或代号			零件名称	台阶		零件图号	图 5－6	工序号	
序号	刀具号	刀具规格名称		数量	刃长	加工表面		备注	
1	T01	ϕ 60 面铣刀		1		工件上下表面		硬质合金	
2	T02	ϕ 10 立铣刀		1		工件台阶面		硬质合金	
编制		审核		批准		年　月　日		共　页	第　页

④ 确定加工工艺

该零件有形位公差和尺寸公差的要求，需要先加工出一个表面，作为定位装夹的基准面，然后再采用“互为基准”的原则，加工出另外一个表面；需使用百分比来保证形位公差要求。具体参数见表 5－8 台阶数控加工工艺卡。

表 5－8　台阶数控加工工艺卡

单位名称		产品名称或代号	零件名称	材料		零件图号	
			台阶	45 钢		图 5－6	
工序号	程序编号	夹具名称	夹具编号	设备名称	设备编号	车间	
		平口钳		数控铣	VMC850E	现代制造技术实训车间	
工步号	工步内容	刀具号	刀具规格名称	主轴转速 r/min	进给速度 mm/min	背吃刀量 mm	备注
1	粗铣下底面	T01	ϕ 60 面铣刀	300	120	2	
2	精铣下底面作为加工基准面	T01	ϕ 60 面铣刀	800	200	0.5	
3	粗铣上表面	T01	ϕ 60 面铣刀	300	120	2	
4	精铣上表面	T01	ϕ 60 面铣刀	800	200	0.5	
5	粗铣左台阶面	T02	ϕ 10 立铣刀	300	120	2	
6	精铣左台阶面	T02	ϕ 10 立铣刀	800	200	0.2	
7	粗铣右台阶面	T02	ϕ 10 立铣刀	300	120	2	
8	精铣右台阶面	T02	ϕ 10 立铣刀	800	200	0.2	
编制		审核		批准		共　页	第　页

（3）程序编制

① 建立工件坐标系

X：取该零件的长度方向的中心。

Y：取该零件的宽度方向的中心。

Z：取该零件上表面。

② 基点坐标计算

分别计算出各基点的坐标值。

③ 编制加工程序

根据前面的工艺分析和坐标计算，编制加工程序，并填写加工程序单。下表面粗铣程序单如表 5－9 所示，精铣时只需修改 Z 向下刀深度加工剩余加工余量即可；左台阶面粗铣程序单如表 5－10 所示，精铣时只需修改 Y 向进刀距离加工剩余加工余量即可。

表 5－9　下表面粗铣程序

零件名称	台阶	数控系统	FANUC 0i
零件图号	图 5－6	程序号	O0002
段号	程序内容	备注	
N10	G90G54G49G40；	初始化程序建立工件坐标系	
N20	G91G28Z0；	Z 向回参考点	
N30	M03S300；	主轴正转，转速 300 r/min	
N40	G90G00X60Y0；	刀具在 XY 平面中快速定位	
N50	G00Z3M08；	刀具 Z 向快速定位，切削液开	
N60	G01Z－2F100；	一次切削至总深	
N70	G01X－60F100；	完成一次粗加工	
N80	G00Z100M09；	刀具 Z 向快速抬刀	
N90	M30；	程序结束	

表 5－10　台阶面粗铣程序

零件名称	台阶	数控系统	FANUC 0i
零件图号	图 5－6	程序号	O0003
段号	程序内容	备注	
N10	G90G54G49G40；	初始化程序建立工件坐标系	
N20	G91G28Z0；	Z 向回参考点	
N30	M03S300；	主轴正转，转速 300 r/min	
N40	G00X30Y－4.9	XY 平面快速定位	
N50	G00Z5M08；	刀具 Z 向快速定位，切削液开	
N60	G01Z－2F100；	第一次加工 2 mm 余量	
N70	G01X－30F120；		
N80	G01Z－4F100；	第二次加工 2 mm 余量	
N90	G01X30F120；		
N100	G01Z－6F100；	第三次加工 2 mm 余量	
N110	G01X－30F120；		
N120	G01Z－8F100；	第四次加工 2 mm 余量	
N130	G01X30F120；		
N140	G01Z－10F100；	第五次加工 2 mm 余量	
N150	G01X－30F120；		
N160	G00Z100M09；	刀具 Z 向快速抬刀，关冷却液	
N170	M30；	程序结束	

5.2 轮廓加工实例

5.2.1 轮廓加工概述

二维零件轮廓可以描述成由一系列直线、圆弧或曲线通过拉伸形成的凹凸形结构，其侧面一般与零件底面垂直。二维零件轮廓铣削是数控加工中最基本、最常用的切削方式之一。二维零件外形轮廓主要是控制轮廓的尺寸精度、表面粗糙度及部分结构的形位精度。二维轮廓类零件的特征主要包括外轮廓、内轮廓、键槽、凹槽、沟槽、型腔等。本章主要以外轮廓和内轮廓加工为主。

5.2.2 轮廓加工过程中的切入和切出方式

1. *XY* 平面内的切入与切出方式

刀具进、退刀路线设计得合理与否，对保证所加工的轮廓表面质量非常重要。一般来说，刀具在 *XY* 平面内的进、退刀线的设计应尽可能遵循切向切入、切向切出工件的原则。如果在铣削轮廓过程中，无法采用在延长线上切入与切出的方式时，可采用过渡圆弧切入与切出方式。当实在无法实现切线方向切入与切出时，才采用法线方向切入和切出，但须将其切入点、切出点选在零件轮廓两个几何元素的交点处。

2. *Z* 向进刀方式

在铣削加工过程中，起刀点和退刀点必须离开加工零件上表面一个安全高度，刀具往下运动的过程称为 *Z* 向进刀，常用的 *Z* 向进刀方式主要有以下几种：

(1) 垂直方向进退刀　采用垂直切深进刀时，须选择切削刃过中心的键槽铣刀或钻铣刀进行加工，而不能采用立铣刀进行加工（中心处没有切削刃）。另外，由于采用这种进刀方式切削时，刀具中心的切削线速度为零，因此，即使选用键槽铣刀进行加工，也应选择较低的切削进给速度，通常为 *XY* 平面内切削进给速度的一半。

(2) 钻工艺孔进刀　在内轮廓加工过程中，有时需用立铣刀来加工内型腔，以保证刀具的强度。由于立铣刀无法进行 *Z* 向垂直切深，此时可选用直径稍小的钻头先加工出工艺孔，再用立铣刀进行 *Z* 向垂直切深进给。

(3) 三轴联动斜线进刀　采用立铣刀加工内轮廓时，还可直接用立铣刀采用三轴联动斜线进刀方式，从而避免刀具中心部分参与切削。但这种进刀方式无法实现 *Z* 向进给与加工轮廓的平滑过渡，容易产生加工痕迹。

(4) 三轴联动螺旋线进刀　这种进刀方式容易实现 *Z* 向进刀与加工轮廓的平滑过渡，不会产生加工过程中的刀具接痕。因此，在手工编程和自动编程中广泛使用这种进刀方式。

5.2.3 轮廓面的铣削方法

铣削外轮廓时，刀具绕工件外形轮廓进行粗铣、精铣，铣刀在轮廓外先下刀到一定切深，再从切向切入工件轮廓，以确保刀具与工件的接触是平滑的。在刀具退离工件时，同样要从切向退离工件轮廓，避免刀具在工件表面留下刻痕。

铣削内轮廓时，与铣削外轮廓相同，进行粗铣、精铣，铣刀在轮廓外先下刀到一定切深，再从切向切入工件轮廓，退离时也要从切向退离工件轮廓，确保刀具与工件的接触是平滑的。

轮廓铣削的刀具以圆柱立铣刀为主，外轮廓尽可能选择直径大的立铣刀；内轮廓选择立铣刀以刀具半径不与轮廓圆角发生干涉（过切）为原则，选择大的立铣刀。内槽加工刀具的选择与内轮廓的原则相同，但有时可选择键槽铣刀，选择立铣刀时，垂直进给要事先在下刀点钻孔、倾斜或螺旋下刀。

5.2.4　加工实例

【实例 5－3】　如图 5－7 所示外轮廓零件，毛坯尺寸 75 mm×65 mm×8 mm，材料为 45 钢，该零件在送达数控铣床之前，已完成除外轮廓以外所有要素的加工，现需要采用数控铣床加工该外轮廓零件，试进行数控铣削加工工艺设计，并编写加工程序。

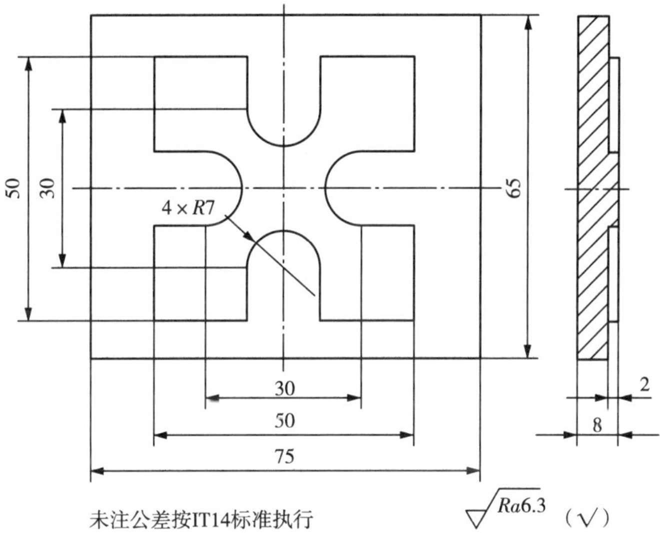

图 5－7　外轮廓

（1）零件图纸分析

该零件外轮廓由直线和圆弧面组成，U 形槽为圆弧面型腔。尺寸精度：外轮廓约为 IT14 级精度，U 形槽为 IT14 级精度，表面粗糙度 $Ra3.2\ \mu m$，没有形位公差要求，加工精度要求中等。

（2）零件工艺分析

① 确定装夹方案。毛坯为长方体零件，可选择平口钳装夹，工件上表面高出钳口 4 mm 左右。

② 确定加工方案。根据图样加工要求，外轮廓面可采用立铣刀粗铣→精铣完成。U 形槽采用键槽铣刀经粗铣→精铣完成，粗加工需要多次使用刀补值 D 来完成清料。

③ 确定刀具。加工该零件，可选用立铣刀完成粗精加工。具体参数见表 5－11 外

轮廓数控加工刀具卡。

表 5-11 外轮廓数控加工刀具卡

产品名称或代号			零件名称	外轮廓		零件图号	图 5-7	工序号	
序号	刀具号	刀具规格名称		数量	刃长	加工表面		备注	
1	T01	ϕ 6 立铣刀		1		工件外轮廓		高速钢	
编制		审核		批准		年 月 日		共 页	第 页

④ 确定加工工艺。该零件精度要求中等，对内外轮廓面的铣削可作为一道工序。只需对其进行粗铣，然后精铣一次，即可保证精度。具体参数见表 5-12 外轮廓数控加工工艺卡。

表 5-12 外轮廓数控加工工艺卡

单位名称		产品名称或代号	零件名称	材料		零件图号	
			外轮廓	45 钢		图 5-7	
工序号	程序编号	夹具名称	夹具编号	设备名称	设备编号	车间	
		平口钳		数控铣	VMC850E	现代制造技术实训车间	
工步号	工步内容	刀具号	刀具规格名称	主轴转速 r/min	进给速度 mm/min	背吃刀量 mm	备注
1	粗铣外轮廓	T01	ϕ 6 立铣刀	500	100	2	
2	精铣外轮廓	T01	ϕ 6 立铣刀	800	200		
3	粗铣 U 型槽	T01	ϕ 6 立铣刀	500	100	2	
4	精铣 U 型槽	T01	ϕ 6 立铣刀	800	200		
编制		审核		批准		共 页	第 页

（3）程序编制

① 建立工件坐标系。根据工件尺寸标注特点，编程工件坐标系 G54 原点设置在加工表面中心处。

② 基点坐标计算。分别计算出各特征点的坐标值。

③ 编制加工程序。根据前面的工艺分析和坐标计算，编制粗加工轮廓程序。如表 5-13、表 5-14、表 5-15 所示，填写数控加工程序单。精加工时只需修改粗加工程序的转速、进给速度、背吃刀量和刀补值即可。

表 5-13 外轮廓粗加工主程序

零件名称	外轮廓	数控系统	FANUC 0i
零件图号	图 5-7	程序号	O0004
段号	程序内容	备注	
N10	G90G54G69G49G40;	初始化程序建立工件坐标系	
N20	G91G28Z0;	Z 向回参考点	

（续表）

零件名称	外轮廓	数控系统	FANUC 0i
零件图号	图 5－7	程序号	O0004
段号	程序内容	备注	
N30	M03S500；	主轴正转，转速 500 r/min	
N40	G00Z30M08；	刀具 Z 向快速定位，切削液开	
N50	G00X0Y－55；	XY 平面快速定位	
N60	G01Z－2F100；	下刀	
N70	D01M98P5；	加工外轮廓 （D01＝3，D02＝8，D03＝13）	
N80	D02M98P5；		
N90	D03M98P5；		
N100	D01M98P6；	加工右边第一个 U 形槽 （D04＝5）	
N110	D04M98P6；		
N120	G68X0Y0R90；	旋转 90°加工右边第二个 U 形槽	
N130	D01M98P6；		
N140	D04M98P6；		
N150	G69；		
N160	G68X0Y0R180；	旋转 180°加工右边第二个 U 形槽	
N170	D01M98P6；		
N180	D04M98P6；		
N190	G69；		
N200	G68X0Y0R270；	旋转 270°加工右边第二个 U 形槽	
N210	D01M98P6；		
N220	D04M98P6；		
N230	G69；		
N240	G00Z30M09；	抬刀至安全高度，关冷却液	
N250	M30；	程序结束	

表 5－14　外轮廓子程序

零件名称	外轮廓	数控系统	FANUC 0i
零件图号	图 5－7	程序号	O0005
段号	程序内容	备注	
N10	G42G01X0Y－25F100；	刀补加工外轮廓	
N20	G01X25Y－25；		
N30	G01X25Y25；		
N40	G01X－25Y25；		
N50	G01X－25Y－25；		
N60	G01X0Y－25；		
N70	G00Z3；	抬刀至安全高度	
N80	G40G00X0Y0；	取消刀补	
N90	M99；	返回主程序	

表 5-15 U形槽子程序

零件名称	外轮廓	数控系统	FANUC 0i
零件图号	图 5-7	程序号	O0006
段号	程序内容	备注	
N10	G00X40Y0；	XY 平面快速定位	
N20	G01Z－2F100；	下刀	
N30	G41G01X25Y0F300；	刀补加工外轮廓	
N40	G01X25Y7；		
N50	G01X15Y7；		
N60	G03X15Y－7R7；		
N70	G01X40Y－7；		
N80	G00Z3；	抬刀至安全高度	
N90	G40G00X0Y0；	取消刀补	
N100	M99；	返回主程序	

【实例 5-4】 如图 5-8 所示内轮廓零件，毛坯尺寸 75 mm×65 mm×8 mm，材料为 45 钢，该零件在送达数控铣床之前，已完成除内轮廓以外所有要素的加工，现需要采用数控铣床加工该内轮廓零件，试进行数控铣削加工工艺设计，并编写加工程序。

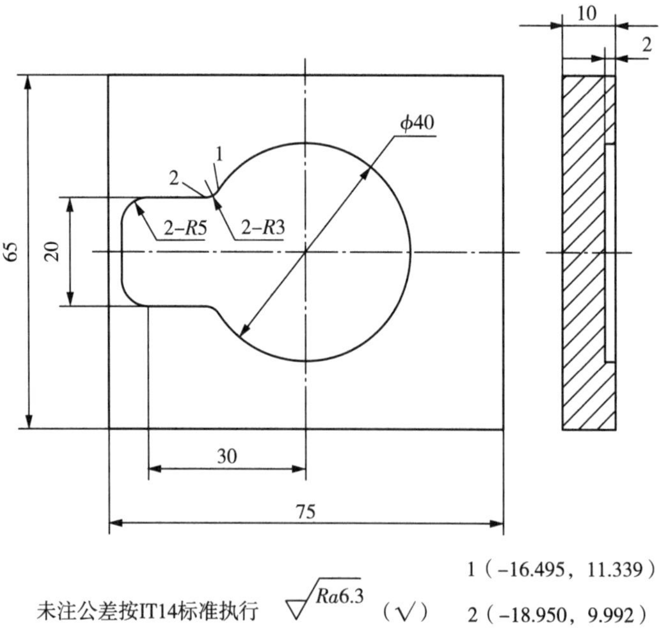

图 5-8 内轮廓加工

（1）零件图纸分析

该零件外轮廓由直线和圆弧面组成，内轮廓为圆弧面型腔。尺寸精度：外轮廓约为IT14级精度，内轮廓为IT14级精度，表面粗糙度 $Ra6.3\ \mu m$，没有形位公差要求，加工精度要求中等。

（2）零件工艺分析

① 确定装夹方案。毛坯为长方体零件，可选择平口钳装夹，用两块标准垫块垫在工件下表面。但需注意垫起位置应在零件轮廓的外侧，要防止在加工过程中妨碍刀具切削，工件上表面高出钳口4 mm左右。

② 确定加工方案。根据图样加工要求，零件深度不是很深，采取垂直下刀方式进刀，内轮廓采用立铣刀经粗铣、精铣完成。

③ 确定刀具。选用一把直径φ6 mm三刃高速钢立铣刀对零件轮廓进行粗铣，为提高表面质量，降低刀具磨损，选用另一把直径φ6 mm的三刃硬质合金立铣刀进行轮廓半精铣、精铣。具体参数见表5-16内轮廓数控加工刀具卡。

表5-16　内轮廓数控加工刀具卡

产品名称或代号			零件名称	内轮廓		零件图号	图5-8	工序号	
序号	刀具号	刀具规格名称		数量	刃长	加工表面		备注	
1	T01	φ10立铣刀		1		粗加工内轮廓		高速钢	
2	T02	φ10立铣刀		1		精加工内轮廓		硬质合金	
编制		审核		批准		年　月　日		共　页	第　页

④ 确定加工工艺。该零件精度要求中等，对内轮廓面的铣削可作为一道工序。只需对其粗铣一次，然后精铣一次，即可保证精度。具体参数见表5-17内轮廓数控加工工艺卡。

表5-17　内轮廓数控加工工艺卡

单位名称		产品名称或代号	零件名称	材料		零件图号	
			内轮廓	45钢		图5-8	
工序号	程序编号	夹具名称	夹具编号	设备名称	设备编号	车间	
		平口钳		数控铣	VMC850E	现代制造技术实训车间	
工步号	工步内容	刀具号	刀具规格名称	主轴转速 r/min	进给速度 mm/min	背吃刀量 mm	备注
1	粗铣内轮廓留出0.3 mm加工余量	T01	φ6立铣刀	500	100	2	
2	精铣内轮廓	T02	φ6立铣刀	1500	200	0.3	
编制		审核		批准		共　页	第　页

（3）程序编制

① 建立工件坐标系。根据工件尺寸标注特点，编程坐标系原点设置在加工表面中心处。

② 基点坐标计算。分别计算出各特征点的坐标值。

③ 编制加工程序。根据前面的工艺分析和坐标计算，编制粗轮廓加工程序。如表5-18所示，填写加工程序单。精加工时只需修改粗加工程序的转速、进给速度、背吃刀量和刀补值即可。

表5-18　内轮廓铣削程序

零件名称	内轮廓	数控系统	FANUC 0i
零件图号	图5-8	程序号	O0007
段号	程序内容	备注	
N10	G90G54G49G40；	初始化程序建立工件坐标系	
N20	G91G28Z0；	*Z*向回参考点	
N30	M03S500；	主轴正转，转速500 r/min	
N40	G00Z5；	快速靠近工件表面	
N50	M08；	切削液开	
N60	G00X0Y0；	*XY*平面快速定位	
N70	D01M98P2003；	执行子程序加工内轮廓	
N80	D01M98P2004；	执行圆子程序清内轮廓剩余材料（D01＝3，D02＝7，D03＝11，D04＝15）	
N90	D02M98P2004；		
N100	D03M98P2004；		
N110	D04M98P2004；		
N120 N130	D01M98P2005； D02M98P2005；	执行四边形程序清内轮廓剩余材料	
N140	M08；	关冷却液	
N150	M30；	结束程序	
	O2003；	内轮廓子程序	
N10	G90G01Z－2F100；	下刀至指定深度	
N20	G90G42G01X－16.495Y11.33；	执行刀具半径刀补	
N30	G02X－16.495Y－11.339R－20；	加工轮廓	
N40	G03X－18.950Y－9.992R3；		
N50	G01X－30；		
N60	G02X－35Y－5R5；		
N70	G01Y5；		
N80	G02X－30Y10R5；		
N90	G01X－18.950Y9.992；		
N100	G03X－16.495Y11.339R3；		
N110	G40X0Y0；	取消刀具半径补偿	
N120	M99；	返回子程序	

（续表）

零件名称	内轮廓	数控系统	FANUC 0i
零件图号	图 5-8	程序号	O0007
段号	程序内容	备注	
	O2004;	走圆清除材料子程序	
N10	G90G42G01X0Y20F300;	执行刀具半径刀补	
N20	G02X0Y20I0J−20;	走圆	
N30	G40G01X0Y0;	取消刀具半径补偿	
N40	M99;	返回子程序	
	O2005;	走四边形清除材料子程序	
N10	G90G42G01X−25Y7F300;	执行刀具半径刀补	
N20	G01X−16;	走四边形轮廓	
N30	G01Y−7;		
N40	G01X−32;		
N50	G01Y7;		
N60	G01X−25;		
N70	G40G01X−25Y0;	取消刀具半径补偿	
N80	G00Z30;	返回安全高度	
N90	M99;	返回子程序	

【实例 5-5】　如图 5-9 所示复合轮廓零件加工，毛坯尺寸 100 mm×100 mm×24 mm，材料为 45 钢，该零件在送达数控铣床之前，已完成除复合轮廓以外所有要素的加工，现需要采用数控铣床加工该复合轮廓零件，试进行数控铣削加工工艺设计，并编写加工程序。

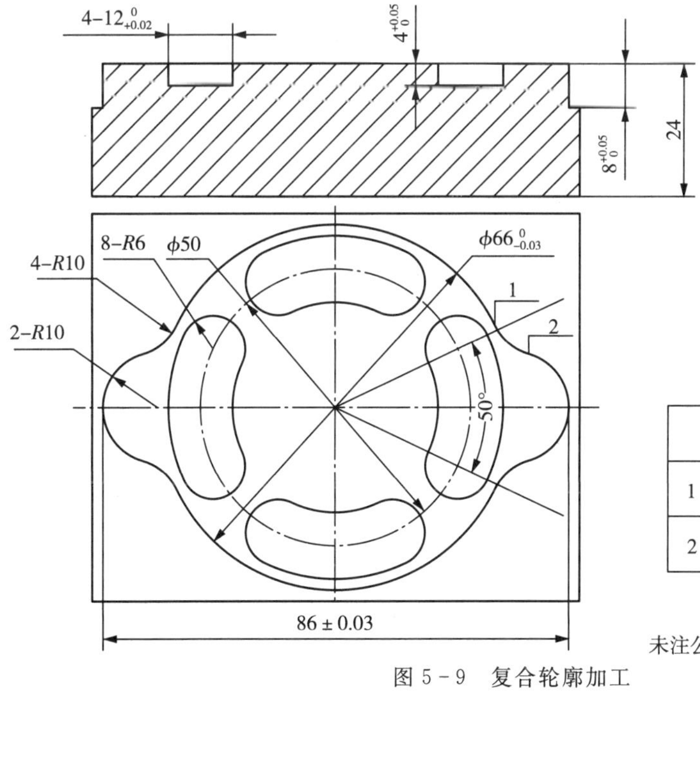

	X	Y
1	29.513	14.767
2	35.727	9.621

未注公差按IT14标准执行 $\sqrt{Ra3.2}$（√）

图 5-9　复合轮廓加工

（1）零件图纸分析

图 5－9 所示零件的主要加工部位为外轮廓、腰形槽和内孔，尺寸公差是本次加工重点保证的尺寸，同时轮廓表面粗糙度为 $Ra3.2$，要求较高。

（2）零件工艺分析

① 确定装夹方案。毛坯为长方体零件，可选择平口钳装夹，用两块标准垫块垫在工件下表面。

② 确定加工方案。根据图样加工要求，轮廓采用立铣刀经粗铣→半精铣→精铣完成，为有效保护刀具，提高加工表面质量，采用顺铣方式铣削工件。

③ 确定刀具。选用一把直径ϕ 10 mm 三刃高速钢立铣刀对零件轮廓进行粗铣，为提高表面质量，降低刀具磨损，选用另一把直径ϕ 10 mm 的三刃硬质合金立铣刀进行轮廓半精铣、精铣。具体参数见表 5－19 复合轮廓数控加工刀具卡。

表 5－19　复合轮廓数控加工刀具卡

<table>
<tr><td colspan="2">产品名称或代号</td><td></td><td>零件名称</td><td colspan="2">复合轮廓</td><td>零件图号</td><td>图 5－9</td><td>工序号</td><td></td></tr>
<tr><td>序号</td><td>刀具号</td><td colspan="2">刀具规格名称</td><td>数量</td><td>刃长</td><td colspan="2">加工表面</td><td colspan="2">备注</td></tr>
<tr><td>1</td><td>T01</td><td colspan="2">ϕ 10 立铣刀</td><td>1</td><td></td><td colspan="2">粗铣内外轮廓</td><td colspan="2">高速钢</td></tr>
<tr><td>2</td><td>T01</td><td colspan="2">ϕ 10 立铣刀</td><td>1</td><td></td><td colspan="2">精铣内外轮廓</td><td colspan="2">硬质合金</td></tr>
<tr><td>编制</td><td></td><td>审核</td><td></td><td>批准</td><td></td><td colspan="2">年　月　日</td><td>共　页</td><td>第　页</td></tr>
</table>

④ 确定加工工艺。该零件精度要求较高，对轮廓面的铣削可作为一道工序。需对其粗铣一次，然后半精铣一次，再精铣一次，即可保证精度。具体参数见表 5－20 复合轮廓数控加工工艺卡。

表 5－20　复合轮廓数控加工工艺卡

<table>
<tr><td rowspan="2">单位名称</td><td rowspan="2"></td><td>产品名称或代号</td><td>零件名称</td><td colspan="2">材料</td><td colspan="2">零件图号</td></tr>
<tr><td></td><td>复合轮廓</td><td colspan="2">45 钢</td><td colspan="2">图 5－9</td></tr>
<tr><td>工序号</td><td>程序编号</td><td>夹具名称</td><td>夹具编号</td><td>设备名称</td><td>设备编号</td><td colspan="2">车间</td></tr>
<tr><td></td><td></td><td>平口钳</td><td></td><td>数控铣</td><td>VMC850E</td><td colspan="2">现代制造技术实训车间</td></tr>
<tr><td>工步号</td><td>工步内容</td><td>刀具号</td><td>刀具规格名称</td><td>主轴转速 r/min</td><td>进给速度 mm/min</td><td>背吃刀量 mm</td><td>备注</td></tr>
<tr><td>1</td><td>轮廓粗铣</td><td>T01</td><td>ϕ 10 立铣刀</td><td>800</td><td>150</td><td></td><td></td></tr>
<tr><td>2</td><td>轮廓半精铣</td><td>T02</td><td>ϕ 10 立铣刀</td><td>1200</td><td>300</td><td></td><td></td></tr>
<tr><td>3</td><td>轮廓精铣</td><td>T02</td><td>ϕ 10 立铣刀</td><td>1200</td><td>300</td><td></td><td></td></tr>
<tr><td>编制</td><td></td><td>审核</td><td></td><td>批准</td><td></td><td>共　页</td><td>第　页</td></tr>
</table>

（3）程序编制

① 建立工件坐标系。根据工件尺寸标注特点，编程坐标系原点设置在加工表面中

心处。

② 基点坐标计算。分别计算出各特征点的坐标值。

③ 编制加工程序。根据前面的工艺分析和坐标计算，编制轮廓粗加工程序。半精加工、精加工时只需修改粗加工程序的转速、进给速度、背吃刀量和刀补值即可。填写加工程序单，如表5-21、表5-22、表5-23所示。

表5-21 复合轮廓粗铣程序

零件名称	复合轮廓	数控系统	FANUC 0i
零件图号	图5-9	程序号	O0100
段号	程序内容	备注	
N10	G90G54G49G40；	初始化程序建立工件坐标系	
N20	G91G28Z0；	Z向回参考点	
N30	M03S800；	主轴正转，转速800 r/min	
N40	G00Z30M08；	刀具Z向快速定位，切削液开	
N50	G90G00Z3；	抬刀至安全高度	
N60	G00X70Y30；	XY平面快速定位	
N70	G01Z0F100；	下刀至工件表面高度	
N80	D01M98P114L4；	第一次刀补加工外轮廓（D01=3）	
N90	G90G00Z0；	抬刀至工件表面高度	
N100	D02M98P114L4；	第二次刀补加工外轮廓（D02=7）	
N110	G90G00Z3；	抬刀至安全高度	
N120	G00X25Y0；	XY平面快速定位	
N130	G01Z0F100；	下刀至工件表面高度	
N140	D01M98P116L2；	加工右边第一个凹槽	
N150	G90G00Z0；	抬刀至工件表面高度	
N160	G68X0Y0R90；	旋转第一个凹槽90°加工第二个凹槽	
N170	D01M98P116L2；		
N180	G90G00Z0；		
N190	G69；		
N200	G68X0Y0R180；	旋转第一个凹槽180°加工第二个凹槽	
N210	D01M98P116L2；		
N220	G90G00Z0；		
N230	G69；		
N240	G68X0Y0R270；	旋转第一个凹槽270°加工第二个凹槽	
N250	D01M98P116L2；		
N260	G90G00Z30；		
N270	G69；		
N280	M09；	关闭冷却液	
N290	M30；	程序结束	

表 5－22　外轮廓加工子程序

零件名称	复合轮廓	数控系统	FANUC 0i
零件图号	图 5－9	程序号	O0114
段号	程序内容	备注	
N10	G91G01Z－2F100；	相对值坐标下刀 2 mm 深度	
N20	G90G42G01X35.727Y9.621F150；	建立刀补	
N30	G02X29.513Y14.767R10；	外轮廓加工	
N40	G03X－29.513Y14.767R33；		
N50	G02X－35.727Y9.621R10；		
N60	G03X－35.727Y－9.621R－10；		
N70	G02X－29.513Y－14.767R10；		
N80	G03X29.513Y－14.767R33；		
N90	G02X35.727Y－9.621R10；		
N100	G03X35.727Y9.621R－10；		
N110	G40G01X70Y30；	撤销刀补值	
N120	M99；	返回主程序	

表 5－23　腰槽加工子程序

零件名称	复合轮廓	数控系统	FANUC 0i
零件图号	图 5－9	程序号	O0011
段号	程序内容	备注	
N10	G90G00X25Y0；	初始化程序建立工件坐标系	
N20	G91G01Z－2F100；	相对值坐标下刀 2 mm 深度	
N30	G90；	切换为绝对值坐标编程	
N40	G16；	极坐标指定	
N50	G42G01X19Y25F150；	建立刀补值	
N60	G02X31Y25R6；	轮廓加工	
N70	G02X31Y－25R31；		
N80	G02X19Y－25R6 ；		
N90	G03X19Y25R19 ；		
N100	G40G01X25Y0；	取消刀补	
N110	G15；	极坐标取消	
N120	M99；	返回主程序	

【实例 5－6】　如图 5－10 所示精密键槽零件，材料为 45 钢。该零件在送达数控铣床之前，已完成除键槽以外所有要素的加工，现需要采用数控铣床加工该键槽，试

进行数控铣削加工工艺设计，并编写加工程序。

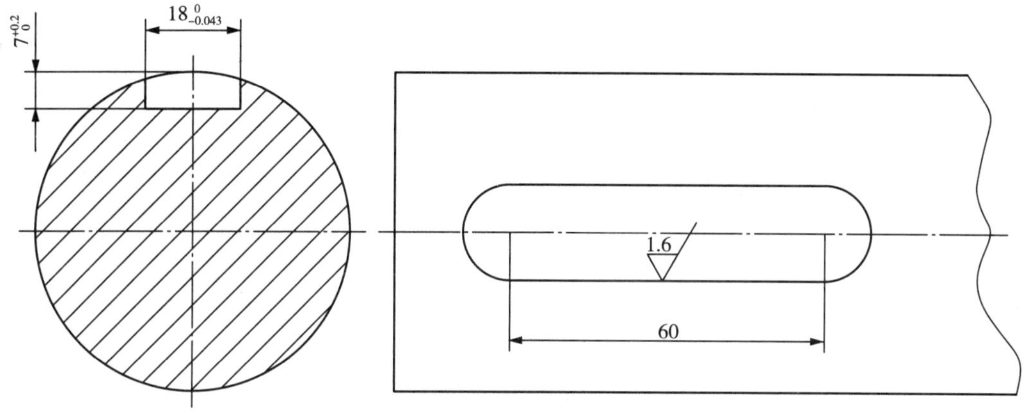

图 5－10　精密键槽

（1）零件图纸分析

如图 5－10 所示该零件需要加工精密的键槽，键槽宽度和深度的尺寸精度要求较高，是需要保证的尺寸，并且有表面粗糙度要求。

（2）零件工艺分析

① 确定装夹方案。工件轴采用 V 形块定位，采用螺母和压板将轴件夹紧在 V 形块上，把 V 形块放在工作台上，用百分表找正，使 V 形口方向与机床 X 轴（或 Y 轴）平行，将 V 形块夹紧在工作台上。

② 确定加工方案。采用小于键宽尺寸的键槽铣刀，分粗铣、精铣两步完成键槽切削。首先粗铣键槽，采用层切法，铣削到槽深度，由于键槽铣刀直径小于键槽宽度，所以槽的宽度和长度尺寸均小于设计尺寸；然后精铣键槽，在 XY 面键槽铣刀沿键槽轮廓走刀，精铣槽至设计尺寸。

③ 确定刀具。根据零件的结构特点，铣削键槽时，刀具需在工件内下刀，因此选用刀刃过中心的键槽铣刀。铣刀直径受槽宽 18 mm 限制，故取刀具直径为 10 mm。具体参数见表 5－24 键槽数控加工刀具卡。

表 5－24　键槽数控加工刀具卡

产品名称或代号			零件名称	键槽		零件图号	图 5－10	工序号	
序号	刀具号	刀具规格名称		数量	刃长	加工表面		备注	
1	T01	ϕ 10 键槽铣刀		1				硬质合金	
编制		审核		批准		年　月　日		共　页	第　页

④ 确定加工工艺。加工键槽时 Z 轴方向下刀选择斜线进刀，轮廓采用粗、精两次铣削加工。粗铣键槽，采用层切法，粗铣后槽宽 17 mm，留槽宽精铣单边余量 0.5 mm，留槽深精铣余量 0.6 mm。具体参数见表 5－25 键槽粗加工数控加工工艺卡。

表 5-25 键槽粗加工数控加工工艺卡

单位名称		产品名称或代号	零件名称	材料		零件图号	
			键槽	45 钢		图 5-10	
工序号	程序编号	夹具名称	夹具编号	设备名称	设备编号	车间	
		平口钳		数控铣	VMC850E	现代制造技术实训车间	
工步号	工步内容	刀具号	刀具规格名称	主轴转速 r/min	进给速度 mm/min	背吃刀量 mm	备注
1	粗加工键槽轮廓	T01	ϕ10 键槽铣刀	800	100	2.2	硬质合金
2	精加工键槽轮廓	T02	ϕ10 键槽铣刀	1200	300	0.5	硬质合金
编制		审核		批准		共　页	第　页

(3) 程序编制

① 确定坐标系。以轴的上母线，键槽中点为工件坐标系 G54 原点。

② 程序编制。根据前面的工艺分析编制键槽粗加工程序，见表 5-26。键槽宽度通过修改刀具半径补偿值实现加工键槽到设计尺寸，键槽深度通过修改刀具长度补偿值实现加工键槽深度设计值。具体程序见表 5-27 键槽数控加工子程序。

表 5-26 键槽数控粗加工主程序

零件名称	键槽	数控系统	FANUC 0i
零件图号	图 5-10	程序号	O0002
段号	程序内容	备注	
N10	G90G54G40M03S800;	程序初始化	
N20	G91G28Z0;	返回参考点	
N30	G43G00Z100H01;	建立刀具长度补偿	
N40	X−30Y0;	在安全平面内，定位至下刀点	
N50	G00Z1;	快速靠近工件表面 1 mm 处	
N60	M08;	开冷却液	
N70	G01X60Y0Z−2.2F100;	斜线进刀第一层	
N80	D01M98P0003;	调用子程序一次（D01=5.5）	
N90	G01X60Y0Z−4.4F100;	斜线进刀第二层	
N100	D01M98P0003;	调用子程序一次	
N110	G01X60Y0Z−6.6F100;	斜线进刀第三层	
N120	D01M98P0003;	调用子程序一次	
N130	G00Z50;	抬刀至安全高度	
N140	M09;	关冷却液	
N150	M30;	结束程序	

表 5－27　键槽数控加工子程序

零件名称	键槽	数控系统	FANUC 0i
零件图号	图 5－10	程序号	O0003
段号	程序内容	备注	
N10	G41G01X30Y9F100；	建立刀具半径补偿值	
N20	G02X30Y－9R9；	加工键槽轮廓	
N30	G01X－30Y－9；		
N40	G02X－30Y9R9；		
N50	G01X30Y9；		
N60	G40G01X30Y0；		
N70	G01X－30Y0；		
N80	M99；	返回主程序	

【实例 5－7】　如图 5－11 所示平面槽形凸轮零件，材料为 45 钢，该零件在送达数控铣床之前，已完成凸轮槽以外所有要素的加工，现需要采用数控铣床加工该凸轮槽，试进行数控铣削加工工艺设计，并编写加工程序。

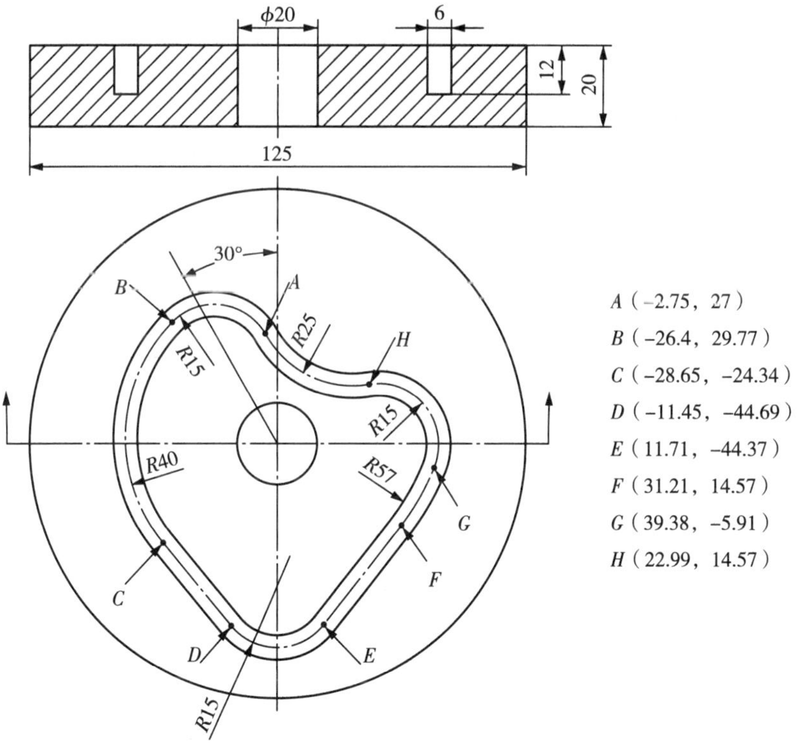

图 5－11　凸轮槽

（1）零件图纸分析

如图 5－11 所示该零件凸轮槽轮廓沿 A→B→C→D→E→F→G→H→A 路径分别由

圆弧 AB，BC，DE，FG，GH，AH 和直线 CD 和圆弧 EF 组成。组成轮廓的各几何元素关系描述清楚，条件充分，所需要的基点坐标已经给出。凸轮槽没有表面粗糙度和尺寸精度要求，加工较为简单。

(2) 零件工艺分析

① 确定装夹方案。用平行垫铁支承工件，用 T 形螺钉、压板把圆工件夹紧在工作台上。夹紧点应对准垫铁，确保夹紧力作用在垫铁上，使夹紧可靠。夹紧操作中应首先轻夹工件，然后拉千分表找平工件上表面，橡胶锤轻敲工件顶面，调整工件，确保工件上表面水平，最后采用适当的夹紧力夹紧工件。

工件外圆是其定位表面，把磁力百分表座吸附在主轴上，表触头打在工件上，找正工件编程原点，存储编程原点偏移量。

② 确定加工方案。图 5－11 中的槽加工，槽宽 6 mm，精度要求低（为未注尺寸公差），采用刀具中心轨迹为走刀路线编程。加工槽宽尺寸，用同一个加工程序，通过采用不同直径的刀具，取得不同的侧吃刀量，从而实现粗、精加工。粗铣用ϕ 5 mm 键槽铣刀，铣出宽度尺寸为 5 mm 的槽；精铣用ϕ 6 mm 键槽铣刀，精加工到设计尺寸 6 mm。

槽深尺寸采用层切法加工，分 6 层切削到槽的深度。层间距为 2 mm，采用啄钻下刀。精铣通过采用不同直径的刀具，取得不同的侧吃刀量。

③ 确定刀具。由于凸轮槽加工需要在轮廓内下刀，粗铣时选择刀尖过中心的ϕ 5 mm键槽铣刀，精铣时为提高工件表面粗糙度质量选择刀刃多的ϕ 6 mm 4 齿立铣刀进行加工。具体参数见表 5－28 凸轮槽数控加工刀具卡。

表 5－28　凸轮槽数控加工刀具卡

产品名称或代号			零件名称	凸轮槽		零件图号	图 5－11	工序号	
序号	刀具号	刀具规格名称		数量	刃长	加工表面		备注	
1	T01	ϕ 5 键槽铣刀		1		粗铣凸轮槽轮廓		硬质合金	
2	T02	ϕ 6 4 齿立铣刀		1		精铣凸轮槽轮廓		硬质合金	
编制		审核		批准		年　月　日		共　页	第　页

④ 确定加工工艺。粗铣，在实体上用ϕ 5 键槽铣刀，Z 轴起始位置 $Z=0.2$ mm，所以 6 次执行子程序后，槽的铣削深度尺寸为 11.8 mm，这样，在深度方向（Z 向）留下精铣余量 0.2 mm，槽边留下 0.5 mm 精铣余量。精铣，选用 4 个刀齿的ϕ 6 立铣刀，刀刃多，有利于确保表面粗糙度。具体参数见表 5－29 凸轮槽数控加工工艺卡。

表 5－29　凸轮槽数控加工工艺卡

单位名称		产品名称或代号	零件名称	材料		零件图号
			凸轮槽	45 钢		图 5－11
工序号	程序编号	夹具名称	夹具编号	设备名称	设备编号	车间
		平口钳		数控铣	VMC850E	现代制造技术实训车间

（续表）

工步号	工步内容	刀具号	刀具规格名称	主轴转速 r/min	进给速度 mm/min	背吃刀量 mm	备注
1	粗铣凸轮槽轮廓	T01	ϕ 5 键槽铣刀	1200	200	2	
2	精铣凸轮槽轮廓	T02	ϕ 6 4 齿立铣刀	2000	400	0.2	
编制		审核		批准		共　页	第　页

（3）程序编制

① 确定坐标系。本工序加工凸轮槽的设计基准在工件中心，所以工件坐标系 G54 原点定在ϕ 125 毛坯中心的上表面。

② 程序编制。根据前面的工艺分析编制键槽粗加工程序。精加工时只需修改粗加工程序的转速、进给速度、背吃刀量和刀补值即可。具体程序见表 5 - 30 和表 5 - 31 凸轮槽数控加工程序。

表 5 - 30　凸轮槽数控加工主程序

零件名称	凸轮槽	数控系统	FANUC 0i
零件图号	图 5 - 11	程序号	O0002
段号	程序内容	备注	
N10	G90G54G49G40；	初始化程序建立工件坐标系	
N20	G91G28Z0；	返回参考点	
N30	M06T01；	换 1 号键槽铣刀	
N40	M03S1200；	主轴正转，转速为 1200 r/min	
N50	G00Z100G43H01；	建立 1 号刀具长度补偿	
N60	X－2.75Y27；	在安全高度上快速定位到下刀点	
N70	G00Z2；	快速下刀至工件上表面	
N80	M08；	开启冷却液	
N90	G01Z0.2F200；	插补至距工件上表面 0.2 mm 处	
N100	M98P0003L6；	调用子程序 0003，执行 6 次（粗铣）	
N110	G90G00Z30；	快速返回安全高度	
N120	G49Z100；	取消刀具长度补偿	
N130	M06T02；	换 2 号立铣刀	
N140	M03S2000；	主轴正转，转速为 2000 r/min	
N150	G00G43H02；	建立 2 号刀具长度补偿	
N160	X－2.75Y27；	在安全高度上快速定位到下刀点	
N170	Z2；	快速下刀至工件上表面	
N180	G01Z0F400；	插补至工件上表面处	
N190	M98P0003L6；	调用子程序 0003，执行 6 次（精铣）	
N200	G91G28Z0；	返回参考点	
N10	M09；	关冷却液	
N220	M30；	程序结束	

表 5-31　凸轮槽数控加工子程序

零件名称	凸轮槽	数控系统	FANUC 0i
零件图号	图 5-11	程序号	O0003
段号	程序内容	备注	
N10	G91G01Z－2；	增量编程，每次下刀 2 mm	
N20	G03X－26.4Y29.77R15；	凸轮槽轮廓加工	
N30	G03X－28.65Y－24.34R40；		
N40	G01X－11.45Y－44.69；		
N50	G03X11.71Y－44.37R15；		
N60	G01X31.21Y－14.57；		
N70	G03X39.38Y－5.91R57；		
N80	G03X22.9Y14.57R15；		
N90	G02X－2.75Y27R25；		
N100	M99；	返回主程序	

【实例 5-8】　如图 5-12 所示特殊 2D 轮廓椭圆零件的加工。毛坯尺寸 40 mm×35 mm×12 mm，零件材料为 45 钢，该零件在送达数控铣床之前，已完成除椭圆以外所有要素的加工，现需要采用数控铣床加工该椭圆，试进行数控铣削加工工艺设计，并编制加工程序。

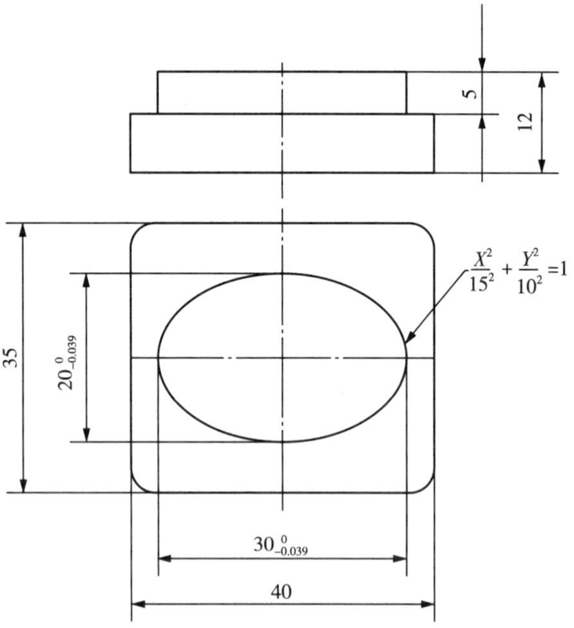

图 5-12　椭圆

(1) 零件图纸分析

图 5-12 所示零件需加工的部分为深度 5 mm 的椭圆，其中椭圆的长短轴分别为

$15_{-0.039}^{\ 0}$和$10_{-0.039}^{\ 0}$，为主要保证的尺寸，同时椭圆的表面粗糙度也有要求。

（2）零件工艺分析

① 确定装夹方案。由于零件轮廓尺寸不大，根据车间情况零件可用平口钳装夹。

② 确定加工方案。根据图案加工要求，椭圆轮廓可采用立铣刀粗铣、精铣完成。

③ 确定刀具。加工该零件选择一把ϕ 10 mm 高速钢立铣刀对零件进行加工，具体参数见表 5－32 椭圆数控加工刀具卡。

表 5－32　椭圆数控加工刀具卡

产品名称或代号			零件名称	椭圆		零件图号	图 5－12	工序号	
序号	刀具号	刀具规格名称		数量	刃长	加工表面		备注	
1	T01	ϕ 10 立铣刀		1		椭圆面		高速钢	
编制		审核		批准		年　月　日		共　页	第　页

④ 确定加工工艺。该零件精度要求相对较高，对轮廓面的铣削可作为一道工序。需对其粗铣一次，再精铣一次，即可保证精度，具体参数见表 5－33 椭圆数控加工工艺卡。

表 5－33　椭圆数控加工工艺卡

单位名称		产品名称或代号	零件名称	材料		零件图号	
			椭圆	45 钢		图 5－12	
工序号	程序编号	夹具名称	夹具编号	设备名称	设备编号	车间	
1		平口钳		数控铣	VMC850E	现代制造技术实训车间	
工步号	工步内容	刀具号	刀具规格名称	主轴转速 r/min	进给速度 mm/min	背吃刀量 mm	备注
1	粗加工椭圆轮廓	T01	ϕ 10 立铣刀	500	80		
2	精加工椭圆轮廓	T02	ϕ 10 立铣刀	1000	120		
编制		审核		批准		共　页	第　页

（3）程序编制

① 建立工件坐标系。选取在工件上表面椭圆中心点作为工件坐标系 G54 原点。

② 宏程序变量分析。在数控编程中，对简单平面非圆曲线轮廓进行加工，是采用小直线段（或小圆弧）逼近曲线轮廓来完成的。具体编程方法为：采用某种规律在曲线上取点，然后用小直线段将这些点连接起来完成加工。假定椭圆长半轴（X 向）、短半轴（Y 向）长分别为 a 和 b（图 5－13），根据椭圆的标准方程为$\frac{x^2}{a^2}+\frac{y^2}{b^2}=1$，参数方程为$x=a\cos\theta$，$y=b\sin\theta$，利用椭圆标准方程或参数方程可方便地完成在椭圆上取点的工作。

通过分析椭圆的参数方程，即 $x=a\cos\theta$，$y=b\sin\theta$，可以知道 a，b 分别为椭圆的长、短半轴，是常量，角度 θ 的取值范围为 0°～360°，是一个变化的数值，而且每一个 θ 值都有唯一的 x，y 与之对应。由此可以将角度 θ 设置为变量，通过变化 θ 值得到多个 x，y 坐标值，然后用 G01 直线插补指令将这些 x，y 坐标连接起来，最终形成椭圆轮廓。

如图 5－13 所示，取角度 θ 作为主变量＃1，＃4 作为 X 坐标值变量，＃5 作为 Y 坐标值变量，＃2 作为椭圆长轴变量，＃3 作为椭圆短轴变量，可得出

X＝＃4＝＃2＊COS［＃1］　Y＝＃5＝＃3＊SIN［＃1］；

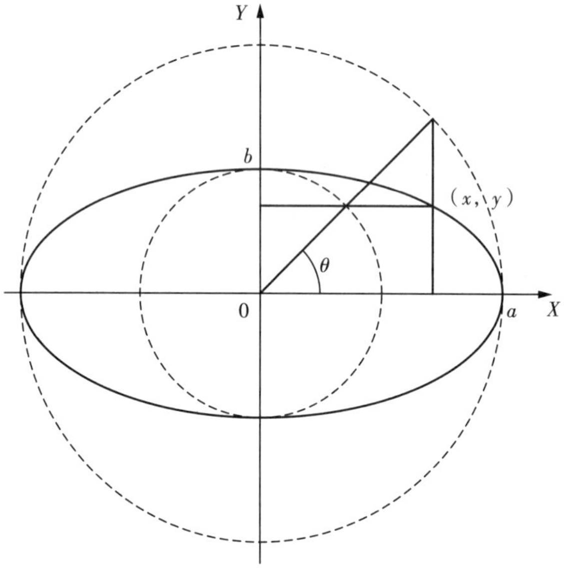

图 5－13　椭圆运动轨迹示意图

③ 编制加工程序。根据前面的工艺分析和宏程序变量分析，编制加工程序，并填写加工程序单。椭圆粗铣程序如表 5－34 所示。

表 5－34　椭圆粗铣程序

零件名称	椭圆	数控系统	FANUC 0i
零件图号	图 5－12	程序号	00001
段号	程序内容	备注	
N10	G90G54G40G17G64；	程序初始化	
N20	M03S500；	主轴转速 500 r/min	
N30	M08；	开冷却液	
N40	G00X35Y0；	X，Y 快速定位	
N50	Z3；	Z 轴快速定位	
N60	G01Z－5F100；	Z 轴定位至加工深度	

（续表）

零件名称	椭圆	数控系统	FANUC 0i
零件图号	图 5-12	程序号	O0001
段号	程序内容	备注	
N70	G41X15Y0D01F80；	建立刀具半径左补偿	
N80	＃1=−1；	给变量赋初始值	
N90	＃2=15；	定义椭圆长半轴	
N100	＃3=10；	定义椭圆短半轴	
N110	＃4=＃2＊COS［＃1］；	变量计算	
N120	＃5=＃3＊SIN［＃1］；	根据变量计算结果执行直线插补	
N130	G01X＃4Y＃5；	根据变量计算结果执行直线插补	
N140	＃1=＃1−2；	变量更新	
N150	IF［＃1GE−360］GOTO110；	条件判断	
N160	G40X35Y0；	撤销刀具半径左补偿	
N170	G00Z100；	*Z* 轴快速定位	
N180	M30；	程序结束	

5.3　孔系加工实例

5.3.1　孔结构概述

1. 孔的用途

孔加工在机械加工中所占比例很大，很多的机械产品都有孔，例如轴类零件、盘类零件和箱体类零件等。孔结构是零件的重要组成要素之一，它在机器的运行中起着不可替代的作用。概括起来，孔大致有以下几个作用：（1）连接作用；（2）导向作用；（3）定位作用；（4）配合作用。因此孔类加工方法至关重要。

2. 孔的种类

（1）按孔的深浅分类

按孔的深浅可以分为深孔和浅孔两种类型。当长径比（L/D，孔深/孔径之比）小于 5 时为浅孔，大于等于 5 时为深孔，如图 5-14 所示。浅孔加工可一次完成钻削加工，但深孔加工因排屑和冷却困难，所以钻削时应注意断屑和排屑问题，循序地进行加工。

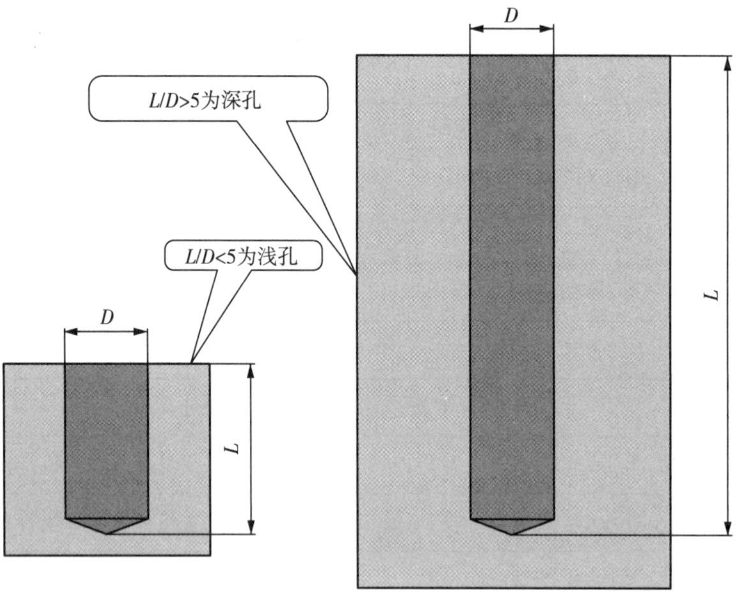

图 5－14　浅孔和深孔

（2）按加工方法分类

按加工方法一般有钻孔、扩孔、铰孔、镗孔、攻螺纹、铣孔，如图 5－15 所示。

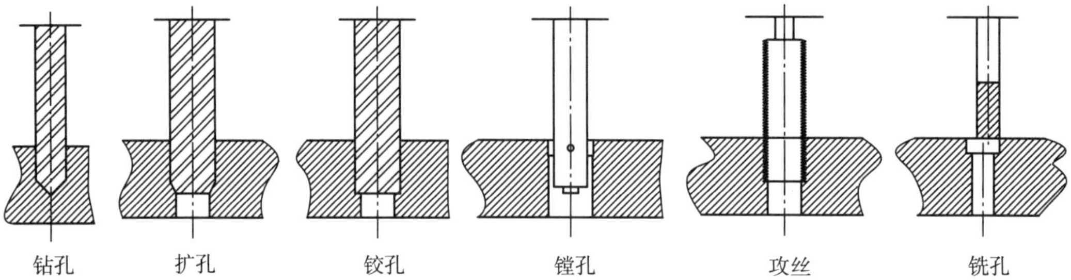

图 5－15　常用孔的加工方法

（3）按几何特征分类按几何特征分类有通孔、盲孔、阶梯孔、锥孔、螺纹孔等，如图 5－16 所示。

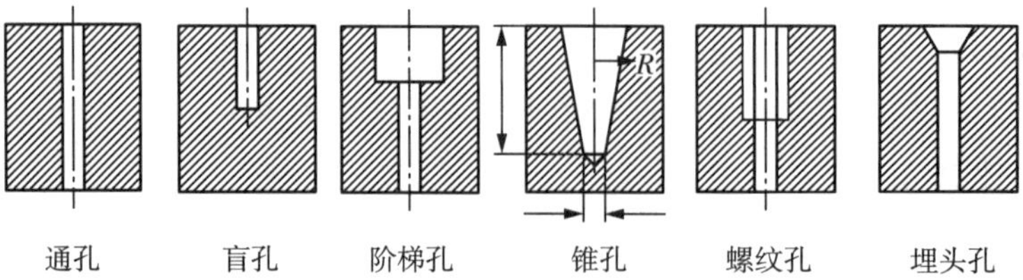

图 5－16　孔的类型

3. 孔的加工特点

由于孔加工是对零件内表面进行加工，加工过程不便观察，控制较困难，因而其加工难度要比外轮廓等开放表面的加工大得多。概括起来，孔加工主要有以下几方面的特点。

（1）孔加工刀具多为定尺寸刀具，如钻头、铰刀等，在加工过程中，刀具磨损造成的形状和尺寸的变化会直接影响被加工孔的精度。

（2）由于受被加工孔直径大小的限制，切削速度很难提高，从而影响了加工效率和加工表面质量，尤其是在对小尺寸孔进行精密加工时，为达到所需的速度，必须使用专门的机器，因此对机床的性能也提出了很高的要求。

（3）刀具的结构受孔直径和长度的限制，加工时，由于轴向力的影响，刀具容易产生弯曲变形和振动，从而影响孔的加工精度。孔的长径比（孔深度与直径之比）越大，其加工难度越大。

（4）孔加工时，刀具一般在半封闭的空间工作，由于切屑排除困难，冷却液难以进入加工区域，导致切削区域热量集中，温度较高，散热条件不好，从而影响刀具的耐用度和钻削加工质量。因此，在孔加工过程中，必须解决好上述特点带来的问题，即冷却问题、排屑问题、刚性导向问题和速度问题，这是确保加工质量的关键。

5.3.2　常见孔的加工方法

1．钻孔

（1）钻孔的特点

钻孔是用钻头在工件实体上加工孔的方法。麻花钻是钻孔最常用的刀具，一般用高速钢制造。钻孔精度一般可达到IT11～IT13级，表面粗糙度为Ra12.5～50，钻孔直径范围为0.1～100 mm，钻孔深度变化范围也很大，广泛应用于孔的粗加工，也可应用于不重要孔的最终加工。

（2）钻孔刀具及其选择

钻孔刀具较多，有普通麻花钻、可转位浅孔钻及扁钻等。应根据工件材料、加工尺寸及加工质量要求等合理选用。在数控铣床上钻孔，大多是采用普通麻花钻。麻花钻的材料有高速钢和硬质合金两种。

（3）选择钻削用量的原则

在实体上钻孔时，背吃刀量由钻头直径确定，所以只需选择切削速度和进给量。切削速度和进给量对钻孔生产效率的影响是相同的；切削速度对钻头寿命的影响比进给量大；进给量对孔的表面粗糙度的影响比切削速度大。综合以上的影响因素，钻孔时选择切削用量的基本原则是：在保证表面粗糙度的前提下，在工艺系统强度和刚度的承受范围内，尽量先选较大的进给量，然后考虑刀具寿命、机床功率等因素选用较大的切削速度。

① 背吃刀量的选择：直径小于30 mm的孔一次钻出；直径为30～80 mm的孔可分为两次钻削，先用$0.5D$～$0.7D$的钻头钻底孔（D为要求的孔径），然后用直径为D的钻头将孔扩大，这样可减小背吃刀量，减小工艺系统轴向受力，并有利于提高钻孔加工质量。

② 进给量的选择：孔的精度要求较高和表面粗糙度值要求较小时，应取较小的进

给量；钻孔较深、钻头较长、刚度和强度较差时，也应取较小的进给量。

③ 切削速度的选择：当钻头的直径和进给量确定后，钻削速度应按钻头的寿命选取合理的数值，孔深较大时，钻削条件差，应取较小的切削速度。

2. 扩孔

(1) 扩孔的特点

扩孔是用扩孔钻对工件上已有的孔进行扩大加工。扩孔钻有 3～4 个主切削刃，没有横刃，它的刚性及导向性好。扩孔加工精度一般可达到 IT9～IT10 级，表面粗糙度值为 *Ra*3.2～6.3。扩孔常用于已铸出、锻出或钻出孔的扩大，可作为精度要求不高孔的最终加工或铰孔、磨孔前的预加工。常用于直径在 10～100 mm 范围内的孔加工。一般工件的扩孔使用麻花钻，对于精度要求较高或生产批量较大时应用扩孔钻，扩孔加工余量为 0.4～0.5 mm。

(2) 扩孔刀具及其选择

扩孔多采用扩孔钻，也有采用镗刀扩孔的。扩孔直径较小时，可选用直柄式扩孔钻；扩孔直径中等时，可选用锥柄式扩孔钻；扩孔直径较大时，可选用套式扩孔钻。

(3) 扩孔余量与切削用量

扩孔的余量一般为孔径的 1/8 左右，对于小于ϕ 25 mm 的孔，扩孔余量为 1～3 mm，较大的孔为 3～9 mm。扩孔时的进给量大小主要受表面质量要求限制，切削速度受刀具使用寿命的限制。

3. 锪孔

(1) 锪孔的特点

锪孔是指用锪钻或锪刀刮平孔的端面或切出沉孔的加工方法，通常用于加工沉头螺钉的沉头孔、锥孔、小凸台面等。锪孔时切削速度不宜过高，以免产生径向振纹或出现多棱形等质量问题。

(2) 锪孔刀具

锪钻一般分柱形锪钻、锥形锪钻和端面锪钻三种。

4. 铰孔

(1) 铰孔的特点

铰孔是利用铰刀从工件孔壁上切除微量金属层，以提高其尺寸精度，降低表面粗糙度值的方法。铰孔精度等级可达到 IT7～IT8 级，表面粗糙度值为 *Ra*0.8～1.6，适用于孔的半精加工及精加工。铰刀是定尺寸刀具，有 6～12 个切削刃，刚性和导向性比扩孔钻更好，适合加工中小直径孔。铰孔之前，工件应经过钻孔、扩孔等加工。

(2) 铰孔刀具及其选择

加工中心上使用的铰刀多是通用标准铰刀。此外，还有机夹硬质合金刀片单刃铰刀和浮动铰刀等。

(3) 铰削用量的选择

① 铰削余量。铰削余量是留作铰削加工的切深的大小。通常铰孔余量比扩孔或镗孔的余量要小，铰削余量太大会增大切削压力而损坏铰刀，导致加工表面粗糙度过大。余量过大时可采取粗铰和精铰分开，以保证技术要求。

另一方面，如果毛坯余量太小会使铰刀过早磨损，不能正常切削，也会使表面粗糙度差。一般铰削余量为 0.1～0.25 mm，对于较大直径的孔，余量不能大于 0.3 mm。

有一种经验建议留出铰刀直径 1%～3%大小的厚度作为铰削余量（直径值），如 ϕ 20 mm的铰刀加工 ϕ 19.6 mm 左右的孔直径比较合适。计算方法为 20 mm－(20 mm×2%) ＝19.6 mm。

对于硬材料和一些航空材料，铰孔余量通常取得更小。表 5－35 列出了铰孔余量的参考值。

表 5－35　铰孔余量（直径值）

孔的直径/mm	<ϕ 8	ϕ (8～20)	ϕ (21～32)	ϕ (33～50)	ϕ (51～70)
铰孔余量/mm	0.1～0.2	0.15～0.25	0.2～0.3	0.25～0.35	0.25～0.35

② 铰孔的进给率。铰孔的进给率比钻孔要大，通常为钻孔的 2～3 倍。取较高进给率的目的是使铰刀切削材料而不是摩擦材料。但铰孔的表面粗糙度值随进给量的增加而增大。进给量过小时，会导致刀具径向摩擦力的增大，铰刀会迅速磨损引起铰刀颤动，使孔的表面变粗糙。标准高速钢铰刀加工钢件，表面粗糙度要求为 Ra0.63，则进给量不能超过 0.5 mm/r，对于铸铁件，可增加至 0.85 mm/r。

③ 铰孔操作的主轴转速。铰削用量各要素对铰孔的表面粗糙度均有影响，其中以铰削速度影响最大。如用高速钢铰刀铰孔，要获得较好的粗糙度，如要求为 Ra0.63，对中碳钢工件来说，铰削速度不应超过 5 m/min，因为此时不易产生积屑瘤，且速度也不高；而铰削铸铁时，因切屑断为粒状，不会形成积屑瘤，故铰削速度可以提高到 8～10 m/min。如果采用硬质合金铰刀，铰削速度可提高到 90～130 m/min，但应修整铰刀的某些角度，以避免出现打刀现象。通常铰孔的主轴转速可选为同材料上钻孔主轴转速的 2/3。

5. 镗孔

(1) 镗孔的特点

镗孔是利用镗刀对工件上已有尺寸较大孔的加工，特别适合于加工分布在同一或不同表面上的孔距和位置精度要求较高的孔系。镗孔加工公差等级可达到 IT6～IT7 级，表面粗糙度值为 Ra0.8～1.6，可应用于高精度加工场合。镗孔时，要求镗刀和镗杆必须具有足够的刚度；镗刀夹紧牢固，装卸和调整方便；具有可靠的断屑和排屑措施，确保切屑顺利折断和排出，精镗孔的余量一般单边小于 0.4 mm。

(2) 镗孔刀具及其选择

镗孔所用刀具为镗刀。镗刀种类很多，按切削刃数量可分为单刃镗刀和双刃镗刀。

(3) 镗削用量的选择

在数控铣床上加工时，总的加工余量要比普通机床上加工时的余量少 20%～40%。加工余量通常根据实际经验分配到每一个工步中。例如在镗削加工中，粗镗加工余量占总余量的 70%，半精镗占 20%，最后精镗所剩部分。

进给量是根据刀尖半径和加工表面粗糙度确定的。刀片的选择与所加工零件的材料、硬度，以及进给量有关。切削速度的确定与刀具的使用寿命有关。对每种切削速度和刀具的使用寿命来说有一个相应的加工费用，费用最少的切削参数就是最优的。最后，校验所选用的切削用量，如果检验结果满意，就可以认为得到的优化切削用量是可用的。

6. 铣孔

(1) 铣孔的特点

对于精度要求不高、孔径太大或者孔径尺寸不常见的孔，可以采用铣刀铣削加工实现。铣孔加工的优点是其相对镗孔加工效率较高（无需预制孔），而相对钻孔精度较高。对于高精度机床来说，铣孔可以代替铰削或镗削。

(2) 铣孔常用刀具

铣孔常用刀具有立铣刀、键槽铣刀。

7. 攻螺纹

用丝锥在工件孔中切削出内螺纹的加工方法称为攻螺纹（俗称攻丝）。

攻螺纹加工的多为三角形螺纹，为零件间连接结构。常用的三角形螺纹有：牙型角为60°的米制螺纹，也称为普通螺纹；牙型角为55°的英制螺纹；用于管道连接的英制管螺纹和圆锥管螺纹。

8. 铣螺纹

(1) 铣螺纹的特点

铣螺纹就是用螺纹铣刀在孔壁切削内螺纹。其工作原理是：应用G03/G02螺旋插补指令，刀具沿工件表面切削，螺旋插补一周，刀具沿 Z 向负向走一个螺距量。随着数控加工技术的发展，尤其是三轴联动数控加工系统的出现，使更先进的螺纹加工方式——螺纹的数控铣削得以实现。螺纹铣削加工与传统螺纹加工方式相比，在加工精度、加工效率方面具有极大优势，且加工时不受螺纹结构和螺纹旋向的限制，如一把螺纹铣刀可加工多种不同旋向的内、外螺纹。对于不允许有过渡扣或退刀槽结构的螺纹，采用传统的车削方法或丝锥、板牙很难加工，但采用数控铣削却十分容易实现。而且在数控铣削螺纹过程中，对螺纹直径尺寸的调整极为方便，这是采用丝锥、板牙难以做到的。例如，加工M40×2，M45×2，M48×2三种相同螺距的螺纹孔，一般情况下必须使用3个不同的刀柄、丝锥夹套、丝锥才能实现连续加工，而使用螺纹铣刀只用一把刀即可完成全部加工。此外，螺纹铣刀的耐用度是丝锥的十多倍甚至数十倍，由于螺纹铣削加工的上述优势，目前发达国家的大批量螺纹生产已较广泛地采用了铣削工艺。

(2) 螺纹孔加工刀具

铣螺纹常用刀具有整体式螺纹铣刀、机夹螺纹铣刀、螺纹钻铣刀。

5.3.3 孔加工的工艺知识

1. 孔加工精度

常见的孔加工方式所能达到的精度根据孔的尺寸精度、位置精度和表面粗糙度要求不同，孔的加工方式也各不相同。常见的孔的加工方式所能达到的精度见表5-36。

表5-36 孔的加工方法及其能达到的精度

序号	加工方法	精度等级	表面粗糙度 $Ra/\mu m$	适用范围
1	钻	IT11～IT13	12.5～50	加工未淬火钢及铸铁的实心毛坯，也可用于加工有色金属
2	钻→铰	IT8～IT10	1.6～3.2	
3	钻→粗铰→精铰	IT7～IT8	0.8～1.6	
4	钻→扩	IT10～IT11	6.3～12.5	
5	钻→扩→粗铰→精铰	IT6～IT7	0.47～0.8	
6	粗镗（扩孔）	IT11～IT13	3.2～6.3	除淬火钢外各种材料，毛坯有铸出或锻出孔
7	粗镗（扩孔）→半精镗（精扩）	IT9～IT10	1.6～3.2	
8	粗镗（扩孔）→半精镗（精扩）→精镗	IT8～IT9	0.8～1.6	

2. 孔加工的切削参数

在孔加工过程中，切削用量简易的选取法是采用估算法。如采用国产硬质合金刀具粗加工，切削速度一般选取70 mm/min，进给速度可根据主轴转速和被加工孔径的大小，取每转或每齿0.1 mm进给量进行换算。采用国产硬质合金刀具精加工时，切削速度可取80 m/min，进给速度取每转或每齿0.06～0.09 mm，材质好的刀具切削用量还可加大。刀杆细长时，为防止切削中产生振动，切削速度要大大降低。使用高速钢刀具时，切削速度可取20～25 m/min。表5-37～表5-40列出了部分孔加工切削用量，供参考。

表5-37 高速钢钻头钻孔的切削用量

工件材料	工件材料牌号或硬度	切削用量	钻头直径 d/mm			
			1～6	6～12	12～22	22～50
铸铁	160～200HBW	v_c/（mm/min）	16～24			
		f/（mm/r）	0.07～0.12	0.12～0.2	0.2～0.4	0.4～0.8
	200～240HBW	v_c/（mm/min）	10～18			
		f/（mm/r）	0.05～0.1	0.1～0.18	0.18～0.25	0.25～0.4
钢	35，45钢	v_c/（mm/min）	8～25			
		f/（mm/r）	0.05～0.1	0.1～0.2	0.2～0.3	0.3～0.45
	15Cr，20Cr	v_c/（mm/min）	12～30			
		f/（mm/r）	0.05～0.1	0.1～0.2	0.2～0.3	0.3～0.45
	合金钢	v_c/（mm/min）	8～15			
		f/（mm/r）	0.03～0.08	0.08～0.15	0.15～0.25	0.25～0.35
铝	铝合金	v_c/（mm/min）	20～50			
		f/（mm/r）	0.02～0.2	0.1～0.3	0.2～0.35	0.3～1.0
铜	青铜、黄铜	v_c/（mm/min）	60～90			
		f/（mm/r）	0.05～0.1	0.1～0.2	0.2～0.35	0.35～0.75

表 5-38 高速钢铰刀铰孔的切削用量

工件材料	切削用量	钻头直径 d/mm				
		6～10	10～15	15～25	25～40	40～60
铸铁	v_c/（mm/min）	2～6				
	f/（mm/r）	0.3～0.5	0.5～1	0.8～1.5	1.2～1.8	
钢及合金钢	v_c/（mm/min）	1.2～5				
	f/（mm/r）	0.3～0.4	0.4～0.5	0.5～0.6		
铜、铝及其合金	v_c/（mm/min）	8～12				
	f/（mm/r）	0.3～0.5	0.5～1	0.8～1.5	1.5～2	

表 5-39 攻螺纹的切削用量

工件材料	铸铁	钢及合金钢	铝及其合金
v_c/（mm/min）	2.5～5	1.5～5	5～15

表 5-40 镗孔的切削用量

工件材料及切削用量 工序及刀具材料		铸铁		钢及合金钢		铜、铝及其合金	
		v_c/（mm/min）	f/（mm/r）	v_c/（mm/min）	f/（mm/r）	v_c/（mm/min）	f/（mm/r）
粗镗	高速钢	20～25	0.4～1.5	15～30	0.35～0.7	100～150	0.5～1.5
	硬质合金	30～35		50～70		100～250	
半精镗	高速钢	20～25	0.15～0.45	15～50	0.15～0.45	100～200	0.2～0.5
	硬质合金	50～70		95～130			
精镗	高速钢	70～90	0.08～0.1	100～135	0.12～0.15	150～400	0.06～0.1
	硬质合金		0.12～0.15				

3. 孔加工的加工余量

表 5-41 中列出了孔加工方式及加工余量，供参考。

表 5-41 在实体材料上的孔加工方式及加工余量

加工孔的直径/mm	加工余量/mm							
	钻		粗加工		半精加工		精加工（H7、H8）	
	第1次	第2次	粗镗	扩孔	粗铰	半精镗	精铰	精镗
3	2.9						3	
4	3.9						4	
5	4.8						5	
6	5.0			5.85			6	
8	7.0			7.85			8	

（续表）

加工孔的直径/mm	加工余量/mm							
	钻		粗加工		半精加工		精加工（H7、H8）	
	第 1 次	第 2 次	粗镗	扩孔	粗铰	半精镗	精铰	精镗
10	9.0			9.85			10	
12	11.0			11.85	11.95		12	
13	12.0			12.85	12.95		13	
14	13.0			13.85	13.95		14	
15	14.0			14.85	14.95		15	
16	15.0			15.85	15.95		56	
18	17.0			17.85	17.95		18	
20	18.0		19.8	19.8	19.95	19.90	20	20
22	20.0		21.8	21.8	21.95	21.90	22	22
24	22.0		23.8	23.8	23.95	23.90	24	24
25	23.0		24.8	24.8	24.95	24.90	25	25
26	24.0		25.8	25.8	25.95	25.90	26	26
28	26.0		27.8	27.8	27.95	27.90	28	28
30	15.0	28.0	29.8	29.8	29.95	29.90	30	30
32	15.0	30.0	31.7	31.75	31.93	31.90	32	32
35	20.0	33.0	34.7	34.75	34.93	34.90	35	35
38	20.0	36.0	37.7	37.75	37.93	37.90	38	38
40	25.0	38.0	39.7	39.75	39.93	39.90	40	40
42	25.0	40.0	41.7	41.75	41.93	41.90	42	42
45	30.0	43.0	44.7	44.75	44.93	44.90	45	45
48	36.0	46.0	47.7	47.75	47.93	47.90	48	48
50	36.0	48.0	49.7	49.75	49.93	49.90	50	50

4. 攻螺纹的加工工艺

（1）底孔直径的确定　攻螺纹之前要先打底孔，底孔直径的确定方法如下。加工钢件等塑性材料：

$$D_{孔}=D-P$$

加工铸铁等脆性材料：

$$D_{孔}=D-(1.05\sim1)P$$

式中，$D_{孔}$——螺纹底孔直径，mm；

D——螺纹大径，mm；

P——螺距，mm。

(2) 盲孔螺纹底孔深度

盲孔螺纹底孔深度的计算方法如下：

$$盲孔螺纹底孔深度=螺纹孔深度+0.7d$$

式中，d——钻头的直径，mm。

5.3.4 加工实例

【实例 5-9】 钻孔加工实例：如图 5-17 所示垫板零件需要进行钻孔，材料为 45 钢，硬度为 200～250HB。该零件在送达数控铣床之前，已完成除孔以外所有要素的加工，现需要采用数控铣床加工该零件上的孔，试进行数控铣削加工工艺设计，并编写加工程序。

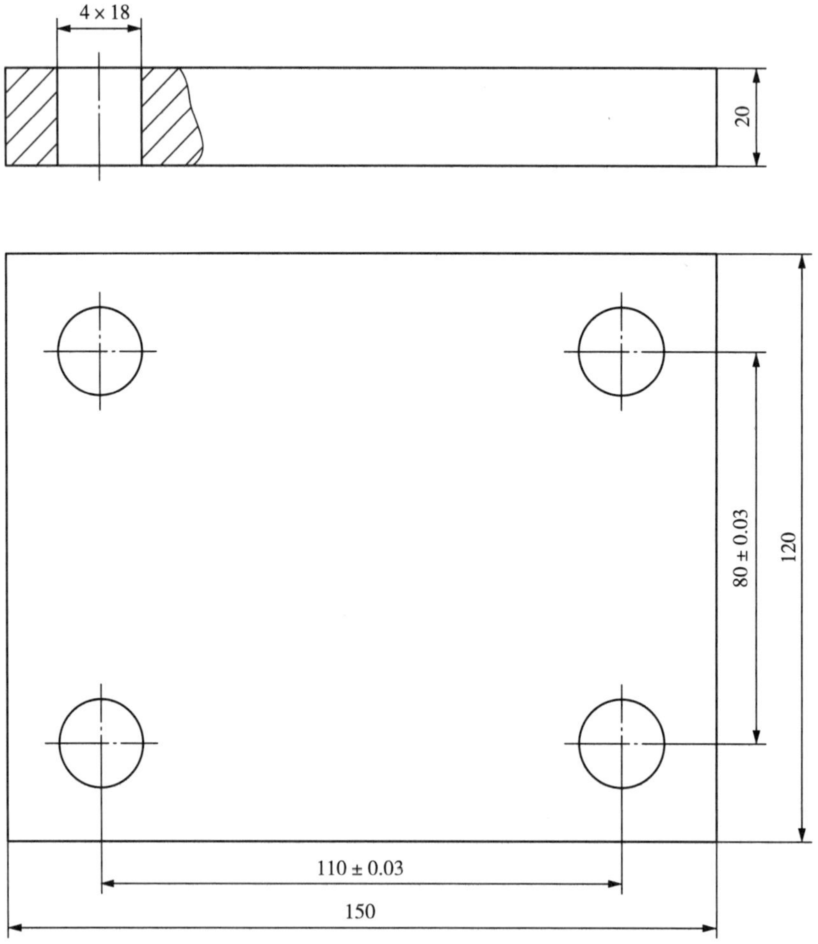

图 5-17 垫板

(1) 零件图纸分析

该零件上要求加工 4×ϕ18 的通孔，未注尺寸公差，精度要求较低，但有中心距尺寸公差要求，需保证该尺寸要求。

（2）零件工艺分析

① 确定装夹方案。毛坯为长方体零件，上道工序已加工出各平面，可直接用平口钳装夹，底部用垫铁垫起，注意要避让出通孔的位置。

② 确定加工方案。打中心孔→钻“ϕ 18”通孔至ϕ 10 mm→钻孔至ϕ 18 mm。

③ 确定刀具。加工该零件，需要用到中心钻、麻花钻。具体参数见表 5－42 垫板数控加工刀具卡。

表 5－42　垫板数控加工刀具卡

<table>
<tr><td colspan="2">产品名称或代号</td><td></td><td>零件名称</td><td colspan="2">垫板</td><td>零件图号</td><td>图 5－17</td><td>工序号</td><td></td></tr>
<tr><td>序号</td><td>刀具号</td><td colspan="2">刀具规格名称</td><td>数量</td><td>刃长</td><td colspan="2">加工表面</td><td colspan="2">备注</td></tr>
<tr><td>1</td><td>T01</td><td colspan="2">ϕ 5 中心钻</td><td>1</td><td></td><td colspan="2">钻定位孔</td><td colspan="2"></td></tr>
<tr><td>2</td><td>T02</td><td colspan="2">ϕ 10 麻花钻</td><td>1</td><td></td><td colspan="2">钻通孔</td><td colspan="2"></td></tr>
<tr><td>3</td><td>T03</td><td colspan="2">ϕ 18 麻花钻</td><td>1</td><td></td><td colspan="2">钻ϕ 18 孔</td><td colspan="2"></td></tr>
<tr><td>编制</td><td></td><td>审核</td><td></td><td>批准</td><td></td><td colspan="2">年　月　日</td><td>共　页</td><td>第　页</td></tr>
</table>

④ 确定加工工艺。所需加工零件的孔精度要求不高，因此采用钻孔工艺，钻出所需的 4 个孔即可，具体参数见表 5－43 垫板数控加工工艺卡。

表 5－43　垫板数控加工工艺卡

<table>
<tr><td rowspan="2">单位名称</td><td rowspan="2"></td><td>产品名称或代号</td><td>零件名称</td><td colspan="2">材料</td><td colspan="2">零件图号</td></tr>
<tr><td></td><td>垫板</td><td colspan="2">45 钢</td><td colspan="2">图 5－17</td></tr>
<tr><td>工序号</td><td>程序编号</td><td>夹具名称</td><td>夹具编号</td><td>设备名称</td><td>设备编号</td><td colspan="2">车间</td></tr>
<tr><td></td><td></td><td>平口钳</td><td></td><td>数控铣</td><td>VMC850E</td><td colspan="2">现代制造技术实训车间</td></tr>
<tr><td>工步号</td><td>工步内容</td><td>刀具号</td><td>刀具规格名称</td><td>主轴转速 r/min</td><td>进给速度 mm/min</td><td>背吃刀量 mm</td><td>备注</td></tr>
<tr><td>1</td><td>钻中心孔</td><td>T01</td><td>ϕ 5 中心钻</td><td>1500</td><td>20</td><td></td><td></td></tr>
<tr><td>2</td><td>钻ϕ 10 mm 通孔</td><td>T02</td><td>ϕ 10 麻花钻</td><td>500</td><td>20</td><td></td><td></td></tr>
<tr><td>3</td><td>钻ϕ 18 mm 通孔</td><td>T03</td><td>ϕ 18 麻花钻</td><td>400</td><td>20</td><td></td><td></td></tr>
<tr><td>编制</td><td></td><td>审核</td><td></td><td>批准</td><td></td><td>共　页</td><td>第　页</td></tr>
</table>

（3）程序编制

① 建立工件坐标系。采用基准重合原则确定工件坐标系，根据图样标注的方式，旋转工件中心作为工件坐标系 G54 原点。

② 基点坐标计算。根据确定的工件坐标系计算出各孔的位置坐标。

③ 编制加工程序。根据前面的工艺分析和坐标计算，编制加工程序，执行程序前，要完成对刀，确定各把刀的长度补偿值，并填写加工程序单，如表 5－44 所示。

表 5-44　垫板数控加工程序

零件名称	垫板	数控系统	FANUC 0i
零件图号	图 5-17	程序号	O0012
段号	程序内容	备注	
N10	G90G80G54G49;	初始化程序	
N20	G91G28Z0;	退刀至 Z 向参考点	
N30	M06T01	换 1 号刀	
N40	M03S1500;	主轴 1500 r/min 转速	
N50	M08;	开冷却液	
N60	G43G00Z50H01;	建立刀具长度补偿	
N70	G00X55Y40;	快速定位 1 孔位置	
N80	Z5;	快速靠近工件	
N90	G99G81X55Y40Z−5R3F20;	钻中心孔 1	
N100	X−55;	钻中心孔 2	
N110	Y−40;	钻中心孔 3	
N120	X55;	钻中心孔 4	
N130	G80G49;	取消固定循环和刀具长度补偿	
N140	M06T02;	换 2 号刀	
N150	M03S500;	主轴 500 r/min 转速	
N160	G98G83X55Y40Z−20R3Q5F20;	钻 10 mm 孔 1	
N170	X−55;	钻 10 mm 孔 2	
N180	Y−40;	钻 10 mm 孔 3	
N190	X55;	钻 10 mm 孔 4	
N200	G80G49M09;	取消固定循环和刀具长度补偿	
N210	G80G49;	取消固定循环和刀具长度补偿	
N220	M06T03;	换 3 号刀	
N230	M03S400;	主轴 400 r/min 转速	
N240	G98G83X55Y40Z−20R3Q5F20;	钻 18 mm 孔 1	
N250	X−55;	钻 18 mm 孔 2	
N260	Y−40;	钻 18 mm 孔 3	
N270	X55;	钻 10 mm 孔 4	
N280	G80G49M09;	取消固定循环和刀具长度补偿，关冷却液	
N290	G00Z100;	返回安全高度	
N300	M30;	程序结束	

【实例 5 - 10】 镗孔加工实例：如图 5 - 18 所示汽车模具导柱孔ϕ 32$^{+0.039}_{0}$加工。工件材料为 45 钢，该零件在送达数控铣床之前，已完成孔以外所有要素的加工，现需要采用数控铣床加工该零件上的孔，试进行数控铣削加工工艺设计，并编写加工程序。

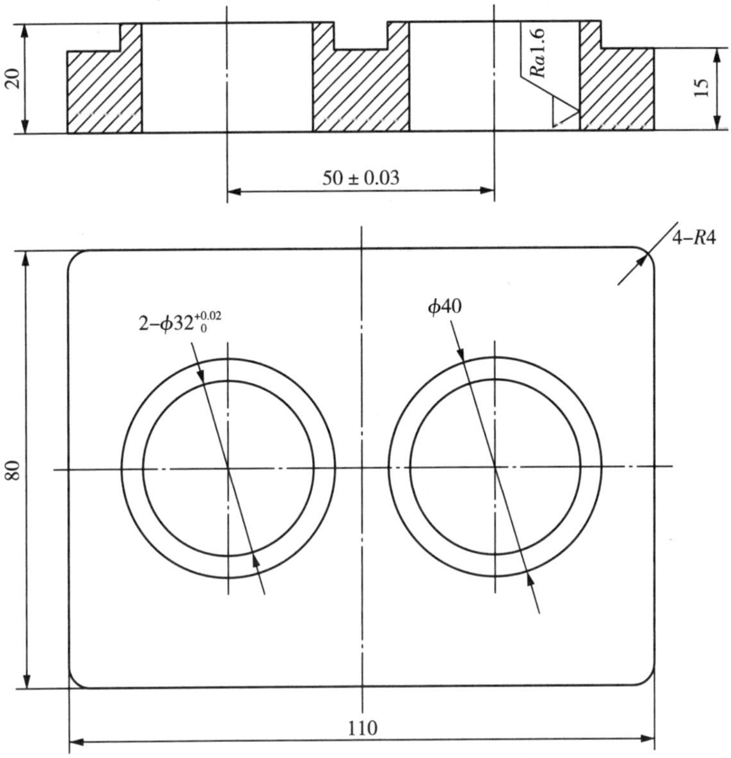

图 5 - 18 模具导柱

(1) 零件图纸分析

图 5 - 18 所示为汽车模具零件的加工部分 2 -ϕ 32$^{+0.039}_{0}$（精度等级为 H8）导柱孔，粗糙度 Ra1.6，其中孔径、孔位置及粗糙度为重点保证的尺寸。

(2) 零件工艺分析

① 确定装夹方案。由于零件毛坯为方形钢件，故决定选择平口钳、配合垫铁或采用压板直接压紧方式装夹工件。

② 确定加工方案。由于导柱孔较大，首先考虑用ϕ 16 mm 麻花钻预钻底孔，再用ϕ 16 mm粗铣立铣刀扩铣孔，最后用镗刀精镗孔。为了有效保护刀具，钻底孔时 Z 向采用间歇进给方式，扩铣孔时采用顺铣方式铣削孔，因零件材料深 20 mm，深度较大，故采用 Z 向分层的铣削方式完成孔扩铣加工，最后精镗到孔尺寸合格。

③ 确定刀具。加工该零件，需要用到麻花钻、立铣刀、精镗刀。具体参数见表 5 - 45 模具导柱数控加工刀具卡。

表 5-45　模具导柱数控加工刀具卡

产品名称或代号		零件名称	模具导柱		零件图号	图 5-18	工序号	
序号	刀具号	刀具规格名称	数量	刃长	加工表面		备注	
1	T01	ϕ 16 麻花钻	1		钻底孔			
2	T02	ϕ 10 立铣刀	1		铣通孔		高速钢	
3	T03	30-38 精镗刀	1		镗孔		钨钢	
编制		审核		批准		年　月　日	共　页	第　页

④ 确定加工工艺。为保证加工精度适用在数控加工中心机床采用钻、扩、镗孔加工；具体参数见表 5-46 模具导柱数控加工工艺卡。

表 5-46　模具导柱数控加工工艺卡

单位名称		产品名称或代号	零件名称	材料		零件图号	
			模具导柱	45 钢		图 5-18	
工序号	程序编号	夹具名称	夹具编号	设备名称	设备编号	车间	
		平口钳		数控铣	VMC850E	现代制造技术实训车间	
工步号	工步内容	刀具号	刀具规格名称	主轴转速 r/min	进给速度 mm/min	背吃刀量 mm	备注
1	钻底孔	T01	ϕ 16 麻花钻	300	80		
2	扩铣孔	T02	ϕ 10 立铣刀	800	150		
3	精镗孔	T03	30-38 精镗刀	1000	100		
编制		审核		批准		共　页	第　页

（3）程序编制

① 建立工件坐标系。选取工件上表面图形中心作为工件原点。

② 基点坐标计算。根据选定的工件坐标系，确定出孔中心位置坐标。

③ 编制加工程序。根据前面的工艺分析和坐标计算，编制加工程序，并填写加工程序单。导柱孔加工程序见表 5-47～表 5-50。

表 5-47　导柱孔加工主程序

零件名称	模具导柱	数控系统	FANUC 0i
零件图号	图 5-18	程序号	O0001
段号	程序内容	备注	
N10	G54G90G80G40G17G00Z100；	程序初始化	
N20	M06T01；	换 1 号刀	
N30	M03S300；	300 r/min 钻底孔	

（续表）

零件名称	模具导柱	数控系统	FANUC 0i
零件图号	图 5-18	程序号	O0001
段号	程序内容	备注	
N40	M08；	开冷却液	
N50	G00G43Z30H01；	Z 轴快速定位，建立长度补偿	
N60	M98P0011；	调用子程序 1 次，钻底孔	
N70	M06T2；	换 2 号刀	
N80	M03S800；	800 r/min 立铣刀	
N90	G00G43Z100H02；	Z 轴快速定位，执行 02 号长度补偿	
N100	M98P0012；	调用子程序 1 次，扩铣孔	
N110	M06T3；	换 3 号刀	
N120	M03S1000；	1000 r/min 镗刀	
N130	G00G43Z100H03；	Z 轴快速定位，执行 03 号长度补偿	
N140	M98P0013；	调用子程序 1 次，镗孔	
N150	G00Z150G49；	抬刀并撤销高度补偿/快速返回	
N160	M09；	关冷却液	
N170	M30；	程序结束	

表 5-48 导柱孔钻底孔子程序

零件名称	模具导柱	数控系统	FANUC 0i
零件图号	图 5-18	程序号	O0011
段号	程序内容	备注	
N10	G00X－25Y0；	定位 1 孔位置	
N20	G98G83Z－25Q5R5F100；	加工 1 位孔	
N30	X25；	加工 2 位孔	
N40	G80；	取消孔循环/取消模态	
N50	G00Z100G49；	抬刀并撤销高度补偿/快速返回	
N60	M09；	关冷却液	
N70	M05；	主轴停止转动	
N80	M99；	子程序结束	

表 5-49　导柱孔扩铣孔子程序

零件名称	模具导柱	数控系统	FANUC 0i
零件图号	图 5-18	程序号	O0012
段号	程序内容	备注	
N10	X－25Y0；	加工 1 位孔/指定进给量	
N20	Z5；	模态，孔加工参数	
N30	G01Z－10F100；	下刀	
N40	D01G41G01X－9；	建立半径左补偿（D01＝5）	
N50	G03I－16J0；	加工圆	
N60	G01G40X－25Y0；	撤销刀具半径补偿	
N70	Z－20；	下刀	
N80	G41G01D01X－9；	建立半径左补偿	
N90	G03I－16J0；	加工圆	
N100	G40G01X－25Y0；	撤销刀具半径补偿	
N110	G0Z5；	提刀	
N120	X25Y0；	定位至第 2 孔位置	
N130	G01Z－10；	下刀	
N140	D01G41G01X9；	建立半径左补偿	
N150	G03I16J0；	加工圆	
N160	G01G40X9；	撤销刀具半径补偿	
N170	G01Z－20；	下刀	
N180	G41D01G01X9；	建立半径左补偿	
N200	G03I16J0；	加工圆	
N210	G01G40X9；	撤销刀具半径补偿	
N220	G00Z150G49；	抬刀并撤销高度补偿/快速返回	
N230	M09；	关冷却液	
N240	M05；	主轴停止转动	
N250	M99；	子程序结束	

表 5-50　导柱孔精镗孔孔子程序

零件名称	模具导柱	数控系统	FANUC 0i
零件图号	图 5-18	程序号	O0013
段号	程序内容	备注	
N10	X－25Y0；	加工 1 位孔/指定进给量	
N20	G98G86Z－25R5F100；	模态，孔加工参数加工 1 位孔	
N30	X25Y0；	加工 2 位孔	

（续表）

零件名称	模具导柱	数控系统	FANUC 0i
零件图号	图 5－18	程序号	O0013
段号	程序内容	备注	
N40	G80；	取消孔循环/取消模态	
N50	G00Z100G49；	抬刀并撤销高度补偿/快速返回	
N60	M09；	关冷却液	
N70	M05；	主轴停止转动	
N80	M99；	子程序结束	

【实例 5－11】　铰孔加工实例：如图 5－19 所示某注塑模上模板孔的钻削加工，零件材料为 45 钢，该零件在送达数控铣床之前，已完成除孔以外所有要素的加工，现需要采用数控铣床加工该零件上的孔，试进行数控铣削加工工艺设计，并编写加工程序。

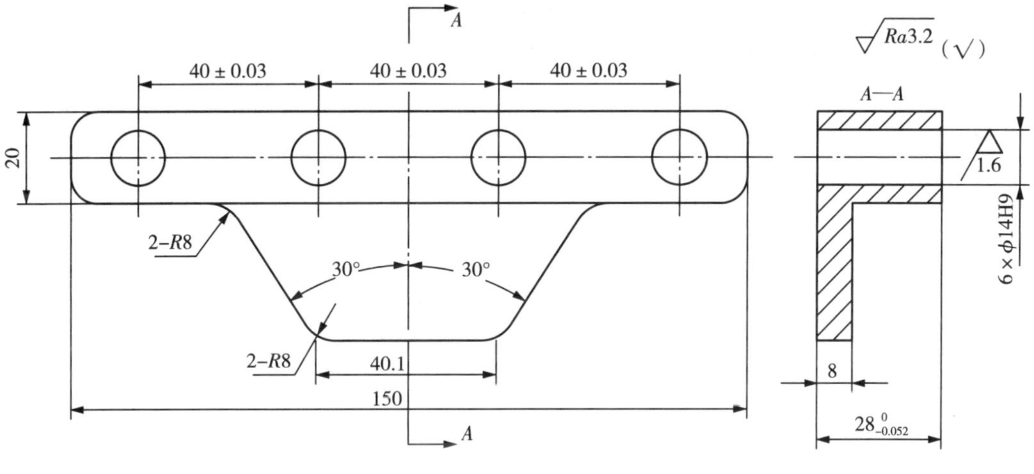

图 5－19　模板零件

（1）零件图纸分析

图 5－19 所示零件的加工部位为某注塑模上模板孔，尺寸ϕ 14H9、40 和 $Ra1.6$ 是本次加工重点保证的尺寸及粗糙度，其中孔位 40 尺寸公差为±0.03；孔径尺寸精度要求较高为 H9。

（2）零件工艺分析

① 确定装夹方案。由于零件为半成品钢件，为了装夹时水平方向检查方便，决定选择平口钳、垫铁等配合装夹工件。

② 确定加工方案。选择一把 A4 的中心钻做中心定位钻孔，用一把ϕ 10mm 高速钢麻花钻对图 5－19 模板零件的孔进行底孔粗加工；为了铰孔前余量的均匀及位孔的修正，需用一把ϕ 13.8mm 高速钢麻花扩孔钻对图 5－19 模板零件做孔半精加工即扩孔。为了保证孔表面的质量，用ϕ 14H9 等级铰刀做孔的精加工。为了保证定位尺寸精度统

一性，加工孔时 XY 向刀路设计为同一方向。因零件轮廓深度 28 mm，故 Z 向刀路在粗、半精加工时采用间歇方式钻削，精加工时采用连续铰削至底面的方式加工工件。

③ 确定刀具。加工该零件，需要用到中心钻、麻花钻、扩孔钻、铰刀。具体参数见表 5－51 模板数控加工刀具卡。

表 5－51 模板数控加工刀具卡

产品名称或代号			零件名称	模板		零件图号	图 5－19	工序号	
序号	刀具号	刀具规格名称		数量	刃长	加工表面		备注	
1	T01	φ5 中心钻		1		钻定位孔		高速钢	
2	T02	φ10 麻花钻		1		钻通孔		硬质合金	
3	T03	φ13.8 扩孔钻		1		扩孔		硬质合金	
4	T04	φ14 铰刀		1		铰孔		硬质合金	
编制		审核		批准		年 月 日		共 页	第 页

④ 确定加工工艺。为保证加工精度适用在数控加工中心机床采用中心钻钻定位孔然后采取钻、扩、铰孔加工；具体参数见表 5－52 模板数控加工工艺卡。

表 5－52 模板数控加工工艺卡

单位名称		产品名称或代号	零件名称	材料		零件图号	
			模板	45 钢		图 5－19	
工序号	程序编号	夹具名称	夹具编号	设备名称	设备编号	车间	
		平口钳		数控铣	VMC850E	现代制造技术实训车间	
工步号	工步内容	刀具号	刀具规格名称	主轴转速 r/min	进给速度 mm/min	背吃刀量 mm	备注
1	钻中心孔	T01	φ5 中心钻	1500	50		
2	钻底孔	T02	φ10 麻花钻	300	50		
3	扩孔	T03	φ13.8 扩孔钻	300	100		
4	铰孔	T04	φ14 铰刀	100	80		
编制		审核		批准		共 页	第 页

（3）程序编制

① 建立工件坐标系。采用基准重合原则确定工件坐标系 G54，根据图样标注的方式，选择工件上表面中心处作为工件坐标系原点，这样各孔的孔位坐标更利于计算。

② 基点坐标计算。根据确定的工件坐标系，计算出各孔位坐标。

③ 编制加工程序。根据前面的工艺分析和坐标计算，编制加工程序，并填写加工程序单。模板数控加工程序如表 5－53～表 5－56 所示。

表 5-53　模板零件钻削加工主程序

零件名称	模板	数控系统	FANUC 0i
零件图号	图 5-19	程序号	O0010
段号	程序内容	备注	
N10	T1M06；	换1号刀	
N20	G54G90G40G49G64G00Z100；	程序初始化	
N30	M03S1500；	1500 r/min 中心钻	
N40	M08；	开冷却液	
N50	G00G43Z50H01；	*Z* 轴快速定位，执行01号长度补偿	
N60	M98P0011；	调用子程序1次，钻中心孔	
N70	T2M06；	换2号刀	
N80	M03S300；	300 r/min 钻头	
N90	G00G43Z50H02；	*Z* 轴快速定位，执行02号长度补偿	
N100	M98P0012；	调用子程序1次，钻底孔	
N110	T3M06；	换3号刀	
N120	M03S300；	300 r/min 钻头	
N130	G00G43Z50H03；	*Z* 轴快速定位，执行03号长度补偿	
N140	M98P0012；	调用子程序1次，扩孔	
N150	T4M06；	换4号刀	
N160	M03S100；	100 r/min 钻头	
N170	G00G43Z50H04；	*Z* 轴快速定位，执行04号长度补偿	
N180	M98P0013；	调用子程序1次，铰孔	
N190	G00Z100G49；	抬刀并撤销高度补偿并快速返回	
N200	M09；	关冷却液	
N210	M30；	程序结束	

表 5-54　上模板钻中心孔子程序

零件名称	模板	数控系统	FANUC 0i
零件图号	图 5-19	程序号	O0011
段号	程序内容	备注	
N10	X-60Y0；	定位1孔位置	
N20	G98G82Z-5R5P2000F100；	加工1位孔	
N30	X-20；	加工2位孔	
N40	X20；	加工3位孔	
N50	X60；	加工4位孔	
N60	G80；	取消孔循环/取消模态	

（续表）

零件名称	模板	数控系统	FANUC 0i
零件图号	图 5-19	程序号	O0011
段号	程序内容	备注	
N70	G00Z150G49；	抬刀并撤销高度补偿/快速返回	
N80	M09；	关冷却液	
N90	M05；	主轴停止转动	
N100	M99；	子程序结束	

表 5-55　上模板钻底孔、扩孔子程序

零件名称	模板	数控系统	FANUC 0i
零件图号	图 5-19	程序号	O0012
段号	程序内容	备注	
N10	X－60Y0；	加工 1 位孔/指定进给量	
N20	G98G82Z－35R5P2000F100；	模态，孔加工参数加工 1 位孔	
N30	X－20；	加工 2 位孔	
N40	X20；	加工 3 位孔	
N50	X60；	加工 4 位孔	
N60	G80；	取消孔循环/取消模态	
N70	G00Z150G49；	抬刀并撤销高度补偿/快速返回	
N80	M09；	关冷却液	
N90	M05；	主轴停止转动	
N100	M99；	子程序结束	

表 5-56　上模板铰孔子程序

零件名称	模板	数控系统	FANUC 0i
零件图号	图 5-19	程序号	O0013
段号	程序内容	备注	
N10	X－60Y0；	加工 1 位孔/指定进给量	
N20	G98G82Z－35R5P2000F100；	模态，孔加工参数	
N30	X－20；	加工 2 位孔	
N40	X20；	加工 3 位孔	
N50	X60；	加工 4 位孔	
N60	G80；	取消孔循环/取消模态	
N70	G00Z150G49；	抬刀并撤销高度补偿/快速返回	
N80	M09；	关冷却液	
N90	M05；	主轴停止转动	
N100	M99；	子程序结束	

【实例 5－12】　铣孔加工实例：如图 5－20 所示轴承座零件，材料为 45 钢。该零件在送达数控铣床之前，已完成除轴承座以外所有要素的加工，现需要采用数控铣床加工该轴承座，试进行数控铣削加工工艺设计，并编写加工程序。

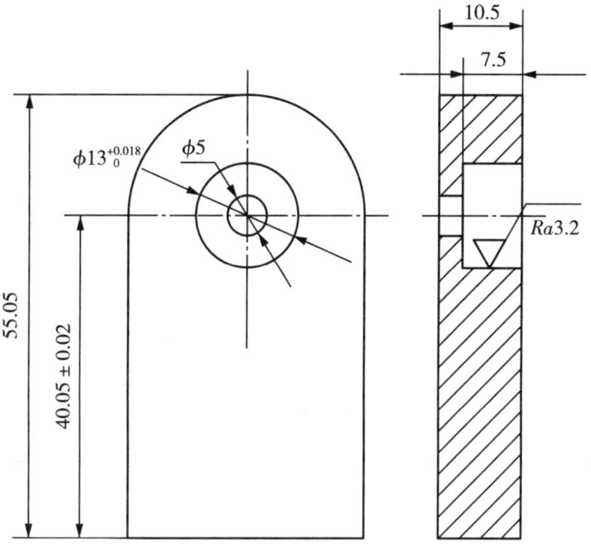

图 5－20　轴承座

（1）零件图纸分析

该零件需要加工一个 ϕ 5 mm 和 ϕ 13 mm 的台阶孔，后者有尺寸精度要求和表面粗糙度要求，需要用铣孔来保证。

（2）零件工艺分析

① 确定装夹方案。采用机用平口钳装夹，底部用等高垫铁支撑。

② 确定加工方案。根据图样加工要求孔位有尺寸精度要求，需用中心钻钻定位孔，再用麻花钻钻通孔，最后采用铣孔的方式加工轴承孔。

③ 确定刀具。加工该零件，需要用到中心钻、麻花钻、立铣刀。具体参数见表 5－57 轴承座数控加工刀具卡。

表 5－57　轴承座数控加工刀具卡

产品名称或代号			零件名称	轴承座		零件图号	图 5－20	工序号	
序号	刀具号	刀具规格名称		数量	刃长	加工表面		备注	
1	T01	ϕ 5 中心钻		1		钻定位孔			
2	T02	ϕ 4.9 麻花钻		1		钻通孔			
3	T03	ϕ 6 立铣刀		1		铣孔		高速钢	
编制		审核		批准		年　月　日		共　页	第　页

④ 确定加工工艺。为保证加工精度适用在数控加工中心机床采用铣孔加工；具体参数见表 5－58 轴承座数控加工工艺卡。

表 5-58 轴承座数控加工工艺卡

单位名称		产品名称或代号	零件名称	材料		零件图号	
			轴承座	45 钢		图 5-20	
工序号	程序编号	夹具名称	夹具编号	设备名称	设备编号	车间	
		平口钳		数控铣	VMC850E	现代制造技术实训车间	
工步号	工步内容	刀具号	刀具规格名称	主轴转速 r/min	进给速度 mm/min	背吃刀量 mm	备注
1	钻中心孔	T01	ϕ5 中心钻	1500	80		
2	钻ϕ5 通孔	T02	ϕ4.9 麻花钻	800	100		
3	粗铣ϕ13 孔	T03	ϕ6 立铣刀	600	100		
4	精铣ϕ13 孔	T03	ϕ6 立铣刀	1000	200		
编制		审核		批准		共 页	第 页

（3）程序编制

① 建立工件坐标系。采用基准重合原则确定工件坐标系，选择孔中心位置作为工件坐标系 G54 原点。

② 基点坐标计算。根据选定的工件坐标系 G54，计算出孔位坐标。

③ 编制加工程序。根据前面的工艺分析和坐标计算，编制加工程序，并填写加工程序单。轴承孔加工程序如表 5-59～表 5-62 所示。

表 5-59 轴承孔加工程序

零件名称	轴承座	数控系统	FANUC 0i
零件图号	图 5-20	程序号	O0002
段号	程序内容	备注	
N10	G90G54G40G49M03S1500;	程序初始化	
N20	M06T01;	调用 1 号刀中心钻	
N30	G00G43Z50H01;	建立 1 号刀具长度补偿	
N40	M08;	开冷却液	
N50	M98P0020;	调用子程序 1 次，钻中心孔	
N60	T2M06;	调用 2 号刀钻通孔	
N70	M03S800;	800 r/min 钻头	
N80	G00G43Z50H02;	*Z* 轴快速定位，执行 02 号长度补偿	
N90	M98P0021;	调用子程序 1 次，钻通孔	
N100	T3M06;	换 3 号刀立铣刀	
N110	M03S600;	600 r/min	

（续表）

零件名称	轴承座	数控系统	FANUC 0i
零件图号	图 5－20	程序号	O0002
段号	程序内容	备注	
N120	G00G43Z50H03；	Z 轴快速定位，执行 03 号长度补偿	
N130	D01M98P22L2；	调用子程序 2 次，铣孔	
N140	G90G00Z0；	绝对坐标至工件表面	
N150	D02M98P22L2；	调用子程序精加工内孔	
N160	G00Z100G49；	抬刀并撤销高度补偿/快速返回	
N170	M09；	关冷却液	
N180	M30；	程序结束	

表 5－60　轴承座钻中心孔子程序

零件名称	轴承座	数控系统	FANUC 0i
零件图号	图 5－20	程序号	O0020
段号	程序内容	备注	
N10	X0Y0；	定位 1 孔位置	
N20	G98G82Z－5R5P2000F100；	加工 1 位孔	
N30	G80；	取消孔循环/取消模态	
N40	G00Z100G49；	抬刀并撤销高度补偿/快速返回	
N50	M09；	关冷却液	
N60	M05；	主轴停止转动	
N70	M99；	子程序结束	

表 5－61　轴承座钻通孔子程序

零件名称	轴承座	数控系统	FANUC 0i
零件图号	图 5－20	程序号	O0021
段号	程序内容	备注	
N10	X0Y0；	加工 1 位孔/指定进给量	
N20	G98G82Z－25R5P2000F100；	模态，孔加工参数加工 1 位孔	
N30	G80；	取消孔循环/取消模态	
N40	G00Z100G49；	抬刀并撤销高度补偿/快速返回	
N50	M09；	关冷却液	
N60	M05；	主轴停止转动	
N70	M99；	子程序结束	

表 5-62 轴承座铣孔子程序

零件名称	轴承座	数控系统	FANUC 0i
零件图号	图 5-20	程序号	O0022
段号	程序内容	备注	
N10	G91G01Z－2F100；	相对值下刀	
N20	G90G41G01X0Y7；	建立刀补值	
N30	G03X0Y7I0J－7；	内圆轮廓	
N40	G40G01X0Y0；	取消刀补值	
N50	M99；	返回主程序	

【实例 5-13】 攻螺纹实例：如图 5-21 所示轴承箱盖板，零件材料为 45 钢，该零件在送达数控铣床之前，已完成除螺纹孔以外所有要素的加工，现需要采用数控铣床加工该螺纹孔，试进行数控铣削加工工艺设计，并编写加工程序。

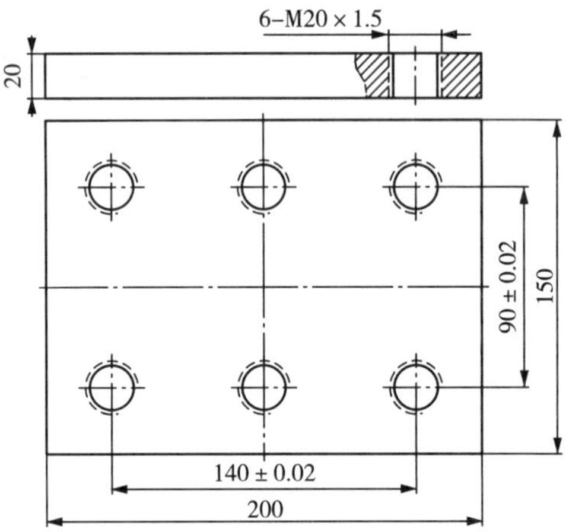

图 5-21 轴承箱盖板

(1) 零件图纸分析

由于是在实心体毛坯上攻螺纹，首先需要钻底孔，然后用丝锥加工螺纹。

(2) 零件工艺分析

① 确定装夹方案。加工上表面时，选用平口虎钳装夹，工件上表面高出钳口约5 mm，毛坯底部不能放垫铁等金属材料。

② 确定加工方案。根据图样加工要求，先用钻头钻出底孔，再攻螺纹。

③ 确定刀具。根据加工要求，拟用直径 18.5 mm 的麻花钻完成底孔加工任务，再用 M20×1.5 的丝锥攻螺纹。加工该零件所选刀具具体参数见表 5-63 轴承箱盖板数控加工刀具卡。

表 5-63 轴承箱盖板数控加工刀具卡

产品名称或代号			零件名称	盖板		零件图号	图 5-21	工序号	
序号	刀具号	刀具规格名称		数量	刃长	加工表面		备注	
1	T01	ϕ18.5 麻花钻		1		钻底孔			
2	T01	ϕ20 丝锥		1		攻螺纹孔			
编制		审核		批准		年　月　日		共　页	第　页

④ 确定加工工艺。为保证加工精度适用在数控加工中心机床采用钻、攻加工；具

体参数见表 5－64 轴承箱盖板数控加工工艺卡。

表 5－64　轴承箱盖板数控加工工艺卡

<table>
<tr><td rowspan="2">单位名称</td><td rowspan="2"></td><td>产品名称或代号</td><td>零件名称</td><td colspan="2">材料</td><td colspan="2">零件图号</td></tr>
<tr><td></td><td>盖板</td><td colspan="2">45 钢</td><td colspan="2">图 5－21</td></tr>
<tr><td>工序号</td><td>程序编号</td><td>夹具名称</td><td>夹具编号</td><td>设备名称</td><td>设备编号</td><td colspan="2">车间</td></tr>
<tr><td></td><td></td><td>平口钳</td><td></td><td>数控铣</td><td>VMC850E</td><td colspan="2">现代制造技术实训车间</td></tr>
<tr><td>工步号</td><td>工步内容</td><td>刀具号</td><td>刀具规格名称</td><td>主轴转速 r/min</td><td>进给速度 mm/min</td><td>背吃刀量 mm</td><td>备注</td></tr>
<tr><td>1</td><td>钻底孔</td><td>T01</td><td>ϕ 18.5 麻花钻</td><td>800</td><td>70</td><td>3</td><td></td></tr>
<tr><td>2</td><td>攻 M20 螺纹孔</td><td>T02</td><td>ϕ 20 丝锥</td><td>200</td><td>50</td><td></td><td></td></tr>
<tr><td>编制</td><td></td><td>审核</td><td></td><td>批准</td><td></td><td>共　页</td><td>第　页</td></tr>
</table>

（3）程序编制

① 建立工件坐标系。采用基准重合原则确定工件坐标系 G54，根据图样标注的方式，选择零件中心作为工件坐标系 G54。这样各孔的孔位坐标更利于计算。

② 基点坐标计算。计算出各孔中心的坐标值。

③ 编制加工程序。根据前面的工艺分析和坐标计算，编制加工程序，并填写加工程序单。轴承箱盖板攻螺纹程序如表 5－65 所示。

表 5－65　轴承箱盖板攻螺纹程序

<table>
<tr><td>零件名称</td><td>盖板</td><td>数控系统</td><td>FANUC 0i</td></tr>
<tr><td>零件图号</td><td>图 5－21</td><td>程序号</td><td>O0001</td></tr>
<tr><td>段号</td><td>程序内容</td><td colspan="2">备注</td></tr>
<tr><td>N10</td><td>G54G90G40G80G49；</td><td colspan="2">初始化设置，并建立工件坐标系</td></tr>
<tr><td>N20</td><td>M03S800；</td><td colspan="2">主轴正转，转速为 800 r/min</td></tr>
<tr><td>N20</td><td>M06T01；</td><td colspan="2">换 1 号刀钻底孔</td></tr>
<tr><td>N30</td><td>M08；</td><td colspan="2">开冷却液</td></tr>
<tr><td>N40</td><td>G00G43Z100H01；</td><td colspan="2">建立刀具长度补偿，沿 Z 轴快速移至 Z100.0</td></tr>
<tr><td>N50</td><td>G00Z10；</td><td colspan="2">快速靠近工件表面</td></tr>
<tr><td>N60</td><td>G99G81X－70Y45Z－20R3F70；</td><td colspan="2">钻削 1 孔</td></tr>
<tr><td>N70</td><td>X0；</td><td colspan="2">钻削 2 孔</td></tr>
<tr><td>N80</td><td>X70；</td><td colspan="2">钻削 3 孔</td></tr>
<tr><td>N90</td><td>Y－45；</td><td colspan="2">钻削 4 孔</td></tr>
<tr><td>N100</td><td>Y0；</td><td colspan="2">钻削 5 孔</td></tr>
</table>

（续表）

零件名称	盖板	数控系统	FANUC 0i
零件图号	图 5-21	程序号	O0001
段号	程序内容	备注	
N110	Y-45；	钻削 6 孔	
N120	G00G49Z100；	快速退刀至安全位置	
N130	M06T02；	换 2 号刀攻螺纹	
N140	G00G43Z100H02；	建立刀具长度补偿，沿 Z 轴快速移至 Z100.0	
N150	G00Z10；	快速靠近工件表面	
N160	M29S200；	刚性攻螺纹	
N170	G84G99X-70Y45Z-20R3F70F50；	攻螺纹孔 1	
N180	X0；	攻螺纹孔 2	
N190	X70；	攻螺纹孔 3	
N200	Y-45；	攻螺纹孔 4	
N210	Y0；	攻螺纹孔 5	
N220	Y-45；	攻螺纹孔 6	
N230	G80；	解除刚性模式	
N240	G00G49Z100；	取消刀具长度补偿，快速退刀至安全位置	
N250	M09	关冷却液	
N260	M30；	程序结束	

【实例 5-14】 铣螺纹实例：如图 5-22 所示轴套类零件，零件材料为 45 钢，该零件在送达数控铣床之前，已完成除螺纹孔以外所有要素的加工，现需要采用数控铣床加工该螺纹孔，试进行数控铣削加工工艺设计，并编写加工程序。

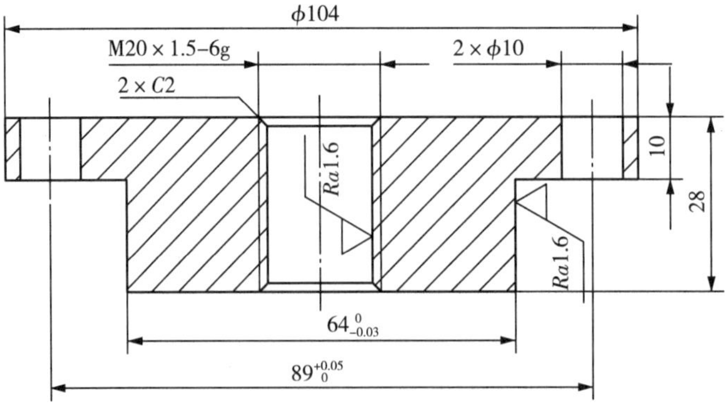

图 5-22 轴套

（1）零件图纸分析

如图5-22所示零件只需加工M20的内螺纹，底孔已经加工完毕，由于螺纹孔径M20较大，不易采用攻螺纹的方法，因此需采用铣螺纹的加工方法。

（2）零件工艺分析

① 确定装夹方案。该零件为轴套类零件，选择压板装夹方式比较方便。

② 确定加工方案。因内螺纹底孔已加工出来，采用整体式螺纹铣刀直接铣出螺纹。

③ 确定刀具。采用整体式螺纹铣刀直接铣出螺纹，加工该零件所选刀具的具体参数见表5-66轴套数控加工刀具卡。

表5-66 轴套数控加工刀具卡

产品名称或代号			零件名称	轴套		零件图号	图5-22	工序号	
序号	刀具号	刀具规格名称		数量	刃长	加工表面		备注	
1	T01	ϕ16螺纹铣刀		1		铣螺纹孔			
编制		审核		批准		年 月 日		共 页	第 页

④ 确定加工工艺。为保证加工精度适用在数控加工中心机床采用铣螺纹方式加工；加工工艺见表5-67轴套数控加工工艺卡。

表5-67 轴套数控加工工艺卡

单位名称		产品名称或代号	零件名称	材料		零件图号	
			轴套	45钢		图5-22	
工序号	程序编号	夹具名称	夹具编号	设备名称	设备编号	车间	
		压板		数控铣	VMC850E	现代制造技术实训车间	
工步号	工步内容	刀具号	刀具规格名称	主轴转速 r/min	进给速度 mm/min	背吃刀量 mm	备注
1	粗加工螺纹	T01	ϕ16螺纹铣刀	1000	150		
2	精加工螺纹	T01	ϕ16螺纹铣刀	1500	200		
编制		审核		批准		共 页	第 页

（3）程序编制

① 建立工件坐标系。采用基准重合原则确定坐标系，根据图样标注的方式，这样各孔的孔位坐标更利于计算。

② 基点坐标计算。

③ 编制加工程序。根据前面的工艺分析和坐标计算，编制加工程序，并填写加工程序单。螺纹铣削程序如表5-68所示。

表 5-68　螺纹铣削程序

零件名称	轴套	数控系统	FANUC 0i
零件图号	图 5-22	程序号	O0001
段号	程序内容	备注	
N10	G90G54G00Z100;	初始化程序	
N20	X0Y0;	快速定位孔位置	
N30	M03S1000;	主轴正转，转速为 1000 r/min	
N40	Z5M07;	靠近工件，开气	
N50	G01Z−30F500;	下刀至孔深	
N60	G91G01G41D01X10;	建立刀具半径补偿	
N70	G03I−10Z2;	螺旋插补铣螺纹	
N80	G01G40X−10;	取消刀具半径补偿	
N90	G90G00Z100;	退刀至安全高度	
N100	M9;	关气	
N110	M30;	结束程序	

【实例 5-15】　如图 5-23 所示盖板零件图，材料为 HT200。该零件在送达数控铣床之前，已完成零件表面所有要素的加工，现需要采用数控铣床加工该零件上的所有孔，试进行数控铣削加工工艺设计，并编写加工程序。

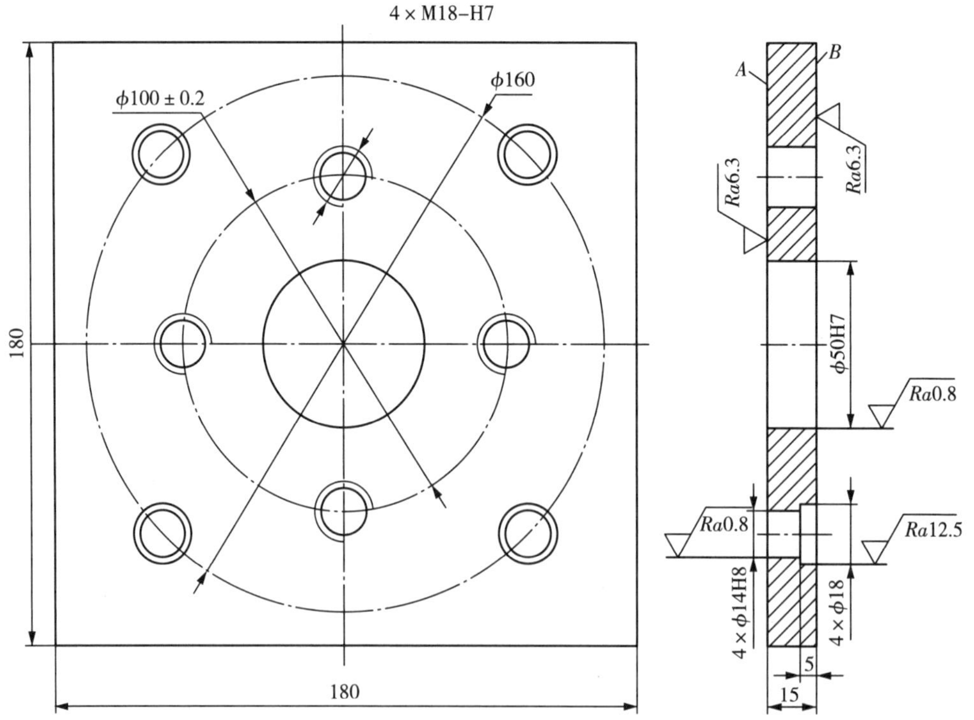

图 5-23　盖板

（1）零件图纸分析

盖板加工内容有平面、孔和螺纹，且都集中在工件平面上，其中精度最高为 IT7 级。从定位和加工两个方面考虑，以底面 A 面作为定位基准面，选用平口钳装夹。零件需铣平面、钻孔、扩孔、镗孔、铰孔及攻螺纹等工序才能完成加工。

（2）零件工艺分析

① 确定装夹方案。该盖板零件结构简单、尺寸较小，四个侧面已加工，位置精度要求不高，故可选择通用平口钳，以盖板底面 A 面和两个侧面定位，用平口钳钳口从侧面夹紧。

② 确定加工方案。A 面作为精基准面先加工，其粗糙度值为 6.3 μm，以 B 面为粗基准定位面，粗铣 A 面。B 面粗糙度值为 6.3 μm，粗铣即可达到加工要求。ϕ 50H7 孔尺寸精度要求为 IT7 级，已铸出毛坯孔，粗糙度 *Ra*0.8 μm，故采用粗镗—半精镗—精镗方案；ϕ 14H8 孔尺寸精度要求为 IT8 级，粗糙度 *Ra*0.8 μm，为防止钻偏，按钻中心孔—钻孔—扩孔—铰孔方案进行；ϕ 18 沉头孔在ϕ 14 孔基础上锪至相应尺寸即可；M18 螺纹孔在 M6 和 M20 之间，故采用先钻底孔后攻螺纹的加工方法，即按钻中心孔—钻底孔—倒角—攻螺纹方案加工。

③ 确定刀具。根据加工内容，所需刀具有面铣刀、镗刀、中心钻、麻花钻、铰刀、立铣刀（锪ϕ 18 孔）及丝锥等，其规格根据加工尺寸选择。一般来说，粗铣铣刀直径应选小一些，以减小切削力矩，但也不能太小，以免影响加工效率；精铣铣刀直径应选大一些，以减少接刀痕迹。考虑到两次走刀间的重叠量及减少刀具种类，经综合分析确定粗铣铣刀直径都选为ϕ 100。其他刀具根据孔径尺寸确定。具体参数见表 5 - 69 盖板数控加工刀具卡。

表 5 - 69　盖板数控加工刀具卡

产品名称或代号			零件名称	盖板		零件图号	图 5 - 23	工序号	
序号	刀具号	刀具规格名称		数量	刃长	加工表面		备注	
1	T01	ϕ 100 面铣刀		1		工件 AB 表面			
2	T02	ϕ 48 镗刀		1		ϕ 50H7 内孔			
3	T03	ϕ 49.95 镗刀		1		ϕ 50H7 内孔			
4	T04	ϕ 50H7 镗刀		1		ϕ 50H7 内孔			
5	T05	ϕ 3 中心钻		1		工件 AB 表面			
6	T06	ϕ 12 麻花钻		1		ϕ 14H8 内孔			
7	T07	ϕ 13.85 扩孔钻		1		ϕ 14H8 内孔			
8	T08	ϕ 18 阶梯铣刀		1		ϕ 18 阶梯孔			
9	T09	ϕ 14H8 铰刀		1		ϕ 14H8 内孔			
10	T10	ϕ 16 麻花钻		1		ϕ 18 通孔			
11	T11	ϕ 20 麻花钻		1		M18 螺纹孔倒角			
12	T12	M18 丝锥		1		M18 螺纹孔			
编制		审核		批准		年　月　日		共　页	第　页

④ 确定加工工艺。按照先粗后精、先面后孔的原则及刀具集中原则来确定加工顺序。具体加工路线为：以 B 面作粗基准定位粗铣 A 面；以 A 面作精基准定位装夹，粗铣 B 面；粗镗、半精镗、精镗ϕ 50H7 孔；中心钻钻各光孔和螺纹孔的中心孔；钻、扩、铰ϕ 14H8；钻 M18 螺纹底孔、倒角和攻螺纹。具体参数见表 5－70 盖板数控加工工艺卡。

表 5－70 盖板数控加工工艺卡

单位名称		产品名称或代号	零件名称	材料		零件图号	
			盖板	HT200		图 5－23	
工序号	程序编号	夹具名称	夹具编号	设备名称	设备编号	车间	
		平口钳		数控铣	VMC850E	现代制造技术实训车间	
工步号	工步内容	刀具号	刀具规格名称	主轴转速 r/min	进给速度 mm/min	背吃刀量 mm	备注
1	粗铣底面	T01	ϕ 100 面铣刀	500	70	1.5	
2	粗铣上表面至尺寸	T01	ϕ 100 面铣刀	500	80	1.5	
3	粗镗ϕ 50H7 至ϕ 48	T02	ϕ 48 镗刀	500	60		
4	半精镗ϕ 50H7 至 49.95	T03	ϕ 49.95 镗刀	600	60	1.95	
5	精镗ϕ 50H7 至尺寸	T04	ϕ 50H7 镗刀	800	100	0.05	
6	钻中心孔	T05	ϕ 5 中心钻	1500	50	5	
7	钻 4×ϕ 14H8 至ϕ 12	T06	ϕ 12 麻花钻	600	60	5	
8	扩 4×ϕ 14H8 至ϕ 13.85	T07	ϕ 13.85 扩孔钻	600	60	0.925	
9	锪 4×ϕ 18 至尺寸	T08	ϕ 18 阶梯铣刀	200	50	2	
10	铰 4×ϕ 14H8 至尺寸	T09	ϕ 14H8 铰刀	200	50	0.075	
11	钻 4×M18 底孔至ϕ 16	T10	ϕ 16 麻花钻	500	60	7	
12	倒 4×M18 底孔端角	T11	ϕ 20 麻花钻	300	50		
13	攻 4×M18 螺纹	T12	M18 机用丝锥	100	100		
编制		审核		批准		共 页	第 页

（3）程序编制

① 建立工件坐标系。从零件图可以看出该工件加工内容具有对称性，因此选择工件的中心点作为工件坐标系G54原点和对刀点。

② 编制加工程序。根据前面的工艺分析编制加工程序，并填写加工程序单。钻中心孔程序和钻孔程序如表5-71、表5-72所示。

表5-71　钻中心孔加工程序单

零件名称	盖板	数控系统	FANUC 0i
零件图号	图5-23	程序号	O0001
段号	程序内容	备注	
N10	G54G90G40G49G15M03S1500；	初始化程序，主轴正转，转速1500 r/min	
N20	G00Z50；	抬刀至安全高度	
N30	M08；	开冷却液	
N40	G16G98G81X80Y45Z－5F50；	极坐标钻ϕ18第一个定位孔	
N50	Y135；	极坐标钻ϕ18第二个定位孔	
N60	Y225；	极坐标钻ϕ18第三个定位孔	
N70	Y315；	极坐标钻ϕ18第四个定位孔	
N80	X50Y0；	极坐标钻M18第一个定位孔	
N90	Y90；	极坐标钻M18第一个定位孔	
N100	Y180	极坐标钻M18第一个定位孔	
N110	Y270；	极坐标钻M18第一个定位孔	
N120	G15G00Z100；	取消极坐标，抬刀至安全高度	
N130	M09；	关冷却液	
N140	M30；	结束程序	

表5-72　钻孔加工程序单

零件名称	盖板	数控系统	FANUC 0i
零件图号	图5-23	程序号	O0002
段号	程序内容	备注	
N10	G54G90G40G49M03S600；	初始化程序，主轴正转，转速600 r/min	
N20	G91G28Z0；	返回参考点	
N30	M06T06；	换ϕ12麻花钻	
N40	G43H06；	建立刀具长度补偿	
N50	M08；	开冷却液	
N60	G16G98G81X80Y45Z－5F50；	极坐标钻第一个ϕ14H8底孔至ϕ12	
N70	Y135；	极坐标钻第二个ϕ14H8底孔至ϕ12	
N80	Y225；	极坐标钻第三个ϕ14H8底孔至ϕ12	
N90	Y315；	极坐标钻第四个ϕ14H8底孔至ϕ12	
N100	G15G90G00Z150；	取消极坐标，抬刀至安全高度	

（续表）

零件名称	盖板	数控系统	FANUC 0i
零件图号	图 5－23	程序号	O0002
段号	程序内容	备注	
N110	M09M05；	关冷却液，主轴停转	
N120	M06T10；	换ϕ 16 麻花钻	
N130	M03S500；	主轴正转，转速 500 r/min	
N140	G43H10；	建立刀具长度补偿	
N150	G16G98G81X50Y0Z－5F60；	极坐标钻 M18 第一个底孔	
N160	Y90；	极坐标钻 M18 第二个底孔	
N170	Y180	极坐标钻 M18 第三个底孔	
N180	Y270；	极坐标钻 M18 第四个底孔	
N190	G15G00Z100；	取消极坐标，抬刀至安全高度	
N200	M09；	关冷却液	
N210	M30；	结束程序	

5.4 曲面加工实例

5.4.1 曲面概述

曲面是直线或曲线在一定约束条件下的运动轨迹。当动线按照一定的规律运动时，形成的曲面称为规则曲面；当动线做不规则运动时，形成的曲面称为不规则曲面。空间曲面通常分为规则空间曲面和自由空间曲面两种类型，常见的规则空间曲面有柱面、锥面、球面等。规则空间曲面是零件结构的重要元素，在生产中得到了广泛的应用。

5.4.2 曲面加工常使用的刀具

1. 立铣刀

立铣刀也称为圆柱铣刀，在数控铣/加工中心机床上进行空间曲面粗加工时，一般采用立铣刀。

2. 球头铣刀

在数控铣/加工中心机床上进行空间曲面精加工时，一般采用球头铣刀。

3. 成形铣刀

成形铣刀一般是为特定形状的工件或加工内容专门设计制造的，如渐开线齿轮、燕尾槽和 T 形槽等。

5.4.3 规则空间曲面加工工艺

1. 等高切削

等高切削通常也称为层铣，它按等高线一层一层地加工，来移除加工区域的加工材料。这种切削方式能保证刀具在每一切削层受力均匀，且切削力限制在一定范围，可以有效地保护刀具，因而常用于曲面粗加工（采用平底铣刀或圆鼻铣刀）或陡峭曲面的精加工（采用球头铣刀）。

2. 往复切削

往复切削即刀具沿工件表面做来回往复的切削运动，最终加工出曲面的加工方式。往复切削是一种高效率的切削方式，常用于空间曲面的半精或精加工，所用刀具主要为球头铣刀。

3. 放射切削

放射切削就是刀具每次从一中心点出发，以发散方式加工曲面的切削方式，根据放射切削的刀路特点，这种切削方式用于回转体曲面精加工能获得较好的表面质量。

5.4.4　三维曲面编程思想

在对规则公式的三维曲面进行程序编程时，一般由曲面的规则公式或者参数方程中一个变量作为自变量，另一个变量作为这个自变量的函数，并将公式或方程转化为这个自变量的函数表达式，再用数控系统中的变量（＃i）来表达出这个函数表达式，采用等间距直线逼近法或圆弧逼近法来进行程序编程。

5.4.5　加工实例

【实例 5－16】　如图 5－24 所示倒角零件的加工，零件材料为 45 钢，该零件在送达数控铣床之前，已完成除倒角以外所有要素的加工，现需要采用数控铣床加工该零件上的倒角，试进行数控铣削加工工艺设计，并编写加工程序。

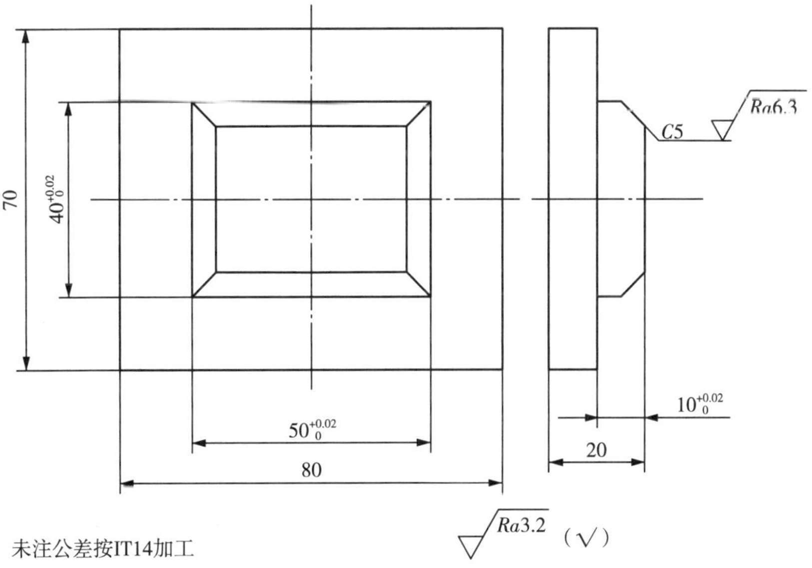

图 5－24　空间倒角

（1）零件图纸分析

图 5－23 所示零件的加工部分为 5×45°空间倒角。5×45°空间倒角的表面粗糙度为

*Ra*6.3，需用立铣刀粗铣后，再用球头刀精铣。

（2）零件工艺分析

① 确定装夹方案。根据零件结构特点，进行选择平口钳、垫铁等附件配合装夹工件。

② 确定加工方案。选择一把ϕ 10 mm 硬质合金三刃立铣刀对 5×45°空间倒角进行粗加工，为了提高表面质量，选用一把ϕ 10 mm 硬质合金两刃球头刀对 5×45°空间倒角进行精加工。加工 5×45°空间倒角面，采用等高加工路径。

③ 确定刀具。加工该零件，选用ϕ 10 mm 高速钢立铣刀、ϕ 10 mm 硬质合金立铣刀、ϕ 10 mm 硬质合金圆头刀。具体参数见表 5－73 倒角数控加工刀具卡。

表 5－73 倒角数控加工刀具卡

产品名称或代号			零件名称	倒角		零件图号	图 5－24	工序号	
序号	刀具号	刀具规格名称		数量	刃长	加工表面		备注	
1	T01	ϕ 10 立铣刀		1		粗加工倒角面		硬质合金	
2	T02	ϕ 10 球头刀		1		精加工倒角面		硬质合金	
编制		审核		批准		年 月 日		共 页	第 页

④ 确定加工工艺。该零件精度要求相对较高，对零件空间倒角的铣削可作为一道工序。需对其粗铣一次，再精铣一次，具体参数见表 5－74 倒角数控加工工艺卡。

表 5－74 倒角数控加工工卡

单位名称		产品名称或代号	零件名称	材料		零件图号	
			倒角	45 钢		图 5－24	
工序号	程序编号	夹具名称	夹具编号	设备名称	设备编号	车间	
		平口钳		数控铣	VMC850E	现代制造技术实训车间	
工步号	工步内容	刀具号	刀具规格名称	主轴转速 r/min	进给速度 mm/min	背吃刀量 mm	备注
1	粗铣倒角面	T01	ϕ 10 立铣刀	800	100	0.2	
2	精铣倒角面	T02	ϕ 10 球头刀	1500	300	0.1	
编制		审核		批准		共 页	第 页

（3）程序编制

① 建立工件坐标系。根据基准统一原则，选取工件上表面中心为工件坐标系 G54 原点。

② 宏程序变量计算。采用立铣刀等高路径粗铣（自下而上）时，如图 5－25 所示，取出刀具在任一时刻位置进行分析，取 *Z* 向下刀量＃4 作为主变量，*X*，*Y* 轴方向距离＃5，＃6 作为从变量。可得：FANUC 系统中 X＝＃5＝25＋＃4 ；Y＝＃6＝20＋＃4。

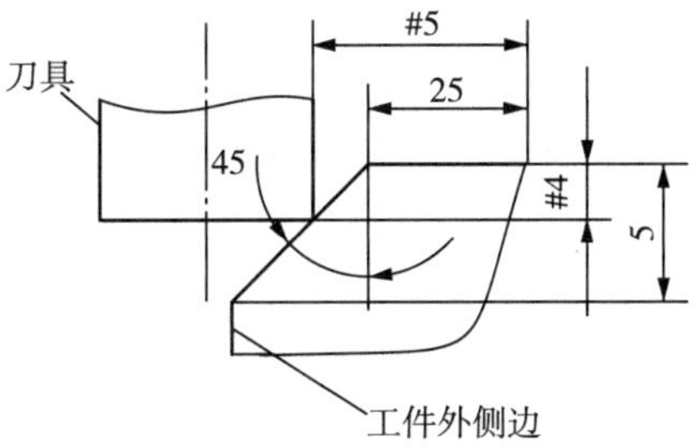

图 5-25　宏程序变量分析

③ 根据前面的工艺分析和坐标计算，编制加工程序，并填写加工程序单。精加时只需将刀具换成球头刀即可，空间倒角零件粗铣程序如表 5-75 所示。

表 5-75　空间倒角粗铣程序

零件名称	倒角	数控系统	FANUC 0i
零件图号	图 5-24	程序号	
段号	程序内容	备注	
N10	G54G90G40G17G64；	程序初始化	
N20	M03S800；	主轴正转，800 r/min	
N30	M08；	开冷却液	
N40	G00Z50；	*Z* 轴快速定位	
N50	X50Y0；	下刀前定位	
N60	Z3；	快速下刀	
N70	＃4＝5；	倒角深度	
N80	＃5＝＃4＋25；	*X* 轴方向轮廓距离	
N90	＃6＝＃4＋20；	*Y* 轴方向轮廓距离	
N100	G01Z－＃4F100；	下刀深度	
N110	WHILE［＃4GE0］DO1；	当深度大于等于 0 执行循环	
N120	D01G41G01X＃5F80；	执行刀具半径补偿	
N130	Y－＃6；	铣削轮廓	
N140	X－＃5；		
N150	Y＃6；		
N160	X＃5；		
N170	Y0；		
N180	G40G01X50；	撤销刀具半径补偿回定位点	
N190	＃4＝＃4－0.2；	自变量递减	
N200	END1；	当条件不满足时，跳转到此，循环结束	
N210	G00Z50；	抬刀至安全高度	
N220	M09；	关冷却液	
N230	M30；	程序结束	

5.5 拓展阅读

胡胜的金属雕刻人生

“工匠精神”，是指工匠对自己产品精雕细琢、精益求精的精神理念，是工匠在生产实践中凝聚形成的务实严谨、专注专一的可贵品质。2016 年的春天，工匠精神第一次正式写入政府工作报告：“鼓励企业开展个性化定制、柔性化生产，培育精益求精的工匠精神，增品种、提品质、创品牌。”一个充满活力的创新中国，离不开天马行空的“磅礴才气”，也需要脚踏实地的“匠心独具”。胡胜就是这么一个坚守制造，让认真、敬业、执着、创新成为他个人的职业追求，让中国制造更加自信地傲立于世界之林的工匠。胡胜（图 5－26）来自中国电子科技集团第十四研究所，数控车高级技师，精密加工制造领域的领军人物，先后荣获全国数控技能大赛职工组数控车第一名、全国五一劳动奖章、国务院政府特殊津贴、全国技术能手、中电科技集团公司十年百名精英等荣誉。

图 5－26　胡胜在操作机床

胡胜的金属雕刻人生

1999 年，尚未进十四所工作的胡胜，在数控车操作方面已小有名气，许多优秀企业求贤若渴，纷纷慕名而至。一天下午，胡胜刚忙完，一个工程师走到他面前一连问了好几个问题：你对军事感兴趣吗？是否想开更先进的数控车？愿不愿意来十四所工作？从小就对军事着迷的胡胜脱口而出地答道：“愿意！”短短几分钟的“闲聊”，改变了胡胜的人生轨迹，使他走上了为国防军工事业奉献的道路。

十四所产品种类多、结构复杂、精度要求高。在新岗位适应期，胡胜一边向书本学习、向老师傅请教，一边不停地实践，不断改进自己的操作技术，在最短时间内胜任了新岗位。一次所里要加工一件新产品，领导要求 3 个月内将一台无人会使用的德国设备投入生产，胡胜接下了这项棘手的任务。在不懂德语也没有说明书的情况下，他凭着年轻好学的劲头，自己摸索、编程、加工，最终仅花了一个月时间便搞清了设备操作原理，使其成功投产。

雷达零部件对精度的要求苛刻，有的误差要求不能超过一根头发丝的1/10(0.005～0.008 mm)，甚至要达到0.004 mm的精度，哪怕一丝划痕也不能出现，而现有机床的精度只能达到0.005 mm，怎么办？胡胜通过掌握材料的热膨胀率，再了解加工、检验时的温度，算出其中的温差。要想做到雷达零部件精雕细琢，仅对材料的分析是远远不够的，还需要对加工刀具运用到极致。胡胜将1000多种刀具按照使用功能及其材料构成加以分类，经过两次筛选，剩下十几种或几种刀具备选，然后结合加工材料的特性快速准确地选择刀具，最后将雷达零部件精度做到了0.003 mm。

每当遇到一种新材料，胡胜都先仔细研读金属材料手册，掌握材料的物理特性、金相图等，再努力寻找材料中一些关键的“细枝末节”，最后结合自己的经验，选取最合适的刀具进行加工。最快的时候，胡胜试做一个零件就能找到合适的刀具和切削参数，而一般人常常要做几个，甚至更多的零件才能最终找到合适的刀具。胡胜说：“挑出来的刀具，常常不能满足要求，一些非标刀具，必须手工打磨。”打磨刀具是件辛苦活儿，更是件技术活儿，打磨刀具必须静心、精心，稍有不慎，不仅会毁了刀具，甚至会出现工伤事故。一般人打磨的刀具往往只能使用十几次，而胡胜打磨的刀具则可以使用上千次。从一名职高毕业生成为“工人院士”，胡胜在车床上诠释着精益求精、追求完美极致的工匠精神。

我国精密加工技术与国际先进水平存在不小的差距，为了缩短差距，提高精密加工技术水平，胡胜学以致用、潜心攻关，带领团队攻克了一项又一项加工技术难题。

某单元TR组件是中华神盾的关键结构件之一，面对一次成品率低下、人力及设备满负荷而国防建设又急需该产品的现状，胡胜紧急投入到大量攻关实验中。他创建多种多工序调整方法，从细微处分析总结发现其内在规律。经过艰苦求证，他提出一个配以创新工装、规范工序的完整方案，极大地提高了产品一次通检合格率，成功突破了制约批量产出的瓶颈，获得了显著的效益。

某产品研制进入加工阶段，其中主要关键件波纹管的加工任务再次落到胡胜肩上。一群高级技师看到图纸后，纷纷表示：“从没见过这么小的波纹管，长径比为10∶1的内孔里竟然还有很多不规则的槽，所有尺寸公差、形位公差简直无法加工。”胡胜知难而上，在大波纹管的加工经验基础上，他与技术人员探讨分析各种可能碰到的问题，甚至对每一刀的排屑方向、每个槽的切削速度都做了大量试验，最终通过精心设计的自制刀具、合理的切削方法加工出了合格产品。当质检人员解剖开产品，逐一对不规则槽的尺寸进行检验后，不禁对胡胜竖起了大拇指：精度完全符合要求！在十四所三厂党支部书记曹国明看来：“这些年，胡胜先后在机载火控、机载预警、舰载火控、星载等一系列具有国际先进水平的重点科研项目中，承担关重件（关键件、重要件）加工70多项，攻克了毫米波雷达的波纹管一次车削成形、机载火控雷达反射面加工变形等技术难题。”

2006年，胡胜被选派参加全国数控技能大赛，他一路过关斩将，取得了江苏省第二名、南京市比赛第一名成绩，并顺利进入到全国数控总决赛。参加全国比赛的选手操作水平都差不多，最终比的是心态和体力。全国比赛要求选手们在7个小时内，按照比赛提供的图纸做出一套零部件，对选手的技术和体力要求极高。胡胜抱着学习的心态，从容参赛，他制作的模块精确到了0.01 mm，最终从全国10万参赛者中脱颖而出，勇夺全国大赛冠军，人生第一次走进了人民大会堂领奖。自2006年以来，胡胜共完成生产工时5.5万，加工品种600多项，他带领团队攻克了多项技术难题，在数控车的宏程序编程模块，车、铣削一次性加工成形等方面提出了许多独特方法，大大提高了生产效率，节约科研经费近千万元。

作为数控组班组长，胡胜认为“一根竹竿容易弯，三根麻绳难扯断”，“和谐”对一个团队至关重要，每个成员能力差不多，互帮互助，氛围和谐，这个班组的整体实力才能增强。2008年，班组同事张立松第一次参加全国性的比赛，由于比赛设备和平时操作的不太一样，张立松的压力非常大。胡胜了解情况后，主动找到张立松，不仅传授自己的备考经验，还邀请熟悉设备的老师傅传授操作技巧和经验，帮助他缓解压力，这对胡胜来说微不足道的小事，却久久留在张立松心中。他倾囊相助，给予同事力所能及的帮助，胡胜在工作之余，经常总结归纳平时生产过程中遇到的难点与解决方案，整理成口口相传的绝技绝活，形成一系列新的优化工艺，传授给同事。同时，他坚信“三人行必有我师”，经常与同事一起探讨工作中的难点，改进操作工艺，相互学习进步。多年来，在胡胜的带领下，十四所涌现出了一批又一批高技能人才，他们不仅成为各自岗位的技术骨干，而且在省、市乃至全国的技能大赛中均取得了优异成绩。8年来，胡胜团队在全国及省、市数控大赛中有20人共计35人次进入前三甲。团队也荣获了“江苏省青年文明号”“中央企业青年文明号”等称号。（摘自网络）

第 6 章　Mastercam 2023 自动加工基础

6.1　Mastercam 2023 入门

6.1.1　初识 Mastercam 2023 界面

Mastercam 2023 摒弃了传统的菜单及工具条，采用全新的微软 Ribbon（功能区）界面，在 Mastercam 2022 的基础上进一步改进了使用功能区界面的设计，提高了操作效率。图 6－1 所示为 Mastercam 2023 的操作界面。

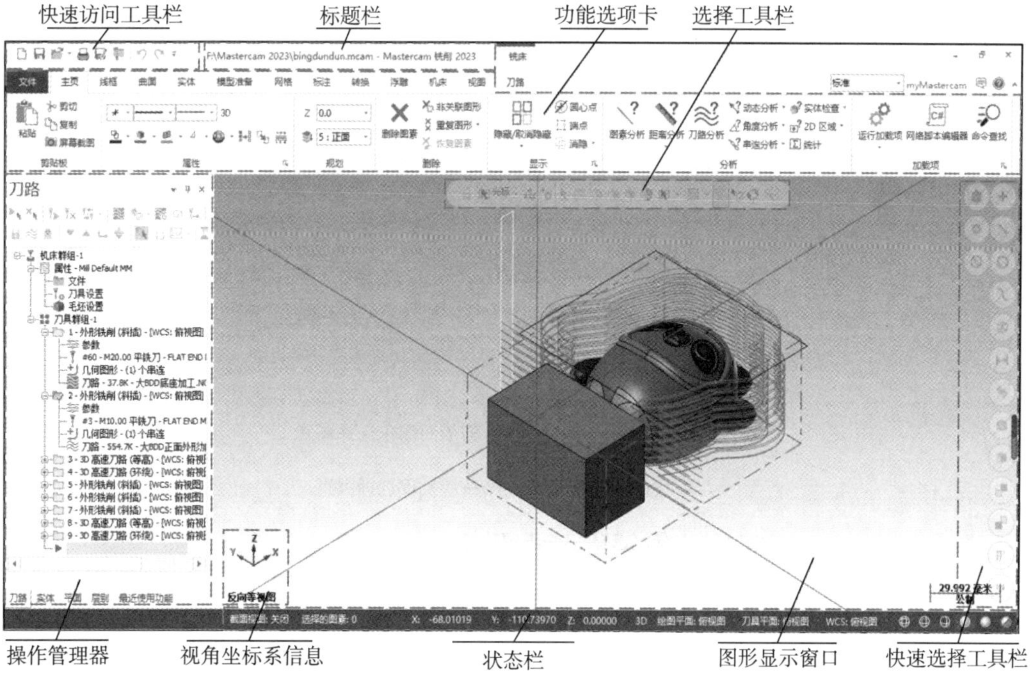

图 6－1　Mastercam 2023 操作界面

1. 快速访问工具栏

一组可自定义的常用功能，在界面中始终可用，默认位于界面左上角，也可设置在文件选项卡下方。

2. 标题栏

位于界面上部，用于显示软件版本、文件名信息及文件存储路径。

3. 功能选项卡

功能选项卡是软件各种操作功能的主控面板，按从左到右的由简单到复杂的工作流程进行编排。选项卡内用分割线按不同功能区分模块管理，各功能区按钮均包含图标和文字，部分模块还包含下拉菜单图符，单击图符可弹出下拉菜单形式的子功能按钮。

4. 快速选择工具栏

位于图形显示窗口右侧的一列快捷控件，可帮助操作者快速选择特定类型的图素，如图 6－2 所示。选择快捷控件时，它会突出显示以指示快捷控件已打开。快速选择按钮大部分为双功能按钮，用左斜杠“/”分割，左上部为选择全部，右下部为仅选择，鼠标指针悬停在按钮响应功能区，按钮颜色会加深且会弹出按钮功能提示。

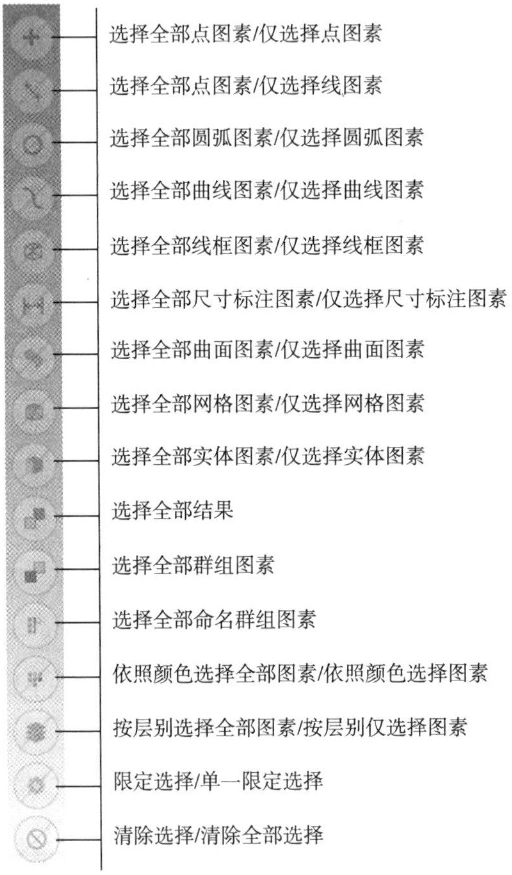

图 6－2　Mastercam 2023 快速选择工具栏

5. 选择工具栏

选择工具栏驻留在图形显示窗口顶部，组合了自动光标控件和用于在图形窗口中选择实体的通用选择工具的工具栏，包含丰富的图素选择功能，其图标右侧▼图符表示该功能有下拉菜单，如图 6－3 所示。选择工具栏有两种选择模式，标准选择和实体选择，它们根据所使用的功能激活。自动光标控件允许操作者在将光标移动到图形窗口中的几何体上时检测并捕捉到位置。只要 Mastercam 提示在图形窗口中选择一个位置，自动光标就会激活。

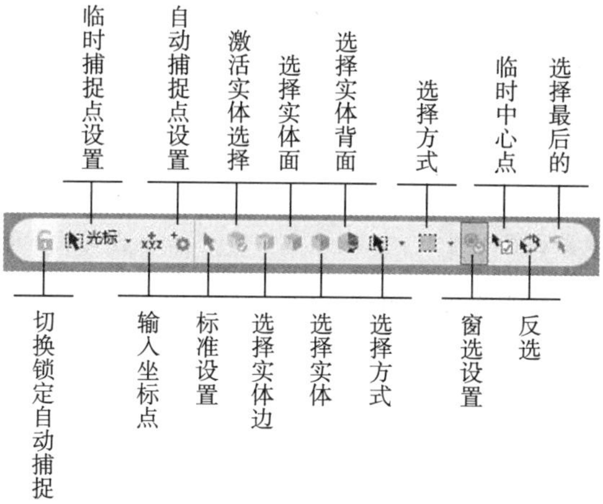

图 6－3　Mastercam 2023 选择工具栏

6. 状态栏

横跨工作区底部的栏，显示光标的坐标位置，并提供对修改平面、构造模式和 Z 深度的快速访问。状态栏的右侧有线框、阴影和半透明控件，可更改部件的外观。状态栏的左侧指示所选实体的数量和剖面视图的状态。

7. 视角坐标系

屏幕上的视角坐标系允许您以交互方式操作视图和平面。视角坐标系由三个连接在原点的轴组成，带有选择点，可让您选择不同类型的变换。图 6－4 所示为视角坐标系。

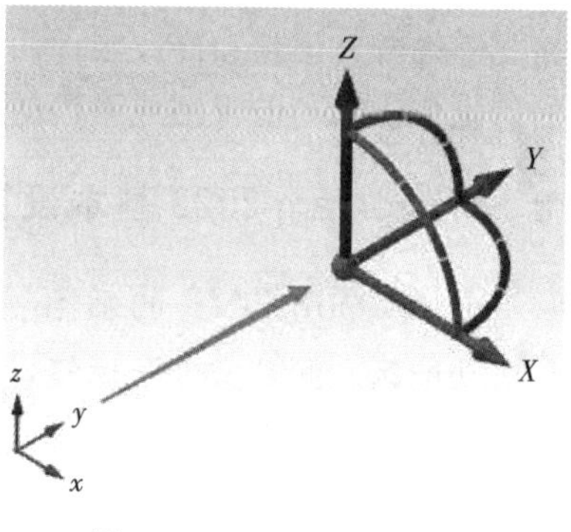

图 6－4　Mastercam 2023 视角坐标系

8. 操作管理器

操作管理器是设计与加工编程常用的操作管理区域，包括对刀具路径、实体、平面、层别和最近的功能五个管理器。可以根据个人使用习惯重新排列管理器以适应自己的工作流程。

图 6－5 所示为刀具路径管理器。列出当前文件的刀具路径组和机器类型。使用刀具路径管理器来控制当前的操作。

图 6－6 所示为实体管理器。列出当前文件中的每个实体及其操作历史和关联的刀具路径。使用实体管理器编辑实体及其操作。

图 6－7 所示为平面管理器。显示当前文件中的平面。使用平面管理器调整平面和工作偏移。

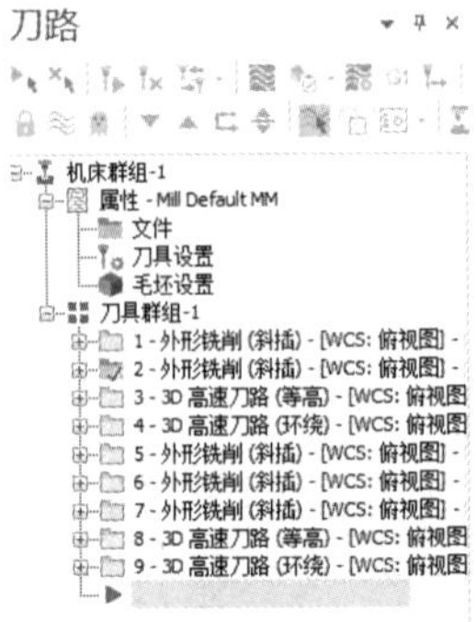

图 6-5　Mastercam 2023
刀具路径管理器

图 6-6　Mastercam 2023
实体管理器

图 6-8 所示为层别管理器。显示当前文件中的层别。使用层别管理器来控制当前图形元素的层别。

图 6-7　Mastercam 2023
平面管理器

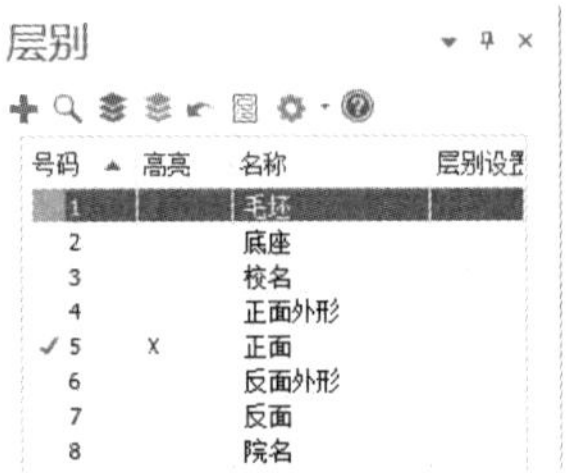

图 6-8　Mastercam 2023
层别管理器

9. 图形显示窗口

在其中查看、创建和修改零件的空间。图形窗口还显示有关当前单位（英寸或毫米）的信息，以及当前视图或平面的坐标轴。

6.1.2　Mastercam 2023 基本设置与操作

1. Mastercam 2023 的后台

单机功能区左侧“文件”标签，打开文件下拉菜单，也称为后台。图 6-9 所示为后台的信息页面，左侧有指向其他页面和功能的标签。下面简要说明后台中一些功能和页面，单击每个功能标签可以进入后台具体操作。

（1）信息　显示当前 Mastercam 文件的信息和属性。信息页面使您可以访问对当前打开的文件执行操作的功能，包括：项目管理器、更改识别、跟踪更改、自动保存和修复文件。

（2）新建　打开一个新文件。

（3）打开　访问打开页面，您可以在其中选择最近使用的文档或浏览要打开的文件。可以将常用的文件或文件夹固定到“最近的文档”和“最近的文件夹”部分。

（4）在编辑器中打开　使用您选择的文件编辑器打开文件。

（5）合并　将现有零件文件中的实体导入并合并到当前文件中。

图 6－9　Mastercam 2023 后台界面

（6）保存/另存为　保存当前零件文件或使用新名称保存文件。您可以将常用文件夹固定到“另存为”页面的“最近使用的文件夹”部分。

（7）保存一些　仅保存您在图形窗口中选择的实体。

（8）Zip2Go　打开 Zip2Go 向导。Zip2Go 向导将当前打开的 Mastercam 零件及其相关文件（配置、机器定义、后期文件、工具库等）压缩到 . Z2G、. ZIP 或 . MCAM－CONTENT 文件中。Zip2Go 文件在与其他用户或技术支持共享文件信息时很有用。

（9）转换　提供对导入和导出功能以及迁移向导的访问，以便用户可以将之前版本的 Mastercam 文件更新到最新版本。

（10）打印　预览、配置和打印当前的 Mastercam 文件。

（11）帮助　提供有关 Mastercam 和许可证的信息。包括指向最新的新增功能和已解决问题、教程和帮助系统的链接。访问此页面以检查软件更新。访问其中一些资源需要有效的 Internet 连接。

（12）社区　将您的账户链接到 Mastercam 官网、Mastercam 大学、Mastercam 社区应用程序、Mastercam 论坛、Mastercam 知识库和客户反馈计划。这些资源需要通过有效的互联网连接。

（13）配置　单击后台页面中“配置”标签打开如图 6－10 所示系统配置对话框，用户可以根据个人使用习惯在该对话框中设置 Mastercam 的系统默认值。

图 6－10　Mastercam 2023 系统配置对话框

（14）选项　打开选项对话框，用户可以在其中自定义 Mastercam 界面。

2. 自定义快速访问栏

快速访问栏是常用功能的集合，根据个人习惯可以设置显示在功能区上方或下方，始终可用。默认显示新建、保存、打开、打印、另存为、Zip2Go、撤销及重做，如图 6－11所示。

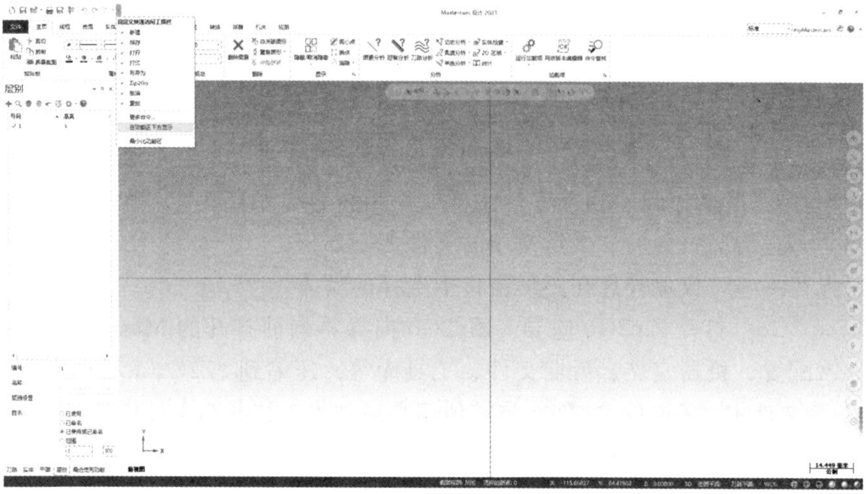

图 6－11　Mastercam 2023 自定义快速访问栏下拉菜单

单击下拉菜单中“更多命令”，弹出如图 6－12 所示“选项”对话框，根据需要对快速访问栏、自定义功能区及上下文菜单进行设置。

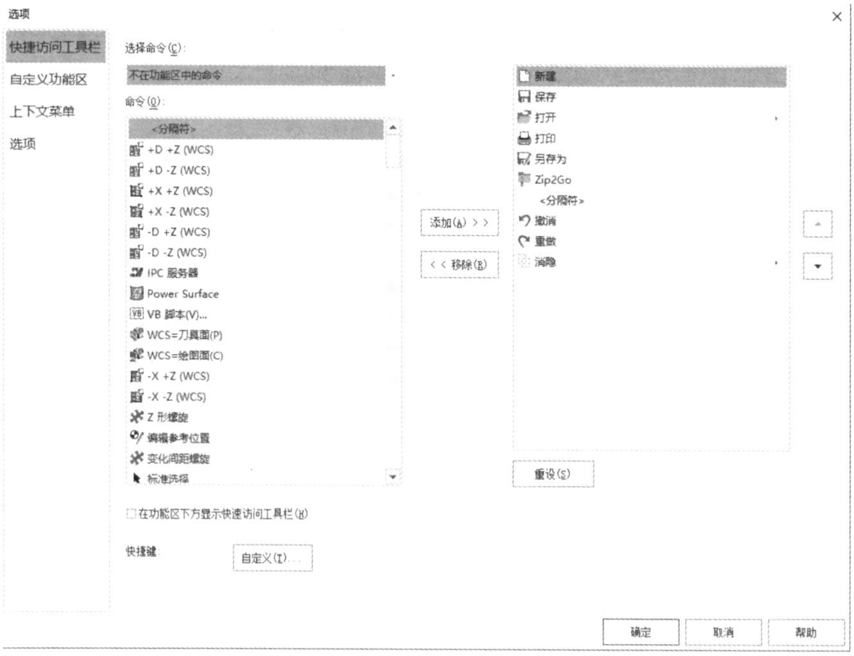

图 6－12　Mastercam 2023 自定义快速访问栏选项对话框

3. 快捷菜单的设置

快捷菜单是鼠标右击绘图区任意位置弹出的菜单，如图 6 - 13 所示。包含图素属性工具栏、图形缩放功能按钮、视图切换按钮、删除图素按钮、图素分析按钮，可对当前功能区图素进行快捷处理。

图 6 - 13　Mastercam 2023 快捷菜单

（1）图形缩放按钮　主要用于当前图形显示窗口中的图素进行缩放操作，其相关功能在“视图”功能选项卡的缩放功能区也有，如图 6 - 14 所示。另外，滚动鼠标中键也能缩放图形，其缩放中心与光标位置有关。

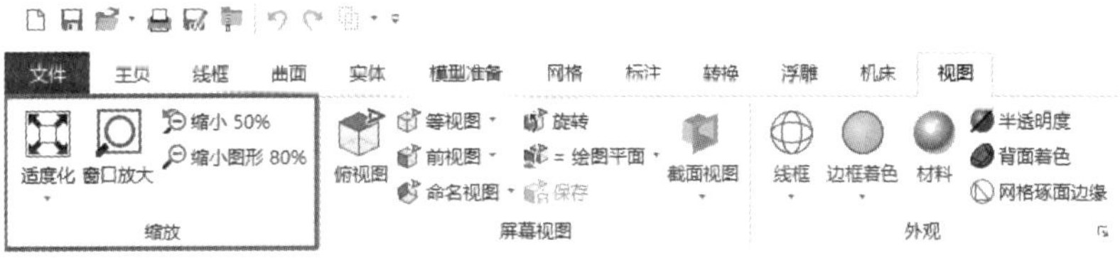

图 6 - 14　Mastercam 2023 缩放功能区

（2）屏幕视图按钮　主要用于选择与切换当前图形显示窗口不同的屏幕视图。在“视图”功能选项卡的屏幕视图功能区有更为详细的屏幕视图操作按钮，如图 6 - 15 所示。

图 6 - 15　Mastercam 2023 屏幕视图功能区

(3) 删除图素按钮　默认仅有一个常用的“删除图素”按钮，但“主页”功能选项卡中“删除”功能区有更多的删除功能按钮，如图 6-16 所示，也可将这些删除按钮增添到快捷菜单中。

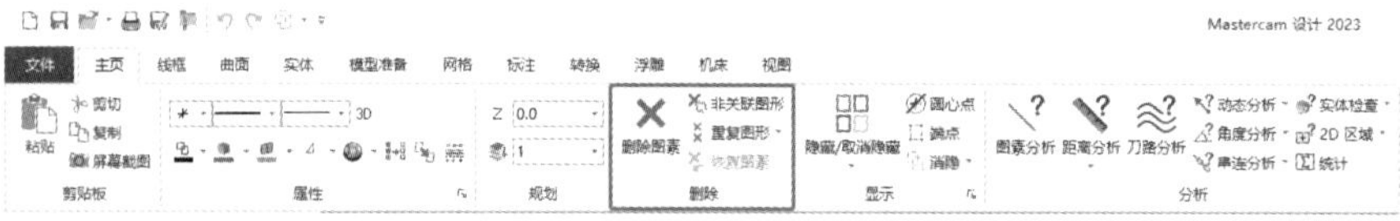

图 6-16　Mastercam 2023 删除功能区

(4) 图素分析按钮　默认显示有两个常用的“距离分析”与“图素分析”的图形分析功能按钮。在“主页”功能选项卡的分析功能区有更多的分析功能按钮，如图 6-17 所示。

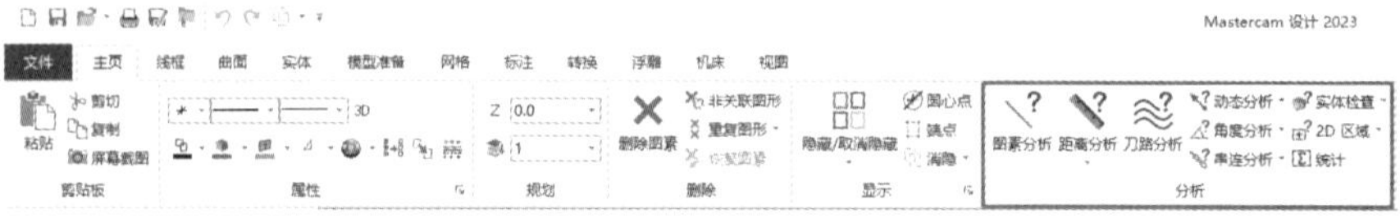

图 6-17　Mastercam 2023 分析功能区

4. 操作管理器的设置

操作管理器默认位于图形显示窗口左侧，默认的管理器包括刀路、实体、层别、平面和最近使用功能五个，如图 6-18 所示，操作标签默认显示在管理器下部，单击相应标签可选中激活。这五个管理器可通过“视图”功能选项卡管理功能区上的相应功能按钮操控是否装载显示，如图 6-19 所示。也可以根据需要拖拽管理器至图形显示窗口浮动显示或蓝色图标显示位置停靠，如图 6-20 所示。

图 6-18　Mastercam 2023 操作管理器

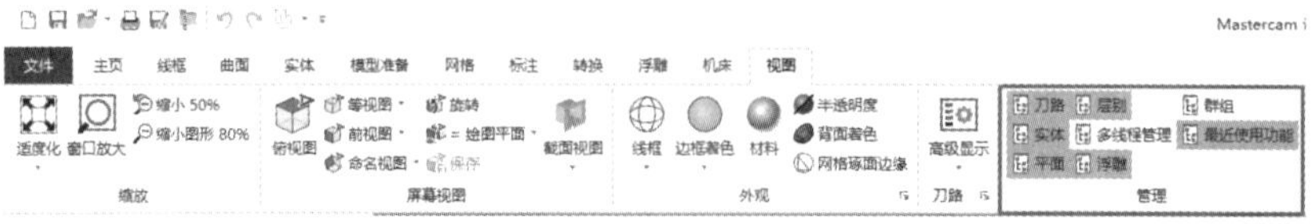

图 6-19　Mastercam 2023 管理功能区

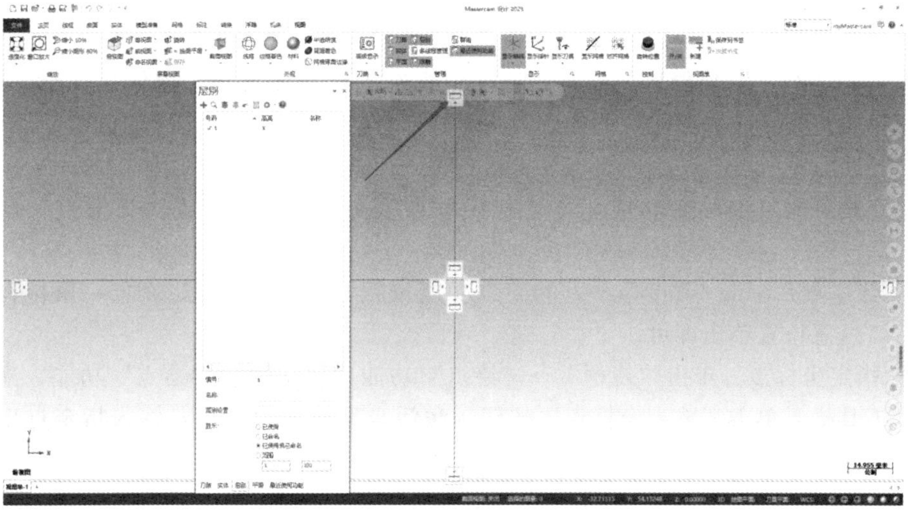

图 6－20　Mastercam 2023 管理器停靠位置

5. 图素外观的设置

图素外观设置是指三维模型的外观显示状态，有线框显示和图形着色功能，还可以进一步设置材料，如金属、塑料等真实材料显示效果，对于实体和曲面可以设置不同的显示颜色等，如图 6－21 所示。

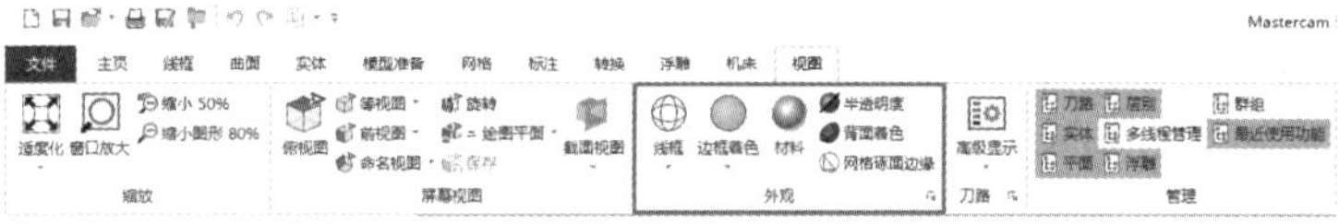

图 6－21　Mastercam 2023 图素外观设置

6.2　Mastercam 2023 二维图形的绘制与转换

6.2.1　Mastercam 2023 二维图形绘制

二维图形绘制是三维建模和自动加工的基础，Mastercam 2023 的二维图形绘制主要集中在“线框”功能选项卡中。“线框”功能包含点、直线、圆弧、曲线、形状、修剪与延伸、图素倒角、图素偏移、投影等操作，如图 6－22 所示。

图 6－22　Mastercam 2023 线框功能

1. 点的绘制

点是几何图形中最基础的图素。Mastercam 2023 点的绘制功能按钮是“线框”功能选项卡的“绘点”功能区。绘点功能按钮含有下拉功能菜单，提供六种绘点方法，单击相关功能按钮会弹出对应的操作提示和操作对话框。

（1）绘点

绘点是点的基本绘制功能，可绘制任意点、指定坐标点、临时抓捕点、自动捕捉点。

① 任意点：单击“线框”→“绘点”功能按钮，激活“绘点”功能，鼠标在图形显示窗口任意位置单击即可。

② 指定坐标点：单击“线框”→“绘点”功能按钮，激活“绘点”功能，鼠标移至选择工具栏，单击“输入坐标点”按钮，激活坐标输入对话框，输入指定点坐标值绘制指定点，坐标输入方法见图 6-3。

③ 临时抓捕点：单击“线框”→“绘点”功能按钮，激活“绘点”功能，鼠标移至选择工具栏，单击“光标”按钮下拉菜单中相应临时抓捕点，可快速抓捕对应点，临时抓捕点选择方法见图 6-3。

④ 自动捕捉点：单击“自动捕捉点设置”按钮，打开自动捕捉点设置对话框设置相关点，绘图时可快速抓捕这些点，自动抓捕点设置方法见图 6-3。

（2）动态绘点

动态绘点是在已有的线、面上绘制点，具体操作步骤如下：

① 任意点：单击“线框”→“绘点”→“动态绘点”功能按钮，激活“动态绘点”功能，图形显示窗口左侧和上部分别弹出“动态绘点”操作管理器和操作提示“选择直线、圆弧、曲线、曲面或实体面”，如图 6-23 所示。

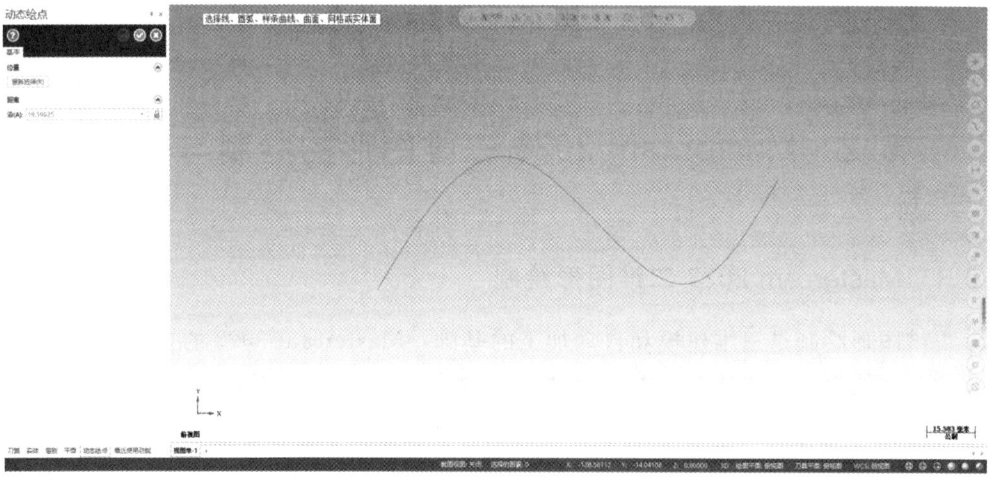

图 6-23　Mastercam 2023 动态绘点功能（1）

② 鼠标靠近曲线左端单击曲线，曲线变为黄底的虚线，并吸附曲线产生一个随鼠标移动的箭头，操作管理器下部的距离随箭头移动动态变化。注意：靠近曲线哪一端单击，则该端点为起点，箭头指向为正向切线方向，如图 6-24 所示。若需要更换线

条，单击操作管理器中的“重新选择”按钮即可重新选择，若要退出动态绘点模式，单击操作管理器中的红色“退出”按钮即可。

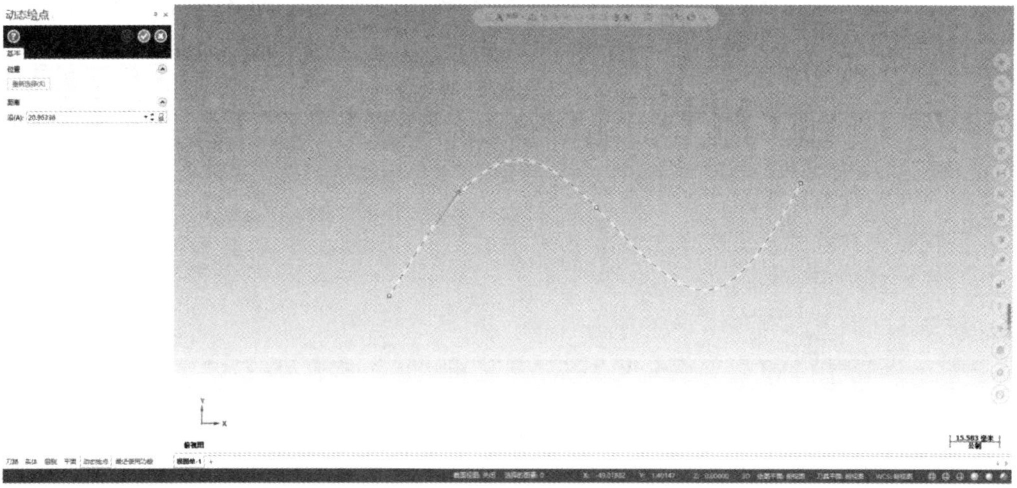

图 6 - 24　Mastercam 2023 动态绘点功能（2）

③ 单击“距离”文本框右侧的“锁住”按钮切换为锁住状态，并在文本框中输入距离值，按回车键，可看到一个淡蓝色的指定动态点（如图 6 - 25 所示），这个淡蓝色的点表示仍为可修改状态，若确认不修改再次按回车键即可确定，确定后动态点显示为图形属性设定的颜色。除了按回车键确定外，还有另外两种确定方式：一是绘制下一点前在图形显示窗口左键单击确定，二是单击操作管理器右上部的蓝色的“确定并创建新操作”按钮，继续绘下一个点，若全部绘制结束，则单击操作管理器右上部的绿色的“确定”按钮，确定并退出动态绘点模式。

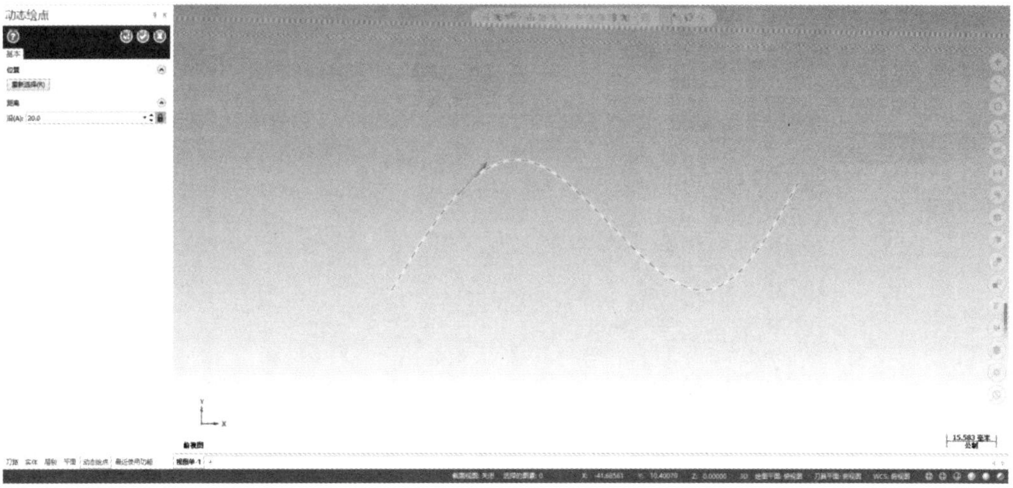

图 6 - 25　Mastercam 2023 动态绘点功能（3）

④ 若要自由绘点，单击“锁住”按钮切换为解锁状态，可用鼠标移动动态点，单击确定动态点位置。如图 6 - 26 所示。

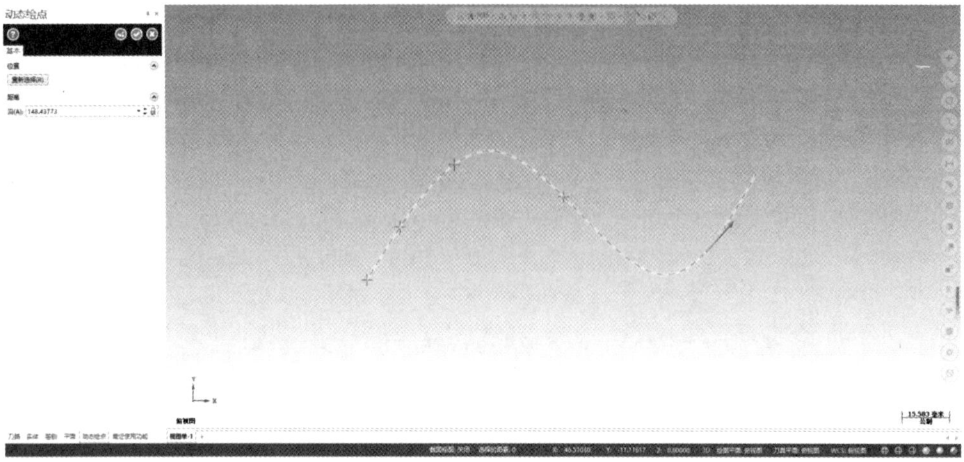

图 6-26　Mastercam 2023 动态绘点功能（4）

其他绘制点的操作方法与动态绘点基本相同，这里就不再赘述，读者可直接参照上面步骤练习即可。

2. 直线的绘制

两点确定一条直线，多条直线首尾相接形成连续线。Mastercam 2023 点的绘制功能按钮是“线框”功能选项卡的“绘线”功能区，包含线端点、平行线、垂直正交线及一个下拉功能菜单（包含近距线、平分线、通过点相切线、线垂直于点、线垂直于网格、线垂直于引导串连），如图 6-27 所示。

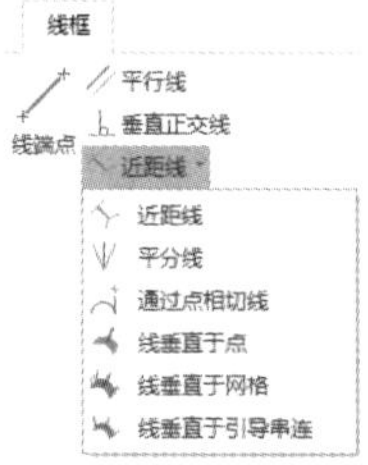

图 6-27　Mastercam 2023 绘线功能按钮

“线端点”功能是绘制直线的基本功能，其直线端点指定参照“绘点”的方法确定。图 6-28 所示为线端点绘制示例，具体操作步骤如下：

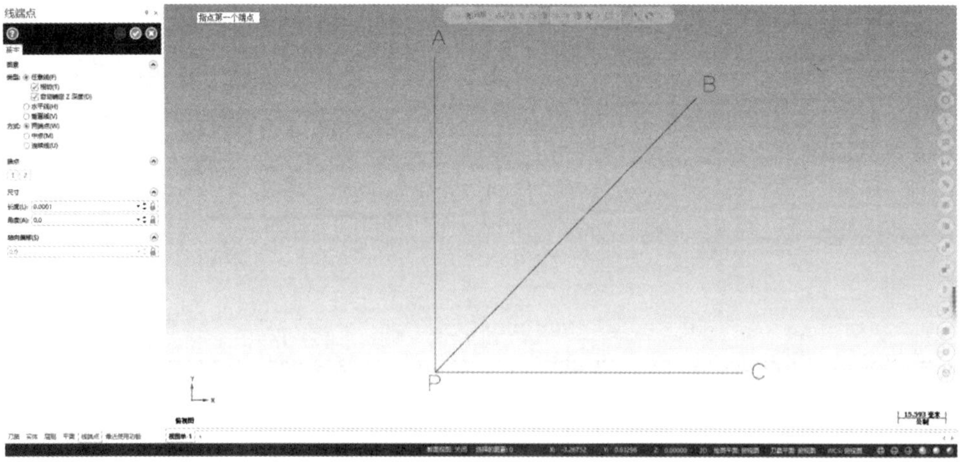

图 6-28　Mastercam 2023 线端点绘制示例

① 单击“线框”→“线端点”功能按钮，激活“线端点”功能，图形显示窗口左侧和上部分别弹出“线端点”操作管理器和操作提示“指定第一端点”，设置“操作管理器”中的类型为“任意线”，方式为“两端点”。

② 单击点 P，操作提示变为“指定第二端点”，单击 B 点，显示淡蓝色任意线 PB。此时可根据需求在“操作管理器”中“尺寸”输入框中设置任意线的“长度”和“角度”。

③ 按回车键，任意线 PB 变为图形属性设置的颜色，同时操作提示变为“指定第一端点”，任意线 PA 绘制完成。此步骤也可单击操作管理器右上部的蓝色的“确定并创建新操作”按钮，继续绘制下一条任意线，若全部绘制结束，则单击操作管理器右上部的绿色的“确定”按钮，确定并退出“线端点”绘制模式。

绘制垂直线 PA 和水平线 PC 时，只需将“操作管理器”中的类型设置为“垂直线”和“水平线”，其他步骤与绘制任意线一样。其他直线的绘制方法与“线端点”基本相同，这里就不再赘述，读者可直接参照上面步骤练习即可。

3. 圆弧的绘制

组成二维图形的基本图素除了点和直线外，还有圆弧和整圆。Mastercam 2023 提供了丰富的圆弧和整圆的绘制方法，其绘制功能按钮是“线框”功能选项卡的“圆弧”功能区，包含已知点画圆、三点圆弧、切弧及一个下拉功能菜单（包含已知边界点画圆、端点画弧、极坐标画弧、极坐标端点），如图 6－29 所示。

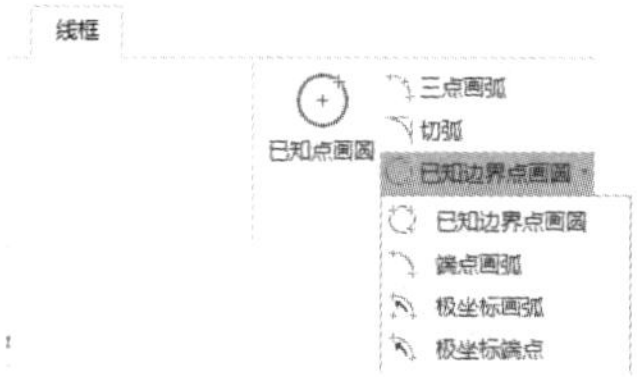

图 6－29　Mastercam 2023 圆弧功能按钮

图 6－30 所示为已知点画圆示例，圆心点指定参照“绘点”的方法确定。具体操作步骤如下：

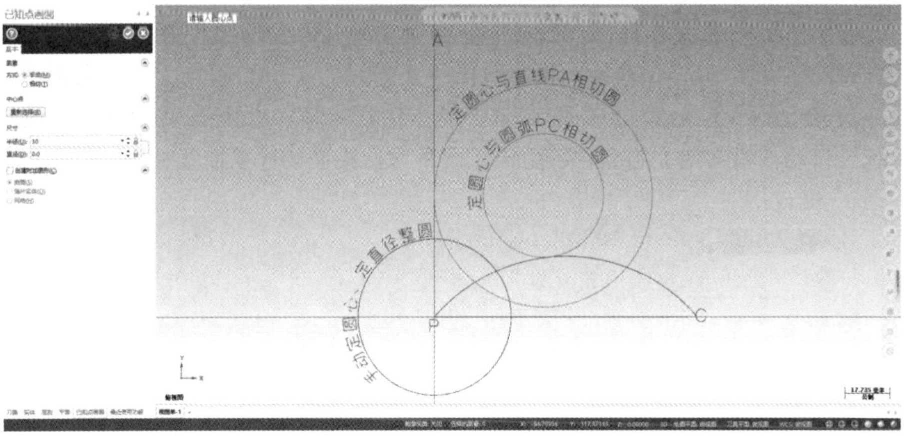

图 6－30　Mastercam 2023 已知点画圆示例

① 单击“线框”→“已知点画圆”功能按钮，激活“已知点画圆”功能，图形显示窗口左侧和上部分别弹出“已知点画圆”操作管理器和操作提示“请输入圆心”，设置“操作管理器”中的“方式”为“手动”。

② 单击点 P，显示一个跟随鼠标移动而变化的虚线圆，且“操作管理器”中“尺寸”下方“半径”和“直径”输入框中的数值跟随变化，此时设置其中任何一项数值，按回车键，虚线圆变为淡蓝色圆，再按回车键或单击操作管理器右上部的蓝色的“确定并创建新操作”按钮，淡蓝色圆变为图形属性设置的颜色，手动定圆心定直径整圆绘制完成，继续绘制下一个圆。

③ 设置“操作管理器”中的“方式”为“相切”，显示一个跟随鼠标移动而变化的虚线圆，此时“操作管理器”中“尺寸”下方“半径”和“直径”输入框中的数值为灰色不可用，移动鼠标至直线 PA 处，鼠标自动捕捉直线 PA 且高亮，单击鼠标左键，至此定圆心与直线 PA 相切圆绘制完成。定圆心与圆弧 PC 相切圆按此步骤操作即可，全部绘制完成后，则单击操作管理器右上部的绿色“确定”按钮，确定并退出“已知点画圆”模式。

其他圆与圆弧的绘制方法与“已知点画圆”基本相同，这里就不再赘述，读者可直接参照上面步骤结合操作提示练习即可，这里需要注意“切弧”和“已知边界点画圆”两种功能下有多种方式，可以根据绘图需要进行切换。

4．曲线的绘制

二维图形中不仅有规则的直线和圆弧，还有不规则的曲线，包括样条曲线和 NURBS 曲线，其绘制功能按钮是“线框”功能选项卡的“曲线”功能区，各种曲线功能集成在一个下拉功能菜单中，包含手动画曲线、曲线熔接、转成单一曲线、自动生成曲线、转为 NURBS 曲线，如图 6－31 所示。样条曲线是根据样条中若干个控制点而得到的一条曲线，这些点控制着曲线的大致形状，下面主要讲解该类曲线的绘制方法。

图 6－31　Mastercam 2023 曲线功能按钮

Mastercam 2023 提供了手动画曲线和自动生成曲线两种绘制样条曲线的方法。采用“手动画曲线”功能绘制样条曲线，依次单击样条曲线的各个控制点生成；采用“自动生成曲线”功能绘制样条曲线，只需依次单击样条曲线中第一个点、第二个点及最后一个点，系统会自动搜索其他控制点自动生成。两种方法绘制的样条曲线如图 6－32 所示。

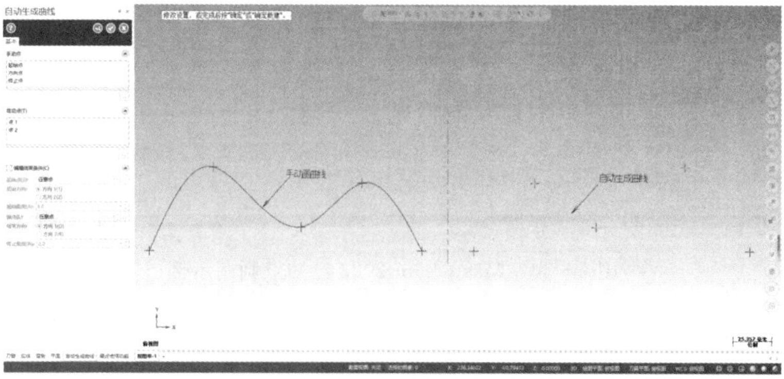

图 6－32　Mastercam 2023 样条曲线绘制示例

5. 形状的绘制

为了加快图形绘制速度，Mastercam 2023 提供了常见基本形状快速绘制功能，其绘制功能按钮是“线框”功能选项卡的“形状”功能区，基本形状功能集成在一个下拉功能菜单中，包含矩形、圆角矩形、多边形、椭圆、螺旋线（锥度）、平面螺旋，如图 6 - 33 所示。

图 6 - 33　Mastercam 2023 基本形状功能按钮

下面以矩形为例进行说明。矩形的基本参数包含长度（对应软件中的宽度）、宽度（对应软件中的高度）及定位，其定位方式有第一角点定位和矩形中心定位两种，如图 6 - 34 所示为矩形绘制示例。

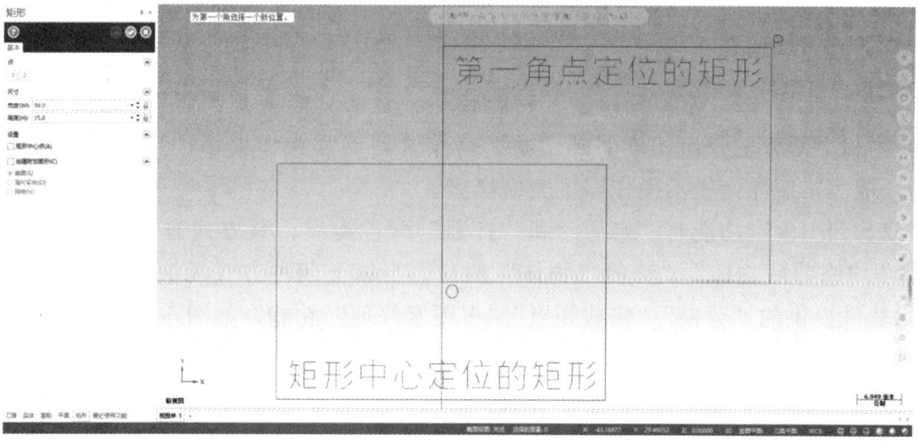

图 6 - 34　Mastercam 2023 矩形绘制示例

单击“线框”→“矩形”功能按钮，激活“矩形”功能，图形显示窗口左侧和上部分别弹出“矩形”操作管理器和操作提示“为第一个角选择新位置”，单击 O 点，显示一个跟随鼠标移动而变化的虚线矩形，且“操作管理器”中“尺寸”下方“宽度”和“高度”输入框中的数值跟随变化，同时操作提示变为“为第二个角选择新位置”，拖动鼠标将光标移至 P 点大致位置单击，虚线矩形变为淡蓝色矩形，此时在“操作管理器”中“尺寸”下输入“宽度”和“高度”数值，按回车键或单击操作管理器右上部的蓝色的“确定并创建新操作”按钮，淡蓝色矩形变为图形属性设置的颜色，第一角点定位矩形绘制完成；继续绘制中心定位矩形，勾选“操作管理器”中“设置”下方的“矩形中心点”，后续操作与第一角点定位绘制矩形基本相同。

圆角矩形、多边形、椭圆等的绘制方法与“矩形”基本相同，这里就不再赘述，读者可直接参照矩形的绘制方法结合软件的操作提示进行练习。

6. 图形的修剪

实际二维图形通常是由多个基本二维图形相互组合而成，往往比较复杂，在绘制过程中需要通过修剪等编辑操作使其组成一个整体。Mastercam 2023 提供的编辑功能集中在“线框”功能选项卡的“修剪”功能区，修剪功能丰富，按钮较多，且大部分集成为下拉菜单式功能按钮，单击带▼的功能按钮时，会弹出下拉菜单，如图 6－35 所示。下面选取几个频繁使用的功能进行介绍，其他功能可根据软件的操作提示练习。

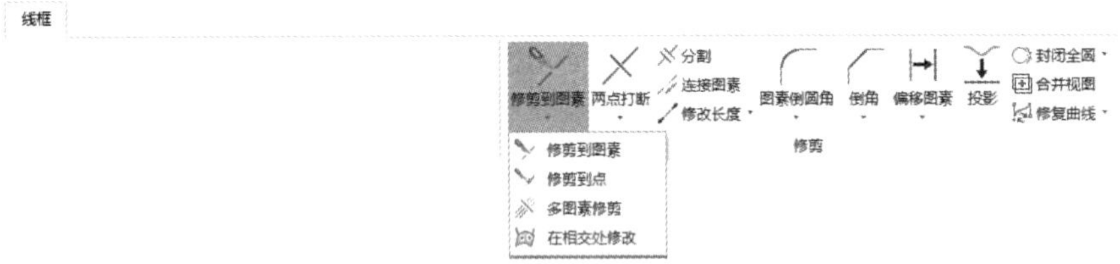

图 6－35　Mastercam 2023 修剪功能按钮

（1）修剪

修剪是绘制实际图形是频繁使用的编辑功能，Mastercam 2023 提供了多种修剪方式，功能较为强大，包含修剪到图素、修剪到点、多图素修剪、在相交处修改及分割等。

单击“线框”→“修剪到图素”功能按钮，激活“修剪到图素”功能，图形显示窗口左侧和上部分别弹出“修剪到图素”操作管理器和操作提示“选择图素去修剪或延伸”，依次按照操作提示操作即可完成修剪。

“修剪到图素”功能有“修剪”和“打断”两种类型，其方式有“自动”“修建单一物体”“修剪两物体”“修剪三物体”四种。当以上四种方式无法满足修剪需求时，可采用软件提供的“分割”“修剪到点”“多图素修剪”功能，如图 6－36 所示为修剪与分割示例。

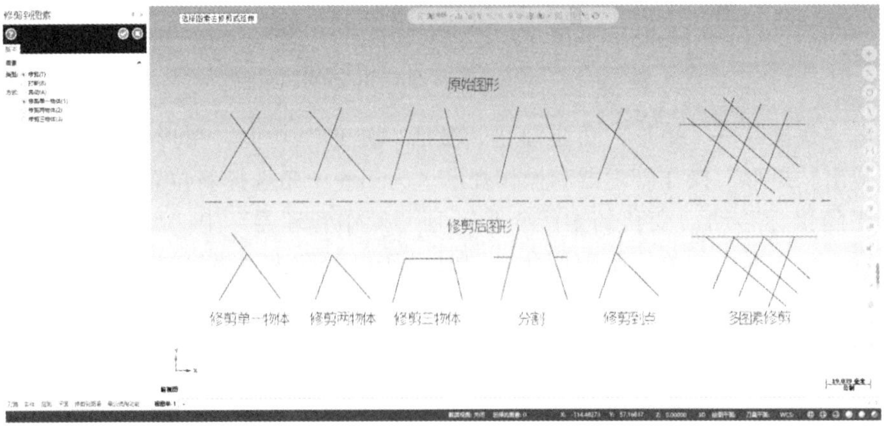

图 6－36　Mastercam 2023 修剪与分割绘制示例

① 自动：是“修剪到图素”的默认方式，可在修剪单一物体和修剪两物体功能之间切换。若要修剪单一物体，请选择要修剪的图素，然后单击与要修剪的第一个图素相交的图素。若要修剪两物体，首先单击第一个图素，然后双击第二个，选择一个图素时，单击要保留的部分。

② 修剪单一物体：以某条线形图形为边界修剪另一条线形图形。具体操作方法为：先单击待修剪图形中要保留的部分，再单击修剪边界图形，如图 6 - 37 所示。

图 6 - 37　Mastercam 2023 修剪单一物体操作示例

③ 修剪两物体：将两个图素修剪到它们的交点。具体操作方法为：单击第一个图素，然后双击第二个图素。选择图素时，单击要保留的部分，如图 6 - 38 所示。

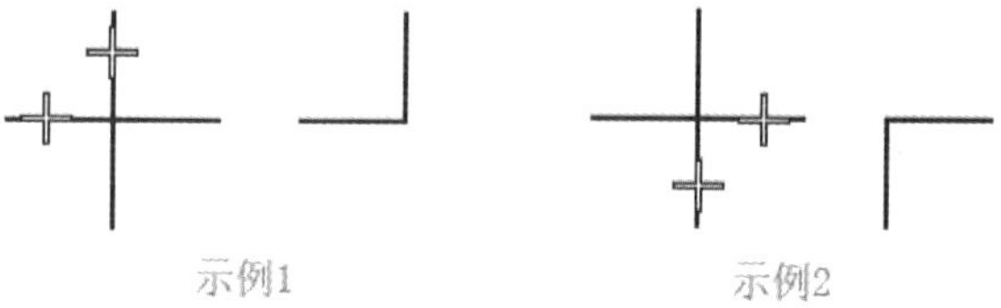

图 6 - 38　Mastercam 2023 修剪两物体操作示例

④ 修剪三物体：可同时对三个相交图素沿交点处修剪。具体操作方法为：先单击两个交点之外两图素的需要保留部分，再单击第三个图素处于两交点之间的部分，系统将以两点之间的图素为修剪边界修剪前两个图素，同时以前两个图素为修剪边界修剪第三图素。

⑤ 分割：可对相交的图素（直线、圆弧和样条曲线）的交点之间的图形进行分割并删除，与上面四种修剪方式不同的是拾取部分将被删除，而前面四种修剪方式是拾取部分被保留。也可用分割功能删除不相交的图素。具体操作方法为：使用鼠标连续单击需要删除的部分。

⑥ 修剪到点：可对图素（直线、圆弧和样条曲线）修剪至图素上某一点，且可以延伸直线和圆弧到某一点。具体操作方法为：先单击需要修剪图素的保留部分，再单击修剪点。

⑦ 多图素修剪：以一条直线、圆弧或样条曲线为修剪边界同时对多个图素修剪或打断。

（2）打断

打断与修剪比较相似，用于将图素在交点或某一选定点打断分离。它与修剪不同的是分离开的图素不会被删除，而是转换成单独图素存在。Mastercam 2023 提供了多种打断方式，包含两点打断、打断成两段、在交点打断、打断成多段、打断至点。

(3) 连接图素

连接图素与打断功能恰好相反，用于将打断的图素重新连接成为单一图素。

(4) 修改长度

修改长度按指定的距离修剪、打断和延伸图素。

(5) 倒圆角与倒角

① 倒圆角。Mastercam 2023 提供了“图素倒圆角”和“串连倒圆角”两种方式，每种方式下有多种类型，如图 6-39 所示。

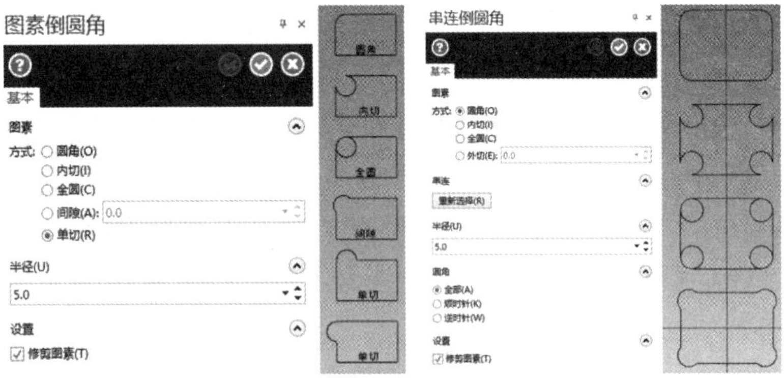

图 6-39　Mastercam 2023 倒圆角操作示例

② 倒角。与倒圆角一样提供了“倒角”和“串连倒角”两种方式，每种方式下有多种具体方式，如图 6-40 所示。

图 6-40　Mastercam 2023 倒角操作管理器

6.2.2　Mastercam 2023 二维图形转换

Mastercam 2023 的图形转换主要集中在“转换”功能选项卡中。“转换”功能包含动态转换、平移、旋转、投影、镜像、补正、直角阵列、比例缩放等操作，如图 6－41 所示。图形转换功能不仅适用于二维图形绘制，还适用于曲面造型和三维实体建模，这里只介绍二维图形的转换操作方法，读者可参照进行曲面造型和三维实体建模的转换练习。

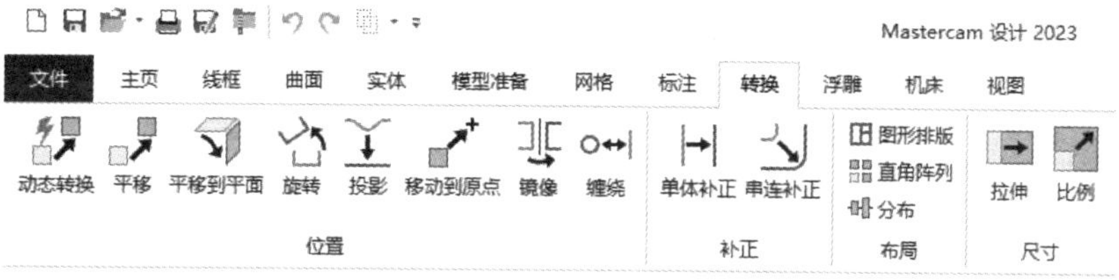

图 6－41　Mastercam 2023 转换功能

1. 动态转换

是使用交互式指针操作图形的定向和位置。可以通过这一功能可实现图形的平移、平移到平面以及旋转。具体操作步骤如下：

① 单击“转换”→“动态转换”功能按钮，激活“动态转换”功能，图形显示窗口左侧和上部分别弹出“动态”操作管理器和操作提示“选择图素移动/复制”。

② 选择要进行动态转换的图形，按回车键或单击“结束选择”按钮，激活“动态”操作管理器，同时图形显示窗口弹出跟随鼠标移动的交互式指针，操作提示更新为“选择指针的原点位置”。

③ 单击某点确定指针原点位置，指针吸附在当前位置，操作提示更新“操纵图形：选择指针轴去编辑或按应用/确定或双击鼠标接受结果”（鼠标指针指向指针原点时，提示为“操纵图形：转换 XYZ/极坐标”；鼠标指针指向各指针轴时，提示为“操纵图形：转换对齐”；鼠标指针指向各旋转轴时，提示为“操纵几何图形：转换旋转”）。

④ 在“动态”操作管理器（如图 6－42 所示）中选择图形转换方式“移动”或“复制”，并选择转换方式“单一（或阵列多个）”或“重复”，全部选择完成后，单击操作管理器上方的绿色“确定”按钮，退出“动态转换”模式。

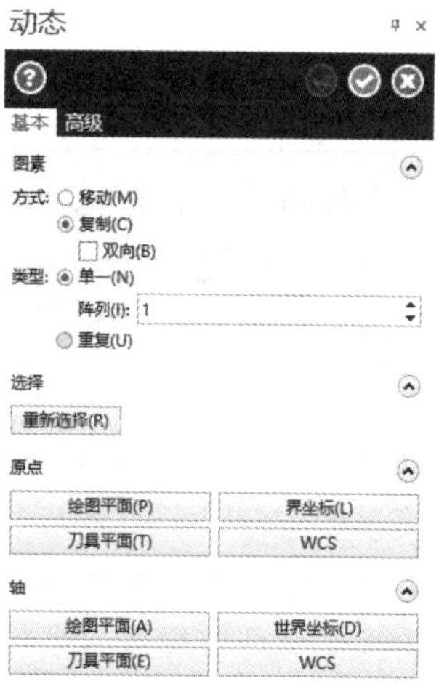

图 6－42　Mastercam 2023 动态转换操作管理器

2. 平移

“平移”功能可在同一平面内移动、复制或连接图素，而无须改变其定向或形状。平移功能有指针操作（以平移指针操作平移为主）和操作管理器操作（以操作管理器操作平移为主）两种模式。下面分别介绍两种操作模式的具体步骤。

(1) 指针操作

① 单击“转换”→“平移”功能按钮，激活“平移”功能，图形显示窗口左侧和

上部分别弹出“平移”操作管理器和操作提示“平移/阵列：选择要平移/阵列图素”。

② 窗选或单击选中平移的图素，图素变为黄色虚线，单击“结束”按钮，图素变为玫红色，“平移”操作管理器高亮，且图素中心出现平移指针坐标轴，光标悬停至平移指针坐标轴上，弹出沿坐标轴平移标尺和坐标输入文本框，此时可对图素进行沿指针坐标轴移动。单击指针坐标原点可移动指针位置。移动光标至左下角旋转按钮，按钮高亮，单击此按钮后平移指针将转化成旋转指针。

③ 光标悬停至旋转指针圆环上，弹出旋转标尺和角度输入文本框，可对图形实现旋转操作。再次将光标移至左下角旋转按钮单击，即可恢复平移指针。

（2）操作管理器

操作相对比较简单，直接根据操作提示，结合操作管理器（如图 6-43 所示）中的参数提示说明操作即可。

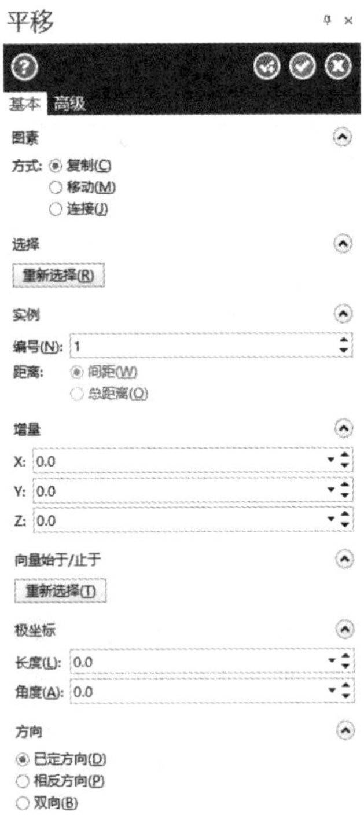

图 6-43　Mastercam 2023 平移操作管理器

3. 平移到面

“平移到面”功能可将图素从一个平面移动、复制、连接到另一个平面。该操作不会改变此图素的定向、大小或形状。其操作方法与“平移”功能中操作管理器操作方法基本相同，直接根据操作提示，结合操作管理器（如图 6-44 所示）中的参数提示说明操作即可。

4. 旋转

“旋转”功能可选择图素绕中心点移动、复制或连接，可实现图素的旋转和环形阵列等操作。其操作模式同样有指针操作（以旋转指针操作平移为主）和操作管理器操作（以操作管理器操作平移为主）两种模式，两种模式操作方法与“平移”功能基本相同，这里就不赘述，读者直接参照“平移”功能操作方法练习即可。

图 6-44　Mastercam 2023 平移到面操作管理器

5. 移动到原点

“移动到原点”功能是基于光标选择的点移动所有可见图形到当前的 WCS 原点。主要用于自动加工过程中建立工件坐标系。操作方法比较简单，直接根据操作提示操作即可。

6. 镜像

“镜像”功能是将所选图素通过对相关已定义

的轴或点进行反射对称，执行移动、复制或连接操作。单击“转换”→“镜像”功能按钮，激活“镜像”功能，图形显示窗口左侧和上部分别弹出“镜像”操作管理器和操作提示“镜像：选择要镜像的图素”。窗选或单击选中镜像的图素，图素变为黄色虚线，单击“结束”按钮，图素变为红色，“镜像”操作管理器（如图 6－45 所示）高亮，在其中设置镜像轴线，单击操作管理器上方绿色的“确定”按钮，确定并退出“镜像”模式。

7. 直角阵列

“直角阵列”功能是将所选图素按一定的距离、方向和数量等按规律复制到指定位置。单击“转换”→“直角阵列”功能按钮，激活“直角阵列”功能，图形显示窗口左侧和上部分别弹出“直角阵列”操作管理器和操作提示“选择图素”。窗选或单击选中阵列的图素，图素变为黄色虚线，单击“结束”按钮，图素变为红色，“直角阵列”操作管理器（如图 6－46 所示）高亮，在其中设置相关参数，单击操作管理器上方绿色的“确定”按钮，确定并退出“直角阵列”模式。

图 6－45　Mastercam 2023 镜像操作管理器

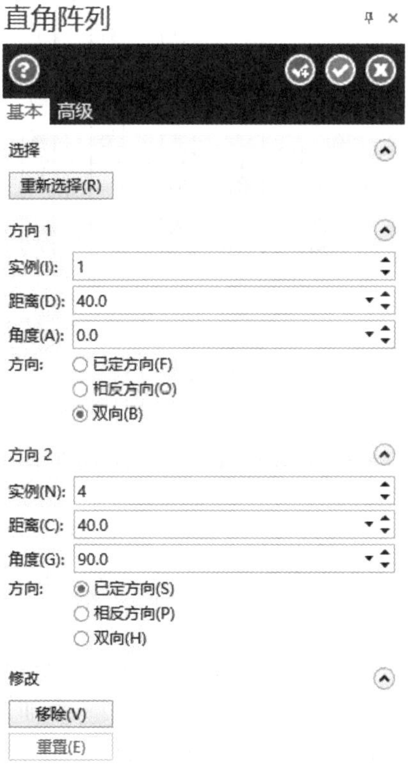

图 6－46　Mastercam 2023 直角阵列操作管理器

以上介绍了部分图形转换功能的操作方法，其他未介绍功能与上述功能操作方法基本相同，读者可参照其方法结合软件的操作提示进行练习。

6.3 Mastercam 2023 自动加工编程基础

6.3.1 Mastercam 2023 自动加工编程一般流程

Mastercam 2023 作为计算机辅助设计与制造软件，同时具备设计建模（CAD）和自动加工编程（CAM）功能，其 CAM 模块是基于 CAD 模型提取加工几何要素进行的，一般流程如图 6-47 所示。

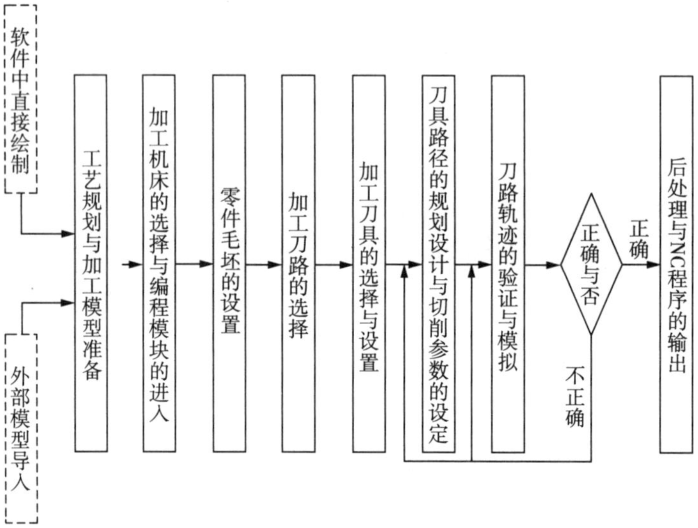

图 6-47　Mastercam 2023 自动加工编程一般流程

6.3.2 Mastercam 2023 自动加工编程基本操作

1. 工艺规划与加工模型准备

自动加工编程的图样分析、加工工艺规划与手工编程一样，参见第一章、第三章和第五章。

由于自动加工编程是基于加工模型提取加工几何要素，加工零件的轮廓和曲面等，因此进行编程需要在软件中建立一个加工模型，加工模型可以直接通过 Mastercam 2023 的 CAD 模块直接创建。另外，还可以通过软件的导入功能直接导入其他 CAD 软件设计的可被 Mastercam 2023 读取的通用格式（如 dwg，dxf，igs，x-t，step 等）的数字模型，导入方法如下：

单击快速访问工具栏中“打开”功能按钮，弹出“打开”文件选择对话框（如图 6-48所示），然后单击对话框右下部文件类型列表，在列表中选择菜单中单击文件类型，最后单击对话框中打开即可。

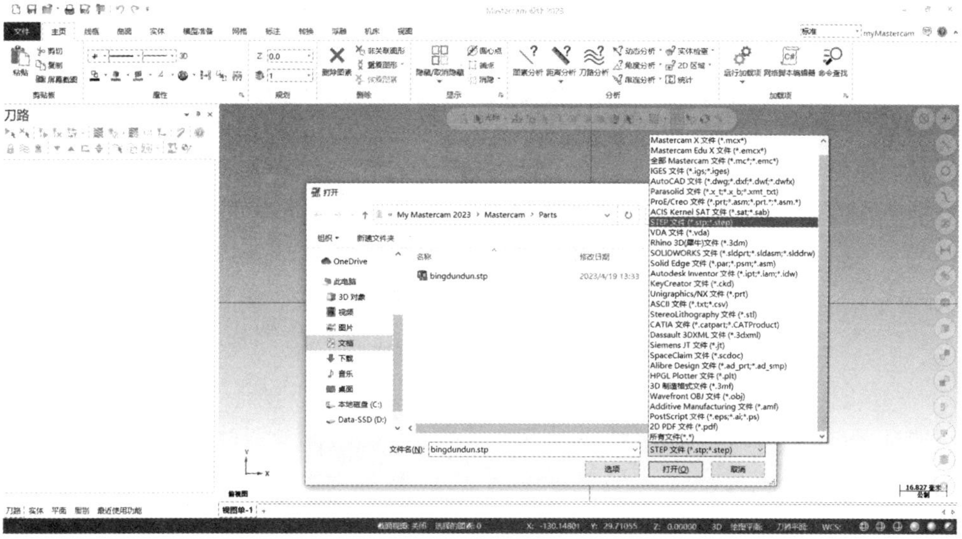

图 6 - 48　Mastercam 2023 导入外部数字模型

2. 加工机床选择与编程模块进入

Mastercam 2023 的自动加工编程功能集中在“机床”功能选项卡中，包含机床类型（铣床、车床、线切割、木雕等）、机床设置、模拟器、后处理、加工报表、机床模拟和自动刀路等操作，如图 6 - 49 所示。

图 6 - 49　Mastercam 2023 “机床”功能选项卡

机床选择与编程模块进入主要集中在“机床类型”选项区。如图 6 - 50 所示为铣床加工模块进入示例，具体操作方法：单击“铣床”功能按钮下的“▼”，展开下拉菜单，包含“默认（D)”和“默认管理列表”两个命令，无特殊要求可直接单击“默认(D)”命令进入铣削加工模块，若默认设置无法满足加工需求时，则单击“默认管理列表”命令，弹出“自定义机床菜单管理”对话框，对话框左侧显示软件系统可提供的数控铣床类型列表和目录地址，单击选中左侧列表中相应机床类型，单击对话框中间“添加”按钮，将选中机床类型添加至对话框右侧“自定义机床菜单列表”中，再单击对话框下方“确定”按钮，完成自定义机床添加设置。再次单击“铣床”功能按钮下的“▼”，展开下拉菜单，可见添加的机床，单击该机床则可进入铣削加工模块。

进入铣床加工模块后，软件系统将自动加载数控铣削加工“刀路”功能选项卡（包含 2D、3D、多轴加工、毛坯、工具、分析等操作），并在“刀路”操作管理器中创建一个“机床群组”，下含“属性- Mill Default MM”和“刀具群组”，如图 6 - 51 所示。

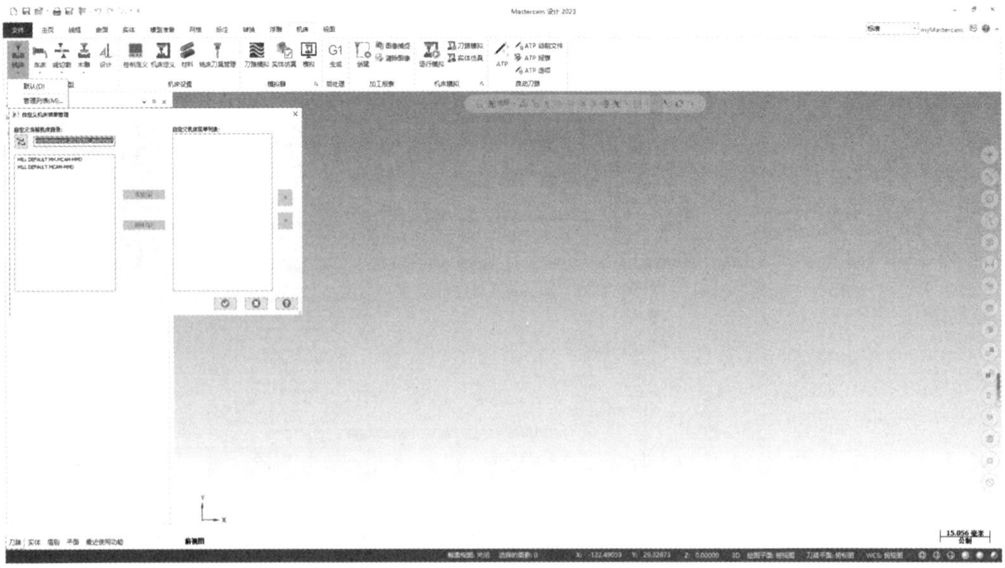

图 6-50　Mastercam 2023 铣床加工模块进入示例

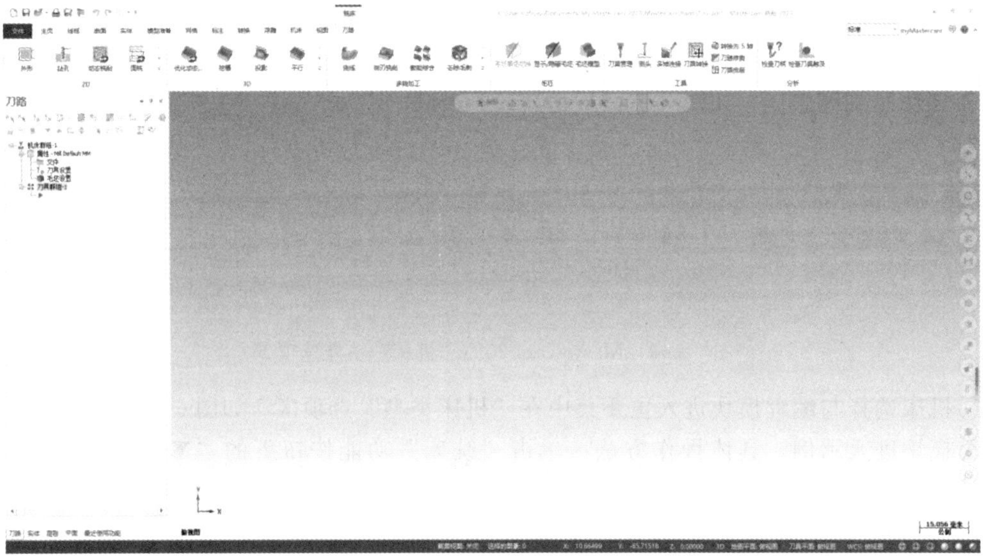

图 6-51　Mastercam 2023 铣床加工环境

3. 零件毛坯的设置

“毛坯设置”在“刀路”操作管理器中“机床群组”的“属性-Mill Default MM”目录下，单击“毛坯设置”按钮，弹出“毛坯设置”选项卡，其中“选择”功能是毛坯尺寸的确定方法，包含从边界框添加（在图形显示窗口中打开“边界框”功能面板，围绕选定图素创建一个边界。注意：要编辑边界框，在“选择”列表中右键单击，然后选择“编辑边界框”）、从文件添加（打开“打开”对话框，选择一个 *.STL、*.amf 或 *.3mf 文件）和从选择添加（选择一个实体或网格面作为毛坯）三种方式；

“毛坯平面转换”是建立确定毛坯坐标系，默认工件坐标系平面为俯视图；若要建立新的工件坐标系，则单击俯视图后“▼”打开选择列表选择新平面或单击其右侧“■”创建新平面；“预览设置”功能可设置毛坯显示状态，如图 6－52 所示。

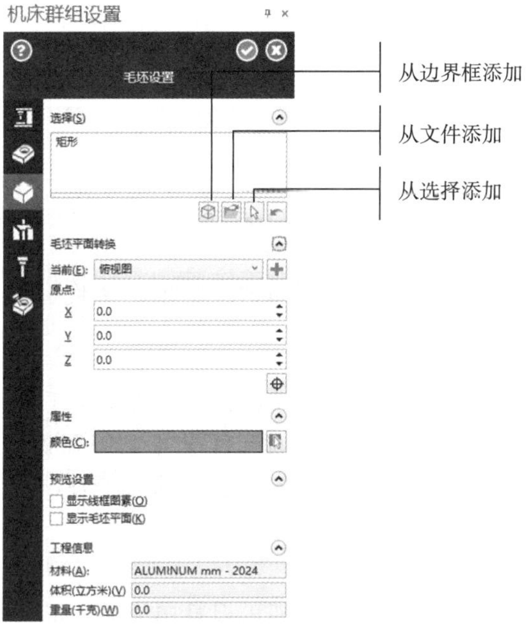

图 6－52　Mastercam 2023 铣床加工零件毛坯的设置

毛坯尺寸通常采用“从边界框添加”或“从选择添加”来确定。其中，“从选择添加”操作比较简单，直接按照操作提示即可完成，若采用“从边界框添加”，则单击“从边界框添加”激活“边界框”操作管理器，选定图素创建边界，图形显示窗口出现包含模型的透明边界实体预览效果，默认毛坯实体不包含加工余量，需要在毛坯边界大小文本框中修改。如图 6－53 所示。

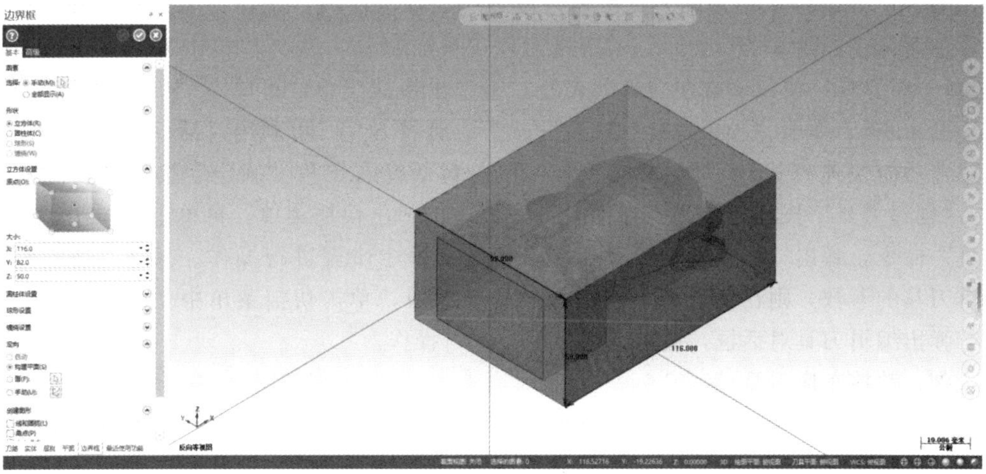

图 6－53　Mastercam 2023 从边界框添加设置毛坯示例

4. 加工刀路的选择

Mastercam 2023 针对不同的加工特征（曲线、曲面和实体）设置了多种加工刀路。数控铣削设置了 2D、3D 和多轴加工三大类，数控车削加工刀路集中在“标准”功能选项卡中，车削中心加工刀路集中在“C 轴”功能选项卡中，“零件处理”功能选项卡中的各种功能有助于提高数控车削和车削中心加工程序编制质量，如图 6－54 所示。后续将针对各种加工刀路具体介绍如何设置加工参数。

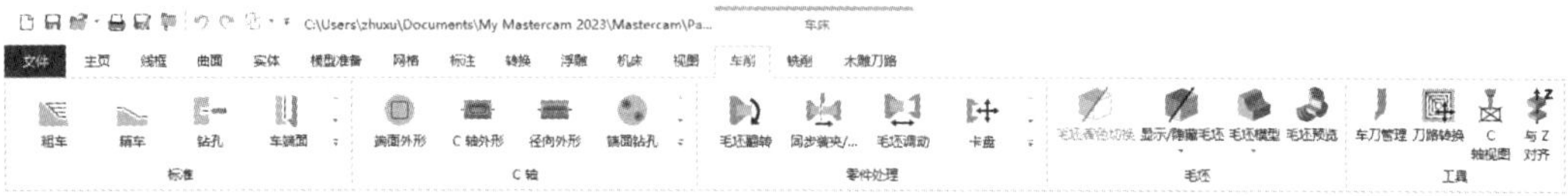

图 6－54　Mastercam 2023 车削加工模块

5. 加工刀具的选择与设置

加工刀具须根据加工任务的需要合理选择，刀具直接关乎零件的质量，其选择和应用涉及较为深入的金属切削原理和机械加工工艺基础等知识，由于本书篇幅限制，此处不再展开介绍，读者可查找相关文献资料进行深入了解，本书仅介绍 Mastercam 2023 自动加工编程中涉及的相关操作知识。

（1）数控铣床刀具

数控铣床刀具通常分为铣削刀具和孔加工刀具两大类，编程时涉及刀具号、刀具长度补偿号、刀具半径补偿号、基本参数（刀具长度、刀刃长度、刀具齿数、刀具角度等）及切削用量等。

Mastercam 2023 中提供了面铣刀（FACE MILL）、平铣刀（FLAT END MILL）、圆鼻铣刀（END MILL WITH RADIUS）、球形铣刀（BALL-NOSE END MILL）、倒角刀（CHAMFER MILL）、雕刻刀（CARVING END MILL）、定位钻（又称定心钻，SPOT DRILL）、中心钻（NC SPOT DRILL）、钻头（DRILL）、丝锥（THREAD TAP，是定螺距螺纹孔加工刀具，有左旋丝锥和右旋丝锥）。

Mastercam 2023 中铣削刀具选择与设置的操作方法有“选择刀库刀具”和“创建刀具”两种，如图 6－55 所示。“选择刀库刀具”操作方法为：单击刀具列表左下角“选择刀库刀具”按钮（或在刀具列表处右击弹出快捷菜单，再单击菜单中“选择刀库刀具”命令），弹出“选择刀具”对话框，查找所需刀具（可利用对话框右上角“刀具过滤”功能快速查找），并单击选中，再单击对话框右下角“确定”按钮即可完成选择。“创建刀具”操作方法为：在刀具列表处右击弹出快捷菜单，再单击菜单中“创建刀具”命令，弹出“定义道具”对话框，按对话框中步骤进行操作。另外，若要编辑已有刀具的参数，则在该刀具上右击弹出快捷菜单，单击快捷菜单中“编辑刀具”命令，弹出编辑刀具对话框，按对话框中步骤进行操作。

（2）数控车床刀具

数控车床常用刀具有外圆车刀（OD）、断面车刀（FACE）、内孔车刀（ID）、切断与切槽刀（GROOVE）及螺纹车刀（THREAD），其选择与设置的操作方法和数控铣床操作相似，仅刀具基本参数存在差异，直接按提示进行操作即可，此处不再展开介绍。

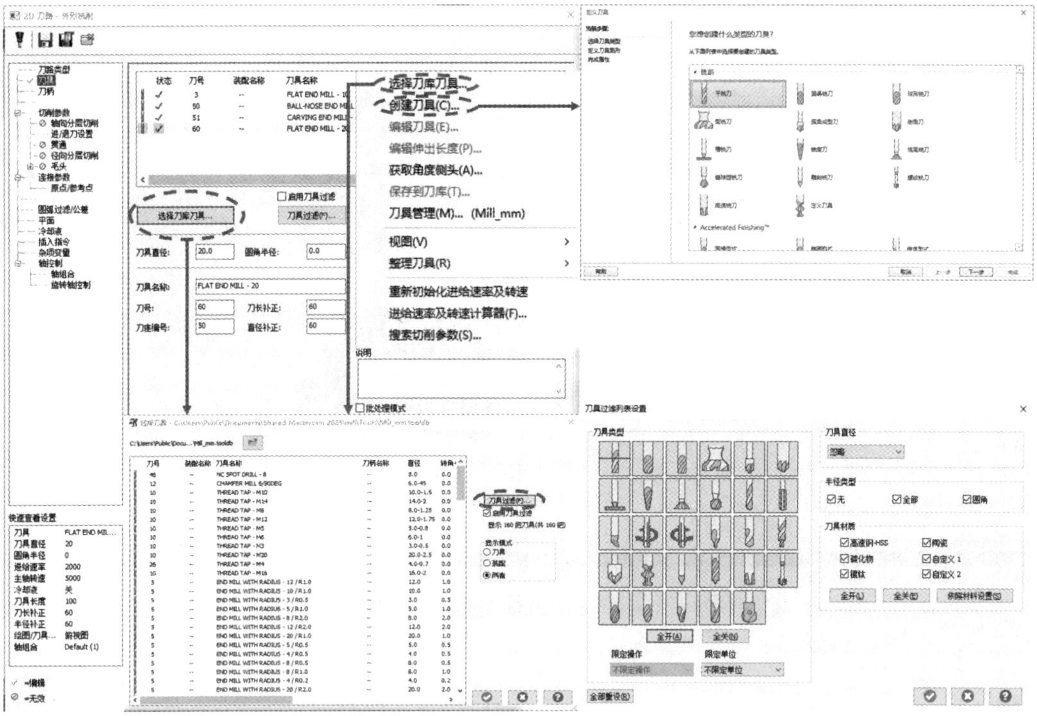

图 6 - 55　Mastercam 2023 铣削刀具选择与设置的操作方法示例

6. 刀具路径的规划设计与切削参数设定

刀具路径规划设计是指走刀路线的设计，Mastercam 2023 提供的众多刀路中包含了丰富的走刀路线，且每一种刀路都有特定的切削参数，后续将作详细介绍。

7. 刀路轨迹的验证与模拟

刀路轨迹的验证与模拟是自动加工编程必不可少的环节，主要用来验证所设计的刀路是否可以正确加工零件。Mastercam 2023 提供了“刀路模拟”和“实体仿真”两种方法，下面逐一介绍。

（1）刀路模拟　主要用于动态观察刀具的加工路径。有两种方法可以进入“刀路模拟”，具体操作为：单击“刀路”操作管理器上方“模拟已选择的操作”功能按钮或“机床”功能选项卡下“模拟器”功能区中“刀路模拟”功能按钮启动路径模拟，图形显示窗口上部和左上角同时弹出“路径模拟”播放器操作栏和“路径模拟”对话框，单击对话框左上角“展开”按钮可展开对话框查看更多信息。如图 6 - 56 所示。

（2）实体仿真　是以实体显示的形式模拟机床加工过程，主要用于动态观察零件加工效果。同样有两种方法可以进入“实体仿真”，具体操作为：单击“刀路”操作管理器上方“实体仿真所选操作”功能按钮或“机床”功能选项卡下“模拟器”功能区中“实体仿真”功能按钮启动 Mastercam 模拟器，单击模拟器窗口下方播放按钮可查看动态实体仿真效果。如图 6 - 57 所示。

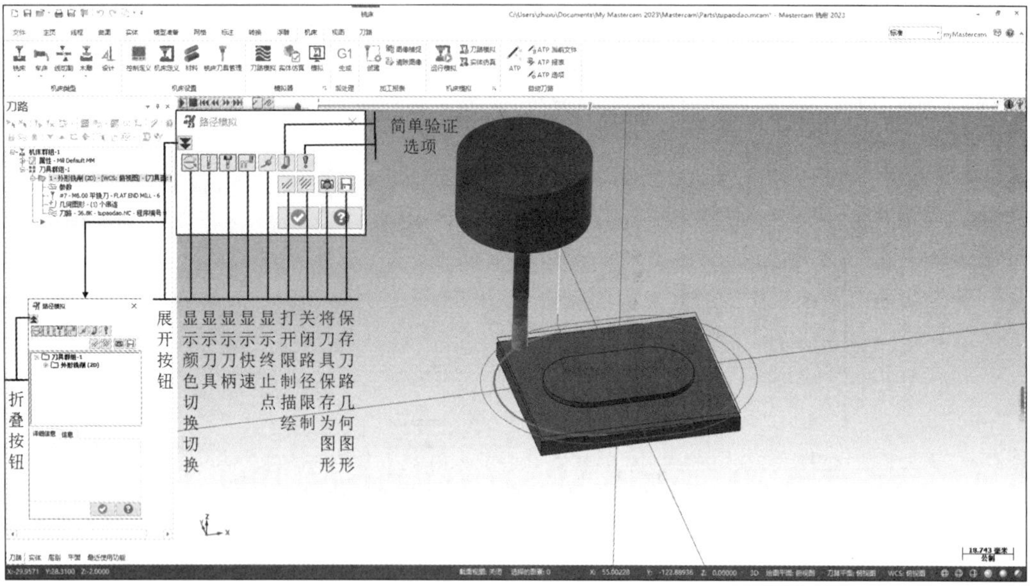

图 6-56　Mastercam 2023 刀路模拟操作方法示例

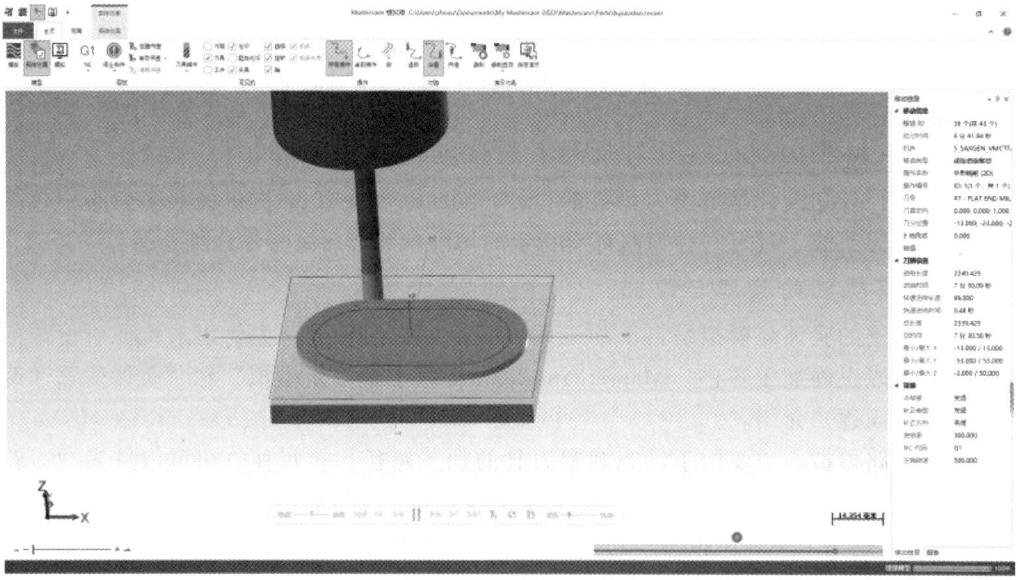

图 6-57　Mastercam 2023 实体仿真操作方法示例

8. 后处理与 NC 程序的输出

后处理是基于一款与加工机床数控系统匹配的后处理程序，将 Mastercam 中的“刀路”文件转换成数控加工程序。Mastercam 2023 默认后处理程序为“MPFAN. PST”。另外，还需要一款适用的程序编辑器，用于程序的查看、检查及修改等，Mastercam 2023 默认程序编辑器为 Mastercam 2023 Code Expert，也可以采用其他程序编辑器，如 CIMCO Edit、记事本等。

（1）程序编辑器的设置　在 Mastercam 2023 后台中可以根据需要设置程序编辑器，具体操作为：单击 Mastercam 2023 后台中“配置”命令，弹出“系统配置”对话框，单击其中的“启动/退出”命令切换至“启动/退出”设置页面，页面中有多个设置选项，其中一项是“编辑器”，单击“编辑器”设置框后“﹀”符号展开“下拉列表”列表中有 Mastercam（即 Mastercam 2023 Code Expert）、CIMCO、记事本及其他四种可供选择（如图 6－58 所示），读者可根据个人使用习惯进行设置，本书直接选择软件默认的 Mastercam 2023 Code Expert 编辑器进行后续的后置处理与程序输出操作。

图 6－58　Mastercam 2023 编辑器设置操作

（2）后处理与程序输出操作　具体操作步骤为：首先单击“刀路”操作管理器中需要后处理的“刀路”，然后单击“刀路”操作管理器上方“执行选择的操作进行后处理”功能按钮“G1”或“机床”功能选项卡下“后处理”功能区中“G1 生成”功能按钮，弹出“后处理程序”对话框，再单击对话框下方“确定”按钮，弹出“另存为”对话框，选择保存路径和程序名后，单击“保存”按钮，在选择的保存路径下会生成一个 NC 类型的文件，同时激活 Mastercam 2023 Code Expert 程序编辑器，如图 6－59 所示。

图 6－59　Mastercam 2023 后处理与程序输出操作示例

6.4 Mastercam 2023 数控铣削自动加工编程基础

6.4.1 Mastercam 2023 2D 铣削加工基础

2D 铣削加工，即二维铣削加工，主要是以加工平面内两轴联动加工为主，可配合第三轴间歇性进给，实现两轴半加工。Mastercam 2023 中 2D 铣削加工包含普通 2D 铣削、动态 2D 铣削和孔加工（钻孔、铣孔、铣螺纹等）功能，集中在“刀路”功能选项卡下“2D”功能区，单击“展开刀路列表”可展开所有 2D 铣削加工策略，如图 6-60 所示。下面将选取几个常用 2D 铣削加工策略作详细介绍，读者可参照其操作方法逐一练习其他加工策略。

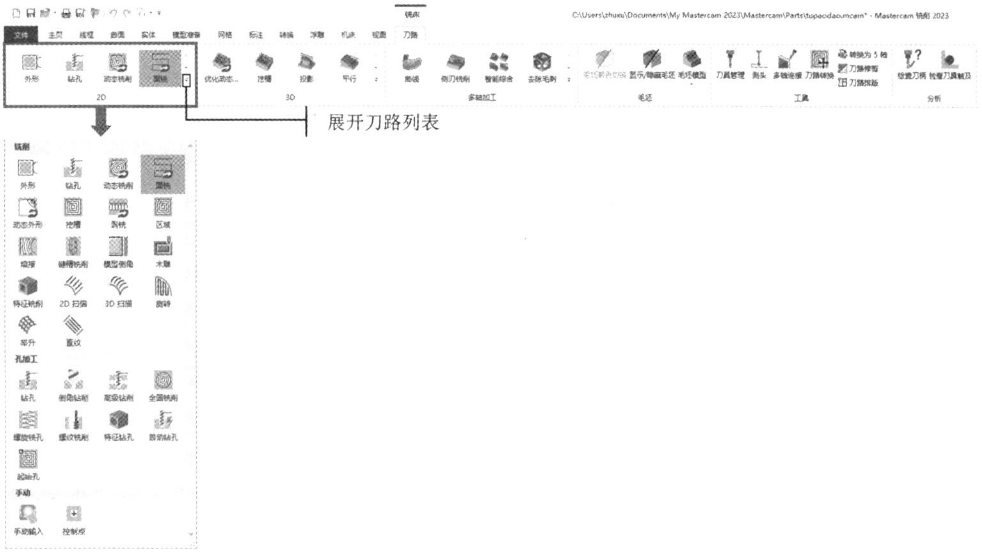

图 6-60　Mastercam 2023 铣床加工模块

6.4.2 Mastercam 2023 普通 2D 铣削加工编程要点

普通 2D 铣削加工，即传统 2D 铣削加工，其切削用量多表现为低转速、大切深、小进给，常用于普通数控铣床加工。Mastercam 2023 常用普通 2D 铣削加工策略有外形加工、面铣加工、挖槽加工等，下面逐一介绍。

1. 外形加工

外形加工是指刀具沿着所选取的串连曲线左侧或右侧生成一条铣削加工路径，铣削深度是固定不变的，主要刀具为圆柱平铣刀，也可用圆鼻铣刀、倒角铣刀、球形刀具等进行圆角、斜角等特定形状的加工。对于外形加工而言，加工刀具偏离串连曲线的距离等于刀具半径，其偏置方法可以是计算机控制或控制器控制，控制器控制在程序输出时有刀具半径补偿指令 G41 或 G42，其实际偏置距离取决于输入数控铣床刀具半径补偿存储器的补偿值，这种方法可以精确地控制二维铣削加工工件的轮廓精度，多用于二维轮廓的精加工。也可通过径向扩大或缩小生成加工路径、轴向逐层增加加工路径，实现外形粗加工。

Mastercam 2023 的“外形加工”功能布局在“刀路”功能选项卡下“2D”功能区，名称为“外形”，下面以图 6－61 所示工件外形加工编程为例介绍外形加工具体操作步骤和主要参数设置。

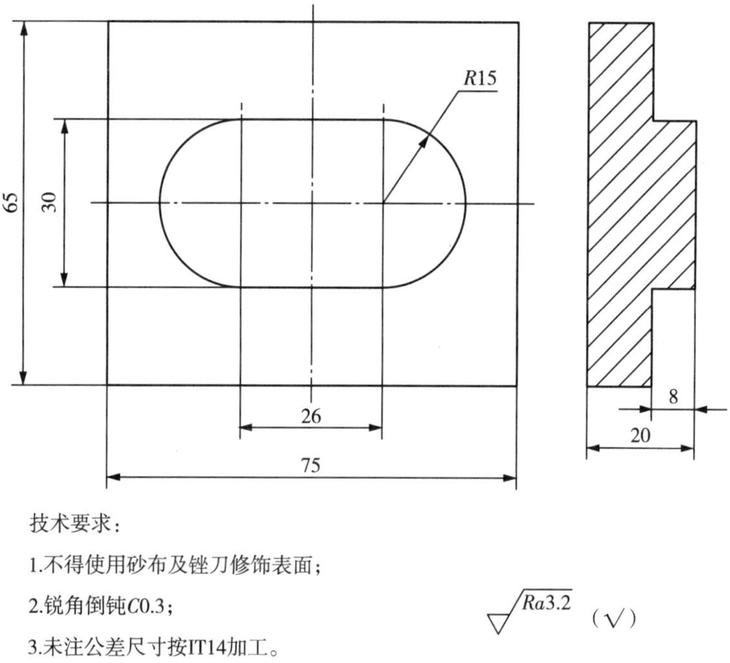

图 6－61　Mastercam 2023 外形铣削加工操作示例

步骤 1：在 Mastercam 2023 CAD 模块创建加工模型，或直接导入图 6－61 所示的二维图形，并假定长方形中心为坐标系原点，如图 6－62 所示。

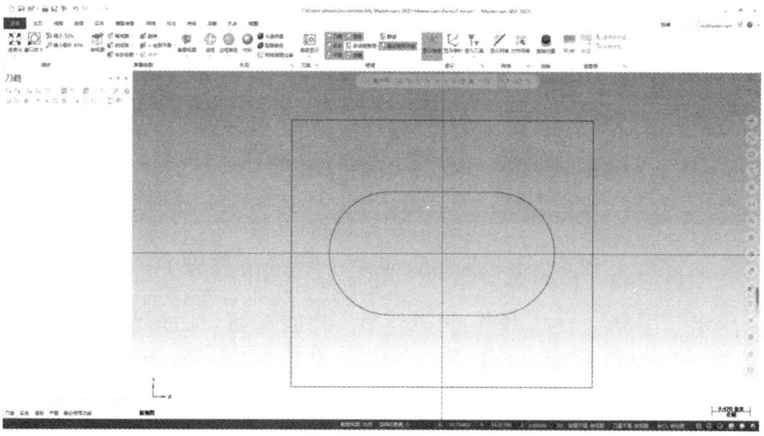

图 6－62　Mastercam 2023 外形铣削步骤 1

步骤 2：单击“机床→机床类型→铣床▼→默认（D）”功能按钮进入铣床加工模块，同时在“刀路操作管理器”中生成一个加工群组，如图 6-63 所示。

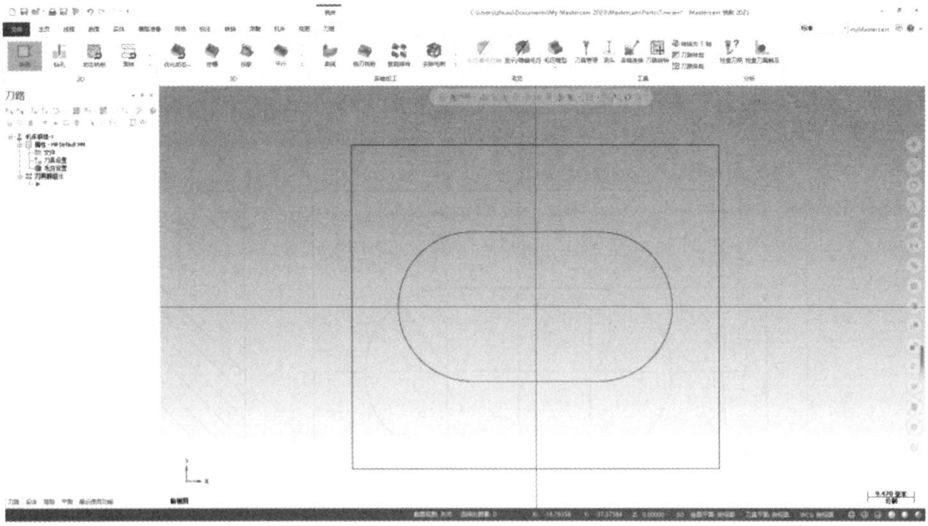

图 6-63　Mastercam 2023 外形铣削步骤 2

步骤 3：单击“刀路操作管理器”中“毛坯设置”，创建一个包含边界轮廓且厚度为 20 mm 的毛坯，如图 6-64 所示。

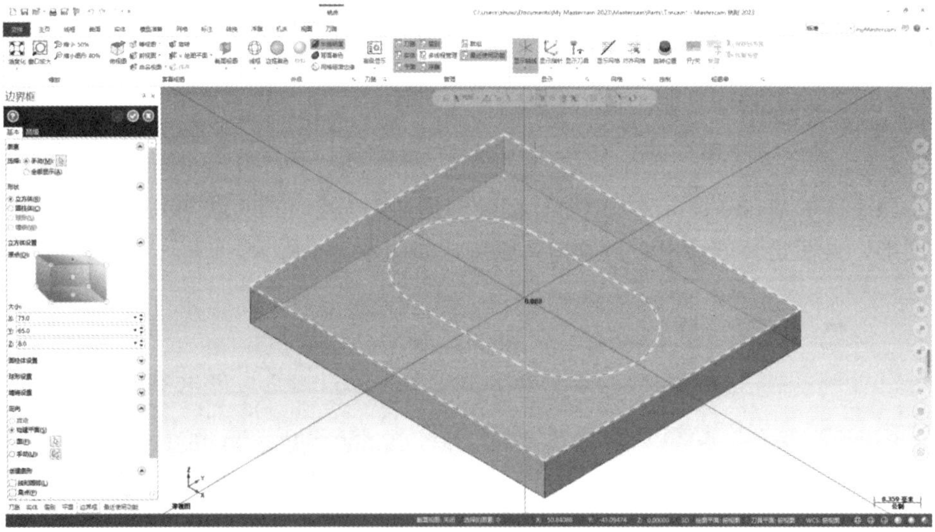

图 6-64　Mastercam 2023 外形铣削步骤 3

步骤 4：单击“刀路”→“2D”→“外形”功能按钮，图形显示窗口左侧和顶部分别弹出“线框串连”对话框和操作提示，如图 6-65 所示。在“线框串连”对话框中设置“选择方式”（默认选择方式为“串连”）后，单击加工轮廓曲线选中（可在“起始/结束”下方修改起点位置和方向），单击“线框串连”对话框左下方“确定”按钮，弹出“2D 刀路-外形加工”对话框，如图 6-66 所示。

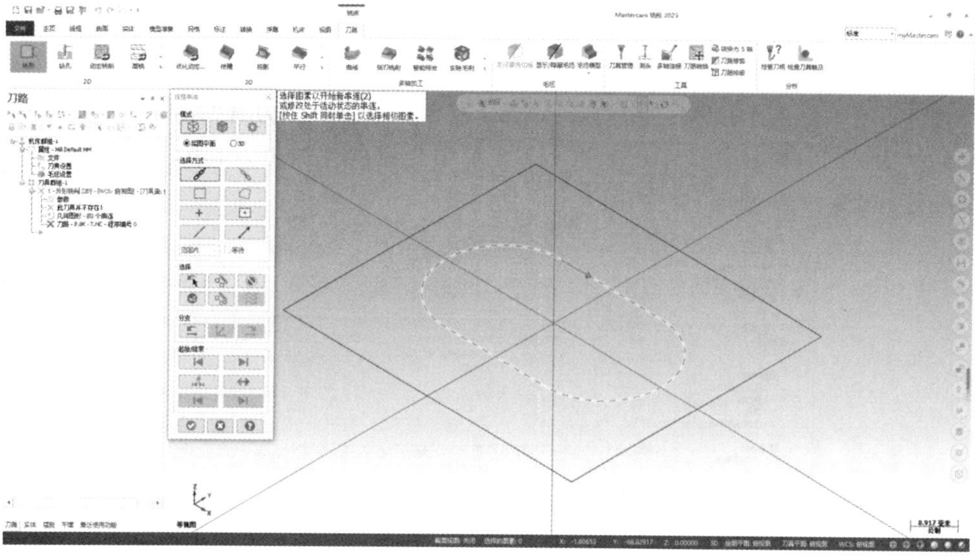

图 6 - 65　Mastercam 2023 外形铣削步骤 4

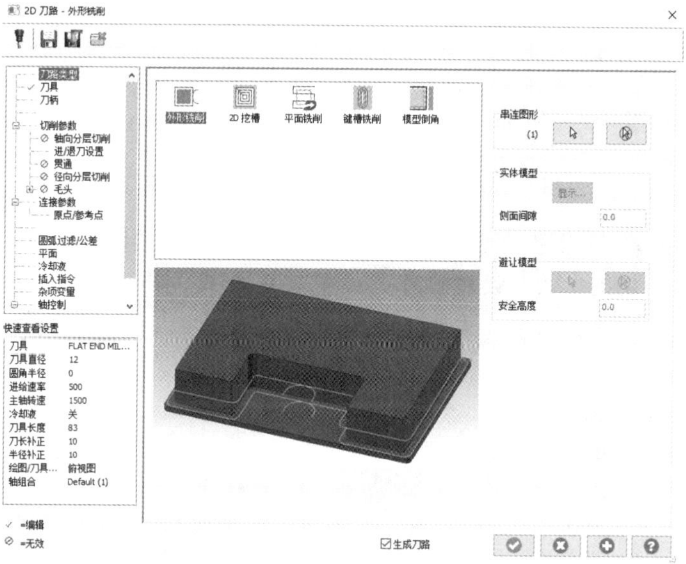

图 6 - 66　Mastercam 2023 外形铣削步骤 5

注意：串连曲线既可以是封闭曲线，也可以是开放曲线，串连曲线的拾取线段决定了刀具切入/切出点，鼠标单击点较近的曲线端点是串连曲线的起点，串连曲线的方向决定了刀具切削运动的方向，而刀具切削运动的方向又与内/外轮廓铣削、顺/逆铣及左/右刀具半径补偿有关，所以在进行“线框串连”这一步骤前需要规划好。

在“线框串连”对话框中设置“选择方式”（默认选择方式为“串连”）后，单击加工轮廓曲线选中（注意起点和方向对加工路径与切入/切出点有很大影响，可在“起始/结束”下方进行设置），单击“线框串连”对话框左下方“确定”按钮，弹出“2D 刀路-外形铣削”对话框，如图 6 - 66 所示。

步骤 5：单击“2D 刀路-外形铣削”对话框左侧列表中“刀路类型”命令，再单击右侧方框中“外形铣削”命令，确认刀路类型“外形铣削”加工策略，如图 6 - 66 所示。

步骤 6：单击“2D 刀路-外形加工”对话框左侧列表中“刀具”命令，对话框右侧页面切换为“刀具”设置操作，参照 6.3.2 节中介绍的“加工刀具的选择与设置”的方法创建一把ϕ 12 平底铣刀，如图 6 - 67 所示。

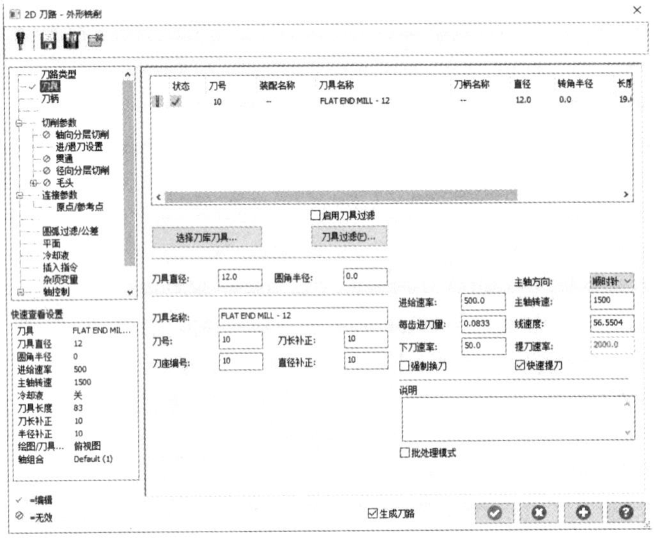

图 6 - 67　Mastercam 2023 外形铣削步骤 6

步骤 7：单击“2D 刀路-外形加工”对话框左侧列表中“切削参数”命令，对话框右侧页面切换为“切削参数”设置操作，设置补正方式、补正方向、壁边预留量和底面预留量，如图 6 - 68 所示。

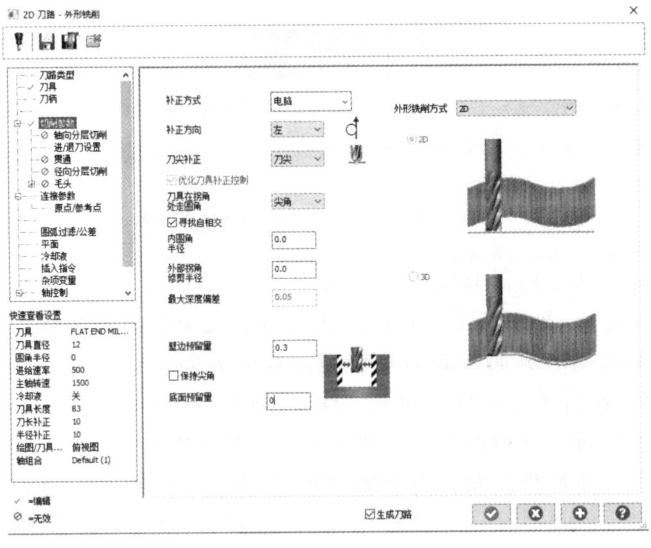

图 6 - 68　Mastercam 2023 外形铣削步骤 7

(1) 补正方式　补正即数控加工中的补偿。Mastercam 2023 提供了以下五种补正方式，如图 6－69 所示。

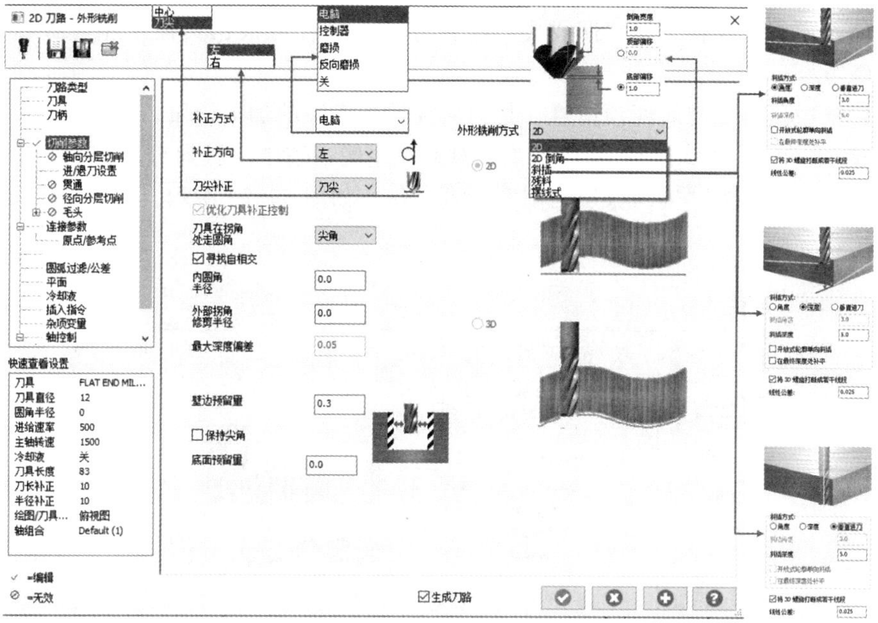

图 6－69　Mastercam 2023 外形铣削“切削参数”选项

① 电脑：由计算机按所选刀具直接计算出补正后的加工轨迹，输出的数控加工程序中没有 G41/G42/G40 指令。

② 控制器：在数控系统中设置半径补偿值，加工轨迹按零件轮廓编程，输出的数控加工程序中有 G41/G42/G40 指令与补偿寄存器号等。

③ 磨损：加工轨迹与电脑补正相同，但输出的数控加工程序与控制器补正一样有 G41/G42/G40 指令与补偿寄存器号等。其应用时在 CNC 系统上仅需设置磨损补偿值。该选项在数控系统设置时，几何补偿设置为 0，磨损补偿设置为刀具磨损值。

④ 反向磨损：与磨损补正基本一样，仅输出的数控加工程序中有 G41/G42 指令相反。

⑤ 关：加工轨迹没有偏移，与加工轮廓重合，且输出的数控加工程序中没有 G41/G42/G40 指令等，适合于刀具沿串连曲线的沟槽加工。

(2) 补正方向　是指加工轨迹向加工轮廓左侧或右侧偏移，有“左”和“右”两个选项。若补正方式选择关，则加工轨迹与加工轮廓重合。如图 6－69 所示。

(3) 校正位置　是指刀具上的刀位点，即刀具上描述刀具轨迹的位置点，有“中心”与“刀尖”两个选项，默认且常用为“刀尖”。如图 6－69 所示。

(4) 外形加工方式　Mastercam 2023 提供了五种外形加工方式，其中常用方式为 2D、2D 倒角、斜插。如图 6－69 所示。

① 2D：为默认方式，属于常规的 2D 铣削加工。

② 2D 倒角：是利用倒角铣刀对轮廓进行倒角加工，选择该选项时，要求设置的倒角宽度与刀尖位置补偿值，图 6－69 所示 2D 倒角参数仅供参考。

③ 斜插：指轮廓铣削的同时伴随深度的进刀移动，斜插方式有按角度斜插、按深度斜插和垂直下刀三种方式，对应有不同的斜插参数，图 6－69 所示 2D 倒角参数仅供参考。

另外，还有“残料”和“摆线式”两种方式，读者可根据页面中相应提示进行设置自行练习。

（5）壁边预留量与底面预留量　是为后续精加工留的加工余量。

步骤 8：单击“2D 刀路-外形加工”对话框左侧列表中“轴向分层切削”命令，对话框右侧页面切换为“轴向分层切削”设置操作，如图 6－70 所示。

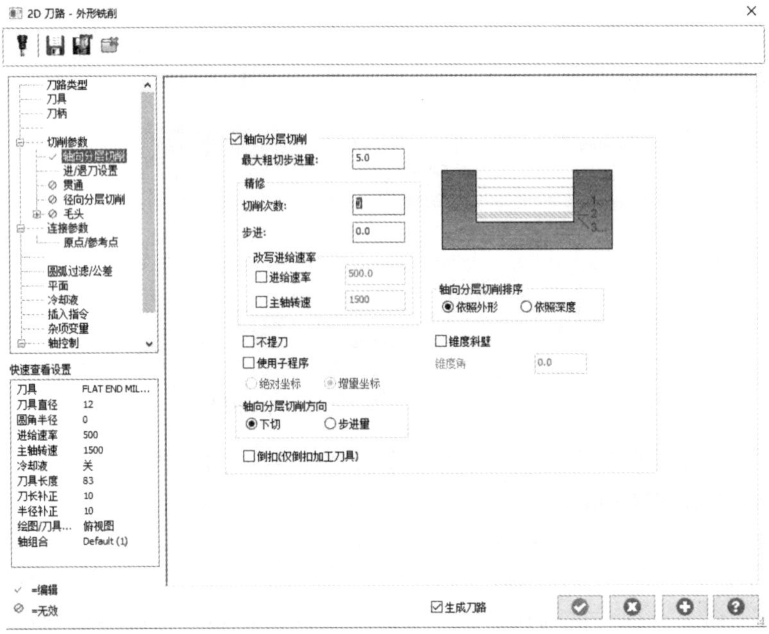

图 6－70　Mastercam 2023 外形铣削步骤 8

“轴向分层切削”即 Z 向分层切削，仅在 2D 外形加工方式下有效，勾选“轴向分层切削”可进行参数设置，其可对深度方向设置粗、精加工次数和最大粗切步进量及精修步进量。勾选“锥度斜壁”功能时，页面中锥度值文本框激活，同时图示发生变化，显示每一层之间刀具按角度横向移动一定距离，可利用这一功能加工一定角度的拔模斜面，同时还能延长刀具使用寿命。该功能比较适用于较大深度的二维轮廓铣削粗加工。

步骤 9：单击“2D 刀路-外形加工”对话框左侧列表中“进/退刀设置”命令，对话框右侧页面切换为“进/退刀设置”设置操作，如图 6－71 所示。

“进/退刀设置”对二维铣削的切入/切出刀轨设计非常有益，直接影响加工质量。通常情况下，一般采用“相切”进/退刀，若深度较大时，可选用“斜插进刀”和“相切退刀”等，需要注意的是，当选用了控制器补正方式，进/退刀段的直线长度不得为零，一般在刀具直径的 50%以上。另外，精加工轮廓时必须有“重叠量”。相关设置如图 6－71 所示。

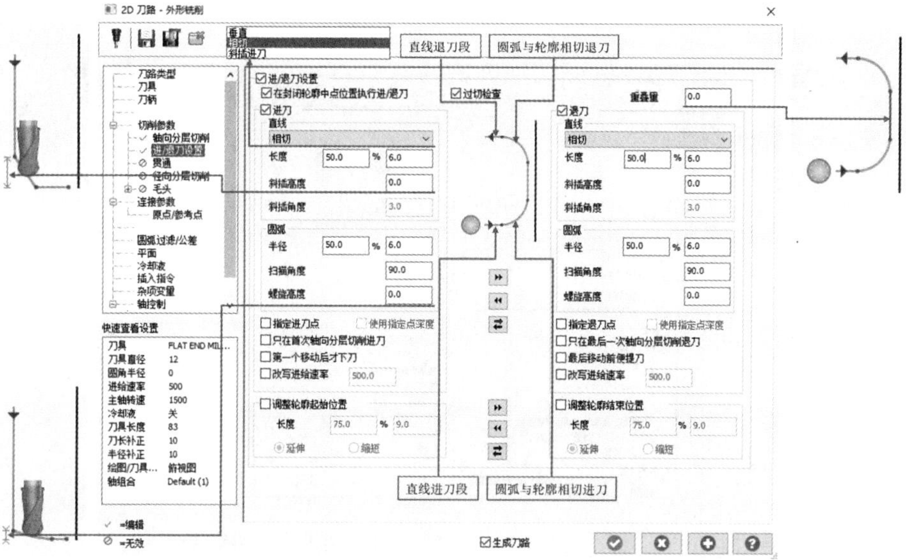

图 6－71　Mastercam 2023 外形铣削步骤 9

步骤 10：单击“2D 刀路-外形加工”对话框左侧列表中“贯通”命令，对话框右侧页面切换为“贯通”设置操作。“贯通”是加工深度的一种特定设置方式，因为圆柱平铣刀的底刃有倒角圆弧，采用“贯通”功能，将刀具超出工件底面一定距离，能彻底清除工件在深度方向的材料，避免残料的存在，保证加工质量，所以其适用于通槽、通孔与不涉及台阶干涉的外轮廓加工。其设置方法如图 6－72 所示。而图 6－61 所示零件为凸台，此项不适用，直接跳过，进行“径向分层切削”参数设置，如图 6－73 所示。

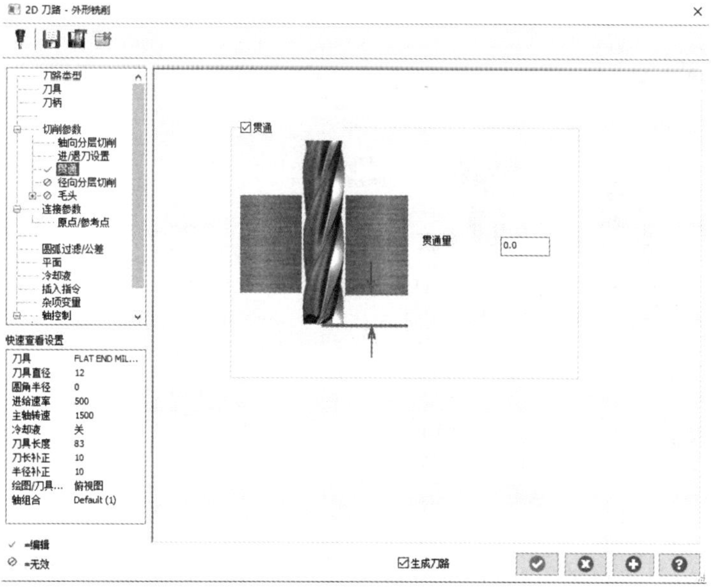

图 6－72　Mastercam 2023“贯穿”功能

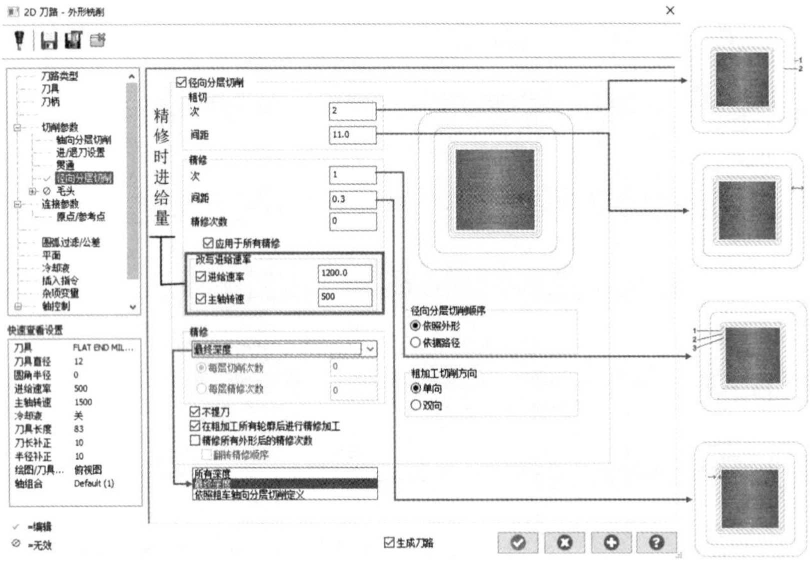

图 6-73　Mastercam 2023 外形铣削步骤 11

步骤 11：单击“2D 刀路-外形加工”对话框左侧列表中“径向分层切削”命令，对话框右侧页面切换为“径向分层切削”设置操作。“径向分层切削”即 *XY* 分层切削，适用于径向切削余量较大的加工。各项参数设置和含义如图 6-73 所示。

步骤 12：单击“2D 刀路-外形加工”对话框左侧列表中“连接”命令，对话框右侧页面切换为“连接”设置操作。直接在各项参数的文本框中输入参数值，2D 铣削加工一般主要设置“安全高度”“下刀位置”“毛坯顶部”和“深度”四个参数，具体如图 6-74 所示。

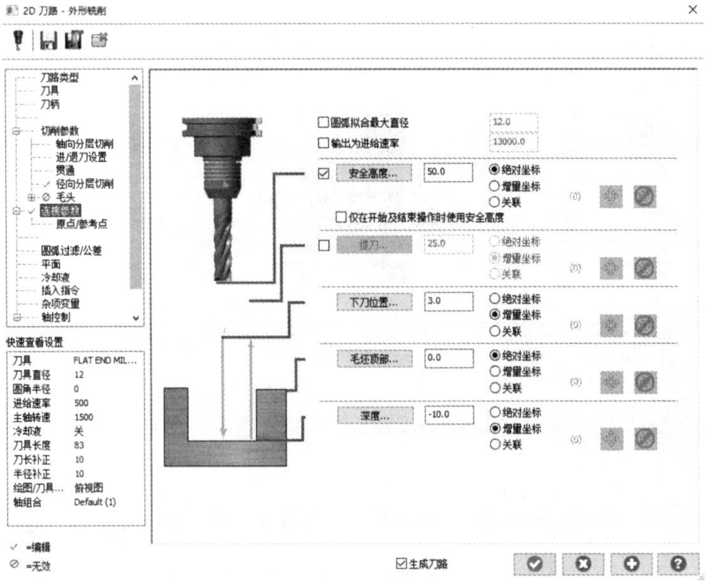

图 6-74　Mastercam 2023 外形铣削步骤 12

步骤 13：单击“2D 刀路-外形加工”对话框左侧列表中“原点/参考点”命令，对话框右侧页面切换为“原点/参考点”设置操作。通常只需设置“参考位置”即可，可直接在“参考位置”文本框输入参数值，具体如图 6-75 所示。

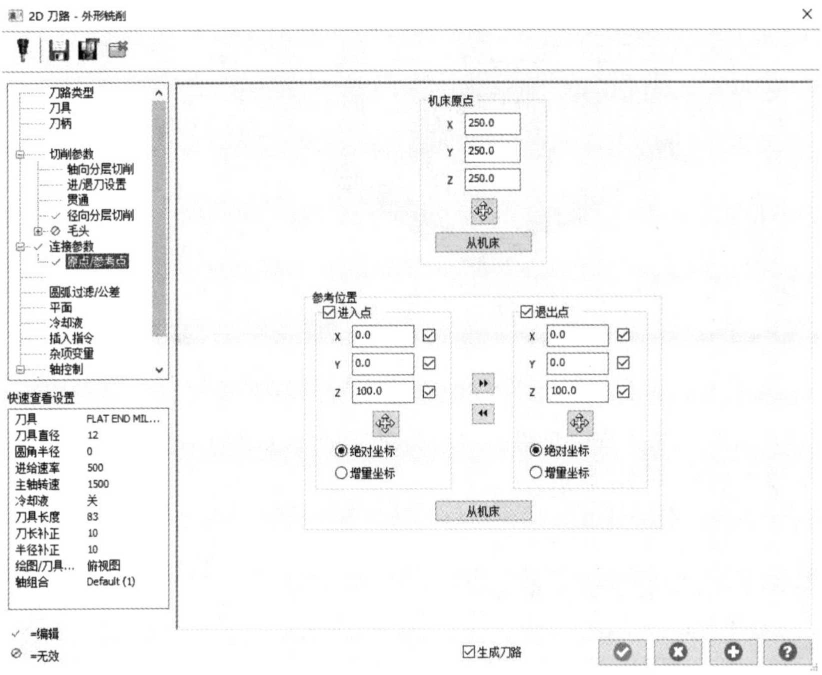

图 6-75　Mastercam 2023 外形铣削步骤 13

步骤 14：所有参数设置完成，单击“2D 刀路-外形加工”对话框下方“确定”按钮，生成加工轨迹，如图 6-76 所示。

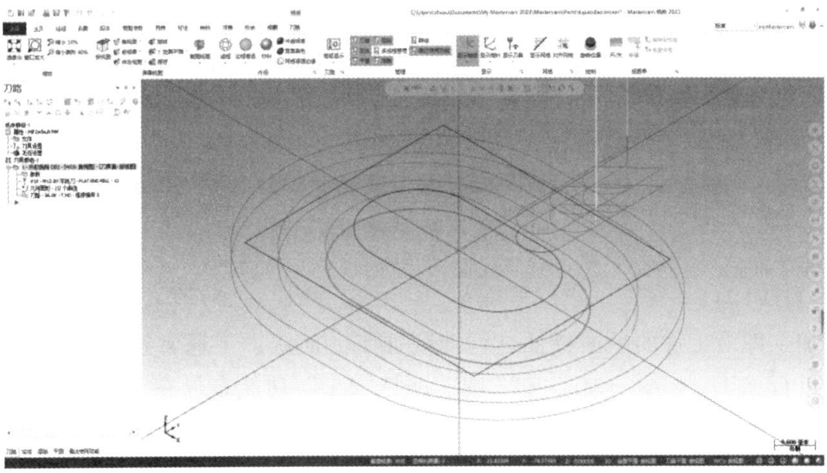

图 6-76　Mastercam 2023 外形铣削步骤 14

步骤 15：参照 6.3.2 节中介绍的“刀路模拟”的方法进行实体仿真，仿真效果如图 6-77 所示。

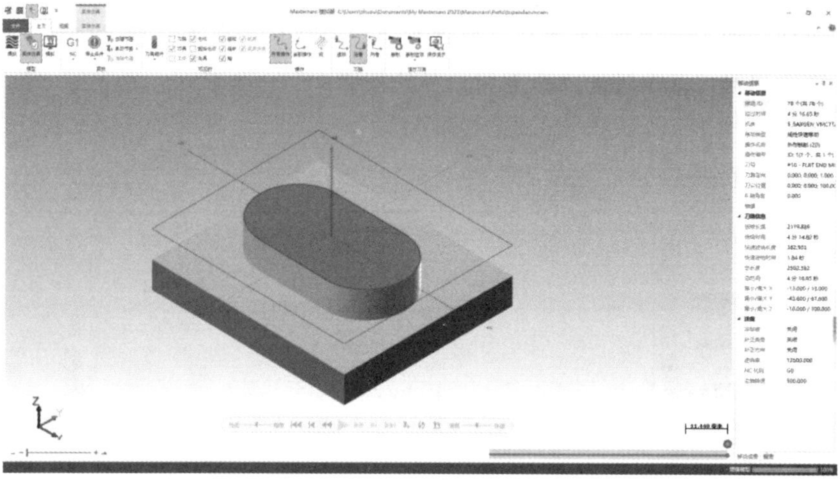

图 6-77　Mastercam 2023 外形铣削步骤 15

步骤 16：参照 6.3.2 节中介绍的“后处理”的方法进行后处理与程序输出，生成的数控加工程序如图 6-78 所示。

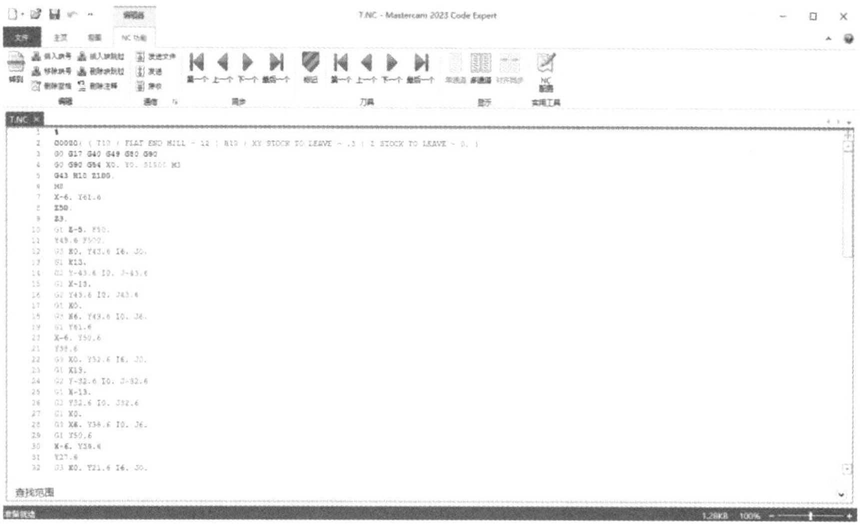

图 6-78　Mastercam 2023 外形铣削步骤 16

2. 面铣加工

面铣加工即对工件的平面特征进行铣削加工。面铣加工通常选用一个或多个封闭边界轮廓进行加工。Mastercam 2023 的“面铣加工”功能布局在“刀路”功能选项卡下“2D”功能区，名称为“面铣”。“面铣”加工参数比较简单，操作步骤依次为“线框串连选择”→“刀路类型设置”→“刀具设置”→“切削参数设置”→“轴向分层切削设置”→“连接参数设置”→“原点/参考点设置”，具体操作方法与前述“外形加工”基本相同，这里不再赘述，仅对其不同参数项含义进行解释说明。

（1）“刀具”设置　面铣加工一般选用大直径面铣刀，其切削用量参考图 6-79 进行设置，而对于较小平面加工时，也可考虑选用较大直径圆柱平铣刀。

图 6 - 79　Mastercam 2023 面铣加工“刀具”设置

(2)“切削参数”设置　主要设置切削方式、两切削间移动方式、刀具超出量等，具体如图 6 - 80 所示。

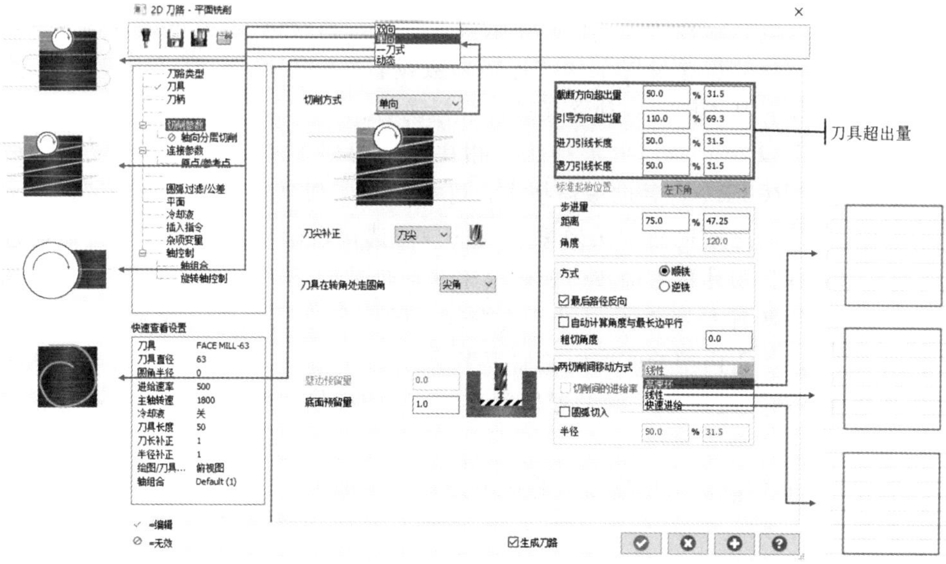

图 6 - 80　Mastercam 2023 面铣加工“切削参数”设置

①“切削方式”设置。“面铣”的切削方式有以下 4 种：

“双向”：刀具沿两个方向都进行切削，可以设置为顺铣或逆铣。

“单向”：刀具沿一个方向走刀，进时切削，回时空走，可以顺铣也可以逆铣。

“一刀式”：仅进行一次铣削。刀具路径的位置为几何模型的中心位置，这时刀具的直径必须大于铣削工件表面的宽度。

“动态”：刀具从工件最外面按顺时针或逆时针旋转铣削直到将工件材料全部铣掉，这种铣削方法加工的表面质量较高。

②“两切削间移动方式”设置。当选择“双向”切削方式时，可以设置刀具在两切削间的移动方式，软件提供了 3 种刀具移动的方式，单击“两切削间移动方式”选项右边的下拉列表进行选择。

③“刀具超出量”设置。为了将整个工件表面包络出来可以设置刀具移动超出工件轮廓的量，包括以下 4 个方面的设置。

“截断方向超出量”：X 方向切削刀具路径超出面铣削轮廓的量。

“引导方向超出量”：Y 方向切削刀具路径超出面铣削轮廓的量。

“进刀引线长度”：面铣进刀刀具路径超出面铣削轮廓的量。

“退刀引线长度”：面铣退刀刀具路径超出面铣削轮廓的量。

3. 挖槽加工

挖槽加工是指刀具沿着所选取的串连曲线内部不断扩展生成加工路径，直至串连曲线内部全部材料被切除，铣削深度是固定不变的，一般用于凹槽粗加工。挖槽加工允许同时选择两条嵌套的封闭串连曲线，其中内曲线围绕区域的材料称为“岛屿”，挖槽过程中会给予保留。

Mastercam 2023 的“挖槽加工”功能布局在“刀路”功能选项卡下“2D”功能区，名称为“挖槽”，其操作方法与前述“外形加工”比较类似，操作步骤为“线框串连选择”→“刀路类型设置”→“刀具设置”→“切削参数设置”→“粗切参数设置”→“粗切进刀方式设置”→“精修参数设置”→“精修进/退刀方式设置”→“轴向分层切削设置”→“贯通设置”→“连接参数设置”→“原点/参考点设置”，这里不再展开介绍，仅对其不同参数项含义进行解释说明。

（1）“刀具”设置　与“外形加工”相比，挖槽加工的“刀具”设置项中多了“RCTF”选项，“RCTF”即径向减薄技术，可在保持切削厚度恒定的情况下，进一步提高进给速度，从而达到提高加工效率的目的。勾选该设置项后，通过设置每齿进刀量和线速度，软件自动计算主轴转速和进给速度，如图 6－81 所示。需要注意的是加工平底内槽一律使用圆柱平底铣刀，刀具边缘部分的圆角半径应符合内槽的图纸要求，刀具直径的大小应小于内槽的凹曲面的曲率半径。

（2）“切削参数”设置　主要设置切削方式，“挖槽加工”的切削方式有 5 种，具体如图 6－82 所示。

①“标准”：软件默认的挖槽加工的切削方式，其加工仅为铣削切除一条串连曲线内部的材料。

②“平面铣”：适用于 2D 凸台外轮廓粗铣加工，加工时需选择两条串连曲线，其外边的串连曲线是毛坯边界曲线。加工时可将刀具路径向外侧的毛坯边界外延伸，以

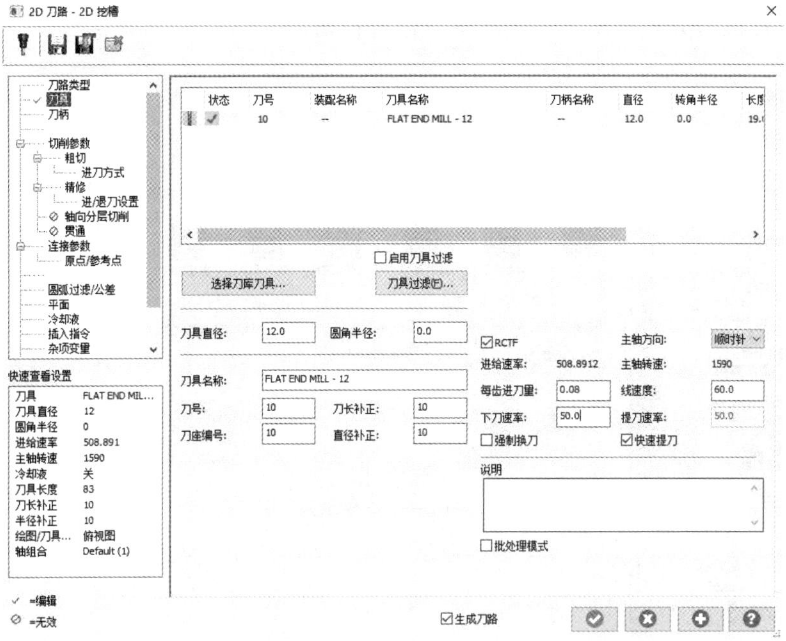

图 6-81　Mastercam 2023 挖槽加工“刀具”设置

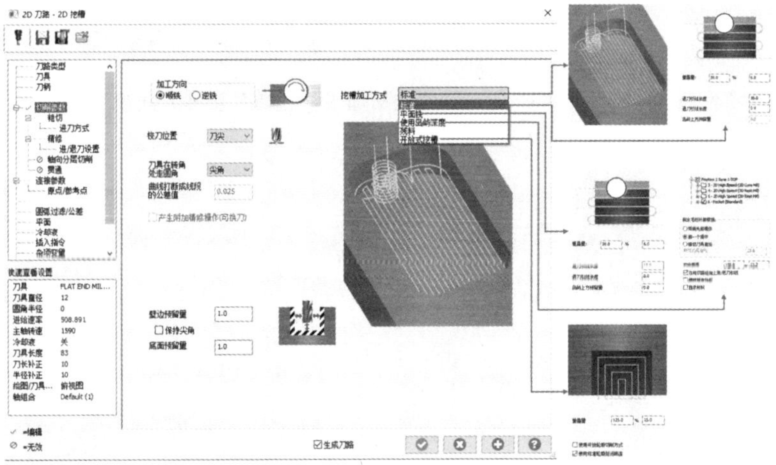

图 6-82　Mastercam 2023 挖槽加工“切削参数”设置

达到对挖槽底平面的铣削加工。

③“使用岛屿深度”：适用于槽内部具有岛屿的挖槽加工，加工时也需选择两条串连曲线，软件设定内部曲线为岛屿串连曲线，串连曲线高度坐标是岛屿高度参考基准，若岛屿曲线与顶面等高，则可设置负值确定岛屿顶面位置。

④“残料”：可对之前加工留下的残料进行加工。之前的残料包括所有先前操作、前一个操作、精切刀具直径三项。

⑤“开放式挖槽”：适用于轮廓串连没有封闭、部分开放的槽形零件的加工。为挖出开放式槽，必须设置超出量，以确保开放式挖槽符合要求。

(3)“粗切”与“进刀方式”设置　“挖槽加工”提供了 8 种切削方式（图 6 - 83 所示）和 3 种进刀方式（图 6 - 84 所示）进行粗切加工。

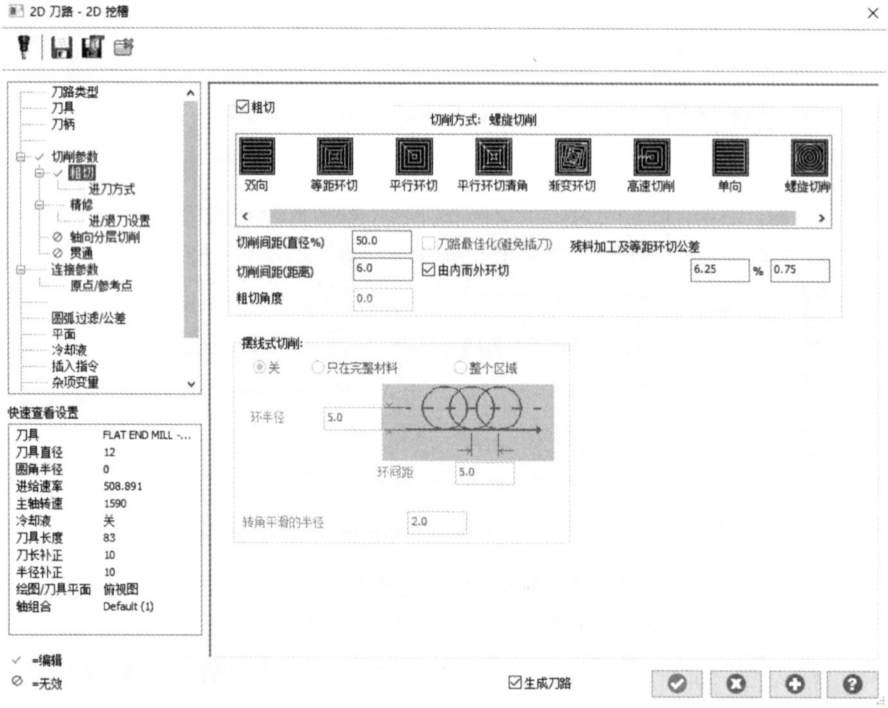

图 6 - 83　Mastercam 2023 挖槽加工“粗切”切削方式设置

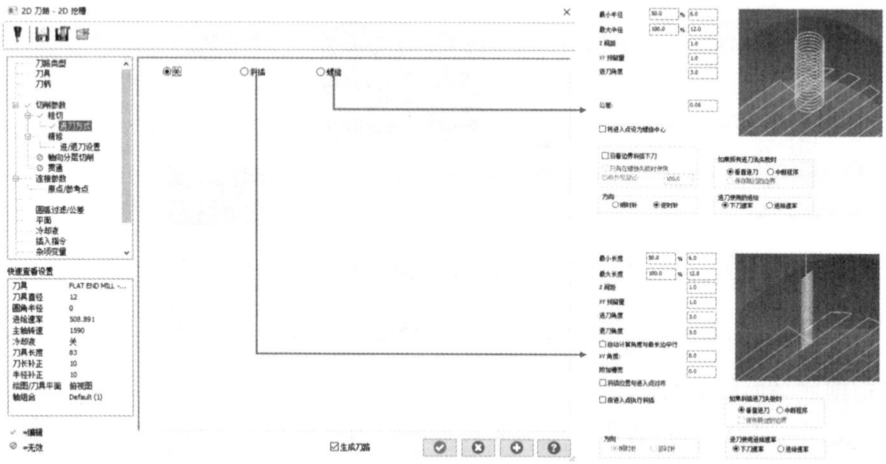

图 6 - 84　Mastercam 2023 挖槽加工“粗切”进刀方式设置

“挖槽加工”提供的 8 种切削方式可分为线性切削和环形切削两大类。其中，“双向”和“单向”属于线性切削，其他 6 种属于环形切削。线性切削又称行切方式，刀具走刀路线较短，加工效率高，但加工后表面质量差，环切正好相反，从加工工艺角度考虑，最好先行切，最后一刀再环切。

(4)“精修”与“进/退刀方式”设置 考虑到凹槽加工常常涉及内圆弧，“刀具补正方式”采用“控制器”补正时常常因内圆弧半径过小而出错，因此建议选用“电脑”补正，相关参数如图 6-85（a）所示。“进/退刀方式”设置与“外形加工”基本相同，需要注意的是，因“挖槽加工”往往受内部空间限制，常设置进/退刀直线段与切入/切除圆弧垂直，切入/切除圆弧扫描角度为 45°，相关参数如图 6-85（b）所示。

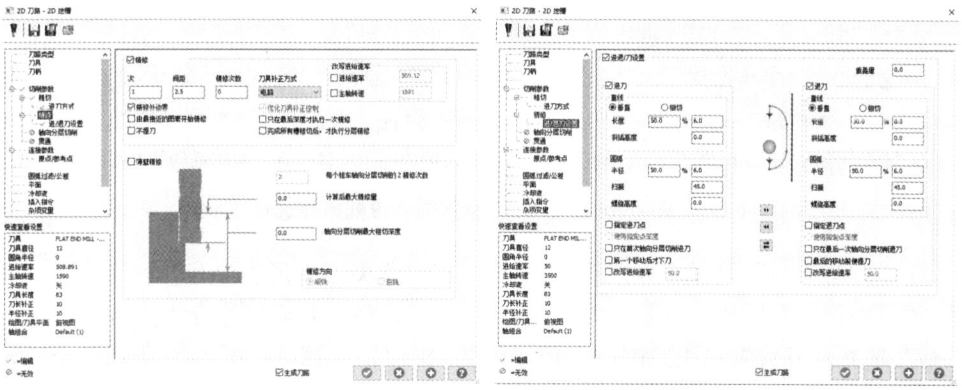

（a）“精修”参数　　（b）“进/退刀方式”参数

图 6-85 Mastercam 2023 挖槽加工“精修”与“进/退刀方式”设置

6.4.3 Mastercam 2023 动态 2D 铣削加工编程要点

动态铣削加工是为适应高速铣削加工而开发的一种高速加工策略，其切削用量多表现为高转速、小切深、大进给，具有铣削方式稳定、切削力稳定等优点，加工过程中不会出现力的突变而影响刀具使用和加工质量。动态铣削加工方式的推出在很大程度上改变了粗加工的模式，尤其大切削量情况下，可以有效提升加工效率，降低加工成本。

Mastercam 2023 开发的动态铣削加工策略有动态铣削、区域、动态外形、剥铣和熔接五项，限于篇幅限制，下面仅对动态铣削、区域操作方法和主要参数进行说明介绍，读者可参照其方法，结合软件的操作提示尝试另外三种加工策略的应用。

1. 动态铣削

“动态铣削”是基本与常用的高速铣削加工策略之一，可对封闭串连曲线凸台或凹槽进行外形粗加工或挖槽粗加工，还能对开放式部分串连曲线台阶进行粗加工。

Mastercam 2023 的“动态铣削”功能布局在“刀路”功能选项卡下“2D”功能区，名称为“动态铣削”，其操作步骤与前述普通 2D 铣削基本相同，依次为“线框串连选择”→“刀路类型设置”→“刀具设置”→“毛坯参数设置”→“切削参数设置”→“转角预处理设置”→“轴向分层切削设置”→“贯通设置”→“连接参数设置”→“进刀方式点设置”→“原点/参考点设置”，这里不再展开介绍，仅对其不同参数设置进行解释说明，读者可参照前述“外形加工”操作步骤具体应用。

(1)“线框串连”选择 仅需选择一条封闭串连曲线即可加工凹槽，如图 6-86（a）所示；若选择两条封闭串连曲线，一条为加工范围边界曲线，另一条为避让范围曲线，则可加工凸台，如图 6-86（b）所示；若选择开放式部分串连曲线，则可进行台阶加工，注意串连方向决定加工区域，如图 6-86（c）所示。

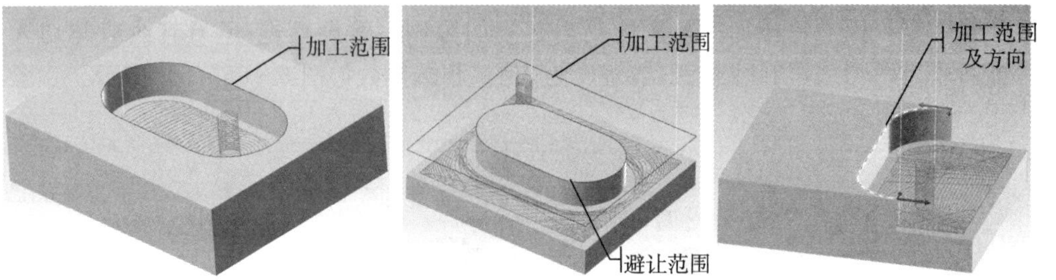

（a）封装串连曲线加工凹槽　（b）两条封装串连曲线加工凸台　（c）开放式部分串连曲线加工台阶

图 6-86　Mastercam 2023 动态铣削“线框串连选择”示例

（2）“刀路类型”设置　如图 6-87 所示，“刀路类型”列表中有五种高速铣削加工策略。“动态铣削”时默认选择“动态铣削”加工策略，无须另外设置；右侧“加工区域策略”选择“开放”加工策略时适用于图 6-86（b）、图 6-86（c）所示凸台、台阶加工。“关联到毛坯”的三个选项主要用于开放型加工区域加工时加工轨迹是否扩展延伸或延伸多少，如图 6-86（c）所示加工轨迹选择了关联到毛坯相切，使加工轨迹延伸到底面下部边界。加工区域设置区域的四项设置：“避让范围”可选择串连限制加工区域，防止过切，如图 6-86（b）所示凸台外形轮廓铣削就是选择毛坯轮廓为加工范围串连曲线，然后选择凸台边界串连曲线为避让范围，如此得到凸台的外形轮廓加工范围；“控制区域”则是选择串连限制刀具加工的区域，其含义与避让正好相反。最下面的“进入串连”“预览串连”和“颜色”按钮用于预览加工区域、空切区域和控制区域等。

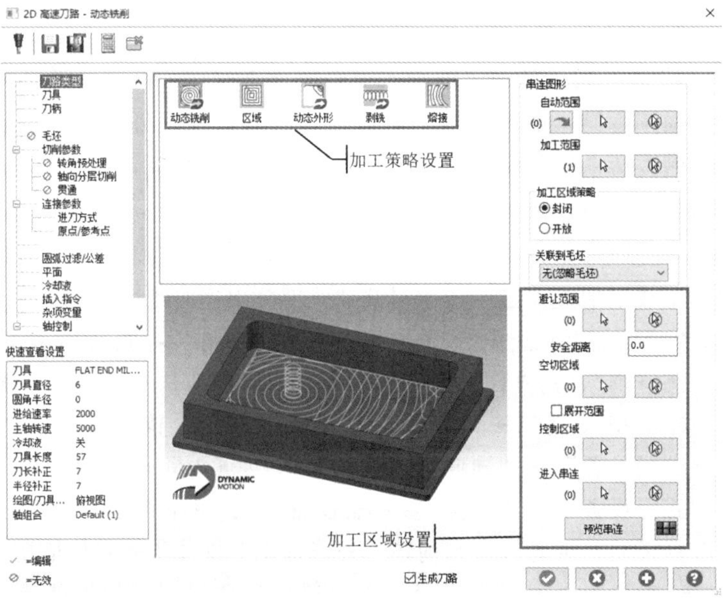

图 6-87　Mastercam 2023 动态铣削“刀路类型”设置

（3）“毛坯”选项设置　通常无须设置，若要进行清角加工，则需勾选“剩余毛坯”激活设置项，进行相关参数设置，如图 6－88 所示。

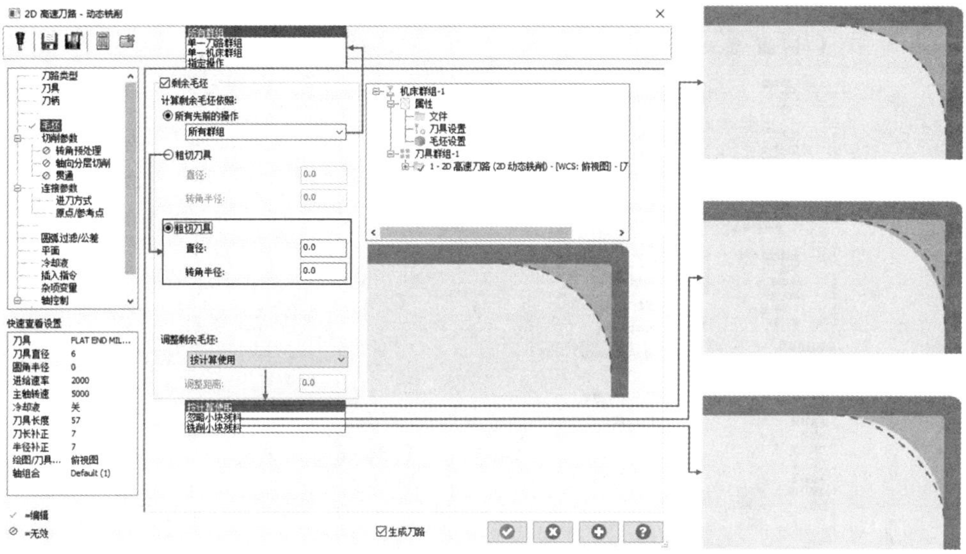

图 6－88　Mastercam 2023 动态铣削“毛坯”设置

（4）“切削参数”设置　直接影响工件的加工质量和加工效率，并且关乎刀具的使用寿命，其合理设置十分重要，相关参数说明如图 6－89 所示，读者可按图示说明，结合软件相关提示进行设置。需要注意的是，对于凸台外形轮廓和台阶外形轮廓加工，刀路向外延伸的多少与第一路径补正量有关，根据具体需要设置；而对于凹槽加工，则无须设置该值（默认为 0 即可）。对于步进量（即行距），动态铣削与普通 2D 铣削不同，一般取刀具直径的 20％～30％即可。

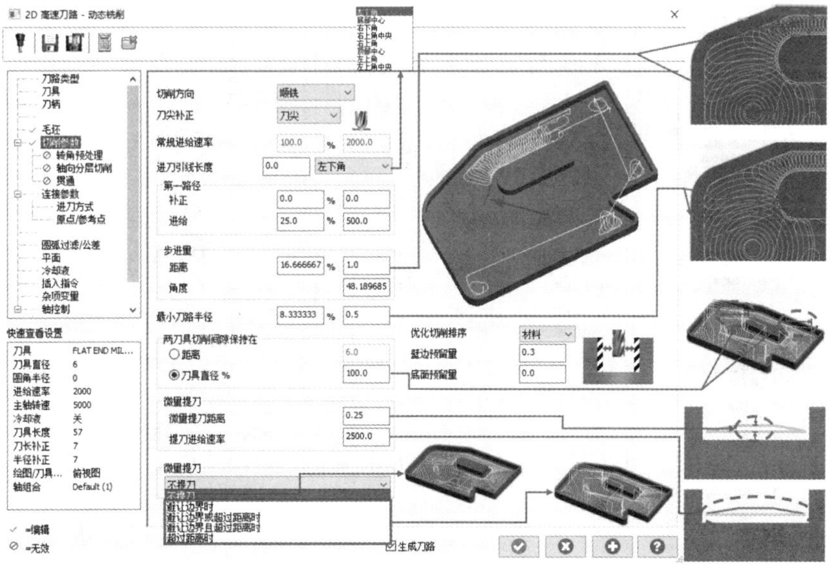

图 6－89　Mastercam 2023 动态铣削“切削参数”设置

（5）“转角预处理”设置　适用加工外形轮廓有直角时，采用圆弧过渡走刀方式进行加工，可提高加工质量和加工效率，其设置参数如图 6－90 所示。

图 6－90　Mastercam 2023 动态铣削“转角预处理”设置

（6）“轴向分层切削”设置　适用于较大深度的 2D 铣削，其设置方法与前述基本相同。

（7）“进刀方式”设置　与前述 2D 挖槽加工比较相似，只是进刀方式会更多，具体如图 6－91 所示。

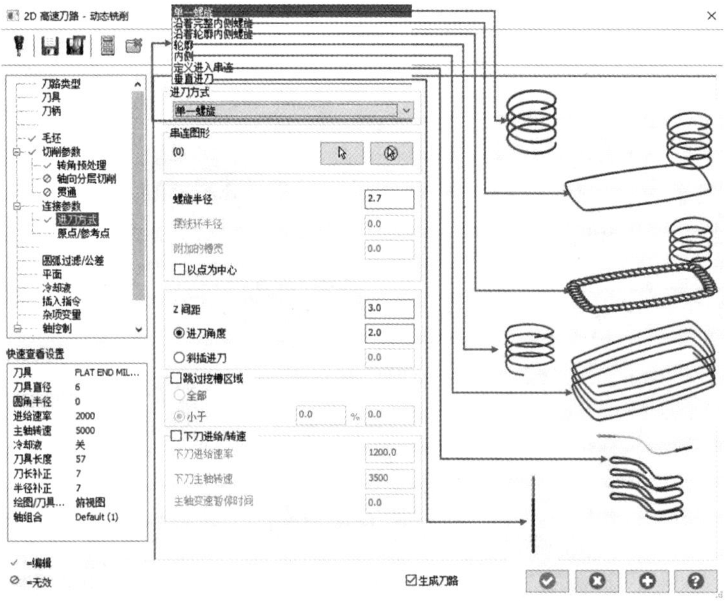

图 6－91　Mastercam 2023 动态铣削“进刀方式”设置

2. 区域

“区域”加工是一种主要用于凹槽粗加工的高速加工策略，与“挖槽加工”相比，不同之处在于其加工轨迹在拐角处增加了部分过渡圆弧走刀轨迹，提高了高速加工过程中切削的稳定性。另外，该加工策略还适用于凸台外形轮廓加工和开放式部分串连曲线台阶加工，但由于其加工轨迹涉及较多的提刀和快速移动，需要注意切削用量的设置不宜过大。

Mastercam 2023 的“动态铣削”功能布局在“刀路”功能选项卡下“2D”功能区，名称为“区域”，其操作步骤和大部分参数设置与“动态铣削”加工基本相同，具体为“线框串连选择”→“刀路类型设置”→“刀具设置”→“毛坯参数设置”→“切削参数设置”→“轴向分层切削设置”→“摆线方式设置”→“贯通设置”→“连接参数设置”→“HST 引线设置”→“转角预处理设置”→“原点/参考点设置”，这里不再一一介绍，仅对其不同参数设置进行解释说明，读者可参照前述学习内容练习应用。

(1)“切削参数”设置　与“动态铣削”相比，其切削参数较为简单，如图 6－92 所示。

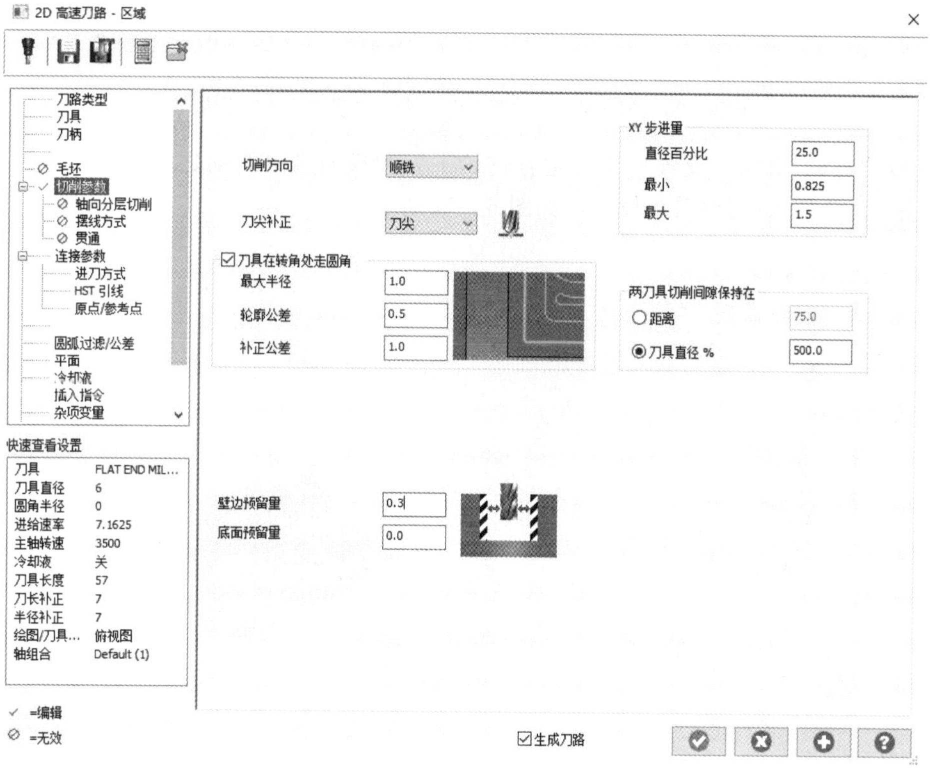

图 6－92　Mastercam 2023 区域加工“切削参数”设置

(2)“摆线方式”设置　摆线加工轨迹可使侧吃刀量尽可能均匀，以达到有效地保证切削力的平稳，是高速铣削加工常规的加工参数设置。摆线方式选项默认是关闭的，开启后会在转折处出现大量的摆线刀轨，如图 6－93 所示，读者可进行实际加工对比二者效果。

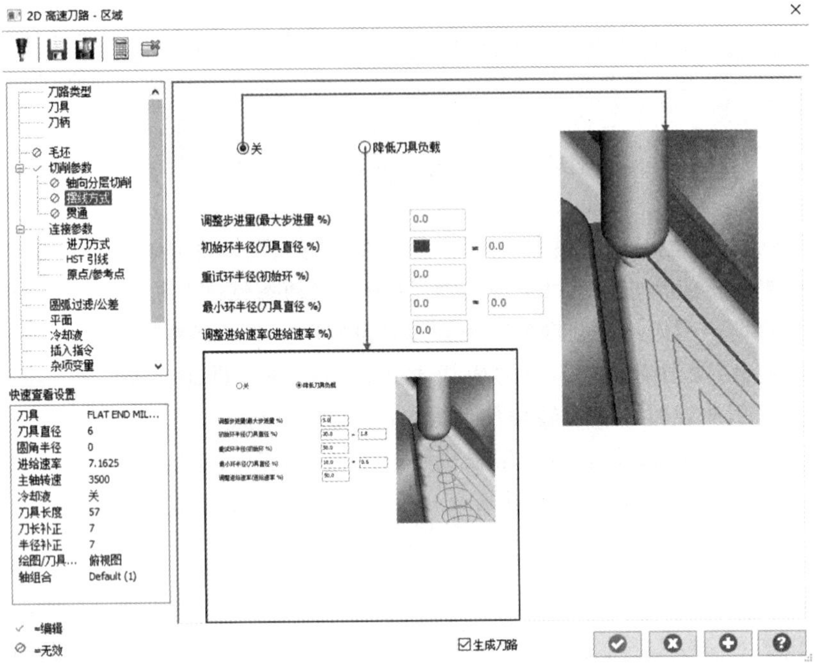

图 6-93　Mastercam 2023 动态铣削“摆线方式”设置

（3）“HST 引线”设置　用于垂直进给下刀和横向进给切削之间设置圆弧过渡加工轨迹，包含切入/切出引线设置，如图 6-94 所示。

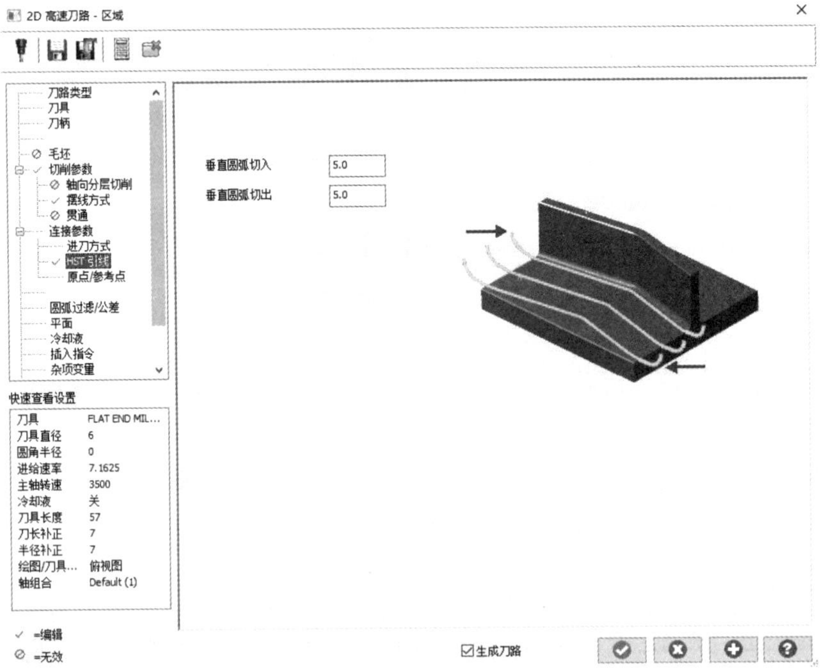

图 6-94　Mastercam 2023 动态铣削“摆线方式”设置

6.4.4　Mastercam 2023 孔加工编程要点

孔加工是机械加工中经常使用的一种方法，孔加工包括钻孔、铰孔、镗孔或攻螺纹等加工。Mastercam 2023 不仅提供数控系统常用的钻孔加工固定循环指令，还提供了全圆铣削、螺旋铣孔等典型的孔加工策略。

Mastercam 2023 的“钻孔”功能布局在“刀路”功能选项卡下“2D”功能区，名称为“钻孔”。具体操作步骤与参数设置方法如下：

(1) 钻孔位置设置　单击“钻孔”功能按钮，图形显示窗口左侧和顶部分别弹出“刀路孔定义”操作管理器和操作提示，依次选择需要加工的孔，如图 6 95 所示，选择完成后，单击“刀路孔定义”对话框右上角“确定”功能按钮，弹出“2D 刀路-钻孔/全圆铣削 深孔钻-无啄孔”对话框，如图 6-96 所示。

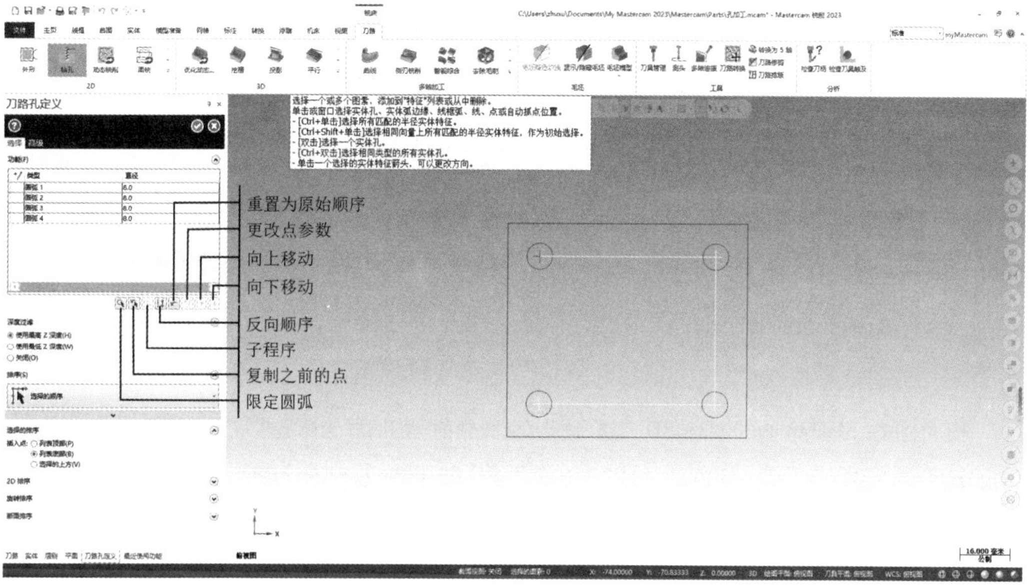

图 6-95　Mastercam 2023 钻孔加工“刀路孔定义”对话框和操作提示

对话框中相关功能和按钮说明如下：

“特征列表”：显示选中用于此操作的点或图素。

“限定圆弧”按钮：从图形窗口选择圆弧。Mastercam 2023 会选择具有匹配直径和平面的圆弧中心点。

“复制之前的点”按钮：从之前孔加工刀路和其排序顺序中选择所有点。

“子程序”按钮：选择之前创建的刀路并将新操作应用到其选定的点。

“反向顺序”按钮：反转点顺序。排序顺序自动设为“选定顺序”。

“重置为原始顺序”按钮：将选定点重置为原始顺序。

“更改点参数”按钮：显示“更改点参数”重叠，即可设置特定于选定点的参数。

“向上/向下移动”按钮：在特征列表中向上/向下移动选定点。

“深度过滤”：将选定的图素保留在最高 Z 深度/最低 Z 深度。过滤出位于其他深度

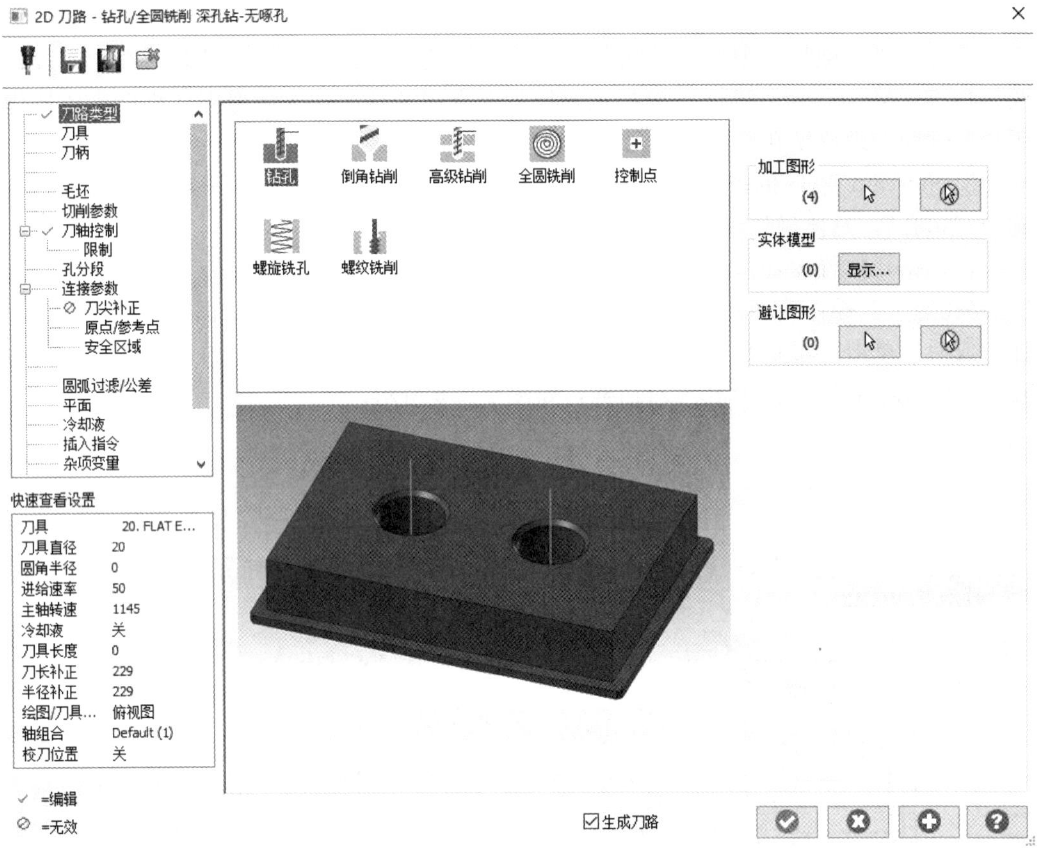

图 6-96　Mastercam 2023“2D 刀路-钻孔/全圆铣削 深孔钻-无啄孔”——刀路类型设置

的图素。

“排序”：选择对零件中点布局最有意义的点进行排序。

“选择的排序”：选定的其他点会插入“功能”列表顶部、底部或选择的上方。

（2）“刀路类型”设置　如图 6-96 所示，对话框中“刀路类型”默认为“钻孔”，无须再次设置，单击右侧“加工图形”下“选择点”按钮会弹出如图 6-95 所示的“刀路孔定义”操作管理器，可再次进行“钻孔位置”相关参数编辑设置。

（3）“刀具”设置　与前述基本相同，此处选择刀具为麻花钻。

（4）“切削参数”设置　如图 6-97 所示，单击对话框中的“循环方式”选项右边的下拉按钮，系统弹出钻孔循环方式选择对话框，软件提供了 8 种预定义的钻孔循环指令和 11 种自定义的循环方式。其中，8 种预定义的钻孔循环指令与 FANUC 系统孔加工固定循环指令的格式基本一致，以下就这 8 种预定义的钻孔循环指令选项对应的 G 指令作简单介绍。

Drill/Counterbore：默认暂停时间为 0，输出基本钻孔指令 81，若设置孔底暂停时间，则输出指令 G82。

深孔啄钻（G83）：排屑式深孔钻循环指令，可更好地排屑、断屑与冷却。

断屑式（G73）：断屑式深孔钻循环指令，可较好地实现断屑。

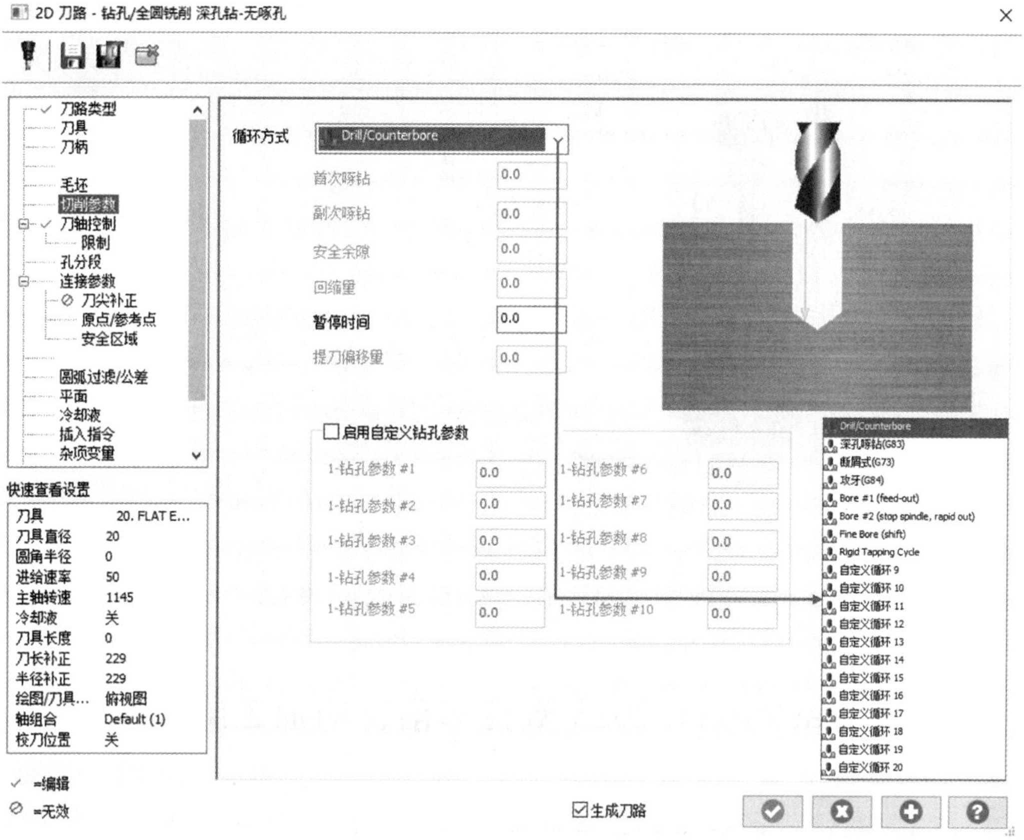

图 6-97 Mastercam 2023“2D 刀路-钻孔/全圆铣削 深孔钻-无啄孔”——切削参数设置

攻牙（G84）：默认主轴顺时针旋转输出指令 G84，设置主轴逆时针旋转输出指令 G74。

Bore＃1（feed-out）：默认暂停时间为 0，输出指令 G85，设置时间后输出指令 G89。

Bore＃2（stop spindle，rapid out）：镗孔指令 G86。

Fine Bore（shift）：镗孔指令 G76。

Rigid Tapping Cycle：输出带 M29 刚性攻螺丝指令 G84/G74。

（5）“刀轴控制”设置　默认输出方式为三轴，应用于三轴数控铣床或三轴加工中心时，此项无须设置。

（6）“连接参数”设置　如图 6-98 所示，先深度参数可输入孔底深度，再单击其下方的“深度计算”按钮，弹出“深度计算”对话框，必要时修改钻头直径等，最后单击“确认”按钮，会将增加的深度值加入深度文本框获得新的深度。

（7）“刀尖补正”设置　勾选“刀尖补正”复选框，可设置刀尖补正参数，也可完成图 6-98 中刀尖深度增加值设置，注意不要重复计算。

（8）“原点/参考点”设置　与前述基本相同。

（9）“安全区域”设置　适用于多轴加工，此处 2D 铣削无须设置。

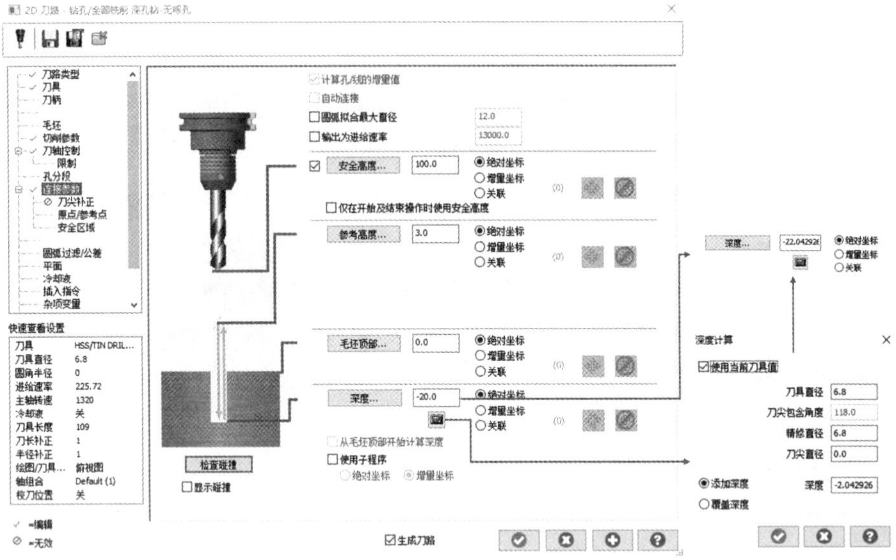

图 6 - 98　Mastercam 2023 “2D 刀路-钻孔/全圆铣削 深孔钻-无啄孔”——连接参数设置

6. 5　Mastercam 2023 数控车削自动加工编程基础

6. 5. 1　Mastercam 2023 车削加工基础

数控车削加工是数控加工中应用比较广泛的加工方法之一，Mastercam 2023 同样提供了丰富的数控车削加工策略，集中在“刀路”功能选项卡下“标准”功能区，单击“展开刀路列表”可展开所有标准车削加工策略，如图 6 - 99 所示。本节将介绍粗车、精车、车端面、切断、车沟槽和车螺纹等常见且典型的自动加工编程的操作方法。

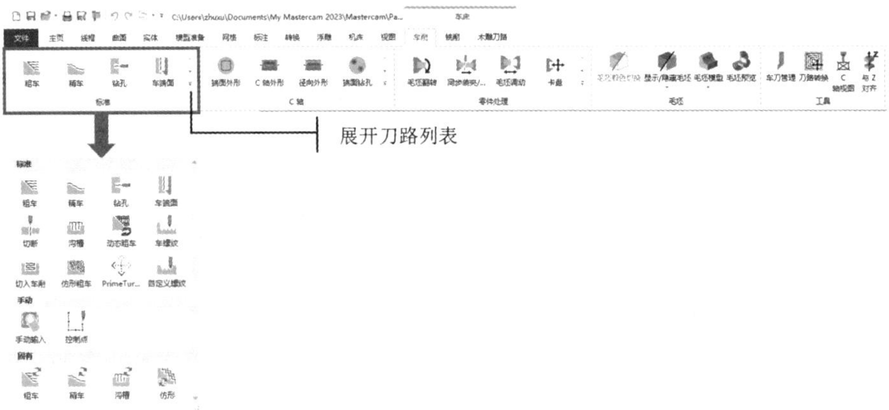

图 6 - 99　Mastercam 2023 车床加工模块

在进行车削加工自动编程时，需要先进行以下步骤操作：

1. 车削加工模块的进入

进入车削模块操作方法与铣削一样，此处不再介绍，参照前述操作进行即可。

2. 工件坐标系设定

数控车削加工工件坐标系一般建立在工件端面中心位置，在 Mastercam 2023 中有两种建立工件坐标系的方法：其一，通过“转换”功能区的“移动到原点”功能按钮，快速将工件上某一指定点连同工件快速移至世界坐标系原点；其二，工件保持不动，在工件某一指定点创建一个新的坐标系定为工件坐标系。读者可参照前述 6.2.2 小节学习内容，进行实践操作。

3. 毛坯设置

此处按移动工件建立工件坐标系来进行毛坯设置，如图 6 - 100 所示为具体操作过程。

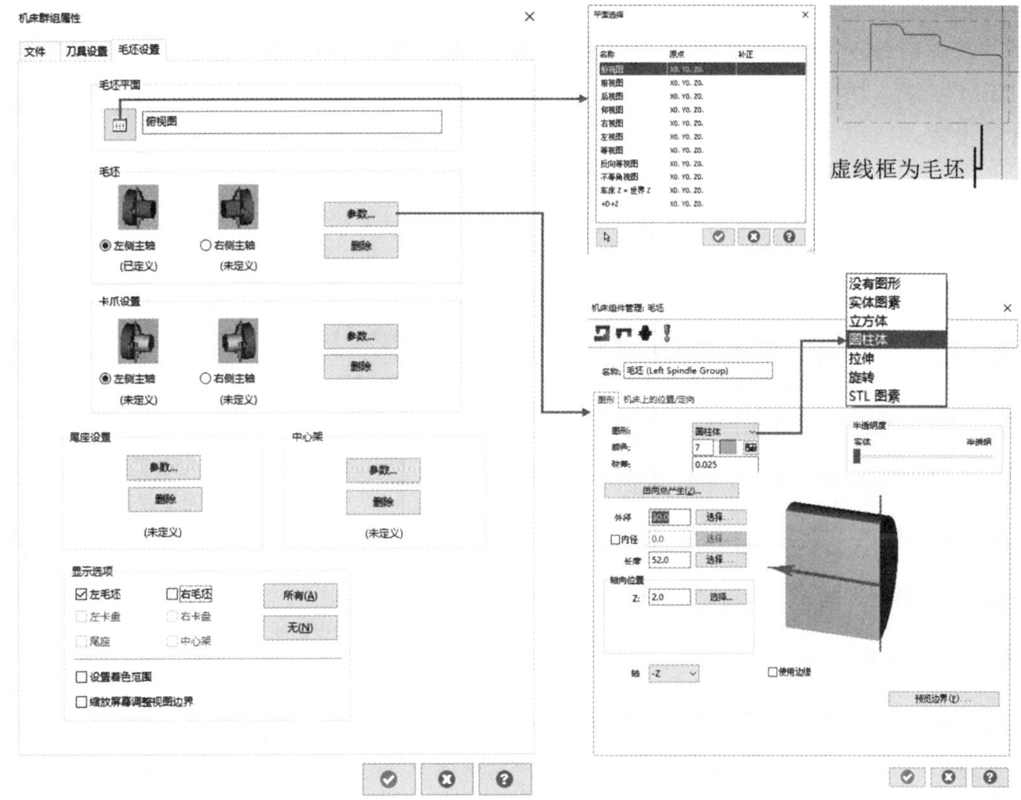

图 6 - 100　Mastercam 2023 车削加工“毛坯设置”操作

① 参照 6.3.2 小节铣削操作方法进入毛坯设置，弹出“机床群组属性-毛坯设置”对话框。

② 单击“毛坯平面”设置区“平面选择”按钮，弹出“平面选择”列表，单击列表中“俯视图”选中，再单击“平面选择”列表下方“确认”按钮，将“毛坯平面”设置为俯视图。

③ 单击“毛坯”设置区右侧“参数”按钮，弹出“机床组件管理：毛坯”对话框，默认为“图形”选项卡。软件提供了 7 种创建毛坯图形方式，默认创建毛坯图形为“圆柱体”，软件为其提供了两种创建毛坯方法，其一，知道零件尺寸，直接在外径、长度、轴向位置 Z 值文本框输入参数值精确设置；其二，单击对话框中“由两点产生”按钮，根据图形显示窗口的操作提示设置。勾选“使用边缘”复选框可进一步增加毛坯尺寸，单击“预览边界”按钮可在确定前预览毛坯是否符合要求。创建好的毛坯为双点画线显示。

另外，“机床群组属性-毛坯设置”对话框中还有卡爪、尾座和中心架三项设置，它们主要用于编程时干涉碰撞检查。其中卡爪和尾座可通过参数值直接定义，而中心架需要绘制图形来设置。

6.5.2 Mastercam 2023 基本车削加工编程要点

1. 粗车加工

粗车加工主要应用于快速切除大量的加工余料，为精加工留下较为均匀的加工余量，其应用较为广泛。其切削用量多表现为低转速、大切深、大走刀，以恒转速(RPM) 切削为主。下面以图 6－101 所示工件为例介绍粗车加工具体操作步骤和主要参数设置。

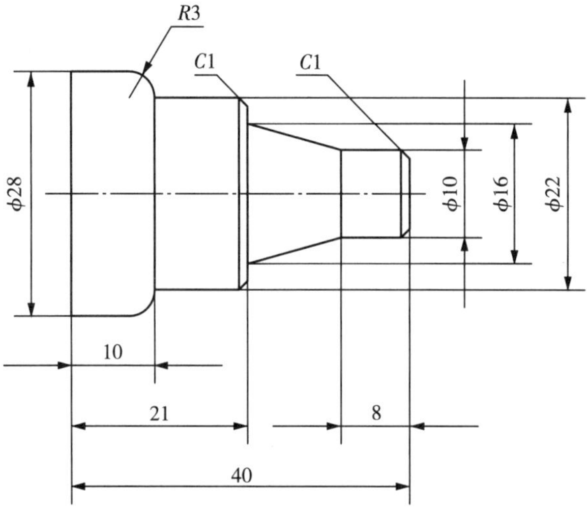

图 6－101 Mastercam 2023 粗车加工操作示例

操作步骤为“线框串连选择”→“刀具参数设置”→“粗车参数设置”→“切入/切出参数设置”→“切入参数设置”，具体操作方法与前述铣削加工基本相同，这里不再赘述，仅对不同的参数项进行解释说明。

(1)“线框串连”选择 单击“部分串连”按钮有效后，再单击拾取加工轮廓起始段和终止段，确保串连曲线起点和方向与预加工轨迹一致，如图 6－102 所示，最后单击“确定”按钮，弹出“粗车”对话框，默认为“刀具参数”选项卡。

(2)“刀具参数”设置 该选项设置参数包括刀具、刀号、切削用量及参考点等，其中刀具设置方法同铣削加工；刀号、切削用量直接在对应项文本框输入参数值；而

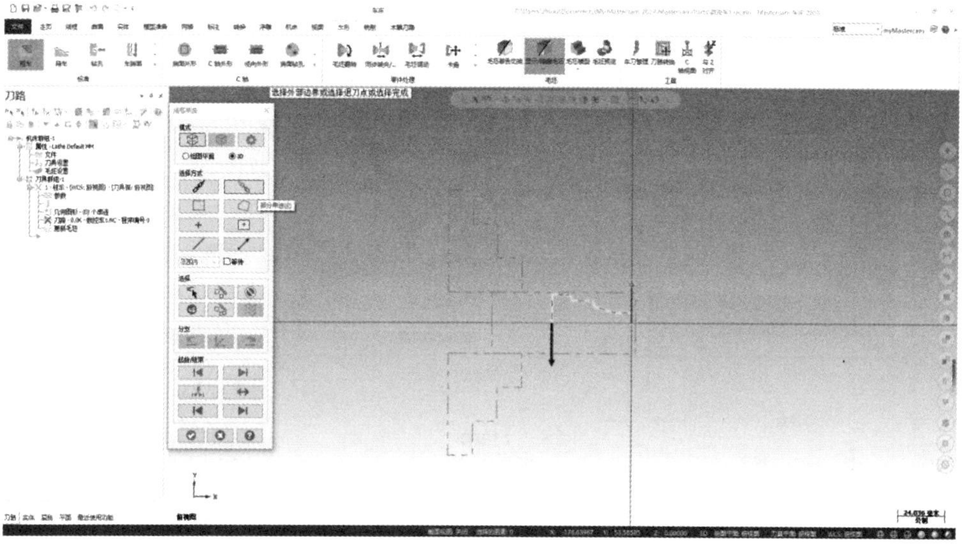

图 6－102　Mastercam 2023 粗车加工“线框串连选择”

参考点则需要先勾选其前面的复选框，然后再单击“参考点”按钮，在弹出的“参考点”对话框中输入参数值，具体如图 6－103 所示。

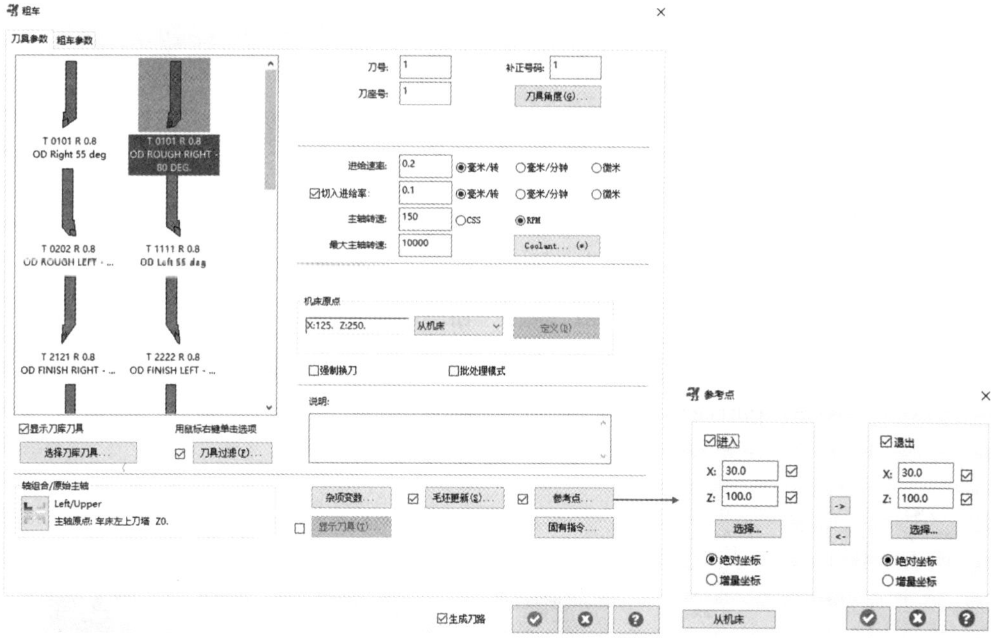

图 6－103　Mastercam 2023 粗车加工“刀具参数”设置

(3)“粗车参数”设置　该选项包含了粗车加工主要参数，“补正方式”软件默认为电脑，可根据需要通过其下拉菜单选择其他方式（如控制器）；“补正方向”车外圆选右，车内孔和端面选左；其他相关参数设置方法参照铣削加工，根据加工工艺需求设置，如图 6－104 所示。

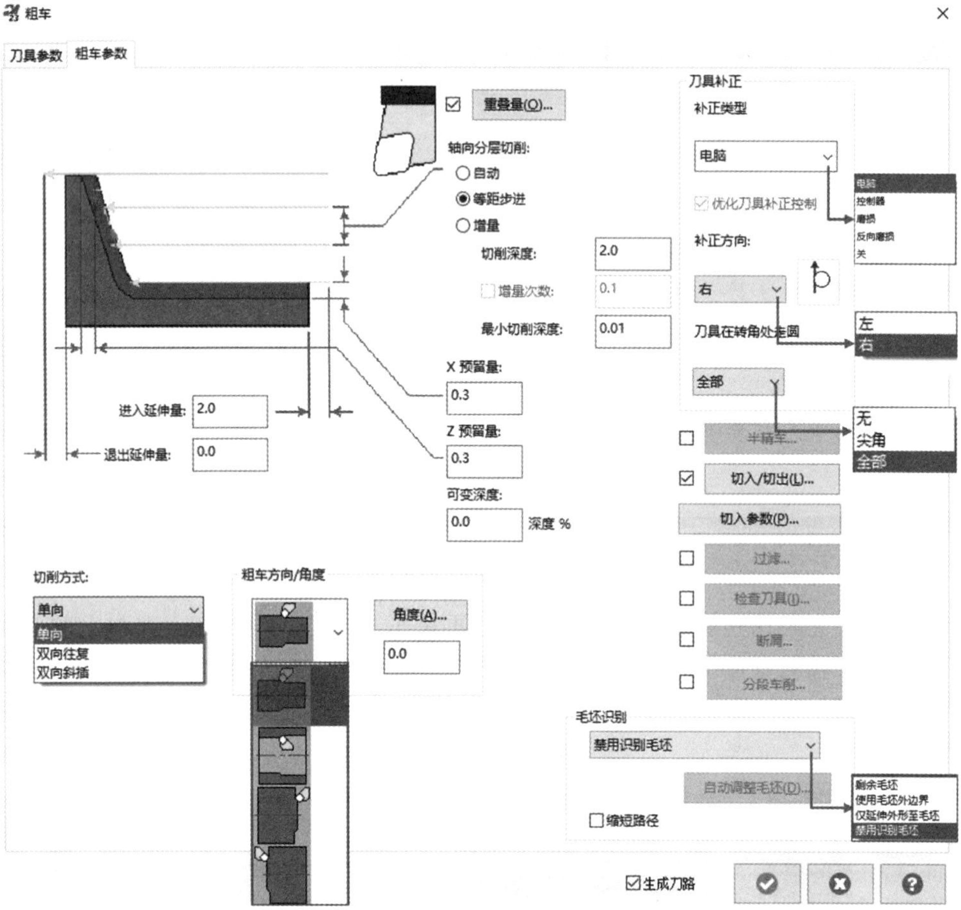

图 6-104　Mastercam 2023 粗车加工“粗车参数”设置

(4)“切入/切出”设置　该项参数是刀具进退刀的设置，合理设置对加工质量十分有益，单击“粗车参数”对话框中“切入/切除”按钮，弹出“切入/切出设置”对话框，其中有切入和切出两个选项卡，单击选项卡进入各自的设置页面，根据需要勾选对应选项，填写参数值即可，如图 6-105 所示。

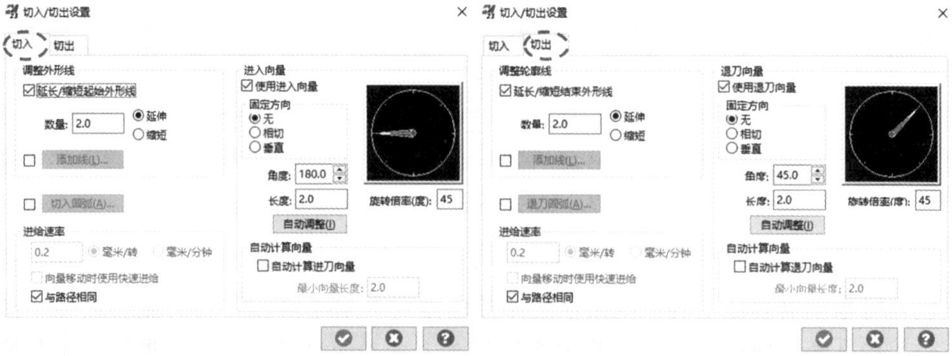

图 6-105　Mastercam 2023 粗车加工“切入/切出设置”

(5)“切入参数”设置　该选项是控制刀具走刀路线的，单击“粗车参数”对话框中“切入参数”按钮，弹出“车削切入参数”对话框，其中有车削切入设置、角度间隙及起始切削三个选项，“车削切入设置”选项下有四个选项，第一项为默认设置，其走刀忽略了轮廓线凹陷部分，后三项则没有，所以对于有退刀槽、V 形槽等凹陷轮廓工件车削加工时，需要选择后三项之一，选择后，激活“角度间隙”选项可进行设置，如图 6-106 所示。

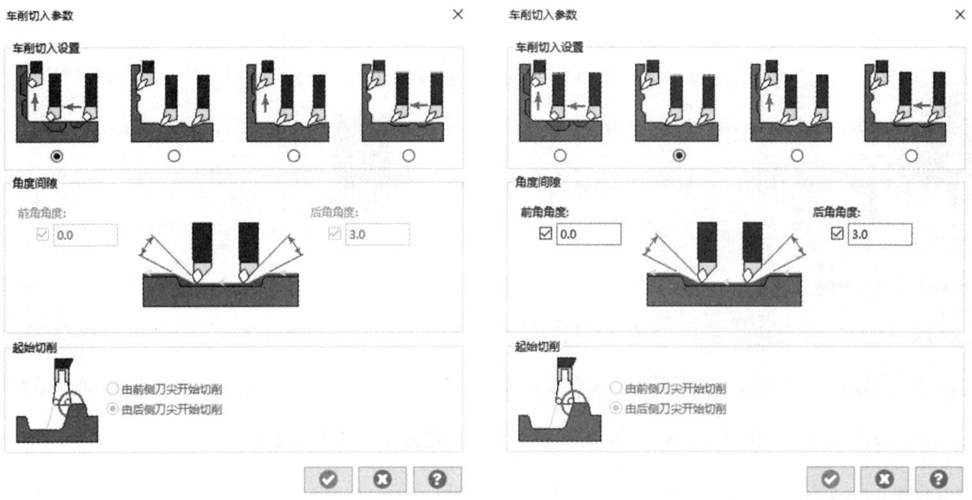

图 6-106　Mastercam 2023 粗车加工“切入参数”设置

2. 精车加工

精车加工在粗车加工之后进行，通常选择高转速、小切深、小进给的切削用量车削一刀完成，以获得精确的加工尺寸和良好的表面粗糙度加工质量，必要时选用横线速度（CSS）切削。其操作方法与粗车相似，仅部分加工参数设置与粗车不同，操作步骤为“线框串连选择”→“刀具参数设置”→“精车参数设置”→“切入/切出参数设置”→“切入参数设置”，相关参数可参考图 6-107 进行设置。

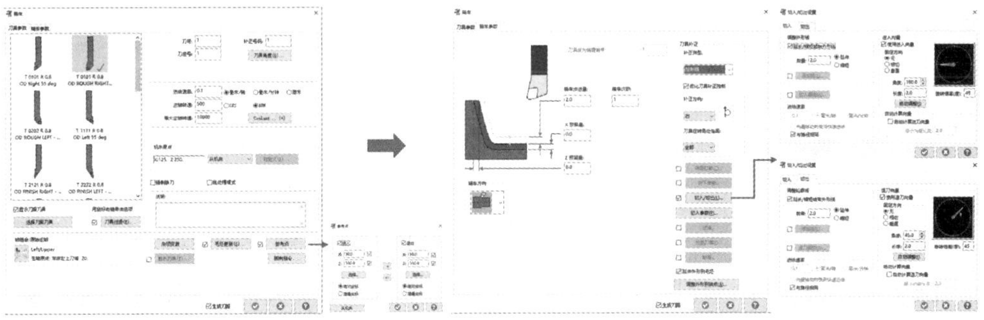

图 6-107　Mastercam 2023 精车加工相关参数设置

3. 车端面加工

车端面用于粗加工之前车平毛坯端面或加工外圆后车端面，是车削加工中常用的加工工步，根据加工余量的大小，可一刀或多刀完成。Mastercam 2023 车端面加工策略无须选择加工串连曲线，软件默认为 $Z0$ 位置，也可设置为其他 Z 位置，其他参数设置与粗车加工相似，操作步骤为“刀具参数设置”→“车端面参数设置”，相关参数可参考图 6-108 进行设置。

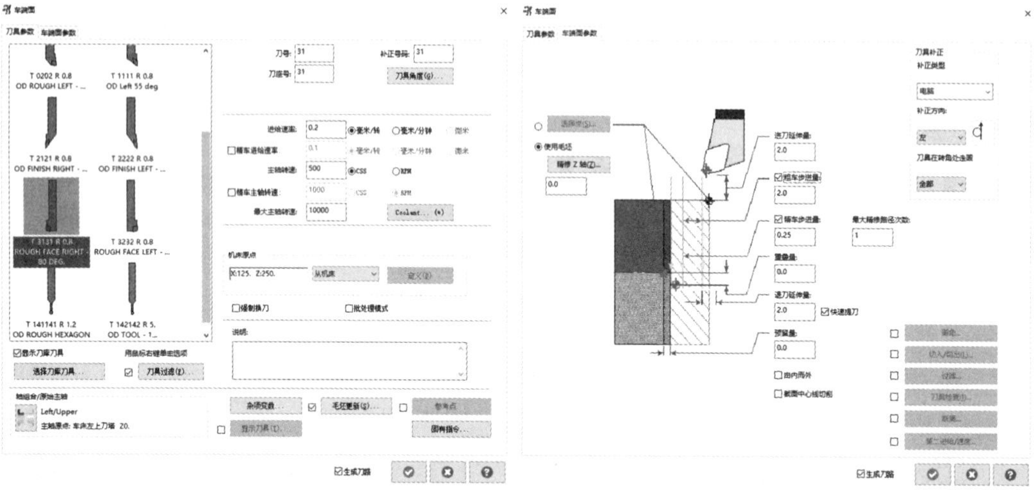

图 6-108　Mastercam 2023 车端面加工相关参数设置

4. 切断加工

切断加工是车削加工的最后一个工步，Mastercam 提供的加工方式是通过单击确定加工模型上一点，径向进给切断零件。操作步骤为“选择边界切断点”（直接鼠标单击选取）→“刀具参数设置”→“切断参数设置”，具体操作方法与前述加工类型基本相似，参数设置相对简单，相关参数可参考图 6-109 进行设置。

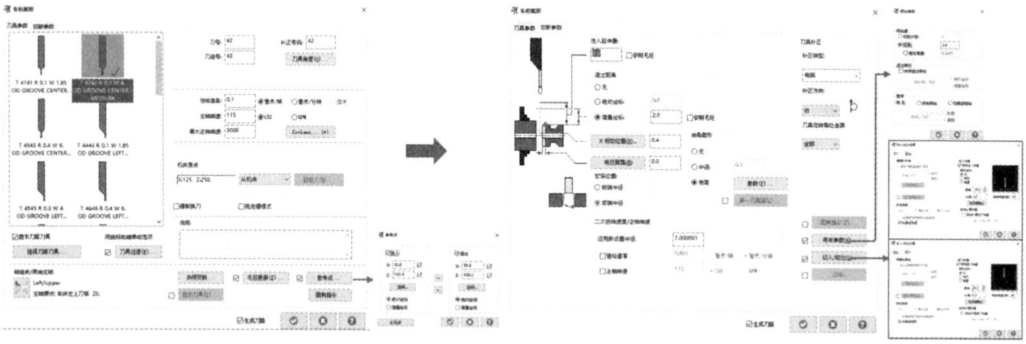

图 6-109　Mastercam 2023 切断加工“切断参数”设置

注意：切削参数中，设置 X 相切位置参数值应略大于刀尖圆弧半径，有利于避免切削过程中刀尖崩碎；毛坯背面设置需要根据切断后的工件是否要进行车端面加工，若有，则设置余量，若没有，则设置为 0；切深位置设置需要根据切断后的工件是否要进行车端面加工，若有，则设置后端半径，若没有，则设置前端半径；转角图形参数项可设置切断处是否倒角及倒角类型和大小。

5. 车沟槽加工

车沟槽加工主要用于车削槽宽不大的径向沟槽，如螺纹退刀槽，Mastercam 2023 的沟槽加工策略是将粗、精加工放在一起连续完成的。操作步骤为“定义沟槽方式”→“线框串连选择”→“刀具参数设置”→“沟槽形状参数设置”→“沟槽粗车参数设置”→“沟槽精车参数设置”，具体操作方法与前述加工类型相似。

(1)“沟槽选项”选择　单击“沟槽”按钮后，弹出“沟槽选项”对话框，软件提供了五种定义沟槽方式，默认为使用最多的“串连”方式，如图 6－110 所示。

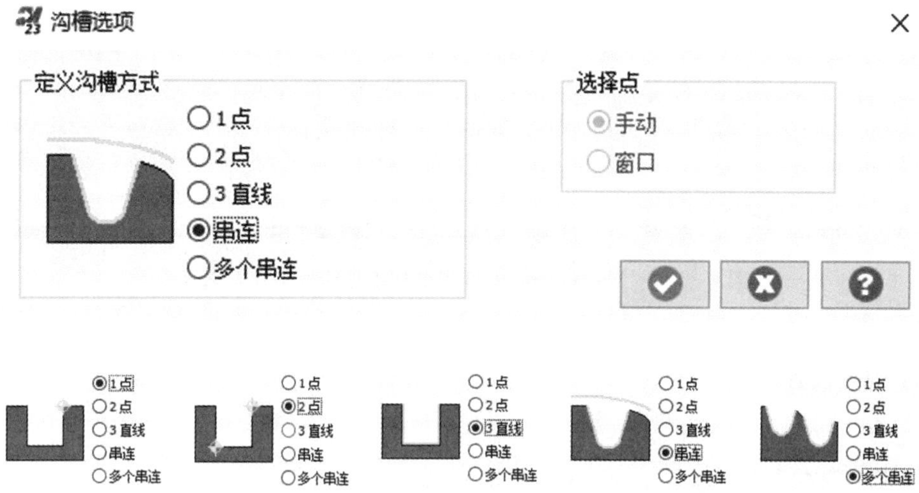

图 6－110　Mastercam 2023 沟槽加工“定义沟槽方式”

① 1 点方式：选择 1 个点（外圆为右上角）来定义沟槽的位置，而沟槽宽度、深度、侧壁斜度、过渡圆角等形状参数均在“沟槽形状参数”选项卡中设置。该方式下，能激活右侧的“选择点”选项，允许窗口选择多点，每个点确定一个槽。

② 2 点方式：选择沟槽的右上角和左下角的 2 个点来定义沟槽的位置、宽度和深度，而侧壁斜度、过渡圆角等形状参数则在“沟槽形状参数”选项卡中设置。

③ 3 直线方式：选择 3 条直线来定义沟槽的位置、宽度和深度，而侧壁斜度、过渡圆角等形状参数则在“沟槽形状参数”选项卡中设定。3 条直线中第一条与第三条直线必须平行且等长。直线的选择方式必须使用“部分串连、窗口或多边形”方式选择 3 条串连曲线。

④ 串连方式：选择一个形成沟槽的串连曲线定义沟槽的位置与形状参数，可定义前三种方式能定义的形状之外的沟槽，且“沟槽形状参数”选项卡中设置的参数不多。

⑤ 多个串连方式：选择“部分串连”方式连续选择多个形成沟槽的串连曲线一次性加工。其他操作和参数设置与串连方式定义沟槽相同。多个串连方式适合于形状相同或相似，切槽参数相同的多个串连沟槽的加工。

(2)“线框串连”选择　单击“部分串连”按钮有效后，再单击拾取沟槽切入点附近曲线和切出点附近曲线，确保串连曲线起点和方向与预加工轨迹一致，如图 6－111 所示，最后单击“确定”按钮，弹出“粗车”对话框，默认为“刀具参数”选项卡。

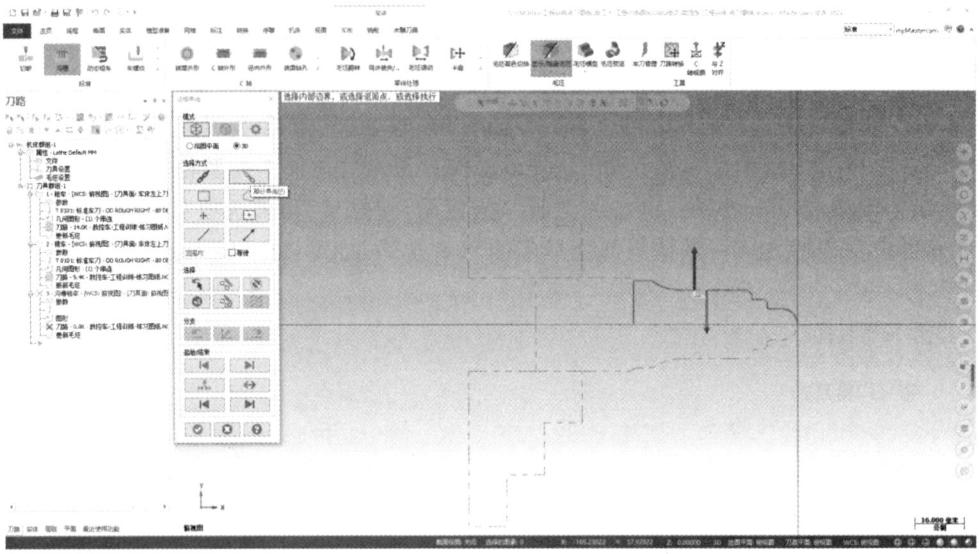

图 6-111　Mastercam 2023 沟槽加工“线框串连”选择

（3）“刀具参数”设置　该选项设置与前述加工类型基本相同，相关参数可参考图 6-112 进行设置。

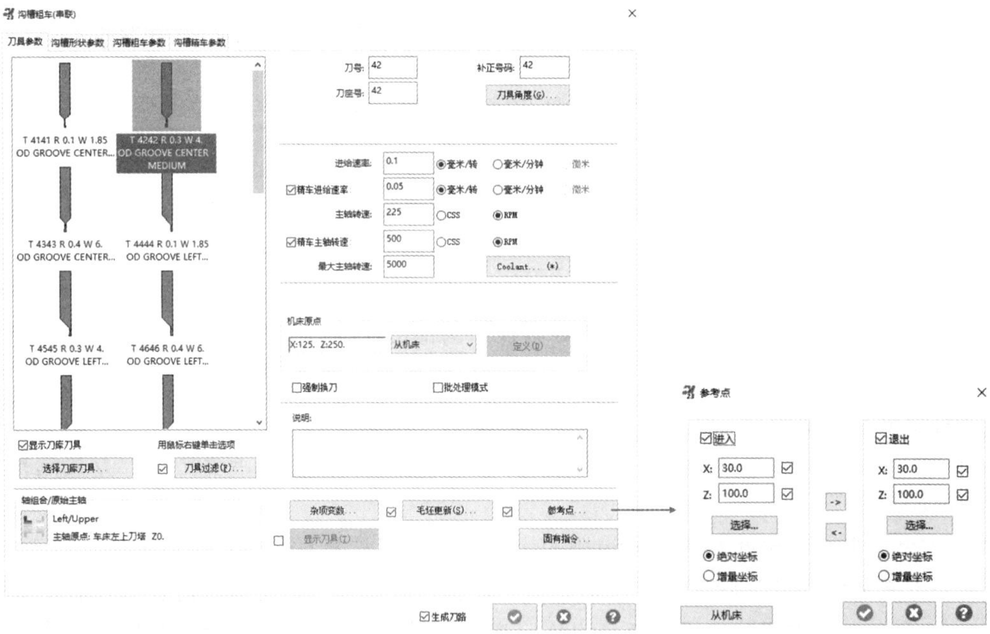

图 6-112　Mastercam 2023 沟槽加工“刀具参数”设置

（4）“沟槽形状参数”设置　1 点、2 点与 3 直线定义的“沟槽形状参数”设置如图 6-113（a）所示，其中 2 点与 3 直线定义的，高度和宽度无须设置。串连和多个串连定义的“沟槽形状参数”设置如图 6-113（b）所示，其仅可激活“调整外形起始线/终止线”，并设置调整其参数。

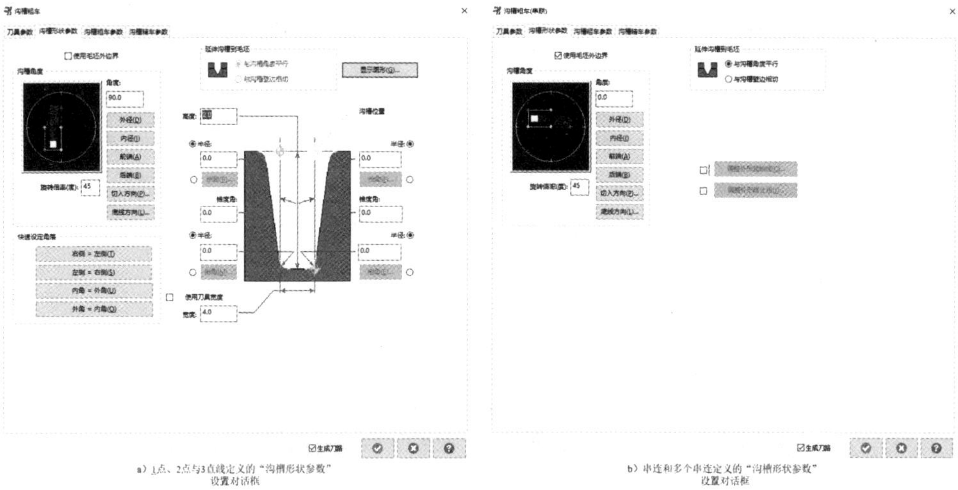
a）1点、2点与3直线定义的“沟槽形状参数”设置对话框　　b）串连和多个串连定义的“沟槽形状参数”设置对话框

图 6－113　Mastercam 2023 沟槽加工“沟槽形状参数”设置

（5）“沟槽粗车参数”设置　参照前述方法设置，相关参数可参考图 6－114 进行设置。

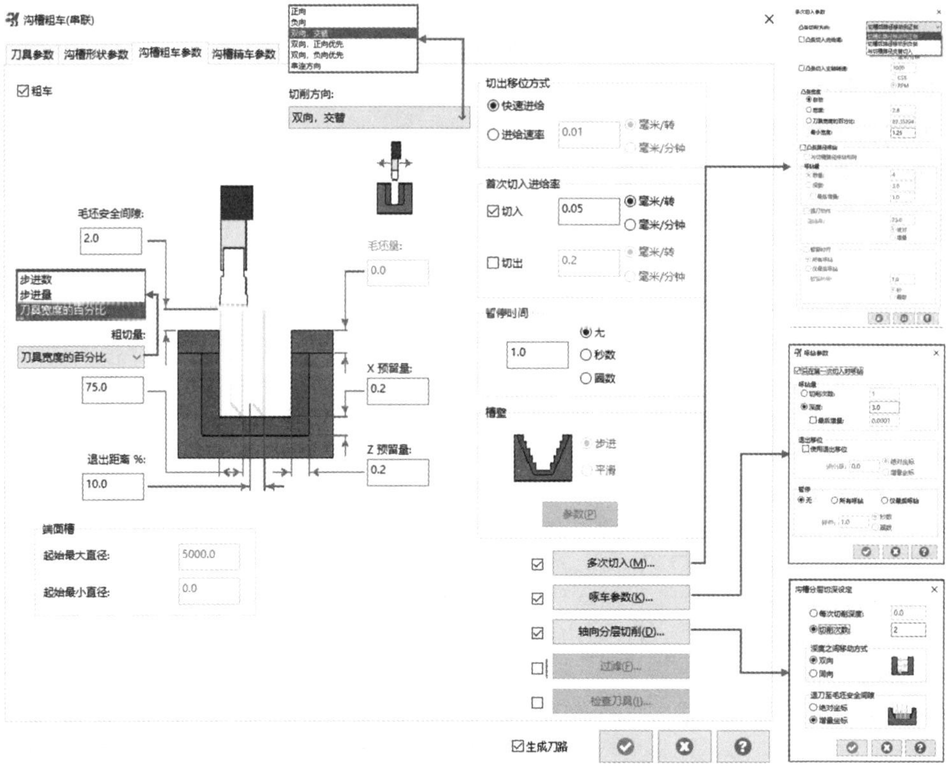

图 6－114　Mastercam 2023 沟槽加工“沟槽粗车参数”设置

（6）“沟槽粗车参数”设置　参照前述方法设置，相关参数可参考图 6－115 进行设置。

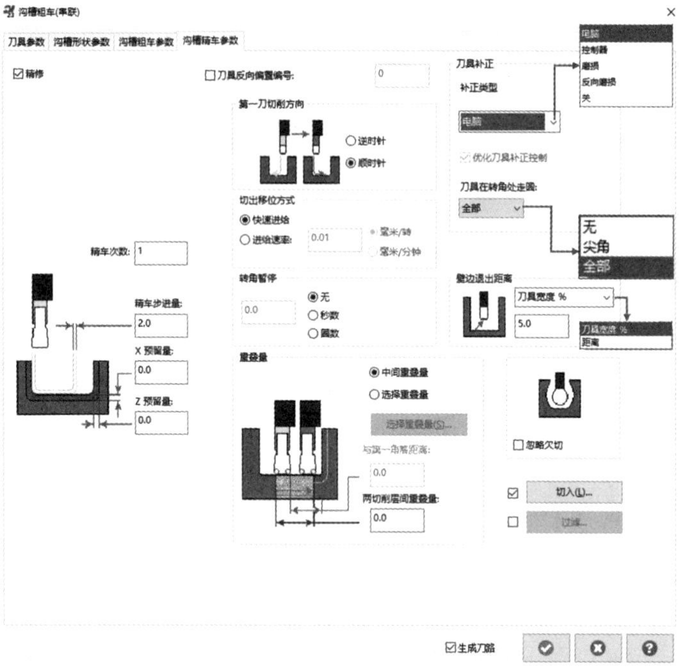

图 6－115　Mastercam 2023 沟槽加工“沟槽精车参数”设置

6. 车螺纹加工

车削螺纹是数控车削中加工内螺纹、外螺纹和端面槽螺纹的主要加工方法。操作步骤为“刀具参数设置”→“螺纹参数设置”→“螺纹切削参数设置”，具体操作方法与前述加工类型相似，以图 6－116 所示螺纹车削加工为例，介绍其具体参数设置。

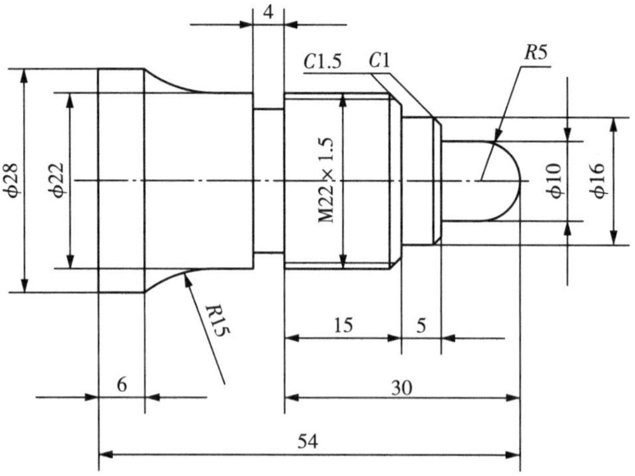

图 6－116　Mastercam 2023 螺纹车削加工操作示例

(1)“刀具参数”设置　该选项设置与前述加工类型基本相同，但要注意的是需双击所选刀具，激活“定义刀具”对话框，在其“刀片”选项卡下选择刀片类型，设置螺距，以适合螺纹加工，相关参数可参考图 6－117 进行设置。

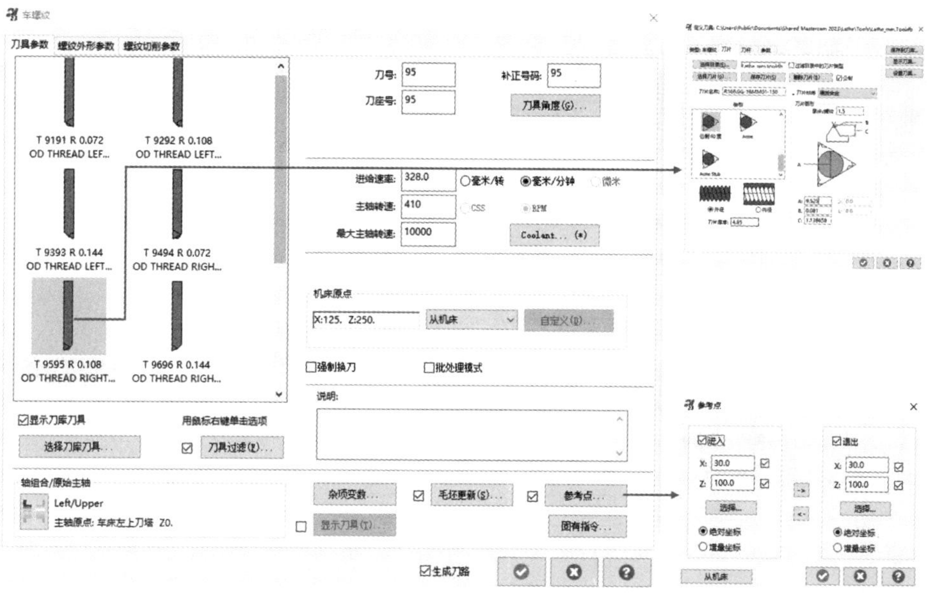

图 6－117　Mastercam 2023 车螺纹加工“刀具参数”设置

（2）“螺纹外形参数”设置　螺纹外形参数包括螺纹定向、导程、牙型角度、大径（螺纹外径）、小径（螺纹内径）及螺纹起始和终止位置。其中导程、牙型角度、大径和小径既可以直接在对应文本框中输入参数值，也可以通过软件提供的“螺纹型式”下的三种方式设置，如图 6－118 所示。

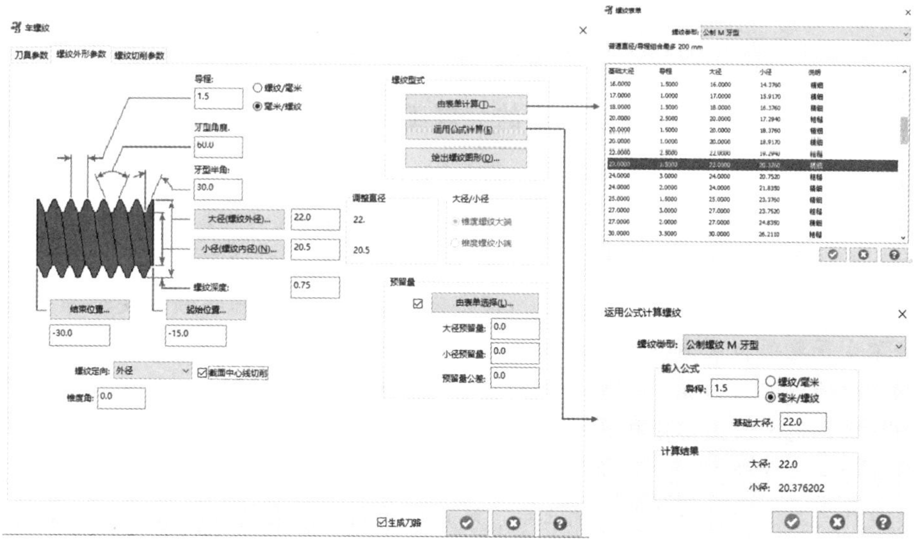

图 6－118　Mastercam 2023 车螺纹加工“螺纹外形参数”设置

（3）“螺纹切削参数”设置　该选项主要设置 NC 代码输出格式，注意要与所用数控车床系统匹配。另外还有切削深度方式、切削次数、毛坯安全间隙、切入加速间隙等相关参数设置，如图 6－119 所示。

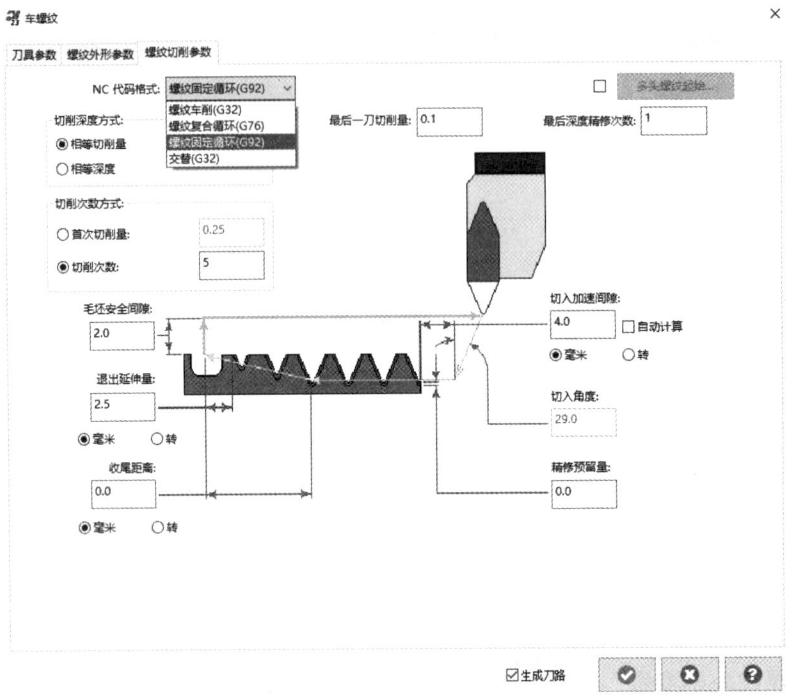

图 6-119　Mastercam 2023 车螺纹加工“螺纹切削参数”设置

6.6　拓展阅读

职业院校走出的大国工匠——陈行行

陈行行（图 6-120），一个从微山湖畔小乡村走出来的农家孩子。小的时候的他动手能力就很强，喜欢把自行车、电视机的零部件拆散重装。2004 年初中毕业后，进入山东省机电学校学习汽车运用与维修技术。在校期间陈行行学习刻苦，课余时间都在实训场地练习，一练就是十几个小时。付出终有收获，在校三年频频获得一等奖学金和三好学生等奖项和荣誉。

2006 年中专毕业以后，拥有职业理想和人生规划的陈行行，为了学到更精湛、更尖端的技术，他考入山东技师学院机械工程系学习现代模具制造与维修技术，连续多年获得学院一等奖学金。2009 年上半年参加首届山东省职业院校技能大赛，并获得注塑模具设计与加工项目一等奖。毕业后，陈行行来到山东美鹰食品设备有限公司工作，凭借扎实的动手能力和业务知识、认真负责的劳动态度，很快就被破格提拔为机械加工车间副主任。提拔后的陈行行不仅没有躺平，反而更加努力，为了不断提高技术水平，他自掏腰包参加技能培训，备战全国数控技能大赛。2010 年 12 月，他在第四届全国数控技能大赛上赢得职工组加工中心第四名，并随后获得“山东省技术能手”“山东省富民兴鲁劳动奖章”等荣誉称号。

图 6-120 陈行行正在装夹工件

职业院校走出的大国工匠
——陈行行

随后，2011 年陈行行加入中国工程物理研究院机械制造工艺研究所，投身我国核武器研制的宏伟事业。中国工程物理研究院机械制造工艺研究所多年沉淀下了优秀的军工文化，在精细严实、追求卓越的文化氛围中，亦师亦友的师徒学习模式，科学紧凑的培训课程都让陈行行的技能水平得到了较大的提升，他更加如饥似渴地学习新知识、新工艺、新技术。2014 年，陈行行以四川省选拔赛第一名的成绩脱颖而出，最终获得第六届全国数控技能大赛职工组加工中心第一名，同年获全国五一劳动奖章和全国优秀共青团员称号。10 年时间，化茧成蝶，陈行行成为数控加工领域的一名能工巧匠。

正因为陈行行的踏实肯干，国家某重大专项分子泵项目核心零部件动叶轮加工任务交由他来完成。动叶轮属于薄壁零件，刚性差，加工过程极易出现振动而造成零件表面质量差，多达 144 片的叶片数量使得程序调试异常繁琐，加工耗时长，且叶轮叶片边缘易产生毛刺，严重影响交货周期和产品质量。陈行行接到该任务后，与技术人员一起从难点入手，通过优化铣削方式、加工刀具、工装夹具，编制合理的加工程序，开发设备高级功能，攻克了动叶轮加工中易出现振动而造成零件表面质量差的难题，不仅实现了加工质量更优，且加工效率提高了数倍，加工完的叶片边缘无毛刺产生，省去了人工去除毛刺的工序。自此以后，陈行行接连做了多项重要型号产品的急难险重任务，如某零件刚性极差，加工易变形，需钳工研磨且产品合格率极低。陈行行通过对加工刀具、切削方式、加工程序及装夹方式的优化，使得该产品加工效率和合格率大大提高，且加工完成后基本无变形，减少了钳工研磨工序，保证了该零件的顺利交付。再如某个大型科学仪器某诊断系统的关键精密零件，加工精度要求苛刻，且产品尺寸非常小，用常规手段无法加工，且加工时又无法测量。该任务在多个单位辗转都未加工成功，眼看产品交付周期就要到了，该零件的主管工艺员说，“让陈行行试试吧。”陈行行看过产品图纸后更改了原来的加工工艺，通过设计实用的工装夹具及安排合理的工艺路线，实现了该零件的高效、优质加工。

陈行行特别注重将加工实践经验升华成理论，将理论进行归纳梳理，固化成文，在这样的总结与反思中，不断提升自己的专业技术水平。近几年来，陈行行撰写了《动叶轮高速铣削技术》等论文及合理化建议10余篇，并在单位得到推广应用，参与编写了由中国劳动社会保障出版社出版的《数控铣工/加工中心操作工（高级）》，在职业院校得到了广泛的推广。对于加工来说，原理与方法是公开的，那些工作积累而成的经验与绝招，是大家的不传之秘。陈行行却打破壁垒，无私而豁达，将他历年来的攻关经验、绝技绝招都对同事们倾囊相授。对于新职工，陈行行更手把手教，从看图纸到操作，到零部件的加工再到工装夹具的使用，每一个步骤每一个细节都详细解释，很多关键环节处还有陈行行自己摸索的小绝招，让新职工能够迅速掌握加工方法。

2015年陈行行被国家高技能人才基地聘为特约教师，多次为成都市工会、中机维协（绵阳）、中物院培训中心、单位内部等组织的各类技能培训班传授技能知识和实践经验，数百人受益，数十人在国家、省部级技能大赛中获奖。陈行行无私而高尚地扮演好了师傅、教练这些角色，传授的是技术，是心血，更是品格。一线生产工人、大赛选手、身边的师傅或者培训老师、全国技术能手、四川工匠、技术攻关团队领办人、“大国工匠年度人物”……一路走来，陈行行抓住机会，不断学习，不断成长，青涩年华化为多彩绽放，精益求精铸就青春信仰，在大国重器的加工平台上，他用极致书写精密人生。正如陈行行在与年轻朋友分享自己成长故事所说：“人的一生对我们每个人来说只有一次，我们要倍加珍惜自己所拥有的一切，发挥自己的潜力，实现自己的价值。我始终坚信，志高方能行远，有目标、敢奋斗，我们始终要保持有说出‘我行’的实力和勇气。”

“江山代有才人出”，陈行行是中国新一代技能大师的真实写照，在平凡的岗位上坚守，用精湛的技术报国，“这个世界不必知道我是谁，但我参与的事业却惊艳了世界”。胸怀理想，脚踏实地，勇于创新，在技能成才、技能追梦的路上，陈行行已成为山东技师学院“德技双馨”校训的最好代言。让我们致敬大国工匠，他们是这个时代当之无愧的精神力量！（摘自网络）

第 7 章 综合实例加工分析

7.1 数控车削综合实例加工分析

如图 7-1 所示为一连接轴零件图，现需要进行打样加工，材料为 45 号钢，试进行数控车削加工工艺分析，并采用 Mastercam 2023 编制数控车床自动加工程序。

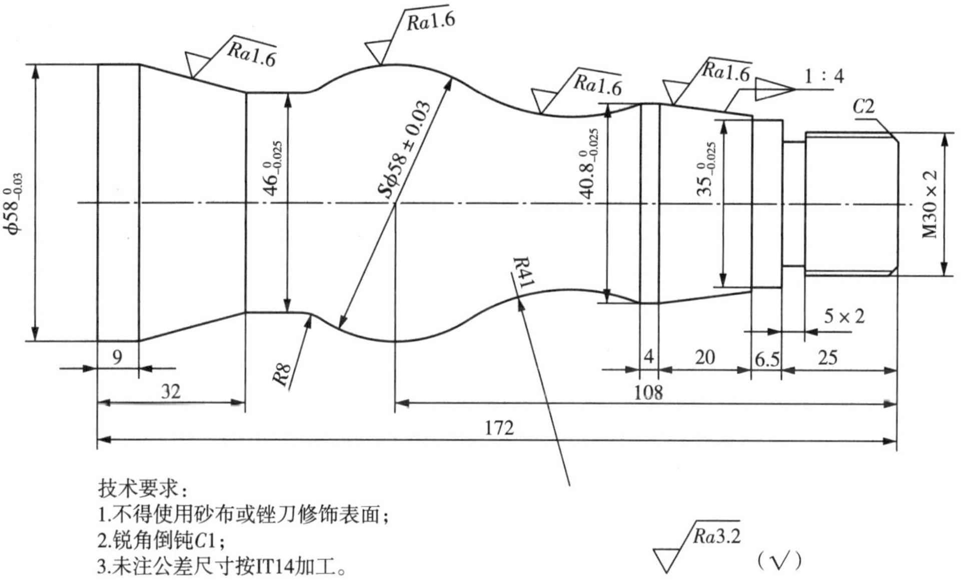

图 7-1 连接轴零件图

1. 零件图工艺分析

连接轴主要用来支承传动零件和传递扭矩。该零件表面由圆柱、圆锥、圆弧及螺纹等要素组成。其中多个直径尺寸有较严的尺寸精度和表面粗糙度等要求；球面直径 $S\phi 58$ mm的尺寸公差还兼有控制该球面形状（线轮廓）误差的作用。尺寸标注完整，轮廓描述清楚。零件材料为 45 钢，无热处理和硬度要求，切削加工性能较好。零件为单件生产，通过上述分析，可采用以下几点工艺措施：

（1）对图样上给定的几个精度要求较高的尺寸，因其公差数值较小，故编程时不必取平均值，而全部取其基本尺寸即可。

（2）根据该轴的结构特点和技术要求，在数控车床上加工。因该轴为单件小批量生产，宜采用工序集中原则。

（3）棒料毛坯件左端预先粗车夹持台阶，右端面粗车并钻中心孔，用于装夹定位，便于在一道工序内能完整地加工出工件外形轮廓。

（4）毛坯选用ϕ 60×177 mm 的棒料。

2. 确定零件的定位基准和装夹方式

定位基准：以零件回转轴线和左端大端面为定位基准。

装夹方法：采用一夹一顶的装夹方式，左端采用三爪自定心卡盘定心夹紧，右端采用活动顶尖支承。

3. 确定加工顺序及进给路线。

加工顺序按由粗到精、由近到远、由右到左的原则确定。即先从右到左进行粗车，留 0.3 mm 精车余量，然后从右到左进行精车，再加工螺纹退刀槽，最后车削螺纹。

4. 刀具选择

（1）选用ϕ 3 mm 中心钻钻削中心孔。

（2）粗车及平端面选用 80°硬质合金右偏刀，为防止副后刀面与工件轮廓干涉（可用作图法检验），副偏角不宜太小，选 $K_r'=30°$。

（3）为减少刀具数量和换刀次数，精车选用 35°硬质合金右偏刀，刀尖圆弧半径 0.4 mm。选用硬质合金切槽刀，刀宽 4 mm。车螺纹选用 60°硬质合金三角外螺纹刀，将所选定的刀具参数填入数控加工刀具卡中（表 7－1），以便于编程和操作管理。

表 7－1　连接轴数控加工刀具卡

<table>
<tr><td colspan="2">产品名称或代号</td><td>×××</td><td>零件名称</td><td colspan="2">连接轴</td><td>零件图号</td><td>图 7－1</td><td>工序号</td><td>工序 1</td></tr>
<tr><td>序号</td><td>刀具号</td><td colspan="2">刀具规格名称</td><td colspan="2">数量</td><td colspan="2">加工表面</td><td colspan="2">备注</td></tr>
<tr><td>1</td><td>T01</td><td colspan="2">ϕ 3 mm 中心钻</td><td colspan="2">1</td><td colspan="2">钻ϕ 3 mm 中心孔</td><td colspan="2">手动</td></tr>
<tr><td></td><td>T02</td><td colspan="2">硬质合金 80°外圆刀</td><td colspan="2">1</td><td colspan="2">车端面及粗车轮廓</td><td colspan="2">右偏刀</td></tr>
<tr><td>2</td><td>T03</td><td colspan="2">硬质合金 35°外圆刀，
刀尖圆弧半径 0.4 mm</td><td colspan="2">1</td><td colspan="2">精车轮廓</td><td colspan="2">右偏刀</td></tr>
<tr><td>3</td><td>T04</td><td colspan="2">硬质合金 4 mm 切槽刀</td><td colspan="2">1</td><td colspan="2">车螺纹退刀槽</td><td colspan="2">右偏刀</td></tr>
<tr><td>4</td><td>T05</td><td colspan="2">硬质合金 60°外螺纹刀</td><td colspan="2"></td><td colspan="2">车螺纹</td><td colspan="2">三角形</td></tr>
<tr><td>编制</td><td>×××</td><td>审核</td><td>×××</td><td>批准</td><td>×××</td><td colspan="2">年　月　日</td><td>共　页</td><td>第　页</td></tr>
</table>

5. 切削用量选择

保证零件加工精度和表面粗糙度，充分发挥刀具的切削性能，保证合理的刀具寿命，充分发挥机床的性能，最大限度地提高生产率，降低成本。切削用量的具体选择如下：粗车时，首先选择一个尽可能大的背吃刀量，其次选择一个较大的进给量，最后确定一个合适的切削速度。精车时，加工精度和表面粗糙度要求较高，加工余量不大且均匀，因此选择较小的背吃刀量和进给量。

背吃刀量根据机床性能、工件材料和切削性能及刀具材料来决定，在条件允许的范围内，应尽可能使背吃刀量等于工件的加工余量，这样可以减少走刀次数，提高生产效率。为了保证加工表面质量，可以留少许加工余量，一般为 0.2～0.5 mm。

根据表 7-2 数控车削用量推荐表和表 7-3 硬质合金外圆车刀切削速度参考值，结合实践经验，选择合适的切削用量，具体如下：

表 7-2　数控车削用量推荐表

工件材料	加工内容	背吃刀量 a_p（mm）	切削速度 v_c（mm/min）	进给量 f（mm/r）	刀具材料
碳素钢 σ_b>600 MPa	粗加工	5～7	60～80	0.2～0.4	P 类硬质合金
	粗加工	2～3	80～120	0.2～0.4	
	精加工	0.2～0.6	120～150	0.1～0.2	
	钻中心孔		500～800（r/min）		高速钢
	钻孔		～30	0.1～0.2	
	切断（宽度<5mm）		70～110	0.1～0.2	0.2～0.4
铸铁 200HBS 以下	粗加工		50～70	0.2～0.4	K 类硬质合金
	精加工		70～100	0.1～0.2	
	切断（宽度<5mm）		50～70	0.1～0.2	

表 7-3　硬质合金外圆车刀切削速度参考值

工件材料	热处理状态	背吃刀量 a_p（mm）		
		（0.3～2）	（2～6）	（6～10）
		进给量 f（mm/r）		
		（0.08～0.3）	（0.3～0.6）	（0.6～1）
		切削速度 v_c（m/min）		
低碳钢、易切钢	热轧	140～180	100～120	70～90
中碳钢	热轧	130～160	90～110	60～80
	调质	100～130	70～90	50～70
合金结构钢	热轧	100～130	70～90	50～70
	调质	80～110	50～70	40～60
工具钢	退火	90～120	60～80	50～70
灰铸铁	HBS<190	90～120	60～80	50～70
	HBS190～225	80～110	50～70	40～60
高锰钢			10～20	
铜及铜合金		220～250	120～180	90～120
铝及铝合金		300～600	200～400	150～200
铸铝合金（w_{Si}=13%）		100～180	80～150	60～100

（1）背吃刀量　轮廓粗车a_p＝2 mm，轮廓精车a_p＝0.3 mm。

（2）进给速度　粗车每转进给量为 0.2 mm/r，精车每转进给量为 0.08 mm/r。

（3）切削速度　钻中心孔主轴转速 n＝400；车圆柱面和圆弧时，粗车切削速度v_c＝90 m/min、精车切削速度v_c＝120 m/min，然后利用公式$v_c=\dfrac{\pi dn}{1000}$计算主轴转速 n（粗车直径 D＝60 mm，精车工件直径取平均值）：粗车 n＝ 600 r/min、精车 n＝1200 r/min；车螺纹时，利用公式计算主轴转速 n＝400 r/min。

6. 填写数控加工工艺文件

综合前面分析的各项内容，并将其填入表 7－4 所示的数控加工工艺卡。此表是编制加工程序的主要依据和操作人员配合数控程序进行数控加工的指导性文件，主要内容包括工步顺序、工步内容、各工步所用的刀具及切削用量等。

表 7－4　典型轴类零件数控加工工艺卡

<table>
<tr><td rowspan="2">单位名称</td><td rowspan="2">×××</td><td>产品名称或代号</td><td>零件名称</td><td colspan="2">材料</td><td colspan="2">零件图号</td></tr>
<tr><td>×××</td><td>连接轴</td><td colspan="2">45# 钢</td><td colspan="2">图 7－1</td></tr>
<tr><td>工序号</td><td>程序编号</td><td>夹具名称</td><td>夹具编号</td><td>设备名称</td><td>设备编号</td><td colspan="2">车间</td></tr>
<tr><td>工序 1</td><td>×××</td><td>三爪卡盘和活动顶尖</td><td>×××</td><td>数控车</td><td>CK6140</td><td colspan="2">现代制造技术实训车间</td></tr>
<tr><td>工步号</td><td>工步内容</td><td>刀具号</td><td>刀具规格名称</td><td>主轴转速 r/min</td><td>进给量（mm/r）</td><td>背吃刀量 mm</td><td>备注</td></tr>
<tr><td>1</td><td>车左端面</td><td>T02</td><td>80°硬质合金右偏刀</td><td>600</td><td></td><td>1</td><td>手动</td></tr>
<tr><td>2</td><td>车左端夹持台阶</td><td>T02</td><td>80°硬质合金右偏刀</td><td>600</td><td></td><td>2</td><td>手动</td></tr>
<tr><td>3</td><td>粗车右端面</td><td>T02</td><td>80°硬质合金右偏刀</td><td>600</td><td>0.2</td><td>1</td><td>车端面加工策略</td></tr>
<tr><td>4</td><td>钻中心孔</td><td>T01</td><td>ϕ3 中心钻</td><td>1200</td><td></td><td></td><td>手动</td></tr>
<tr><td>5</td><td>粗车外轮廓</td><td>T02</td><td>80°硬质合金右偏刀</td><td>600</td><td>0.2</td><td>2</td><td>粗车加工策略</td></tr>
<tr><td>6</td><td>精车外轮廓</td><td>T03</td><td>35°硬质合金右偏刀，刀尖圆弧半径 0.4 mm</td><td>1200</td><td>0.1</td><td>0.3</td><td>精车加工策略</td></tr>
</table>

（续表）

单位名称	×××	产品名称或代号	零件名称	材料		零件图号	
		×××	连接轴	45$^{\#}$钢		图7-1	
7	切退刀槽	T04	硬质合金切槽刀	800	0.05	0.1	车沟槽加工策略
8	车螺纹	T05	60°硬质合金三角外螺纹刀	400			车螺纹加工策略
9	精车右端面	T02	90°硬质合金右偏刀	1200	0.1	0.3	车端面加工策略
编制		审核		批准		共　页	第　页

7. 连接轴数控车削自动加工编程操作

本例自动加工编程操作假设已完成左端车端面和车夹持台阶，工件长度车至177 mm，所有操作参考点设置均为X60、Z200。其自动加工编程操作步骤具体如下。

步骤1：创建加工模型。在Mastercam 2023 CAD模块创建加工模型，或直接导入图7-1所示的二维图形，并假定右端面中心为坐标系原点。如图7-2所示。

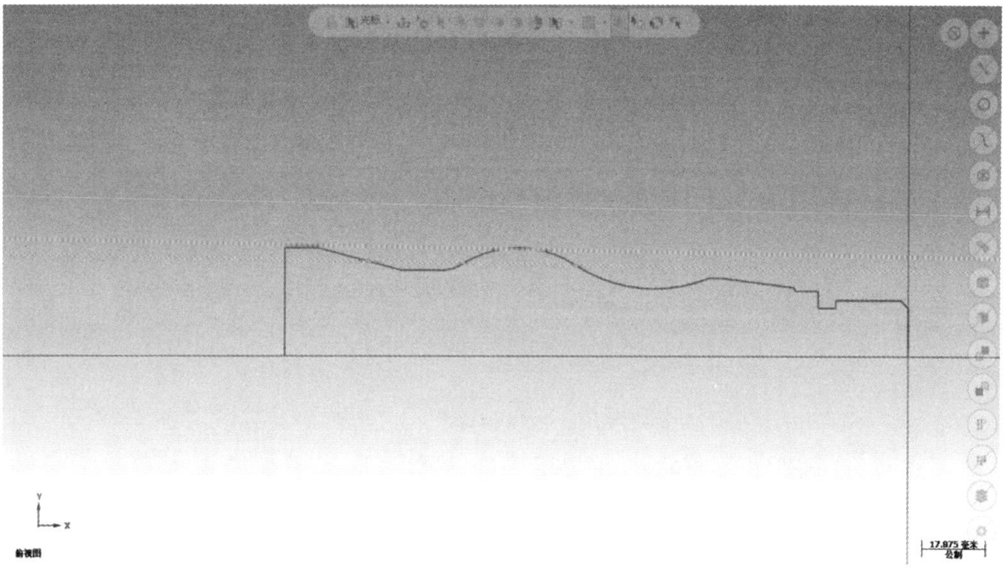

图7-2　创建加工模型

步骤2：创建“车右端面”→“钻中心孔”毛坯。参数设置如图7-3所示，已完成毛坯和卡爪创建的加工环境如图7-4所示。

（1）创建已加工左端面和左端夹持台阶的毛坯模型，右端面余量2 mm。

（2）其余参数直接设置。

（3）创建卡爪，夹持8 mm。

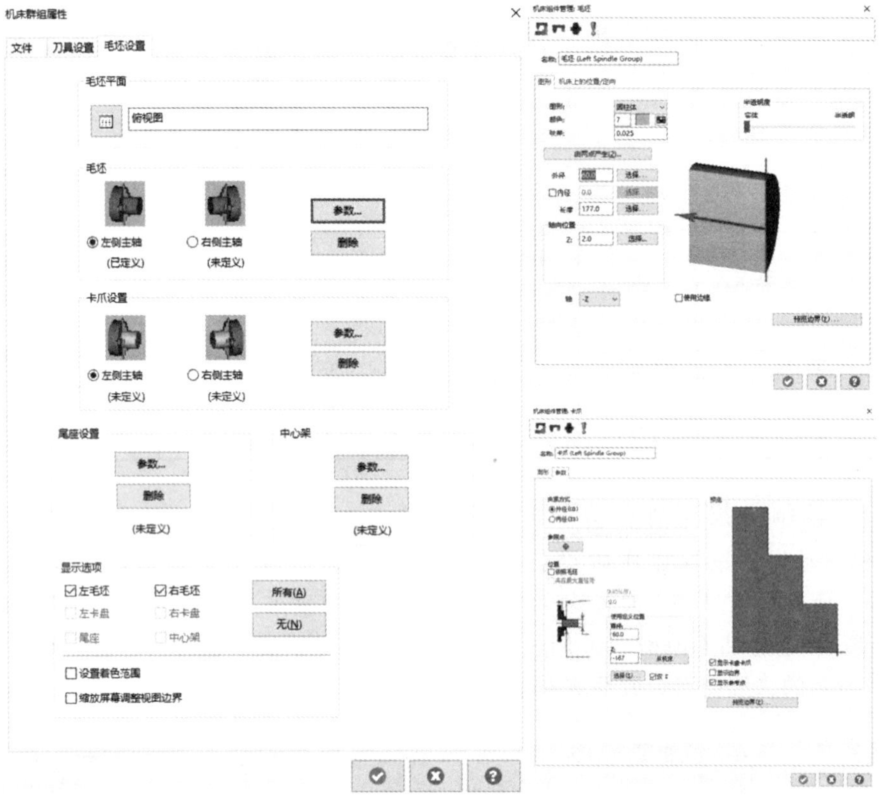

图 7-3　创建“车右端面”→“钻中心孔”毛坯参数设置

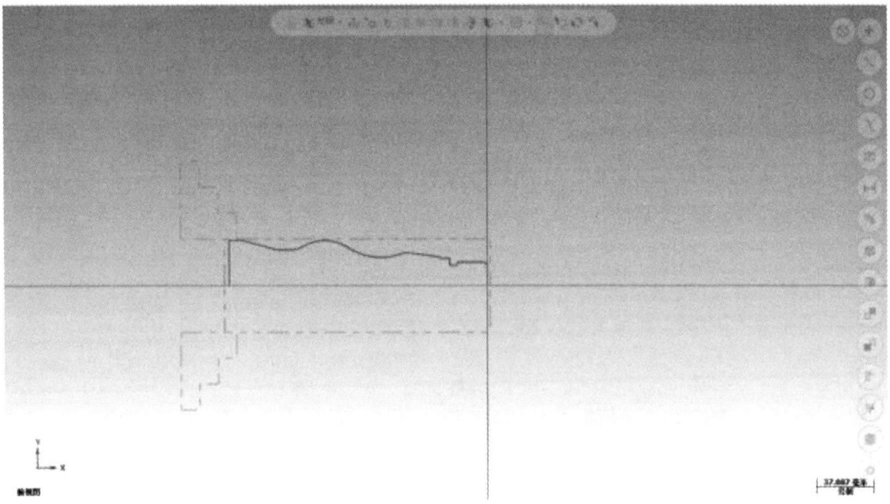

图 7-4　已完成毛坯和卡爪创建后的加工环境

步骤 3：粗车右端面。选用 90°硬质合金右偏刀粗车，刀具名称 T0202，转速 600 r/min，进给量 0.2 mm，背吃刀量 1 mm，预留量 0.3 mm。参数设置如图 7-5 所示，加工轨迹如图 7-6 所示。

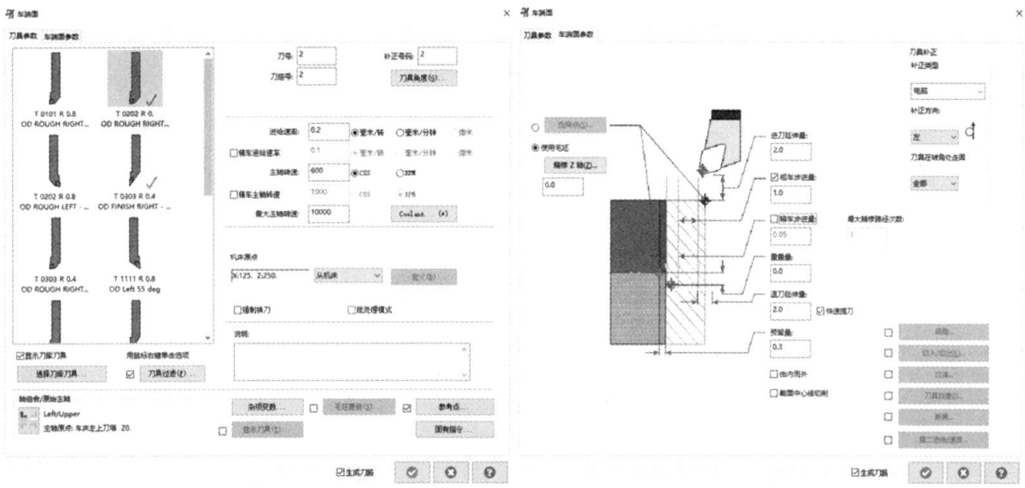

图 7－5　粗车右端面参数设置

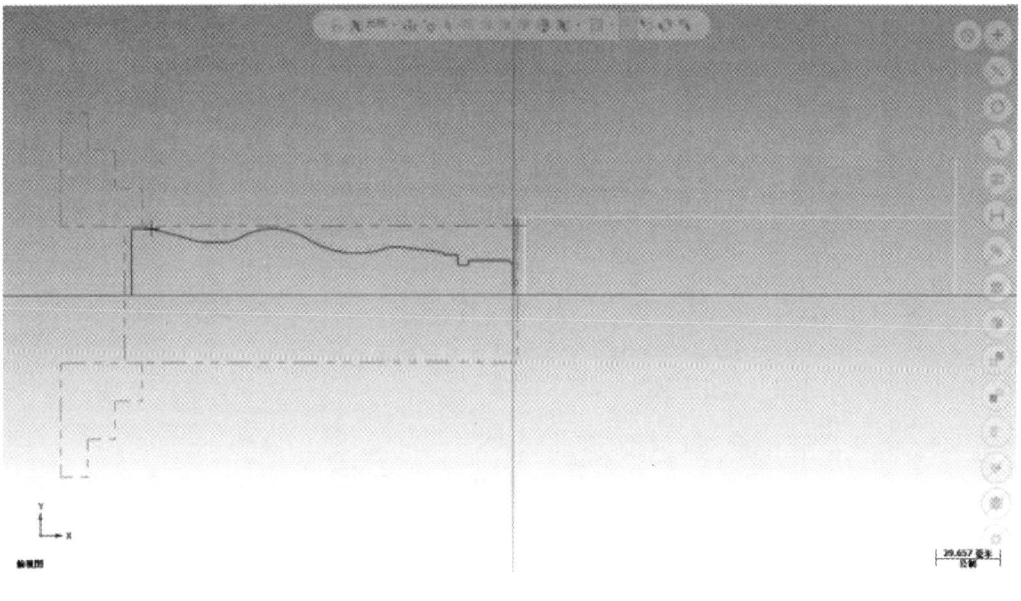

图 7－6　粗车右端面加工轨迹

步骤 4：手动钻中心孔后，创建一夹一顶装夹毛坯，在第二步基础上进行尾座设置，创建顶尖。参数设置如图 7－7 所示，已完成一夹一顶装夹毛坯创建的加工环境如图 7－8 所示。

步骤 5：粗车轮廓。90°硬质合金右偏刀粗车，刀具名称 T0202，转速 600 r/min，进给量 0.2 mm，背吃刀量 2 mm，X 预留量 0.3 mm，Z 预留量 0 mm，电脑补正，补正方向为右，切入延长 1 mm，切出延长 1 mm，不允许垂直下刀。参数设置如图 7－9 所示，加工轨迹与仿真效果如图 7－10 所示。

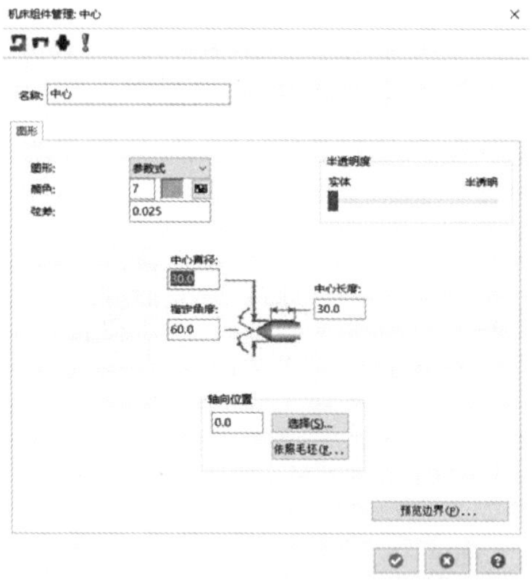

图 7-7　创建一夹一顶装夹毛坯的参数设置

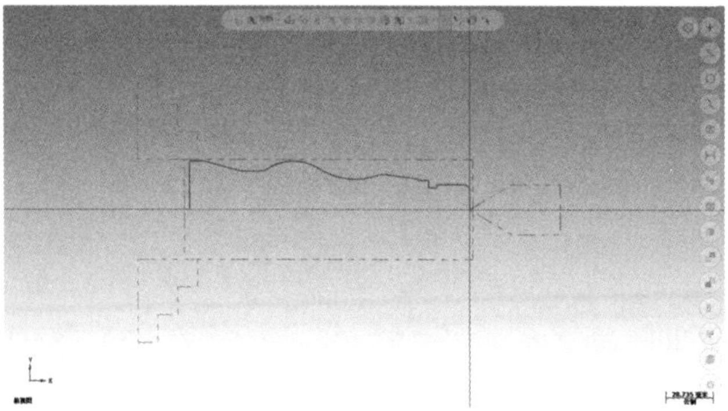

图 7-8　已完成一夹一顶装夹毛坯创建的加工环境

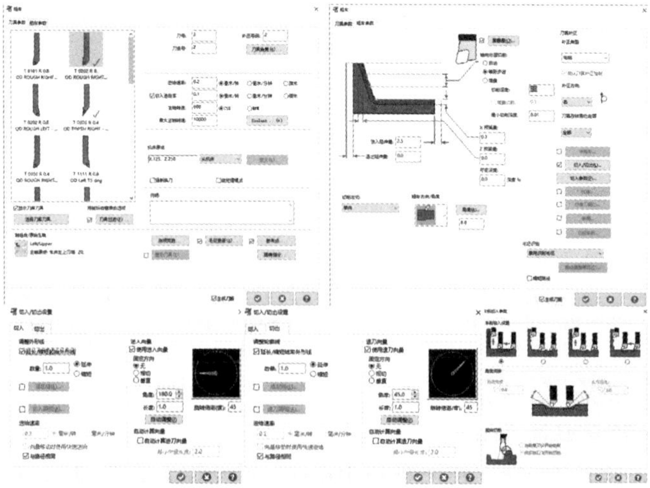

图 7-9　粗车轮廓参数设置

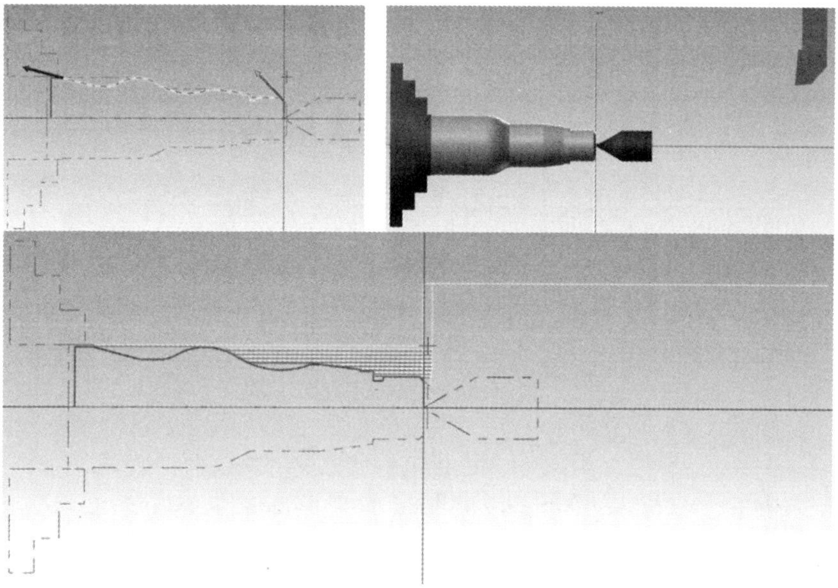

图 7 - 10　粗车轮廓加工轨迹与仿真效果

步骤 6：精车轮廓。选用 35°硬质合金右偏刀精车，刀具名称 T0303，转速 1200 r/min，进给量 0.1 mm，背吃刀量 0.3 mm，X 预留量 0 mm，Z 预留量 0 mm，电脑补正，补正方向为右，切入延长 1 mm，切出延长 1 mm，允许双向垂直下刀，精车 1 次。参数设置如图 7 - 11 所示，加工轨迹与仿真效果如图 7 - 12 所示。

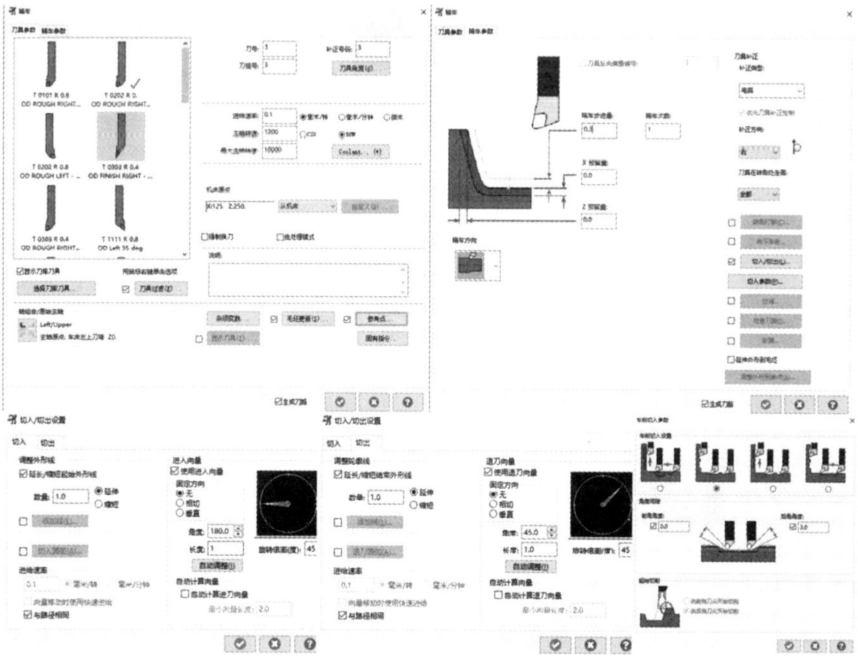

图 7 - 11　精车轮廓参数设置

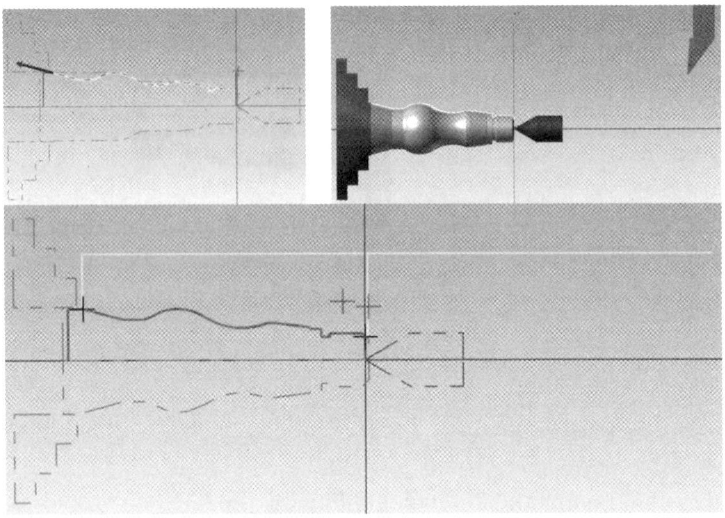

图 7-12 精车轮廓加工轨迹与仿真效果

步骤 7：切退刀槽。选用 4 mm 硬质合金切槽刀，刀具名称 T0404，粗车转速 800 r/min，进给量 0.1 mm，背吃刀量 0.1 mm，X 预留量 0.3 mm，Z 预留量 0.3 mm，电脑补正，精车转速 1200 r/min，进给量 0.05 mm，背吃刀量 0.1 mm。参数设置如图 7-13 所示，加工轨迹与仿真效果如图 7-14 所示。

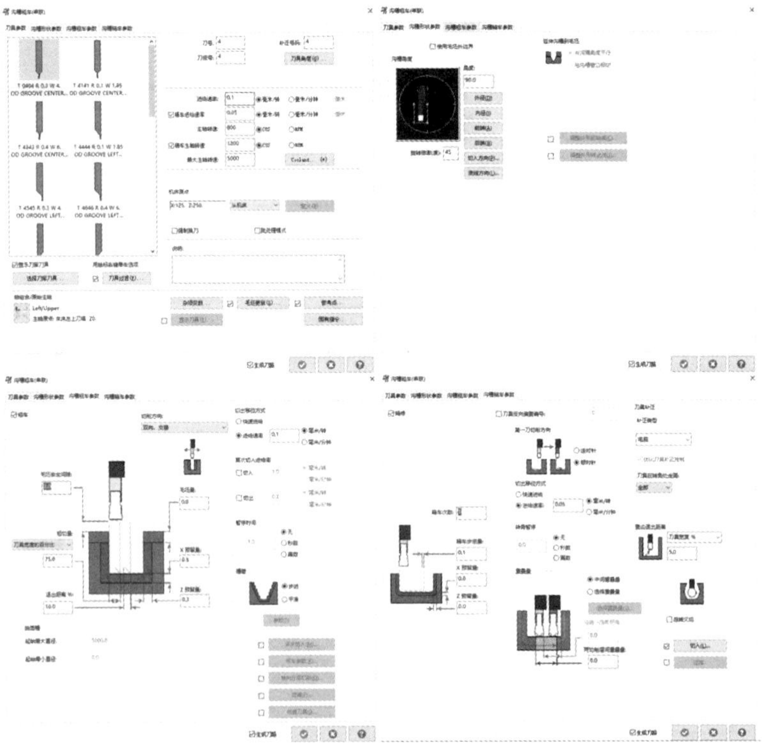

图 7-13 切退刀槽参数设置

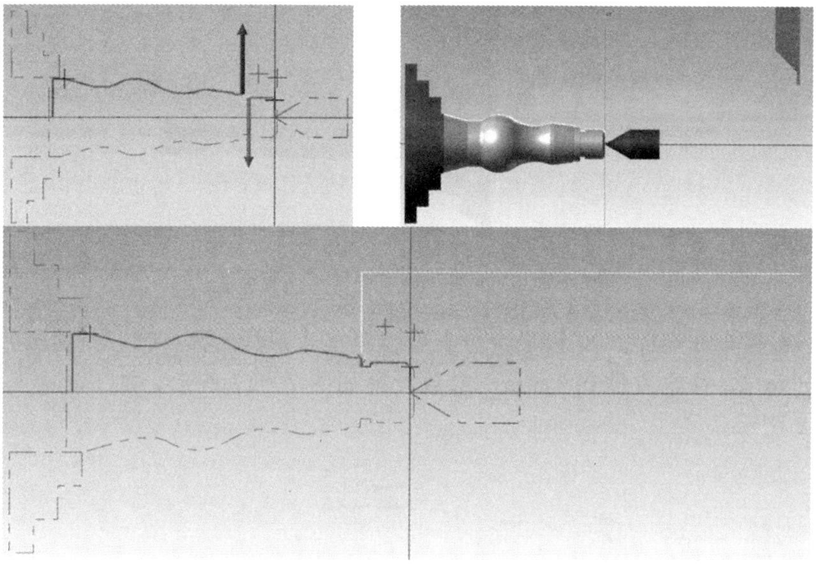

图 7 - 14　切退刀槽加工轨迹与仿真效果

步骤8：车螺纹。选用60°硬质合金三角外螺纹刀，刀具名称T0505，转速400 r/min，分5次等切削量切削，预留0.3 mm余量精修，NC代码格式选用“螺纹固定循环(G92)”。参数设置如图7-15所示，加工轨迹与仿真效果如图7-16所示。

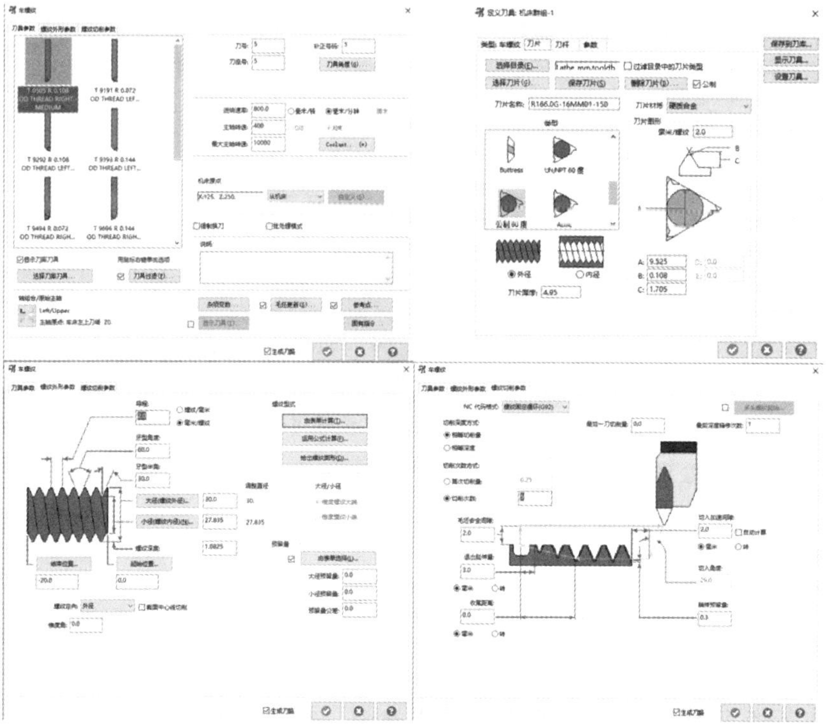

图 7 - 15　车螺纹参数设置

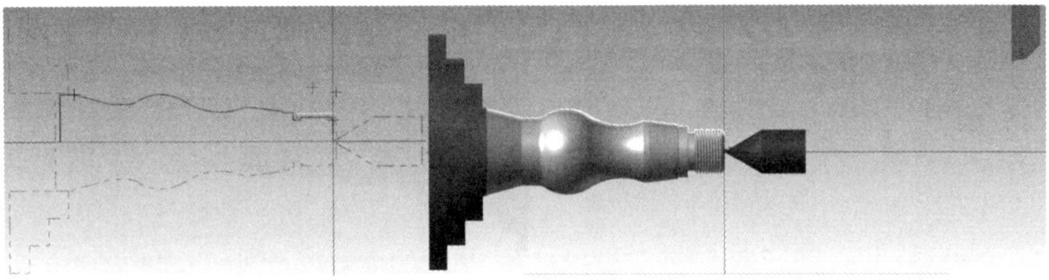

图 7 - 16　车螺纹加工轨迹与仿真效果

步骤 9：精车右端面。90°硬质合金右偏刀粗车，刀具名称 T0202，转速600 r/min，进给量 0.1 mm，背吃刀量 0.3 mm。参数设置如图 7 - 17 所示，加工轨迹与仿真效果如图 7 - 18 所示。

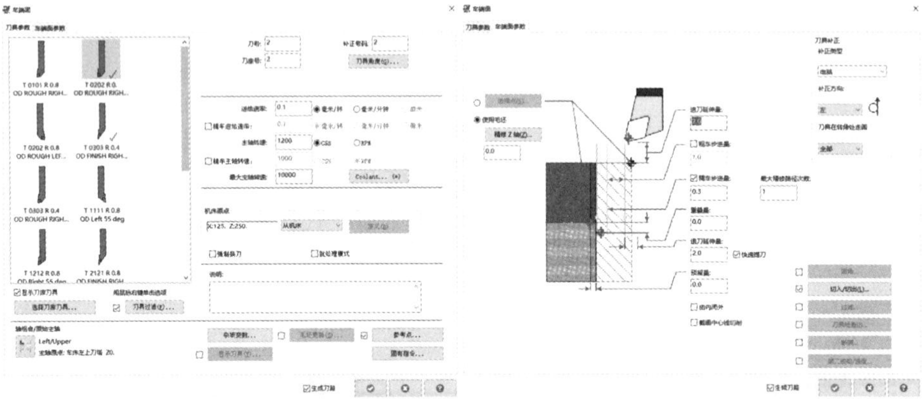

图 7 - 17　精车右端面参数设置

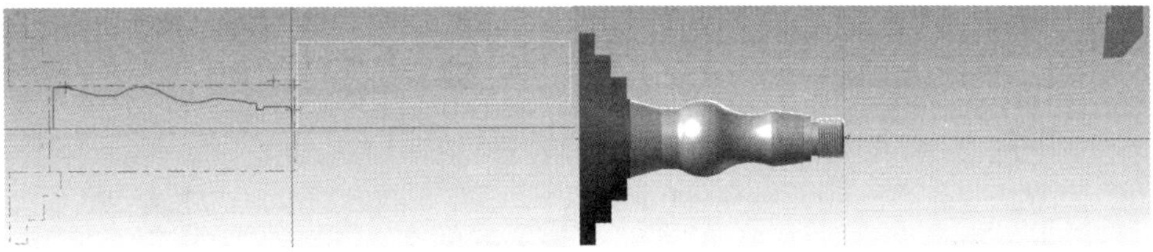

图 7 - 18　精车右端面加工轨迹与仿真效果

步骤 10：后置处理。参照本书 6.3.2 节中介绍的“后处理”方法进行后处理与程序输出。

7.2　数控铣削综合实例加工分析

如图 7 - 19 所示为外槽轮机构的槽轮零件图，现需要进行打样加工，材料为 6061 铝合金，试进行数控铣削加工工艺分析，并采用 Mastercam 2023 编制数控铣床自动加工程序。

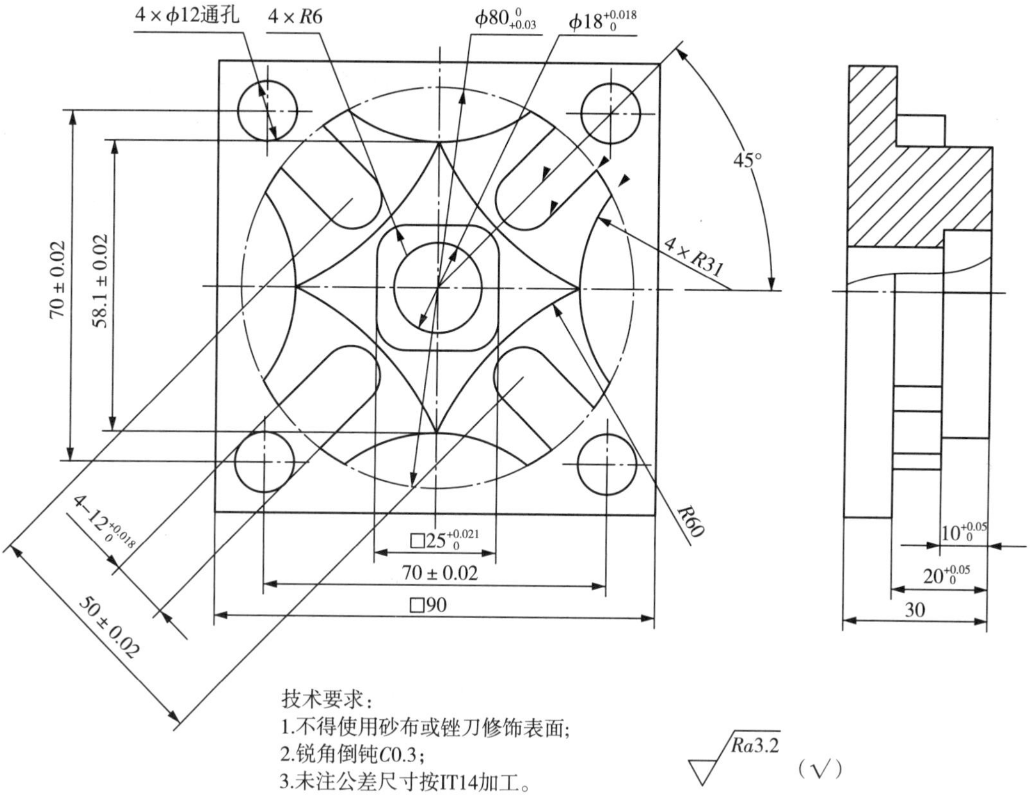

图 7－19　槽轮零件图

1. 零件图样分析

槽轮机构用于平行轴间的间歇传动。该槽轮零件整体为正方形，其加工元素集中于一个面，包含 2 个凸台、1 个方槽、1 个φ 18 通孔和 4 个φ 12 通孔，组成轮廓的各几何元素关系描述清楚，条件充分。其中轮槽台阶轮廓精度是保证槽轮机构拨轮平稳运动的关键，其尺寸精度要求较高，另外，该槽轮所有加工面表面粗糙度均为 $Ra3.2$，表面质量要求较高。工件材料为 6061 铝合金，切削加工性能较好。零件为单件生产，通过上述分析，可采用以下几点工艺措施：

（1）根据该槽轮的结构特点和技术要求，选择数控铣床加工。

（2）因该槽轮为单件小批量生产，宜采用工序集中原则。

（3）因为该槽轮整体外形为长方形，且外形最大尺寸为 90 mm×90 mm×30 mm，故毛坯选用 90 mm×90 mm×31 mm 的 6061 铝合金块。

2. 加工工艺路线制定

通过对零件图样工艺分析，因为该外槽轮组成元素只涉及直线和圆弧，没有任何复杂曲面，属于平面类零件，所以可采用数控铣床进行两轴半加工。为了保证槽轮加工面表面粗糙度 $Ra3.2$ 的要求，可通过粗、精加工两个阶段进行加工。

3. 装夹方案制定

该外槽轮结构简单，外形规则，且加工元素集中于一面，采用精密平口钳一次装夹，完成所有要素加工。

4. 加工路线设计

整个零件的加工顺序的制定按照“基面先行、先面后孔、先粗后精”的原则确定，在此基础上再根据“刀具集中”原则安排具体工步。即先选用 1 号刀具粗、精铣上表面保证零件厚度尺寸；其次选用 2 号刀粗铣凸台、方槽和ϕ 18 通孔，留 0.3 mm 余量，然后选用 3 号刀精铣；再选用中心钻钻削ϕ 12 通孔的中心孔，最后选用麻花钻钻削ϕ 12 通孔。

5. 加工刀具选择

(1) 选用ϕ 63 mm 面铣刀粗、精铣上表面，刀具号定为 T01。中心钻钻削中心孔。

(2) 由于受槽宽 12 mm 限制，而为减少刀具数量和换刀次数选用ϕ 10 三刃硬质合金波纹铣刀粗铣台阶、方槽和ϕ 18 通孔，刀具号定为 T02；精铣选用ϕ 10 四刃硬质合金立铣刀，刀具号定为 T03。

(3) 选用ϕ 3 mm 中心钻钻削中心孔，刀具号定为 T04；选用ϕ 12 mm 麻花钻钻削ϕ 12 mm通孔，刀具号定为 T05。

为了便于编程和操作管理，将所选定的刀具参数填入表 7－5 外槽轮数控加工刀具卡中。

表 7－5　外槽轮数控加工刀具卡

产品名称或代号		×××	零件名称	外槽轮		零件图号	图 7－19	工序号	工序 2
序号	刀具号	刀具规格名称		数量	刃长	加工表面		备注	
1	T01	ϕ 63 90°可转位面铣刀		1	14	粗、精铣上表面		自动	
2	T02	ϕ 10 三刃硬质合金波纹铣刀		1	30	粗铣台阶、方槽和ϕ 18 通孔		自动	
3	T03	ϕ 10 四刃硬质合金立铣刀		1	30	精铣台阶、方槽和ϕ 18 通孔		自动	
4	T04	ϕ 3 中心钻		1	5	钻ϕ 12 通孔的中心孔		自动	
5	T05	ϕ 12 高速钢麻花钻		1	50	钻ϕ 12 通孔		自动	
编制	×××	审核	×××	批准	×××	年　月　日		共　页	第　页

6. 切削用量选择

数控铣削的切削用量包括：切削速度、进给速度、背吃刀量和侧吃刀量。从刀具使用寿命角度出发，切削用量的选择方法是：先选择背吃刀量或侧吃刀量，其次选择进给速度，最后确定切削速度。

根据表 7－6 数控铣削每齿进给量参考值和表 7－7 数控铣削切削速度参考值，确定切削速度与每齿进给量，然后利用切削速度计算公式计算主轴转速 n，用进给速度计算公式计算进给速度。如果计算出来的理论参数在实际加工过程中不合理，再结合实践加工经验进行调整。具体参数见表 7－8 外槽轮数控加工工艺卡。

表 7-6　数控铣削每齿进给量参考值

工件材料	f_z (mm/z)			
	粗铣		精铣	
	高速钢铣刀	硬质合金铣刀	高速钢铣刀	硬质合金铣刀
钢	0.10～0.15	0.10～0.25	0.02～0.05	0.10～0.15
铸铁	0.12～0.20	0.15～0.30		

表 7-7　数控铣削切削速度参考值

工件材料	硬度 (HBS)	v_c (mm/min)	
		高速钢铣刀	硬质合金铣刀
钢	<225	18～42	66～150
	225～325	12～36	54～120
	325～425	6～21	36～75
铸铁	<190	21～36	66～150
	190～260	9～18	45～90
	260～320	4.5～10	21～30

表 7-8　外槽轮数控加工工艺卡

单位名称	×××	产品名称或代号	零件名称	材料		零件图号	
		×××	外槽轮	6061 铝合金		图 7-19	
工序号	程序编号	夹具名称	夹具编号	设备名称	设备编号	车间	
工序 2	×××	精密平口钳	×××	数控铣	VDLS850	现代制造技术实训车间	
工步号	工步内容	刀具号	刀具规格名称	主轴转速 r/min	进给速度 mm/min	背吃刀量 mm	备注
1	粗铣上表面	T01	ϕ63 90°可转位面铣刀	3000	500	0.7	手动
2	精铣上表面	T01	ϕ63 90°可转位面铣刀	3000	1000	0.3	手动
3	粗铣上凸台	T02	ϕ10 三刃硬质合金波纹铣刀	3500	2000	1	动态铣削策略
4	粗铣下凸台	T02	ϕ10 三刃硬质合金波纹铣刀	3500	2000	1	动态铣削策略
5	粗铣方槽	T02	ϕ10 三刃硬质合金波纹铣刀	3500	2000	1	挖槽加工策略
6	粗铣ϕ18 通孔	T02	ϕ10 三刃硬质合金波纹铣刀	3500	2000	1	全圆铣削策略

（续表）

单位名称	×××	产品名称或代号	零件名称	材料		零件图号	
		×××	外槽轮	6061 铝合金		图 7－19	
7	精铣上凸台	T03	ϕ 10 四刃硬质合金立铣刀	2000	500	0.3	外形加工策略
8	精铣下凸台	T03	ϕ 10 四刃硬质合金立铣刀	2000	500	0.3	外形加工策略
9	精铣方槽	T03	ϕ 10 四刃硬质合金立铣刀	2000	500	0.3	外形加工策略
10	精铣ϕ 18 通孔	T03	ϕ 10 四刃硬质合金立铣刀	2000	500	0.3	外形加工策略
11	钻ϕ 12 中心孔	T04	ϕ 3 中心钻	1200	50		钻孔策略
12	钻ϕ 12 通孔	T05	ϕ 12 高速钢麻花钻	500	50		钻孔策略
编制		审核		批准		共　页	第　页

7. 外轮槽数控铣削自动加工编程操作

本例自动加工编程操作假设已完成毛坯加工，毛坯厚度 31 mm。其自动加工编程操作步骤具体如下：

步骤 1：手动粗铣毛坯上表面，选用ϕ 63 90°可转位面铣刀，刀具名称 T01，转速 3000 r/min，进给量 500 mm/min，背吃刀量 0.7 mm，底面预留量 0.3 mm。

步骤 2：手动精铣毛坯上表面，选用ϕ 63 90°可转位面铣刀，刀具名称 T01，转速 3000 r/min，进给量 700 mm/min，背吃刀量 0.3 mm。

步骤 3：在 Mastercam 2023 CAD 模块创建加工模型，或直接导入图 7－19 所示的二维图形，并假定右端面中心为坐标系原点，如图 7－20 所示。

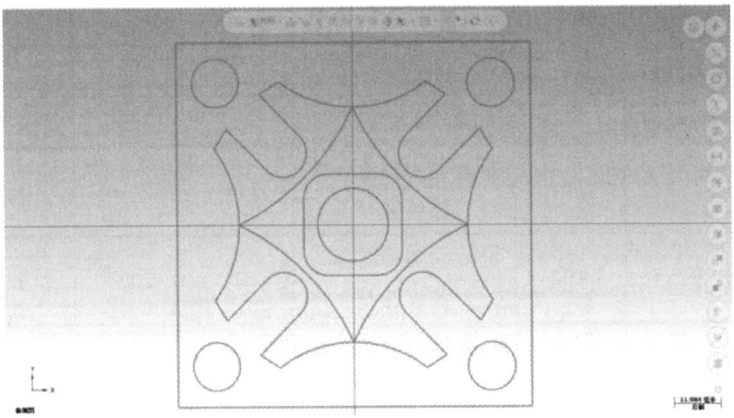

图 7－20　创建加工模型

步骤 4：创建毛坯。选择从边界框添加→选择立方体顶面中心点作为坐标原点→在文本框中填写毛坯尺寸参数。毛坯参数设置与毛坯样式如图 7 - 21 所示。

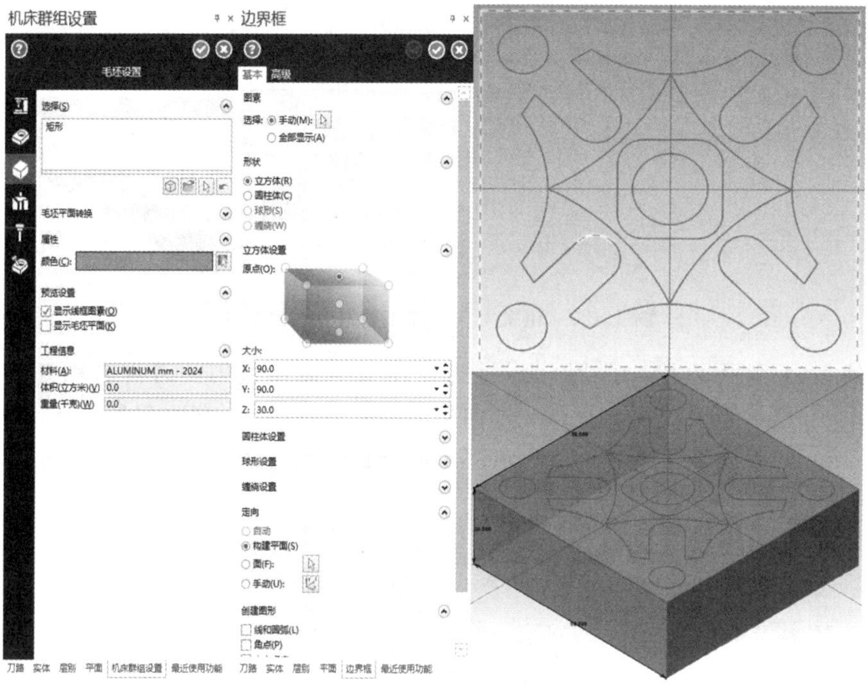

图 7 - 21　毛坯参数设置与毛坯样式

步骤 5：粗铣上台阶。选用 ϕ 10 三刃硬质合金波纹铣刀，刀具名称 T02，转速 3500 r/min，进给量 2000 mm/min，Z 向下刀 500 mm/min，背吃刀量 1 mm，壁边预留量 0.3 mm。参数设置如图 7 - 22 所示，加工轨迹与仿真效果如图 7 - 23 所示。

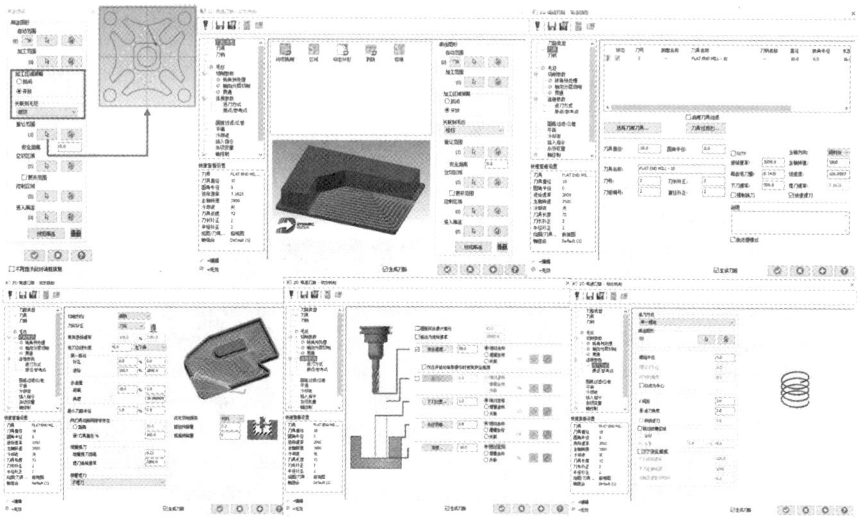

图 7 - 22　粗铣上台阶参数设置

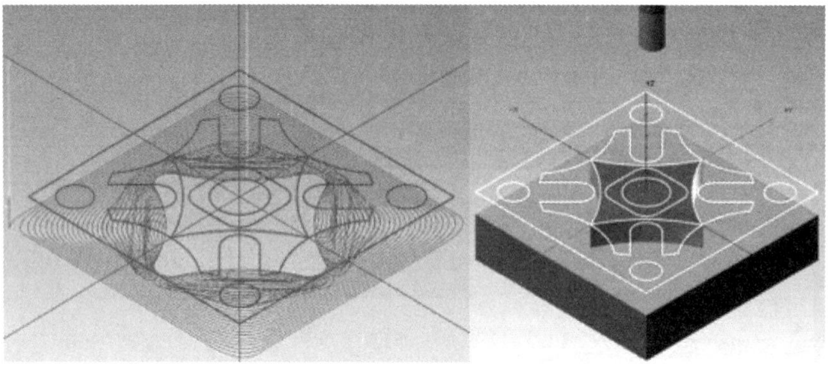

图 7－23　粗铣上台阶加工轨迹与仿真效果

步骤 6：粗铣下台阶，选用 ϕ 10 三刃硬质合金波纹铣刀，刀具名称 T02，转速 3500 r/min，进给量 2000 mm/min，Z 向下刀 500 mm/min，背吃刀量 1 mm，壁边预留量 0.3 mm。参数设置如图 7－24 所示，加工轨迹与仿真效果如图 7－25 所示。

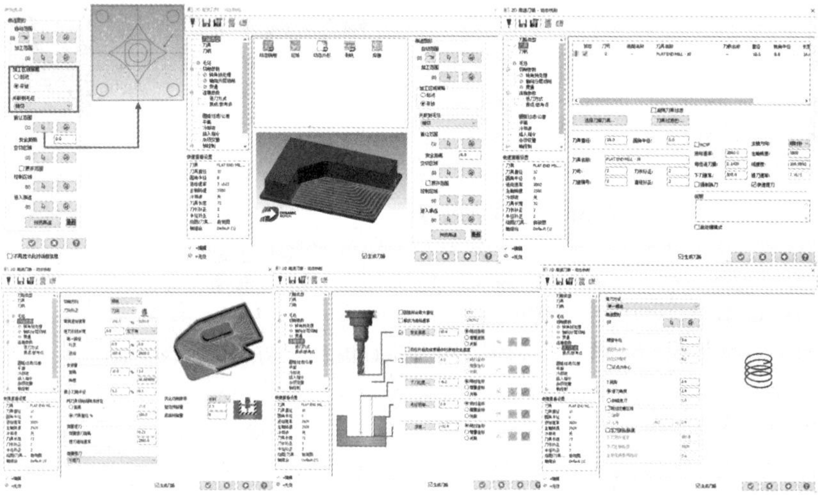

图 7－24　粗铣下台阶参数设置

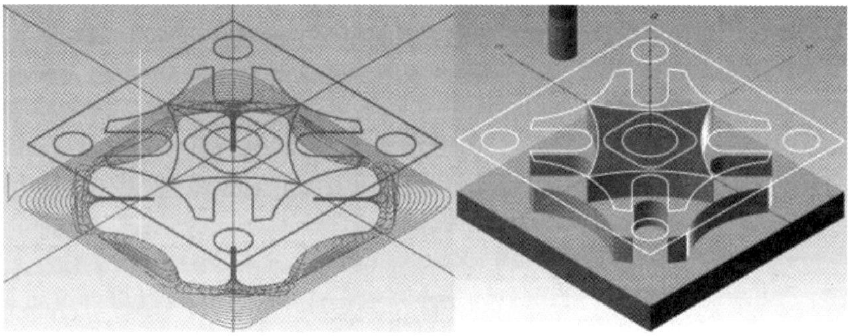

图 7－25　粗铣下台阶加工轨迹与仿真效果

步骤 7：粗铣方槽。选用ϕ 10 三刃硬质合金波纹铣刀，刀具名称 T02，转速 3500 r/min，进给量 2000 mm/min，Z 向下刀 500 mm/min，背吃刀量 1 mm，壁边预留量 0.3 mm。参数设置如图 7 - 26 所示，加工轨迹与仿真效果如图 7 - 27 所示。

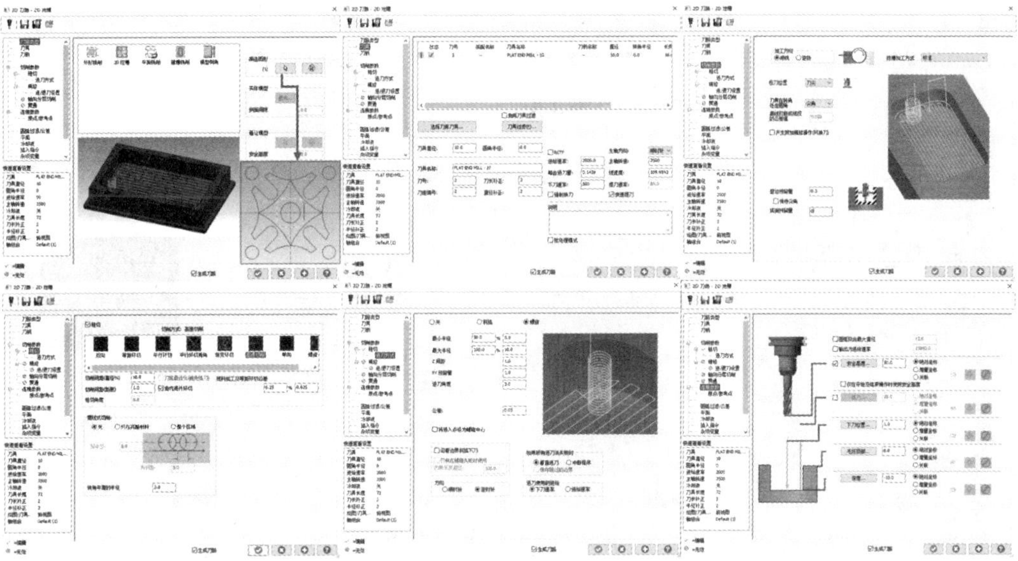

图 7 - 26　粗铣方槽参数设置

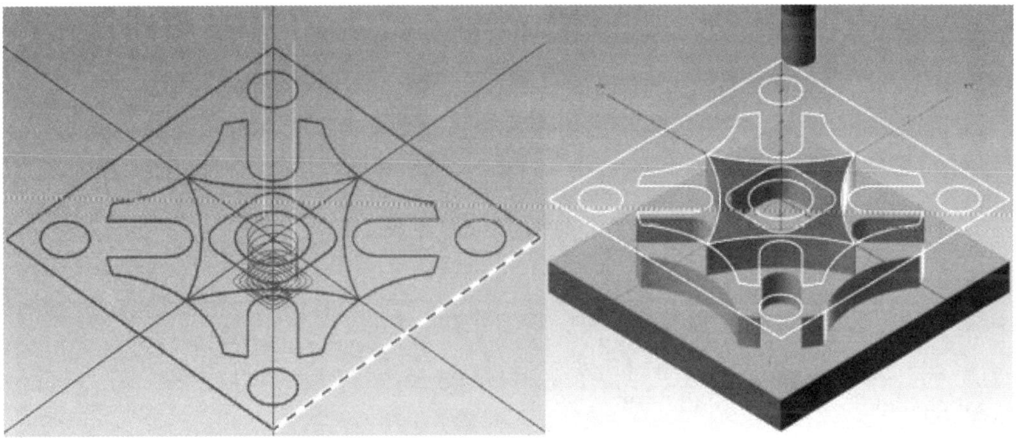

图 7 - 27　粗铣方槽加工轨迹与仿真效果

步骤 8：粗铣ϕ 18 通孔。选用ϕ 10 三刃硬质合金波纹铣刀，刀具名称 T02，转速 3500 r/min，进给量 2000 mm/min，Z 向下刀 500 mm/min，背吃刀量 1 mm，壁边预留量 0.3 mm。参数设置如图 7 - 28 所示，加工轨迹与仿真效果如图 7 - 29 所示。

步骤 9：精铣上凸台、下凸台、方槽及ϕ 18 通孔。选用ϕ 10 四刃硬质合金立铣刀，刀具名称 T03，转速 2000 r/min，进给量 500 mm/min，Z 向下刀 1000 mm/min，背吃刀量 0.3 mm，壁边预留量 0 mm。参数设置如图 7 - 30 所示，加工轨迹与仿真效果如图 7 - 31 所示。

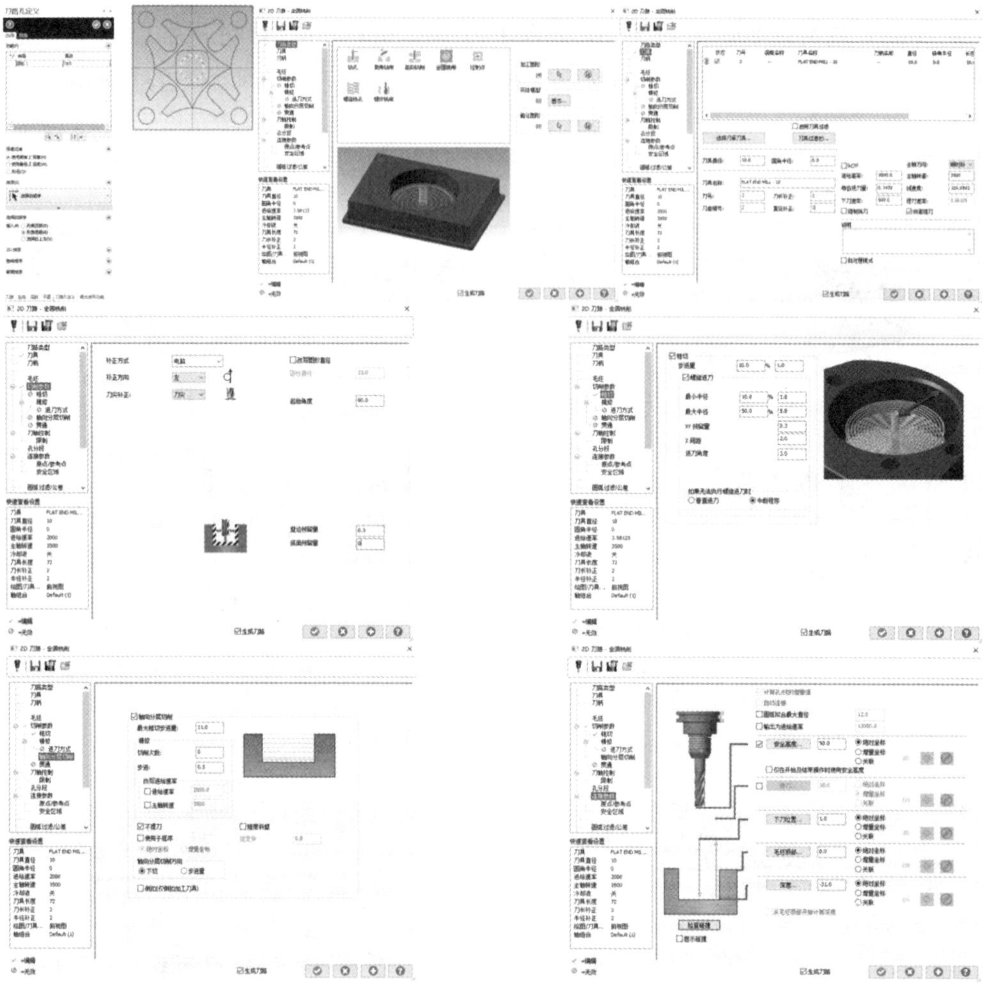

图 7-28 粗铣ϕ18 通孔参数设置

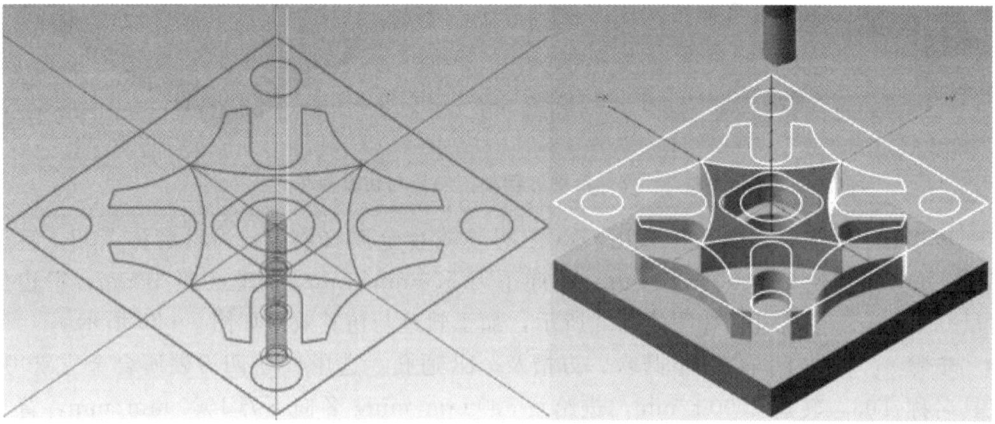

图 7-29 粗铣ϕ18 通孔加工轨迹与仿真效果

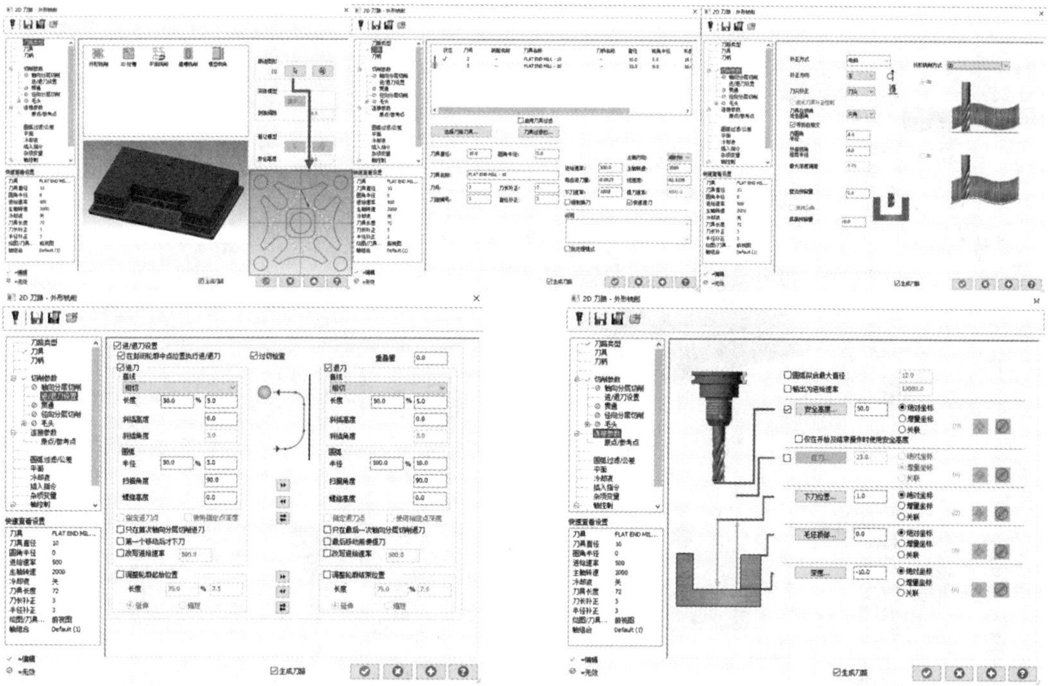

图 7-30　精铣上凸台、下凸台、方槽及ϕ18通孔参数设置

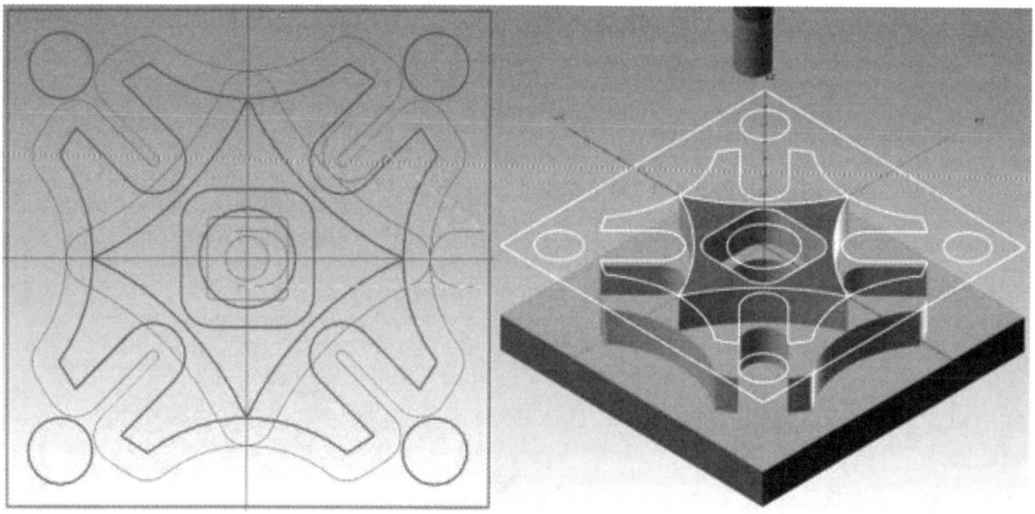

图 7-31　精铣上凸台、下凸台、方槽及ϕ18通孔加工轨迹与仿真效果

步骤10：钻ϕ12中心孔。选用ϕ3中心钻，刀具名称T04，转速1200 r/min，进给量50 mm/min，钻孔深度4 mm。循环方式选“Drill/Counterbore”。参数设置如图7-32所示，加工轨迹与仿真效果如图7-33所示。

步骤11：钻ϕ12通孔。选用ϕ12高速钢麻花钻，刀具名称T05，转速500 r/min，进给量 50 mm/min，循环方式选“断屑式（G73）”，Peck（Q值）为 5.0。参数设置如图 7-34 所示，加工轨迹与仿真效果如图 7-35 所示。

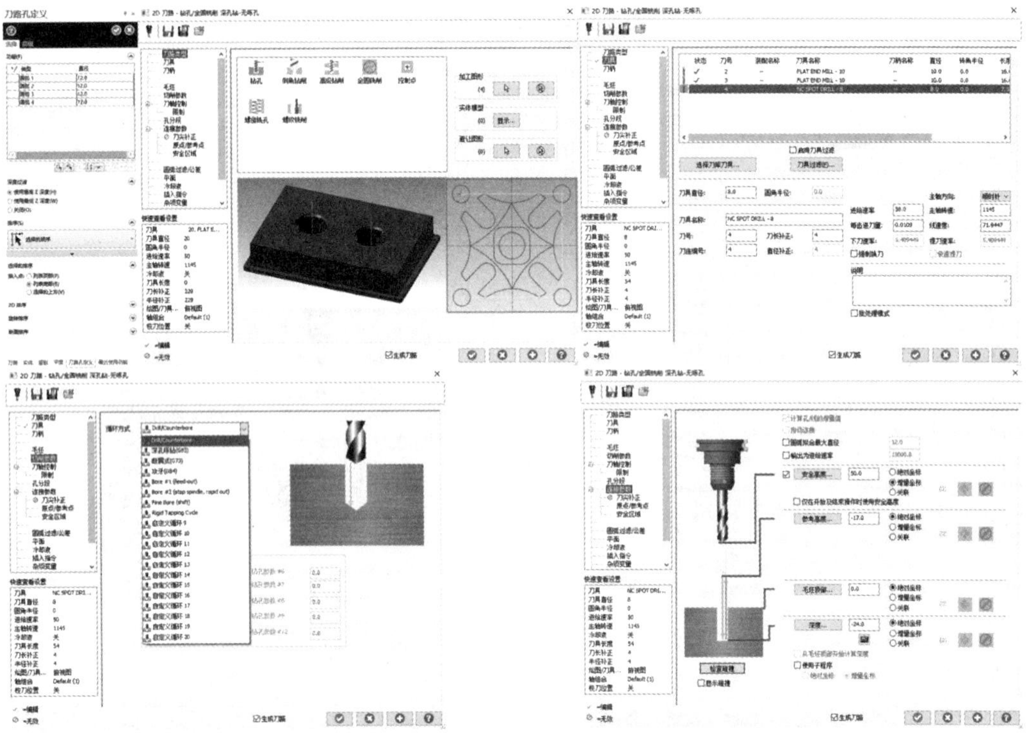

图 7-32　钻ϕ12 中心孔参数设置

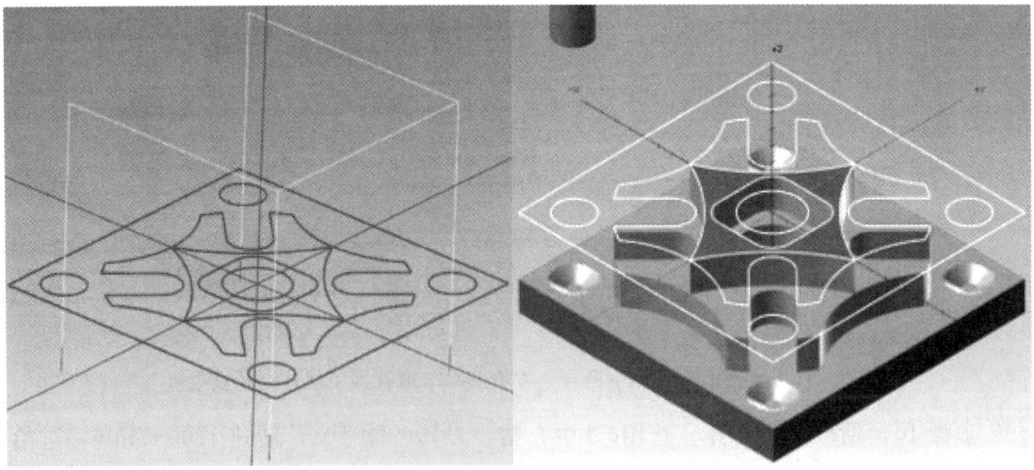

图 7-33　钻ϕ12 中心孔加工轨迹与仿真效果

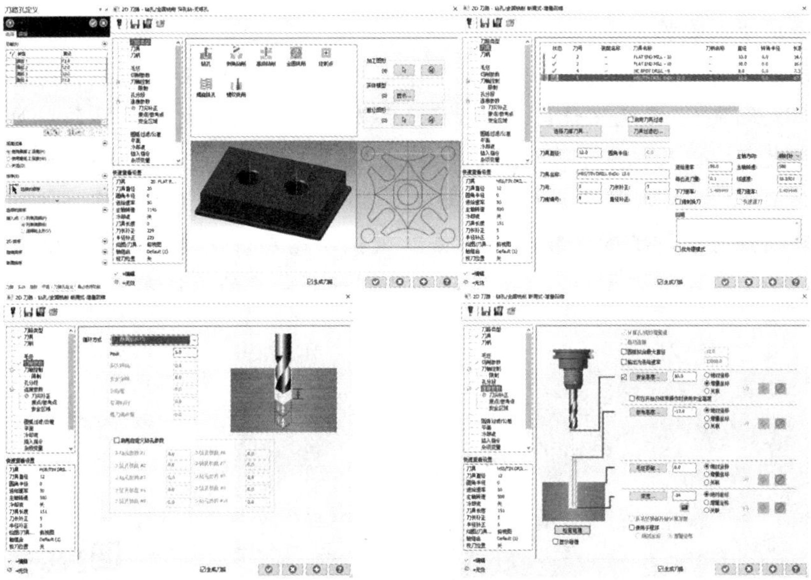

图 7 - 34　钻ϕ 12 通孔参数设置

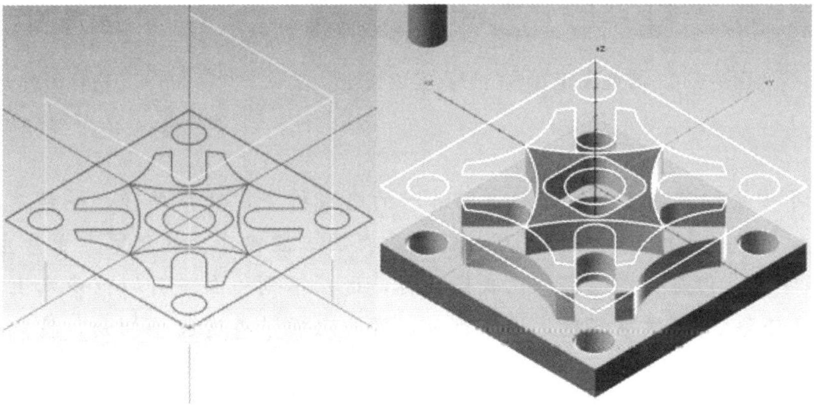

图 7 - 35　钻ϕ 12 通孔加工轨迹与仿真效果

步骤 12：后置处理。参照本书 6.3.2 节中介绍的“后处理”方法进行后处理与程序输出。

7.3　拓展阅读

数控微雕大师——常晓飞

数控微雕是运用数控技术进行精密加工的一项技术，这项技术常用于我国航空航天精密零部件的加工制造，不仅需要高超的数控加工技术水平，更是对“眼力”和“手力”的考验，来自中国航天科工二院的高级技师常晓飞（图 7 - 36）是掌握这项绝技的高手，被称为航天产品的“雕刻师”，他先后荣获“全国五一劳动奖章”“全国技术能手”等奖项或荣誉。

在全国第一届职业技能大赛近 200 个参赛作品中，常晓飞的作品获得了“最受欢迎的中华十大绝技”。常晓飞说：“要想将产品加工到极致，材料本身的特性、选择刀具的强度和大小，以及机床本身的特性，最佳的解决方案，这些因素缺一不可。”用比头发丝还细 0.05 毫米的刻刀刀头，在直径 0.15 毫米的金属丝上刻字，这相当于用绣花针给蚂蚁腿做缝合，字体内容要用高倍显微镜才能看清，这样的超高技艺，是常晓飞运用数控加工技术所完成的，当前国内能达到如此精度的工匠寥寥无几。

图 7 - 36　常晓飞正在检测刀具安装长度

数控微雕大师
——常晓飞

1988 年出生的常晓飞，有着超出同龄人的老成持重，做事严谨，一丝不苟，这让他刚一踏入中国航天科工二院 283 厂，就成为大国工匠曹彦生的徒弟。曹彦生师傅说，“虽然他很年轻，但是心态稳定，比我还要稳，进厂不到一个多月，他基本上就可以独立完成生产任务了。”做事沉稳，追求极致，常晓飞凭借着这股子韧劲，技能得到了快速提升，他带头攻关了很多技术难题，成为那批新人里最早能独挑大梁的工匠，单位也总是把最复杂、要求最高的任务交给他。

一次，常晓飞接到了一项新型复合材料的加工任务，这是一种极难加工的硬脆材料，不仅精度要求高，加工过程中装夹定位困难，细深小孔的加工难度极高。这个材料常晓飞是没有接触过的，它的加工工艺方法他也是不了解的，因为它比较硬、比较脆，压板一装夹之后它直接就崩掉了。这批生产的零件将用于新型武器装备的关键部位，如果零件报废，将会直接导致武器试验失败，严重影响导弹研制进展，造成的损失是不可估量的，所以他觉得压力还是非常大的。那时候，常晓飞满脑子都是这个任务，不断地尝试、摸索，无数次修改编程，调整刀具，变换走刀轨迹和装夹方式，给人打电话向人学习，打得人都烦了，不想搭理他的那种感觉。常晓飞的师傅曹彦生说：“可能我更多是想，有没有新的方法去解决这个问题，反而他观察得比较细，回来就跟我商量是不是因为装夹方案上面，比如说下面不平，导致的器械不稳定，我就说那你按你的方法试一试，结果还真是管用了，就是下面差那么零点零几的小缝隙，他观察到了。”经过近三个月的时间，最后常晓飞终于找到了一种最优方式，将这种复合材料的加工成品率从30%提高到了80%，最终提高到100%。这次的成功给了他莫大的鼓舞。这之后，他总是想尽办法把不可能变成可能。

常晓飞说："对于我来说，我做每一件产品我都追求把它达到一个极致的状态，因为这种事情我觉得是在为国家做，并不是为我个人而做的。"这些年来，常晓飞凭借着一身真本领获得了无数荣誉，但让他最自豪的还是能用自己精湛的技术参与到我国航天航空事业中，为国家安全保驾护航。他觉得这个工匠精神，其实更多的是一种坚持和沉淀下来的追求极致的一种状态，自己作为国家年轻一代的工匠有责任把这种追求极致的精神，一直传承下去。(摘自网络)

参考文献

[1] 吴波，刘旦．机床数控技术［M］．北京：化学工业出版社，2022.
[2] 于涛，武洪恩．数控技术与数控机床［M］．北京：清华大学出版社，2019.
[3] 葛新锋，张保生．数控加工技术［M］．北京：机械工业出版社，2016.
[4] 肖潇，郑兴睿．数控机床原理与结构［M］．北京：清华大学出版社，2017.
[5] 顾京．数控机床加工程序编制［M］．5 版．北京：机械工业出版社，2017.
[6] 刘献礼．数控刀具选用指南［M］．北京：机械工业出版社，2014.
[7] 陈为国，陈昊．数控加工刀具应用指南［M］．北京：机械工业出版社，2020.
[8] 浦艳敏，牛海山，衣娟．现代数控机床刀具及其应用［M］．北京：化学工业出版社，2018.
[9] 朱华炳，田杰．制造技术工程训练［M］．2 版．北京：机械工业出版社，2019.
[10] 杨叔子．机械加工工艺师手册［M］．北京：机械工业出版社，2011.
[11] 杨继宏．数控加工工艺手册［M］．北京：化学工业出版社，2008.
[12] 范淇元，牛吉梅．数控加工工艺实用教程［M］．北京：中国轻工业出版社，2015.
[13] 徐峰，苏本杰．数控加工实用手册［M］．合肥：安徽科学技术出版社，2010.
[14] 朱建平．数控车床编程与操作［M］．北京：北京理工大学出版社，2018.
[15] 许光彬．数控车床编程与操作［M］．合肥：中国科学技术大学出版社，2014.
[16] 李兴凯．数控车床编程与操作［M］．2 版．北京：北京理工大学出版社，2019.
[17] 周名辉，聂颖．数控车床编程与操作［M］．湘潭：湘潭大学出版社，2015.
[18] 彭效润．数控铣工：高级［M］．北京：中国劳动社会保障出版社，2008.
[19] 丛娟．数控加工工艺与编程［M］．北京：机械工业出版社，2007.
[20] 黄健求，韩立发．机械制造技术基础［M］．3 版．北京：机械工业出版社，2020.
[21] 曹永洁．典型零件数控加工工艺：项目式教学法［M］．北京：机械工业出版社，2018.
[22] 施要生，刘兴中，郭月莲．数控铣削操作与加工基础［M］．郑州：郑州大学出版社，2015.
[23] 陈艳巧，徐连孝．数控铣削编程与操作项目教程［M］．北京：北京理工大学出版社，2016.
[24] 黄北源，戴红毅．图解数控铣工快速入门［M］．北京：机械工业出版社，2016.
[25] 涂勇，李建华．数控铣削编程与操作［M］．北京：机械工业出版社，2020.
[26] 韩鸿鸾．FANUC 数控铣床和加工中心工艺与编程［M］．北京：化学工业出版

社，2016.
[27] 刘鹏玉，陈伟强，涂志标．数控铣床编程 100 例 [M]．2 版．北京：机械工业出版社，2015.
[28] 吴明友．数控铣床（FANUC）考工实训教程 [M]．2 版．北京：化学工业出版社，2016.
[29] 刘文进，李锋．数控铣削高效加工技术与绝技绝招 [M]．北京：化学工业出版社，2019.
[30] 陈为国，陈昊．图解 Mastercam 2017 数控加工编程基础教程 [M]．北京：机械工业出版社，2018.